HANDBUCH DER ANALYTISCHEN CHEMIE

HERAUSGEGEBEN

VON

W. FRESENIUS UND G. JANDER †

WIESBADEN BERLIN

ZWEITER TEIL

QUALITATIVE NACHWEISVERFAHREN

BAND IV a α

ELEMENTE DER VIERTEN HAUPTGRUPPE

I

SPRINGER-VERLAG BERLIN HEIDELBERG GMBH

1963

ELEMENTE DER VIERTEN HAUPTGRUPPE

I

KOHLENSTOFF · SILICIUM

BEARBEITET
VON
DR. H. GRASSMANN
BERLIN

MIT 4 ABBILDUNGEN

SPRINGER-VERLAG BERLIN HEIDELBERG GMBH

1963

ISBN 978-3-662-27296-1 ISBN 978-3-662-28783-5 (eBook)
DOI 10.1007/978-3-662-28783-5

Ursprünglich erschienen bei Springer-Verlag OHG., Berlin · Göttingen · Heidelberg 1963
Softcover reprint of the hardcover 1st edition 1963

Library of Congress Catalog Card Number 41—36317

Inhaltsverzeichnis

Verzeichnis der Zeitschriften und ihrer Abkürzungen.

Abkürzung	Zeitschrift
A.	LIEBIGS Annalen der Chemie; bis **172** (1874): Annalen der Chemie und Pharmacie.
Acc. Sci. med. Ferrara	Accademia delle scienze mediche di Ferrara.
A. Ch.	Annales de Chimie; vor 1914: Annales de Chimie et de Physique.
Acta Comment. Univ. Tartu	Acta et Commentationes Universitatis Tartuensis (Dorpatensis).
Acta med. Scand.	Acta Medica Scandinavica.
Agricultura	Agricultura.
Am. Chem. J. (Am. Ch.)	American Chemical Journal; seit 1917 vereinigt mit Am. Soc.
Am. Fertilizer	The American Fertilizer.
Am. J. Physiol.	American Journal of Physiology.
Am. J. Sci.	American Journal of Science.
Am. Soc.	Journal of the American Chemical Society
Am. Soc. Test. Mater. (Am. Soc. Testing Materials)	American Society of Testing Materials.
Anal. Chem.	Analytical Chemistry, früher Ind. Eng. Chem. Anal. Edit.
Anal. chim. Acta	Analytica chimica acta.
Analyst	The Analyst.
An. Argentina	Anales de la asociación química Argentina.
An. Españ.	Anales de la sociedad española de física y química; seit 1941: Anales de fisica y quimica (Madrid).
An. Farm. Bioquim.	Anales de farmacia y bioquímica (Buenos Aires).
Angew. Ch.	Angewandte Chemie, vor 1932: Zeitschrift für angewandte Chemie.
Ann. Acad. Sci. Fenn.	Annales academiae scientiarum fennicae.
Ann. agronom.	Annales agronomiques.
Ann. Chim. anal.	Annales de Chimie analytique et de Chimie appliquée.
Ann. Chim. appl(ic).	Annali di chimica applicata.
Ann. Falsific.	Annales des Falsifications et des Fraudes.
Ann. Office nat. Combustibles liquides	Annales de l'Office National des Combustibles Liquides.
Ann. Phys.	Annalen der Physik (GRÜNEISEN und PLANCK).
Ann. Sci. agronom. Franç.	Annales de la Science agronomique française et étrangère; nach 1930: Annales agronomiques.
Ann. Soc. Sci. Bruxelles	Annales de la société scientifique de Bruxelles, Série A: Sciences mathématiques; Série B: Sciences physiques et naturelles.
Anz. Akad. Wiss. Wien, math.-naturwiss. Kl.	Anzeiger der Akademie der Wissenschaften in Wien, Mathematische-Naturwissenschaftliche Klasse.
Anz. Krakau. Akad.	Anzeiger der Akademie der Wissenschaften, Krakau.
Apoth.-Z.	Apotheker-Zeitung.
Ar.	Archiv der Pharmazie.
Arch. Eisenhüttenw.	Archiv für das Eisenhüttenwesen.
Arch. exp. Pathol.	Archiv für experimentelle Pathologie und Pharmakologie (NAUNYN-SCHMIEDEBERG).
Arch. Math. Naturvidensk (Arch. F. Mathem. og Naturvid.)	Archiv for Mathematik og Naturvidenskab.
Arch. Néerland. Physiol.	Archives Néerlandaises de Physiologie de l'Homme et des Animaux.
Arch. Phys. biol.	Archives de Physique biologique et de Chimie-Physique des Corps organisés.
Arch. Physiol.	Archiv für die gesamte Physiologie des Menschen und der Tiere (PFLÜGER).
Arch. Sci. biol.	Archivio di scienze biologiche (Italy).
Arch. Sci. phys. nat. Genève	Archives des Sciences physiques et naturelles, Genève.

Abkürzung	Zeitschrift
Atti Accad. Lincei	Atti della Reale Accademia nazionale dei Lincei.
Atti Accad. Sci. Torino	Atti della Reale Accademia delle Scienze di Torino.
Atti Congr. naz. Chim. pura applic.	Atti del congresso nazionale di chimica pura ed applicata.
Atti X Congr. int. Chim., Roma (Atti Congr. int. Chim. Roma)	Atti del X Congresso Internazionale di Chimica (Roma).
Austr. J. exp. Biol. med. Sci.	Australian Journal of Experimental Biology and Medical Science.
B.	Berichte der Deutschen Chemischen Gesellschaft.
Ber. dtsch. keram. Ges.	Berichte der Deutschen Keramischen Gesellschaft.
Ber. dtsch. pharm. Ges.	Berichte der Deutschen Pharmazeutischen Gesellschaft.
Ber. oberhess. Ges. Naturk.	Bericht der oberhessischen Gesellschaft für Natur- und Heilkunde.
Ber. Wien. Akad.	Sitzungsberichte der Akademie der Wissenschaften, Wien.
Betriebslab.	Betriebslaboratorium; russ.: Sawodskaja Laboratorija.
Biochem. J.	Biochemical Journal.
Biol. Bl.	Biological Bulletin of the Marine Biological Laboratory; seit 1930: Biological Bulletin.
Bio. Z.	Biochemische Zeitschrift.
Bl.	Bulletin de la Société chimique de France; vor 1907: Bulletin de la Société chimique de Paris.
Bl. Acad. Roum.	Bulletin de la section scientifique de l'Académie Roumaine.
Bl. Acad. Russie	Bulletin de l'Academie des Sciences de Russie; seit 1925: Bl. Acad. URSS.
Bl. Acad. Sci. Pétersb.	Bulletin de l'Académie impériale des Sciences, Pétersbourg; seit 1917: Bl. Acad. Russie.
Bl. Acad. URSS.	Bulletin de l'Académie des Sciences de l'U[nion des] R[épubliques] S[oviétiques] S[ocialistes].
Bl. Acad. URSS., Sér. chim.	Bulletin de l'Académie des Sciences de l'U[nion des] [Républiques] S[oviétiques S[ocialistes], Sér. chimique.
Bl. agric. chem. Soc. Japan	Bulletin of the Agricultural Chemical Society of Japan.
Bl. Am. phys. Soc.	Bulletin of the American Physical Society.
Bl. Assoc. techn. Fonderie (Bull. [Ass.] techn. Fonderie)	Bulletin de l'Association Technique de Fonderie.
Bl. Biol. pharm.	Bulletin des Biologistes pharmaciens.
Bl. Bur. Mines Washington	Bulletin, Bureau of Mines, Washington.
Bl. chem. Soc. Japan	Bulletin of the Chemical Society of Japan.
Bl. Chim. pura apl. Bukarest (B. Chim. pura aplicata Bukarest)	Buletinul de Chimie Pură si Aplicată (al Societătii Romane de Chimie) Bukarest.
Bl. Inst. physic. chem. Res. (Abstr.) Tôkyô	Bulletin of the Institute of Physical and Chemical Research, Abstracts, Tôkyô.
Bl. Sci. pharmacol.	Bulletin des Sciences pharmacologiques.
Bl. Soc. chim. Belg.	Bulletin de la Société chimique de Belgique.
Bl. Soc. Chim. biol.	Bulletin de la Société de Chimie biologique.
Bl. Soc. chim. Paris	Vgl. Bl.
Bl. Soc. Min.	Bulletin de la Société française de Minéralogie.
Bl. Soc. Mulhouse	Bulletin de la Société industrielle de Mulhouse.
Bl. Soc. Pharm. Bordeaux	Bulletin des Travaux de la Société de Pharmacie de Bordeaux.
Bl. Soc. România	Buletinul societatii de chimi din România.
Bodenkunde Pflanzenernähr.	Bodenkunde und Pflanzenernährung: 1. Folge (Band **1** bis **45**) heißt: Zeitschrift für Pflanzenernährung, Düngung und Bodenkunde.
Boll. chim. farm.	Bolletino chimico-farmaceutico.
Branntwein-Ind. (russ.)	Branntwein-Industrie (russisch).
Brit. chem. Abstr.	British Chemical Abstracts.
Bur. Stand. J. Res.	Bureau of Standards Journal of Research.
C.	Chemisches Zentralblatt.
Canad. Chem. Metallurgy (Can. Chem. Met.)	Canadian Chemistry and Metallurgy; ab Bd. **22** (1938): Canadian Chemistry and Process Industries.
Canadian J. Res.	Canadian Journal of Research.
Casopis českoslov. Lékárn.	Časopis československého, Lékárnictva.
Cereal Chem.	Cereal Chemistry.

Abkürzung	Zeitschrift
Chem. Abstr.	Chemical Abstracts.
Chem. Age	Chemical Age.
Chem. Apparatur	Chemische Apparatur.
Chem. eng. min. Rev.	Chemical Engineering and Mining Review.
Chem. Ind.	Chemistry and Industry.
Chemisat. soc. Agric. (Chemisat. socialist. Agr.) (russ.)	Chemisation of Socialistic Agriculture (russisch).
Chemist-Analyst	The Chemist-Analyst.
Chem. J. Ser. A	Chemisches Journal Serie A, Journal für allgemeine Chemie; russ.: Chimitscheski Shurnal Sser. A, Shurnal obschtschei Chimii.
Chem. J. Ser. B	Chemisches Journal Serie B, Journal für angewandte Chemie; russ.: Chimitscheski Shurnal Sser. B, Shurnal prikladnoi Chimii.
Chem. Listy	Chemické Listy pro vědu a průmysl.
Chem. Metallurg. Eng. (Chem. Met. Engin.)	Chemical and Metallurgical Engineering.
Chem. N.	Chemical News.
Chem. Obzor	Chemický Obzor.
Chem. Reviews	Chemical Reviews.
Chem. social. Agric.	Chemisation of socialistic Agriculture; russ.: Chimisazia sozialistitscheskogo Semledelija.
Chem. Trade J. chem. Engr. (Chem. Trade J.)	Chemical Trade Journal and Chemical Engineer.
Chem. Weekbl.	Chemisch Weekblad.
Ch. Fabr.	Die chemische Fabrik.
Chim. e Ind. (Milano)	Chimica e Industria (Milano).
Chim. Ind.	Chimie & Industrie.
Chim. Ind. 17. Congr. Paris	Chimie & Industrie, 17. Congrès, Paris.
Ch. Ind.	Die chemische Industrie.
Ch. Z.	Chemiker-Zeitung.
Ch. Z. Chem. techn. Übersicht	Chemiker-Zeitung, Chemisch-technische Übersicht.
Ch. Z. Repert.	Chemiker-Zeitung, Repertorium.
Coll. Trav. chim. Tchécosl.	Collection des Travaux chimiques de Tchécoslovaqui.
C. r.	Comptes rendus de l'Académie des Sciences.
C. r. Acad. URSS.	Comptes rendus (Doklady) de l'académie des sciences de l'U[nion des] R[épubliques] S[oviétiques] S[ocialistes].
C. r. Carlsberg	Comptes rendus des Travaux du Laboratoire de Carlsberg.
C. r. Soc. Biol.	Comptes rendus de la Société de Biologie.
Current Sci.	Current Science.
Dansk Tidsskr. Farm.	Dansk Tidsskrift for Farmaci.
Dingl. J.	DINGLERS Polytechnisches Journal.
Dtsch. med. Wschr.	Deutsche medizinische Wochenschrift.
Dtsch. tierärztl. Wschr.	Deutsche tierärztliche Wochenschrift.
Eng. Min. Journ.	Engineering and Mining Journal.
E. P.	Englisches Patent.
Erzmetall	Zeitschrift für Erzbergbau und Metallhüttenwesen; neue Folge von „Metall und Erz".
Fenno-Chem.	Fenno-Chemica.
Finska Kemistsamfundets Medd.	Finska Kemistsamfundets Meddelanden; fortgesetzt unter der Bezeichnung: Fenno-Chemica.
Fortschr. Chem. Physik physik. Chem.	Fortschritte der Chemie, Physik und physikalischen Chemie.
Fr.	Zeitschrift für analytische Chemie (RRESENIUS).
G.	Gazzetta chimica italiana.
Gas- und Wasserfach	Das Gas- und Wasserfach; vor 1922: Journal für Gasbeleuchtung sowie für Wasserversorgung.
Gen. electr. Rev. (General Electric Rev.)	General Electric Review.
Giorn. Biol. appl. Ind. chim. aliment. (G. Biol. appl. Ind. chim.)	Giornale di Biologia Applicata alla Industria Chimica ed Alimentare; ab Bd. **5** (1935): Giornale di Biologia Industriale Agraria ed Alimentare.

Abkürzung	Zeitschrift
Giorn. Chim. ind. ed applic. (Giorn. Chim. ind. appl.)	Giornale di Chimica Industriale ed Applicata.
Glastechn. Ber.	Glastechnische Berichte.
Glückauf	Glückauf, berg- und hüttenmännische Zeitschrift.
H.	Zeitschrift für physiologische Chemie (HOPPE-SEYLER).
Helv.	Helvetica chimica acta.
Ind. Chemist (chem. Manufacturer) (Ind. Chemist a. Chemical Manufacturer)	Industrial Chemist and Chemical Manufacturer.
Ind. chimica	L'Industria chimica, mineraria e metallurgica.
Ind. eng. Chem.	Industrial and Engineering Chemistry.
Ind. eng. Chem. Anal. Edit.	Industrial and Engineering Chemistry, Analytical Edition.
Ing. Chimiste (Bruxelles)	Ingénieur Chemiste (Bruxelles).
Internat. Sugar J.	International Sugar Journal.
J. agric. Sci.	Journal of Agricultural Science.
J. Am. ceram. Soc.	Journal of the American Ceramic Society.
J. Am. Leather Chem.	Journal of the American Leather Chemists' Association.
J. Am. med. Assoc.	Journal of the American Medical Association.
J. Am. pharm. Assoc.	Journal of the American Pharmaceutical Association.
J. Am. Soc. Agron.	Journal of the American Society of Agronomy.
J. Am. Water Works Assoc.	Journal of the American Water Works Association.
J. anal. appl. Chem.	Journal of Analytical and Applied Chemistry.
J. Assoc. offic. agric. Chem.	Journal of the Association of Official Agricultural Chemists.
J. Biochem.	Journal of Biochemistry (Japan).
J. biol. Chem.	Journal of Biological Chemistry.
Jbr.	Jahresberichte über die Fortschritte der Chemie (LIEBIG und KOPP), 1847–1910.
Jb. Radioakt.	Jahrbuch der Radioaktivität und Elektronik.
J. chem. Educat.	Journal of Chemical Education.
J. chem. Ind.	Journal der chemischen Industrie; russ.: Shurnal Chimitscheskoj Promyschlennosti.
J. chem. Physics (J. chem. Phys.)	Journal of Chemical Physics.
J. chem. Soc.	Journal of the Chemical Society of London.
J. chem. Soc. Japan	Journal of the Chemical Society of Japan.
J. Chim. appl. (J. chem. applic.) (russ.)	Journal de Chimie Appliquée (russisch).
J. Chim. phys.	Journal de Chimie physique; seit 1931: ... et Revue générale des Colloides.
J. chos. med. Assoc.	Journal of the Chosen Medical Association (Japan).
Jernkont. Ann.	Jernkontorets Annaler.
J. Gen. Chem. (USSR)	Journal of general chemistry (USSR).
J. ind. eng. Chem.	Journal of Industrial and Engineering Chemistry; seit 1923: Ind. eng. Chem.
J. Indian chem. Soc.	Journal of the Indian Chemical Society.
J. Indian Inst. Sci.	Journal of the Indian Institute of Science.
J. Inst. Brew.	Journal of the Institute of Brewing.
J. Inst. Petrol. Tech.	Journal of the Institution of Petroleum Technologists.
J. Iron. Steel Inst.	Journal of the Iron and Steel Institute.
J. Labor clin. Med.	Journal of Laboratory and Clinical Medicine.
J. Landwirtsch.	Journal für Landwirtschaft.
J. of Hyg. (Brit.)	Journal of Hygiene (britisch).
J. opt. Soc. Am.	Journal of the Optical Society of America.
J. Pharm. Belg.	Journal de Pharmacie de Belgique.
J. Pharm. Chim.	Journal de Pharmacie et de Chimie.
J. pharm. Soc. Japan	Journal of the Pharmaceutical Society of Japan.
J. physic. Chem.	Journal of Physical Chemistry.
J. Physiol.	Journal of Physiology.
J. pr.	Journal für praktische Chemie.
J. Pr. Austr. chem. Inst.	Journal and Proceedings of the Australian Chemical Institute.
J. Res. Nat. Bureau of Standards	Journal of Research of the National Bureau of Standards, früher: Bur. Stand. J. Res.
J. Russ. Met. Soc.	Journal of the Russian metallurgical society.

Abkürzung	Zeitschrift
J. S. African chem. Inst.	Journal of the South African Chemical Institute.
J. Sci. Soil Manure	Journal of the Sciences of Soil and Manure (Japan).
J. Soc. chem. Ind.	Journal of the Society of Chemical Industrie (Chemistry and Industry).
J. Soc. chem. Ind. Japan (Suppl.)	Journal of the Society of Chemical Industry, Japan. Supplement.
J. Soc. Dyers Colourists	Journal of the Society of Dyers and Colourists.
J. Washington Acad. Sci.	Journal of the Washington Academy of Sciences.
J. Zucker-Ind.	Journal der Zuckerindustrie; russ.: Shurnal Sakharnoi Promyschlennosti.
Keem. Teated	Keemia Teated (Tartu).
Kem. Maanedsbl. nord. Handelsbl. kem. Ind.	Kemisk Maanedsblad og Nordisk Handelsblad for Kemisk Industri.
Klin. Wschr.	Klinische Wochenschrift.
Koks u. Chem. (russ.)	Koks und Chemie (russisch).
Kolloidchem. Beih.	Kolloidchemische Beihefte.
Kolloid-Z.	Kolloid-Zeitschrift.
Lantbruks-Akad. Handl. Tidskr.	Kungl. Lantbruks-Akademiens Handlingar och Tidskrift.
Lantbruks-Högskol. Ann.	Lantbruks-Högskolans Annaler.
L. V. St.	Landwirtschaftliche Versuchsstationen.
M.	Monatshefte für Chemie.
Magyar Chem. Folyóirat	Magyar Chemiai Folyóirat (Ungarische chemische Zeitschrift).
Malayan agric. J.	Malayan Agricultural Journal.
Medd. Centralanst. Försöksväs. jordbruks., landwirtsch.-chem. Abt.	Meddelande från Centralanstalten för Försöksväsendet på Jordbruksområdet, landbrukskemi.
Medd. Nobelinst.	Meddelanden från K. Vetenskapsakademiens Nobelinstitut.
Med. Doswiadczalna i Spoleszna	Medycyna Doswiadczalna i Spoleczna.
Mem. Sci. Kyoto Univ.	Memoirs of the College of Science, Kyoto Imperial University.
Metal Ind. (London)	Metal Industry (London).
Metallurgia ital. (Metallurg. Ital.)	Metallurgia Italiana.
Metallwirtschaft (Metallwirtsch., Metallwiss., Metalltechn.)	Metallwirtschaft, Metallwissenschaft, Metalltechnik.
Met. Erz	Metall und Erz.
Mikrochemie (Mikrochem.)	Mikrochemie, vereinigt mit Mikrochimica acta.
Mikrochim. A.	Mikrochimica acta.
Milchw. Forsch.	Milchwirtschaftliche Forschungen.
Mitt. berg- u. hüttenmänn. Abt. kgl. ung. Palatin-Joseph-Universität Sopron	Mitteilungen der berg- und hüttenmännischen Abteilung der königlich ungarischen Palatin-Joseph-Universität, Sopron.
Mitt. Forsch.-Anst. G. H. Hütte (Gutehoffnungshütte-Konzerns)	Mitteilungen aus den Forschungsanstalten des Gutehoffnungshütte-Konzerns.
Mitt. Geb. Lebensmitteluntersuch. Hyg.	Mitteilungen auf dem Gebiet der Lebensmitteluntersuchung und Hygiene.
Mitt. Kali-Forsch.-Anst.	Mitteilungen der Kali-Forschungsanstalt.
Mitt. K. W. I. Eisenforschg. (Düsseldorf)	Mitteilungen aus dem Kaiser-Wilhelm-Institut für Eisenforschung zu Düsseldorf.
Nachr. Götting. Ges.	Nachrichten der Kgl. Gesellschaft der Wissenschaften, Göttingen; seit 1923 fällt „Kgl." fort.
Nature	Nature (London)
Naturwiss.	Naturwissenschaften.
Natuurwetensch. Tijdschr.	Natuurwetenschappelijk Tijdschrift.
Nederl. Tijdschr. Geneesk.	Nederlandsch Tijdschrift voor Geneeskunde.
Neues Jahrb. Mineral. Geol.	Neues Jahrbuch für Mineralogie, Geologie und Paläontologie.
New Zealand J. Sci. Tech.	New Zealand Journal of Science and Technology.
Norsk Geol. Tidsskr.	Norsk geologisk tidsskrift.
Nuclear Sci. Abstracts	Nuclear scienze Abstracts.

Abkürzung	Zeitschrift
Öst. Ch. Z.	Österreichische Chemiker-Zeitung.
Onderstepoort J. Vet. Sci.	Onderstepoort Journal of Veterinary Science and Animal Industry.
P. C. H.	Pharmazeutische Zentralhalle.
Ph. Ch.	Zeitschrift für physikalische Chemie.
Pharm. Weekbl.	Pharmaceutisch Weekblad.
Pharm. Z.	Pharmazeutische Zeitung.
Phil. Mag.	Philosophical Magazine and Journal of Science.
Phil. Trans.	Philosophical Transactions of the Royal Society of London.
Phys. Rev.	Physical Review.
Phys. Z.	Physikalische Zeitschrift.
Plant Physiol.	Plant Physiology.
Pogg. Ann.	Annalen der Physik und Chemie, herausgegeben von POGGENDORFF (1824–1877); dann Wied. Ann. (1877–1899); seit 1900: Ann. Phys.
Pr. Am. Acad.	Proceedings of the American Academy of Arts and Sciences, Boston.
Pr. Am. Soc. Test. Mater. (Pr. Am. Soc. for testing Materials)	Proceedings of the American Society for Testing Materials.
Pr. (chem. Soc.)	Proceedings of the Chemical Society (London).
Pr. Indian Acad. Sci.	Proceedings of the Indian Academy of Sciences.
Pr. internat. Soc. Soil Sci.	Proceedings of the International Society of Soil Science.
Pr. Leningrad Dept. Inst. Fert.	Proceedings of the Leningrad Departmental Institute of Fertilizers.
Pr. Roy. Soc. Edinburgh	Proceedings of the Royal Society of Edinburgh.
Pr. Roy. Soc. London Ser. A	Proceedings of the Royal Society (London). Serie A: Mathematical and Physical Sciences.
Pr. Roy. Soc. New South Wales	Proceedings of the Royal Society of New South Wales.
Pr. Soc. Cambridge	Proceedings of the Cambridge Philosophical Society.
Problems Nutrit.	Problems of Nutrition; russ.: Woprossy Pitanija.
Pr. Oklahoma Acad. Sci.	Proceedings of the Oklahoma Academy of Science.
Pr. Soc. exp. Biol. Med.	Proceedings of the Society for Experimental Biology and Medicine.
Pr. Utah Acad. Sci.	Proceedings of the Utah Academy of Sciences.
Przemysl Chem.	Przemysl Chemiczny.
Publ. Health Rep.	Public Health Reports.
R.	Recueil des Travaux chimiques des Pays-Bas.
Radium	Le Radium, seit 1920: Journal de Physique et Le Radium.
Rep. Central Inst. Metals	Reports of the central Institute for Metals (Leningrad).
Rep. Connecticut agric. Exp. Stat.	Report of the Connecticut Agricultural Experiment Station.
Repert. anal. Chem.	Repertorium der analytischen Chemie (1881–1887).
Répert. Chim. appl.	Répertoire de Chimie pure et appliquée (von 1864 ab: Bulletin de la Société chimique de France).
Rep. Invest. (Rep. Investig.)	United States Department Interior, Bureau of Mines, Report of Investigation.
Rev. brasil. chim. (Revista brasileira de chimica)	Revista Brasileira de Chimica (São Paulo).
Rev. Centro Estud. Farm. Bioquim.	Revista del centro estudiantes de farmacia y bioquimica.
Rev. Mét.	Revue de Métallurgie.
Rev. univ. des Min.	Revue universelle des Mines.
Roczniki Chem.	Roczniki Chemji.
Schweiz. Apoth. Z.	Schweizerische Apotheker-Zeitung.
Schweiz. med. Wschr.	Schweizerische medizinische Wochenschrift.
Schw. J.	SCHWEIGGERS Journal für Chemie und Physik (Nürnberg, Berlin 1811–1833, 68 Bde.).
Science	Science (New York).
Sci. Pap. Inst. Tôkyô	Scientific Papers of the Institute of Physical and Chemical Research Tôkyô.
Sci. quart. nat. Univ. Peking	Science Quarterly of the National University of Peking.
Sci. Rep. Res. Inst. Tôhoku Univ.	Science Reports of the research institutes Tôhoku university.

Abkürzung	Zeitschrift
Sci. Rep. Tôhoku (Imp. Univ.)	Science Reports of the Tôhoku Imperial University.
Skand. Arch. Physiol.	Skandinavisches Archiv für Physiologie.
Soc.	Journal of the Chemical Society of London.
Soc. chem. Ind. Victoria (Proc.)	Society of Chemical Industry of Viktoria, Preseedings.
Soil Sci.	Soil Science.
Spectrochim. Acta	Spectrochimica Acta.
Sprechsaal	Sprechsaal für Keramik-Glas-Email.
Stahl Eisen	Stahl und Eisen.
Svensk Tekn. Tidskr.	Svensk Teknisk Tidskrift.
Sv. V.A.H. (SvVAH, Sv. Vet. Akad. Handl.)	Svenska Vetenskaps-Akademiens-Handlingar.
Techn. Mitt. Krupp	Technische Mitteilungen KRUPP.
Tôhoku J. exp. Med.	Tôhoku Journal of Experimental Medicine.
Trans. Am. electrochem. Soc.	Transactions of the American Electrochemical Society.
Trans. Am. Inst. min. metalling. Eng. (Trans. Am. Inst. Min. Eng.)	Transactions of the American Institute of Mining and Metallurgical Engineers.
Trans. Butlerov Inst. chem. Technol. Kazan	Transactions of the BUTLEROV Institute; (seit 1935: KIROV Institute) for Chemical Technology of Kazan.
Trans. ceram. Soc. England	Transactions of the Ceramic Society, England; ab Bd. 38 (1939): Transactions of the British Ceramic Society.
Trans. Dublin Soc.	Scientific Transactions of the Royal Dublin Society.
Trans. Faraday Soc.	Transactions of the FARADAY Society.
Trans. Roy. Soc. Edinburgh	Transactions of the Royal Society of Edinburgh.
Trans. sci. Inst. Fert.	Transactions of the Scientific Institute of Fertilizers and Insectofungicides (USSR).
Trans. Sci. Soc. China	Transactions of the Science Society of China.
Trav. Inst. Etat Radium (russ.)	Travaux de l'Institut d'Etat de Radium (russisch).
Trav. Lab. biogéochim. Acad. Sci. URSS.	Travaux du laboratoire biogéochimique de l'académie des sciences de l'U[nion des] R[épubliques] S[oviétiques] S[ocialistes].
Uchen. Zapiski Kazan. Gosud. Univ.	Uchenye Zapiski Kazanskogo Gosudarstvennogo Universiteta (USSR.).
Ukrain. chem. J.	Ukrainian Chemical uournal (Journal chimique de l'Ukraine).
Union pharm.	Union pharmaceuftice.
Union S. Africa Dept. Agric.	Union of South Africa. Department of Agriculture.
Univ. Illinois Bl.	University of Illinois, Bulletin.
Univ. Toronto Studies, Geol. Ser.	University of Toronto Studies, Geologycal series.
U. S. Dep. Commerce Bur. Mines Bl. (U. S. Bur. Min. B.)	U. S. Department of Commerce, Bureau of Mines, Bulletin.
U. S. Dep. Interior Bur. (U. S. Mines Bull.)	United States Department of the Interior, Bureau of Mines, Bulletin.
U. S. Dept. Agric. Bl.	United States Department of Agriculture, Bulletins.
U. S. Geol. Surv. Bl.	United States Geological Survey Bulletin.
Verh. phys. Ges.	Verhandlungen der Deutschen physikalischen Gesellschaft.
Vorratspflege u. Lebensmittelforsch.	Vorratspflege und Lebensmittelforschung.
Washington Acad. Science	Journal of the Washington Academy of Sciences.
Wschr. Brauerei	Wochenschrift für Brauerei.
Wied. Ann.	Annalen der Physik und Chemie, herausgegeben von WIEDEMANN; s. Pogg. Ann.
Wien. klin. Wschr.	Wiener klinische Wochenschrift.
Wien. med. Wschr.	Wiener medizinische Wochenschrift.
Wiss. Nachr. Zucker-Ind.	Wissenschaftliche Nachrichten der Zuckerindustrie (ukrain.).
Wiss. Veröffentl. Siemens-Konzern	Wissenschaftliche Veröffentlichungen aus dem SIEMENS-Konzern (seit 1935: aus den SIEMENS-Werken).
Z. anorg. Ch.	Zeitschrift für anorganische und allgemeine Chemie.

Abkürzung	Zeitschrift
Zbl. Min. Geol. Paläont. Abt. A	Zentralblatt für Mineralogie, Geologie und Paläontologie, Abt. A: Mineralogie und Petrographie.
Z. Chem. Ind. Kolloide	Zeitschrift für Chemie und Industrie der Kolloide; seit 1913: Kolloid-Zeitschrift.
Z. Deutsch. Öl- u. Fettind.	Zeitschrift für Deutsche Öl- und Fettindustrie.
Z. El. Ch.	Zeitschrift für Elektrochemie.
Zentr. wiss. Forsch.-Inst. Leder-Ind.	Zentrales wissenschaftliches Forschungsinstitut für die Lederindustrie; russ.: Zentralny nautschno-issledowatelski Institut koshewennoi Promyschlennosti, Sbornik Rabot.
Z. ges. Brauw.	Zeitschrift für das gesamte Brauwesen.
Z. ges. Kältetechnik (-Industrie)	Zeitschrift für die gesamte Kältetechnik (-Industrie).
Z. Hygiene	Zeitschrift für Hygiene und Infektionskrankheiten.
Z. klin. Med.	Zeitschrift für klinische Medizin.
Z. Krist.	Zeitschrift für Kristallographie und Mineralogie.
Z. landw. Vers.-Wes. Österr.	Zeitschrift für das landwirtschaftliche Versuchswesen in Deutsch-Österreich; 1925—1933 genannt: Fortschritte der Landwirtschaft.
Z. Lebensm.	Zeitschrift für Untersuchung der Lebensmittel; bis 1925: Zeitschrift für Untersuchung der Nahrungs- und Genußmittel sowie der Gebrauchsgegenstände.
Z. Metallkunde	Zeitschrift für Metallkunde.
Z. Naturforschg.	Zeitschrift für Naturforschung.
Z. Oberschl. Berg. u. Hüttenmänn. Verb.	Zeitschrift des Oberschlesischen Berg- und Hüttenmännischen Verbandes.
Z. öffentl. Ch.	Zeitschrift für öffentliche Chemie.
Z. Pflanzenernähr. Düng. Bodenkunde	Vgl. Bodenkunde Pflanzenernähr.
Z. Phys.	Zeitschrift für Physik.
Z. pr. Geol.	Zeitschrift für praktische Geologie.
Zprávy česk. keram. společnosti	Zprávy československé keramické společnosti.
Z. techn. Phys. (russ.)	Zeitschrift für technische Physik (russ.).
Z. VDI (Z. Ver. dtsch. Ing.)	Zeitschrift des Vereins Deutscher Ingenieure.

Abkürzungen oft benutzter Sammelwerke.

Abkürzung	Sammelwerk
Berl-Lunge	BERL-LUNGE: Chemisch-technische Untersuchungsmethoden, 8. Aufl. Berlin 1931—1934. Bis zur 7. Aufl. „LUNGE-BERL" genannt.
GM.	GMELINS Handbuch der anorganischen Chemie, 8. Aufl. Berlin.
Handbuch Pflanzenanal.	Handbuch der Pflanzenanalyse (KLEIN).
Lunge-Berl	Vgl. BERL-LUNGE.
Schiedsverfahren	Analyse der Metalle. Erster Band: Schiedsverfahren. 2. Aufl. Berlin/Göttingen/Heidelberg 1949.

ELEMENTE DER VIERTEN HAUPTGRUPPE

Kohlenstoff und seine wichtigsten einfachen Verbindungen.

Die Verbindungen des Kohlenstoffs zeigen nach Zahl und Eigenschaften eine Vielfalt wie die keines anderen Elementes. Es erscheint daher berechtigt, die wichtigsten von ihnen in gesonderten Kapiteln dieses Handbuches zu behandeln. Es ist klar, daß dabei eine enge Abgrenzung getroffen werden mußte. Der Rahmen des Werkes wäre gesprengt worden, hätte man die wichtigsten Verbindungen desjenigen Teiles der Kohlenstoffchemie, der üblicherweise als „organische" Chemie bezeichnet wird, auch nur annähernd vollständig einbeziehen wollen. Die Grenze wurde aber nicht ganz da gesteckt, wo sie bei den meisten Lehrbüchern der Chemie liegt, sondern etwas weiter. Die wichtigsten der einfachen organischen Säuren und die Anfangsglieder der homologen Kohlenwasserstoffreihen werden mit behandelt: Die letzteren, weil sie eine sehr große technische Bedeutung haben, und die ersteren, weil sie außerdem von jeher als Untersuchungsobjekte oder als wichtige Hilfsmittel einen Platz in der „anorganischen" Analyse eingenommen haben. Auf höhere Homologe wird nur so weit eingegangen, wie es die Unterscheidung von den Anfangsgliedern notwendig erscheinen läßt oder der Charakter einer bestimmten Methode die gleichzeitige Identifizierung besonders nahe legt.

Der Schwefelkohlenstoff ist beim Schwefel (Teil 2, Bd. VI, S. 98) abgehandelt worden.

Folgende Kapitel sind im vorliegenden Teil enthalten:

Der Kohlenstoff ist an der Zusammensetzung der Erdrinde nur zu rund 0,2% beteiligt. Trotzdem ist er eines der wichtigen gesteinsbildenden Elemente. Calcium- und Magnesiumcarbonate sind in den oberen Schichten als Kalkstein und Dolomit weit verbreitet. Die Menge des in der Atmosphäre vorhandenen Kohlendioxids ist relativ klein, sie beträgt etwa 1,3 kg C über jedem Quadratmeter Erdoberfläche. Es ist aber zusammen mit den in den Gewässern gelösten Carbonaten das Verbindungsglied von den anorganischen zu den organischen Stoffen, die vorwiegend aus ihm sich durch die Lebensvorgänge der Pflanzen und Tiere aufbauen und zu ihm zurückgebildet werden. Glieder dieses Kohlenstoffkreislaufes sind die technisch wichtigen Kohlen- und Erdölbildungen.

Die Analytik des freien Kohlenstoffs hat eine gewisse Bedeutung in der Metallurgie, insbesondere in derjenigen des Eisens. Technisch noch wichtiger sind die Carbide. Die meisten Nachweismethoden für freien Kohlenstoff sind auch für Carbide brauchbar.

Der Kohlenstoff ist in seinen Verbindungen fast immer 4wertig; als wichtige Verbindung, in der er mit anderer Wertigkeit auftritt, ist nur das Kohlenoxid zu nennen. Dieses ist infolge des valenzmäßig nicht abgesättigten Zustandes sehr reaktionsfähig und daher auch analytisch vielseitig zu erfassen. Von den Verbindungen mit 4wertigem Kohlenstoff hat vor allem der auch technisch sehr wichtige Cyanwasserstoff eine große Reaktionsfähigkeit und eine entsprechend vielfältige analytische Chemie. Die gesättigten Kohlenwasserstoffe bilden mit ihrer verhältnismäßig geringen Reaktionsfähigkeit den Gegenpol zu den genannten Verbindungen. Bei ihnen treten die rein chemischen Analysenmethoden in den Hintergrund und haben die physikalischen eine besonders große Bedeutung.

Kohlenstoff und Carbide.

Inhaltsübersicht.

Seite

I. Nachweis durch Vorproben.

1. Freier Kohlenstoff

ist in Gemischen unter Umständen schon an der dunklen Farbe der Substanz bzw. der in Wasser und anderen üblichen Lösungsmitteln unlöslichen Anteile derselben erkennbar. Durch abwechselnde Behandlung mit Säure und Alkali und schließliches Extrahieren des verbliebenen Restes mit Äther und Schwefelkohlenstoff kann der freie Kohlenstoff isoliert werden.

2. Freier und organisch gebundener Kohlenstoff

werden durch Flammenerscheinung oder Glimmen, evtl. nach vorausgehender Verkohlung, beim Erhitzen auf einem Platinblech, Spatel, Porzellandeckel oder dgl. erkennbar. Empfindlicher ist die beim Einstreuen einer kleinen Substanzmenge in geschmolzenes Alkalichlorat eintretende Reaktion (GUTBIER): Dekrepitation infolge momentaner Oxydation des Kohlenstoffs zu CO_2 (Vorsicht!).

Erfassungsgrenze. Etwa 50 μg C.

Graphitischer und Carbid-Kohlenstoff werden infolge ihrer großen Resistenz nicht erfaßt (FEIGL).

II. Nachweis als CO_2 nach Oxydation.

Hierfür können außer den nachstehend aufgeführten Methoden im Prinzip alle Varianten der „Elementaranalyse" — s. Kohlenstoff, quantitativer Teil — benutzt werden.

1. Oxydation mit Kupferoxid.

Ausführung. Man mischt die getrocknete Probe in einem kleinen Reagensglas mit dem Mehrfachen ihres Gewichtes an ausgeglühtem CuO, schichtet über das Gemisch noch etwas CuO und verschließt mit einem Stopfen, der ein zweimal rechtwinklig gebogenes Glasrohr trägt. Das freie Ende des Rohres taucht man in Barytwasser (wegen anderer Ausführungsformen des CO_2-Nachweises s. Kap. Kohlendioxid). Man erhitzt das Substanzgemisch kräftig; Trübung des Barytwassers zeigt Vorhandensein von Kohlenstoff in der Probe an. (Absetzen von Wassertröpfchen im oberen Teil des Reagensglases deutet gleichzeitig auf Wasserstoff — organische Substanz — hin.)

2. Oxydation mit $AgMnO_4$-Katalysator.

KÖRBL und PŘIBIL empfehlen die Oxydation mit dem Produkt der thermischen Zersetzung von Silberpermanganat.

Ausführung. Ein 13 cm langes Glasrohr von etwa 4 mm Innen-∅ wird etwa 9 cm von einem Ende auf etwa 0,3 mm ∅ verengt, das kürzere Ende wird zu einer Kapillare ausgezogen. An die verengte Stelle bringt man ausgeglühte Asbestfasern, darauf ein Gemisch von 0,1—1,0 mg Probe mit 50 mg des $AgMnO_4$-Zersetzungsproduktes und schließlich wieder eine Asbestschicht. Man erhitzt einige Sekunden lang über dem Mikrobrenner und bläst dann den Gasinhalt des Rohres durch die Kapillare auf die Oberfläche von Barytwasser. Dieses trübt sich, wenn in der Probe Kohlenstoff enthalten war.

3. Oxydation mit Sauerstoff (Mikronachweis).

Eine von EMICH stammende sehr empfindliche Methode wurde von PEPKOWITZ wie folgt modifiziert:

Ausführung. Der vertikale Schenkel eines T-Stückes von 4 mm ∅ aus Borsilicatglas wird am Ende zu einer langen Kapillare ausgezogen. Ein weiteres T-Stück mit größerem Rohrdurchmesser dient zur O_2-Zufuhr. Sein senkrechter Schenkel wird mit der O_2-Zuleitung verbunden. In dem einen Ende des waagerechten Schenkels befindet sich ein durchbohrter Stopfen, durch dessen Bohrung das eine Ende des waagerechten Schenkels des Reaktions-T-Stücks eingeführt wird; das andere Ende ist mit einem Stopfen verschlossen, der später zur Einführung der Probe durch das weite Rohr hindurch bis in das Reaktionsrohr kurzzeitig entfernt wird. Man spült das ganze System mit O_2 unter leichtem Ausheizen mit der Flamme zur vollständigen Entfernung jeglichen Kohlenstoffs. Nun stellt man den O_2-Strom ab und läßt durch die Kapillare Barytwasser bis in den 4 mm weiten Teil des senkrechten Schenkels durch die Kapillarwirkung einziehen. Die Kapillare wird darauf kurz unterhalb ihres Ansatzes mittels Mikroflamme abgeschmolzen. Der ganze Apparat wird von neuem mit O_2 gespült, das abgekehrte Ende des waagerechten Schenkels abgeschmolzen, ohne daß die Flammengase dabei in das Rohr eintreten. (Hierzu wird man wohl am besten zunächst eine Kapillare ausziehen, dann den Sauerstoff durch Herausziehen des Stopfens am O_2-Zufuhrteil wegnehmen und die Kapillare rasch zuschmelzen.) Jetzt wird die Probe mittels eines Glasfadens oder einer Kapillare durch den O_2-Zufuhrteil etwa in die Mitte des noch offenen Schenkels des Reaktions-T-Rohres eingeführt. Glasfaden oder Kapillare werden im Rohr belassen. Schmilzt man schließlich diesen Schenkel zwischen Probe und durchbohrtem Stopfen ab, so hat man das Reaktionsrohr als völlig geschlossenes System und frei von der O_2-Zufuhreinrichtung.

Man erhitzt die Probe auf dunkle Rotglut entweder mit einer Flamme oder durch Einführen des die Substanz enthaltenden Schenkels in einen kleinen Rohrofen. Bei Anwesenheit von C in der Probe bilden sich nach einigen Minuten am Barytwasser-Meniskus mit einer Lupe erkennbare Kristalle von Bariumcarbonat.

Erfassungsgrenze. Einige Zehntel μg C.

Wenn die Substanz Halogenide oder Schwefel enthält, muß ein wenig Bleichromat vor der Probe in das Rohr eingeführt werden. Der Nachweis erfaßt C in organischen Verbindungen einschließlich Siliconen, in Graphit und Eisencarbid-C. Um auch Carbonate sicher nachzuweisen, ist ein Reaktionsrohr aus Quarzglas zu verwenden und stark zu erhitzen.

4. Oxydation mit Kaliumchlorat und Bleichlorat zum Nachweis von Siliciumcarbid.

Zum Nachweis von Siliciumcarbid (Karborund), z. B. in Schleifmitteln, werden nach PETERS 0,05—0,5 g der fein gepulverten Substanz mit einem Gemisch von 2 g $KClO_3$ und 2 g Bleichlorat in einem Schiffchen aus Kupferblech im Verbrennungsrohr unter Durchleiten von gereinigter Luft erhitzt. Die Luft wird nach Durchgang durch das Verbrennungsrohr zunächst durch je eine Waschflasche mit verdünnter $AgNO_3$- und mit schwefelsaurer Eisen(II)-sulfat-Lösung und dann in Barytwasser geleitet.

5. Nasse Oxydation.

a) Kohlenstoff in organischen Substanzen.

Als Oxydationsmittel wird gewöhnlich Chromschwefelsäure verwendet. Ein Teil des C geht dabei meist in CO und Kohlenwasserstoffe über, was bei quantitativen Analysen zu berücksichtigen ist.

Ausführung (nach ROSENTHALER). 0,05 g Substanz werden im Reagensglas mit 0,2 g $K_2Cr_2O_7$ und 10 Tropfen konzentrierter H_2SO_4 versetzt. Dann wird ein Stopfen mit einem zweimal rechtwinklig gebogenen Glasrohr aufgesetzt und das Reagensglas erhitzt, und zwar erforderlichenfalls bis auf 250°. Das freie Ende des Rohres wird in oder dicht über Barytwasser geführt.

b) In Metallen.

Für die Oxydation des C in Roheisen und Stahl zu CO_2 kann die Methode von WIBORGH verwendet werden. Dabei wird nach MARINOT das Eisen im Kolben mit einem Gemisch aus Chromschwefelsäure, Phosphorsäure und Kupfersulfatlösung erhitzt.

PIVA und SALVADEO empfehlen das Erhitzen von 0,2—1 g der feingepulverten Stahl- oder Gußeisenprobe mit 30 ml einer Lösung von 100 g CrO_3 in 300 ml Wasser und 30 ml H_2SO_4 (d 1,7) und 120 ml einer Lösung aus 10 g CrO_3, 500 ml Wasser und

1000 ml konzentrierter Schwefelsäure. Die Lösungen sollen zur Zerstörung evtl. in ihnen enthaltener organischer Substanz nach der Herstellung eine Stunde lang auf dem Sandbad erhitzt werden.

III. Nachweis als Cyanwasserstoff nach Umsatz mit N-Verbindungen.

1. Umsatz mit Kaliumazid.

Diese von MÜLLER angegebene Methode beruht auf der Zersetzung $2\,KN_3 \rightarrow 2K + 3\,N_2$, wobei sich wahrscheinlich auch etwas Kaliumnitrid bildet, das sich direkt mit dem C der Probe verbindet. Jedenfalls entsteht, wenn Kohlenstoff anwesend ist, schließlich Cyanid. Die Reaktion wird durch Zugabe von ein wenig Kaliummetall vor dem Erhitzen des Gemisches noch empfindlicher gemacht. Sie läßt sich auf C in Metallen oder in Siliciumcarbid ebenso gut anwenden wie auf beliebige organische Substanzen, auch flüchtige wie z. B. Äthylalkohol. Bei Zugabe von Kalium muß dieses natürlich sorgfältig von anhaftendem Petroleum gereinigt werden.

Ausführung. Man erwärmt ein Gemisch von etwa 0,02 g der Probe mit etwa der 20fachen Menge KN_3 in einem Röhrchen aus schwer schmelzbarem Glas zunächst sehr vorsichtig, dann allmählich stärker und glüht zuletzt zwei Minuten lang stark. Der bei Gegenwart von C entstehende HCN wird als Berlinerblau (oder mit einer anderen Methode — s. Kap. Cyanwasserstoff —) nachgewiesen.

2. Umsatz mit Alkalimetall und Ammoniumsalz.

Bei dieser Nachweismethode wird wie beim Stickstoff-Nachweis von LASSAIGNE in Gegenwart von Alkalimetall aus C und N Cyanid gebildet, nur mit dem Unterschied, daß in diesem Falle eine N-haltige Substanz zugesetzt wird (SOZZI und NIEDERL; gleichzeitiger Vorschlag von GLADSCHTEJN).

Ausführung (nach SOZZI und NIEDERL). 2—5 mg Natrium, das sorgfältig von etwa anhaftendem Petroleum befreit wurde, 2—5 mg Ammoniumsalz und einige Milligramme der Probe werden in einem kleinen Reagensglas zur Einleitung der Reaktion gelinde miteinander erhitzt. Nach dem Erkalten wird Wasser vorsichtig zugetropft, bis das Volumen ungefähr 0,3 ml beträgt, und dann nach Zugabe eines kleinen Kristalls von Eisen(II)-sulfat zum Sieden erhitzt. Etwa 10 μl der klaren, erforderlichenfalls zentrifugierten Lösung werden auf der Tüpfelplatte mit 1—2 mg festem Fe(III)-sulfat versetzt und mit 10%iger HCl angesäuert. Bei Anwesenheit von C in der Probe tritt Blaufärbung (Berlinerblau) ein.

NIEDERL und SOZZI haben noch eine Abwandlung der vorbeschriebenen Methode ausgebildet, bei welcher der Cyanwasserstoff zu Methylamin reduziert und mit Lackmus nachgewiesen oder mittels Chloroform weiter zu Methylisonitril umgesetzt wird. Letzteres ist an seinem sehr charakteristischen *Geruch* zu erkennen.

$$HCN + 4H \rightarrow CH_3NH_2$$
$$CH_3NH_2 + CHCl_3 + 3NaOH \rightarrow CH_3NC + 3NaCl + 3H_2O$$

Ausführung. Zu 5 mg metallischem Natrium in einem trockenen Schmelzröhrchen werden 1 mg trockenes Ammoniumsulfat und etwa 1 mg der Probe gegeben (Feststoffe mit einem Mikrospatel, Flüssigkeiten mit einer an beiden Enden offenen Kapillare). Die Mischung wird zunächst vorsichtig erwärmt, bis das Na schmilzt und die Masse durchsetzt. Man läßt die Reaktion von selbst ablaufen und befördert sie nur, indem man bei ihrem Nachlassen hin und wieder kurz erhitzt. Die entstehende Schmelze braucht nicht farblos zu sein. Nach dem Abkühlen werden nach und nach 6 Tropfen dest. Wasser aus der Tropfpipette hinzugegeben (jedesmal das Aufhören der Reaktion abwarten) bis zur Zerstörung des überschüssigen Natriums. Dann rührt man das Gemisch mit einem Glasstab durch und überführt es auf ein Uhrglas. Die

Lösung muß stark alkalisch sein, andernfalls wird 1 Tropfen 30%ige Natronlauge zugesetzt. Dann wird auf dem Wasserbad zur Trockene gedampft. Wenn der Rückstand nicht frei von Ammoniakgeruch ist, wird das Eindampfen mit einem Tropfen Natronlauge wiederholt. Zu dem trockenen Rückstand werden 20—30 mg Zinkstaub gegeben, und das Gemisch wird vorsichtig mit 10%iger Salzsäure angesäuert. Die Reaktion setzt gewöhnlich sofort ein und läuft bei Zimmertemperatur ab. Wenn die Hauptmenge des Zinks sich gelöst hat, wird das noch saure Gemisch auf ein Uhrglas gebracht und auf dem Wasserbad zur Trockene gedampft.

Nun kann nach Mischen mit vorerhitztem Calciumoxyd der Lackmustest im EMICHschen Kapillarrohr ausgeführt werden. Bei ursprünglicher Anwesenheit von Kohlenstoff färbt sich das Lackmuspapier blau. Eine Blindprobe ist erforderlich.

Isonitril-Test. Das zur Trockene gedampfte reduzierte Gemisch wird vom Uhrglas in ein kleines Reagensglas übergeführt. Ein Tropfen Chloroform und ein Tr. 30%ige Natronlauge werden hinzugefügt. Nach Umrühren wird das Glas zugestopft und bei Raumtemperatur unter gelegentlichem Schütteln stehen gelassen. Dann wird geöffnet und, wenn kein typischer Geruch wahrnehmbar ist, wieder verschlossen und auf dem Wasserbad erwärmt. Wenn danach der unverkennbare Geruch nach Isonitril nicht festzustellen ist, kann die Prüfung auf C als negativ betrachtet werden.

IV. Nachweis als Allylen nach Umsatz mit Magnesium.

Diese von JUREČEK und NEPRAŠ angegebene Methode beruht auf dem Umsatz des anorganisch oder organisch gebundenen Kohlenstoffs mit Magnesiummetall zu Magnesiumnitrid und Nachweis des aus diesem freigesetzten Acetylenkohlenwasserstoffs Allylen, der ebenso wie Acetylen mit ILOSVAYschem Reagens reagiert.

Ausführung. Man mischt 1—2 mg oder Mikrotröpfchen der Probe mit Magnesiumpulver, bringt das Gemisch in ein kleines Aufschlußrohr und gibt eine Schicht von etwa 30 mm Magnesiumpulver darauf. Wenn flüchtige Substanzen vorliegen, bringt man sie in ein Röhrchen eingeschmolzen in das Aufschlußrohr und zerschlägt die Kapillare des Röhrchens nach Aufgeben einer etwas höheren Magnesiumschicht als im anderen Falle. Man erhitzt nun allmählich (besonders vorsichtig, wenn kristallwasserhaltige Verbindungen vorhanden sein können, wegen der Gefahr einer explosionsartigen Reaktion des Wassers mit dem Magnesium) und dann schließlich bis zum Glühen.

Man zerkleinert das Reaktionsprodukt und bringt es in einen Zersetzungsapparat. In diesen läßt man 5—10 ml Wasser aus einem Tropftrichter zufließen und spült den ganzen Apparat mit Stickstoff.

Der Apparat besitzt anschließend an den Zersetzungskolben ein Waschrohr mit 2n-Natronlauge und Glasperlen und ein zweites Rohr, das mit $HgCl_2$ gesättigte 10%ige Salzsäure (zur Absorption von störendem H_2S, PH_3 und AsH_3) auf Bimsstein enthält. Ein drittes Absorptionsrohr enthält das Reagens. Dieses wird aus 1 g kristallisiertem Kupfersulfat, 4 ml konzentrierter Ammoniaklösung, etwa 3 g Hydroxylammoniumchlorid und 50 ml Wasser hergestellt. Nach einigen Minuten Durchleitens von Stickstoff läßt man tropfenweise verdünnte Salzsäure in den Zersetzungskolben einfließen. Waren C-Verbindungen in der Probe, so tritt innerhalb von 5 Minuten eine Verfärbung des Reagenses nach Violett ein.

Der Nachweis kann auch durch Filterpapier, das mit ILOSVAY-Reagens getränkt ist, erfolgen. Flüchtige Siliciumwasserstoffe beeinträchtigen die Farbreaktion (JUREČEK).

V. Nachweis durch Redoxreaktionen als unmittelbare Farbreaktionen.

Solche als Festkörperreaktionen ausgeführte Methoden sind nicht so empfindlich wie z. B. das Mikrooxydationsverfahren von EMICH, haben aber für den Nachweis von Nichtcarbonat-C den Vorteil, daß sie mit Sicherheit durch Carbonat nicht gestört werden. FEIGL und GOLDSTEIN haben zwei Methoden ausgearbeitet, von denen die erste auf der Reduktion von Jodat zu Jod, die zweite von Molybdänoxid zu Molybdänblau durch den Kohlenstoff beruht.

1. Reduktion von Kaliumjodat.

Ausführung. Eine kleine Menge der zu prüfenden Substanz wird mit einigen Zentigrammen KJO_3 und 1 bis 2 Tropfen Wasser verrührt und in einem Mikroreagensglas zur Trockene gedampft. Der Rückstand wird mit etwas gepulvertem Kaliumjodat bedeckt, und dann wird das Reagensglas 5 Minuten lang in einem elektrischen Ofen auf 300—400° erhitzt. Man läßt erkalten und fügt je 1 Tropfen Stärkelösung und H_2SO_4 (1:1) hinzu. Blaufärbung (Jodstärke) zeigt Vorhandensein von C in der Probe an. Es ist ein Blindversuch erforderlich, da das käufliche Jodat manchmal eine Spur Jodid enthält.

Erfassungsgrenze. Etwa 1—6 μg C.

Störungen. Reduzierende anorganische Substanzen (Sulfid, Sulfit, Fe(II) usw.) stören. Sie sind vorher durch Abdampfen der Probe mit Wasserstoffperoxid zu oxydieren.

2. Reduktion von Molybdän(VI)-oxid.

Ausführung. In ein einseitig geschlossenes Hartglasröhrchen (etwa 75×7 mm) wird eine kleine Menge der festen Probe eingebracht, bzw. ein Tropfen der Probelösung wird in dem Röhrchen zur Trockene verdampft. Anschließend füllt man das Rohr bis zur Hälfte mit feingepulvertem Molybdäntrioxid, das vorher gelinde ausgeglüht wurde. Das in schräger Stellung eingeklemmte Rohr wird mit einer Saugpumpe verbunden. Nach Entfernen der Luft erhitzt man 1—2 Minuten lang zuerst den oberen Teil, dann den unteren Teil der Oxidschicht. Bei Anwesenheit von C erscheint an der Berührungsstelle der Probe mit dem hellgelben Molybdän(VI)-oxid eine blaue Zone, deren Ausmaß und Farbintensität dem C-Gehalt der Probe entsprechend variiert. Bei Prüfung auf Spuren ist eine Blindprobe erforderlich.

Erfassungsgrenze. 1—8 μg C.

Störungen. Wie bei 1.

VI. Nachweis von freiem C in einigen Carbiden durch Farbstoffadsorption.

Wie NASARTSCHUK und PETSCHENKOWSKAJA fanden, kann man freien Kohlenstoff in den Wolfram- und Molybdäncarbiden WC, W_2C, Mo_2C und MoC durch die Adsorption von Bromthymolblau aus saurem Medium nachweisen bzw. bestimmen.

Ausführung. Man schüttelt 0,5—1 g W- oder Mo-Carbid als Pulver in einem 50-ml-Meßglas mit eingeschliffenem Stopfen mit 4 ml Glycerin, bis eine homogene Suspension entstanden ist. Dazu gibt man 5 ml wässerige Bromthymolblau-Lösung (21 mg in 100 ml) und 1 ml Acetat-Ammoniakpufferlösung-(pH 3) und schüttelt 5 Minuten kräftig. Dann filtriert man durch ein Filter, auf dem sich $CaSO_4 \cdot 2H_2O$ befindet. Von dem Filtrat macht man 2 ml mit 3 ml 0,5%iger Natronlauge alkalisch und füllt mit Wasser auf 10 ml auf. Nun vergleicht man die Farbintensität mit der von entsprechend behandelten Lösungen, die mit Carbid, das keinen freien Kohlenstoff enthält, hergestellt wurden.

Bei anderen Metallcarbiden kann die Probe nicht gemacht werden, da diese selbst — auch ohne freien C — Bromthymolblau adsorbieren. Methylviolett wird auch von reinem Molybdäncarbid, jedoch nicht von Wolframcarbid, adsorbiert.

VII. Spektralanalytischer Nachweis.

1. Auf Grund von Linien des C-Spektrums.

Kohlenstoff gehört zu den verhältnismäßig schwer zur Emission von Spektrallinien anregbaren Elementen, aber zusammen mit B, Si, As und Te zu einer Gruppe, die gegenüber typischen Nichtmetallen eine Mittelstellung einnimmt. Man erhält bei Anregung mit hochkondensiertem Funken und hoher Stromstärke eine Reihe von Linien. Als Elektroden werden vielfach solche aus Kupfer verwendet, oft wird die eine Elektrode durch das zu untersuchende Material (Metall) selbst gebildet.

Ahrens und Taylor weisen auf die besondere Bedeutung hin, welche für das geologisch-chemische Laboratorium eine schnelle Methode zur Bestimmung von Kohlenstoff in geologischem Material hat im Hinblick darauf, daß Carbonate einen starken Matrixeffekt ausüben, d. h. die Linienintensität anderer Elemente beeinflussen.

Als wichtigste Analysenlinien verzeichnen Gerlach und Riedl die folgenden (I = Atom-, II und III = Ionenlinien)

Glasspektrograph:	II 4267,3	II 3920,7	II 3919,0		
Quarzspektrograph:	I 2478,5	II 4267,3	II 2836,7	II 2512,0	II 2509,1
	III 2296,9				

Die starken Linien 4267,3 (4267,27) und eine dicht daneben liegende Linie 4267,02 erscheinen nach Blank (a) bei normaler Dispersion und höheren C-Gehalten als *eine* diffuse Linie, die bei ungefähr 4% C in Stahl eine Breite von 5 Å im Spektrum einnimmt. Sie wird durch die Linien Cr 4266,8 und Fe 4266,9 etwas gestört [Blank (b)].

Die Linie 2478,5 kann bei Aufnahme mit dem Q 24 u. U. durch Fe I 2479,8 und bei Spektrographen mit geringerer Dispersion auch durch Hg und Sb gestört werden. Als Kontrollinie bei Störung durch Eisen empfehlen Gerlach und Riedl die Linie Fe I 2490,7. Das heißt, diese Linie ist im Eisenspektrum ein wenig schwächer als die vorgenannte Fe-Linie 2479,8. Erscheint sie jedoch ebenso stark oder stärker als jene, so ist das Vorhandensein von Kohlenstoff erwiesen. Übrigens tritt die starke Linie C I 2478,5 auf Grund des CO_2-Gehaltes der Luft mehr oder weniger deutlich immer auf, wenn die Luft nicht durch Spülung des Anregungsbereiches mit reinem Stickstoff, Argon oder dgl. ferngehalten wird. Die nächst wichtige Linie ist die C III 2296,9. Mit ihrer Hilfe läßt sich nach Blank (a) 0,1% C nachweisen. Die Ermittlung kleiner Gehalte (0,1—0,3%) wird aber durch Ni ($\geqq$ 1%) gestört.

Prokofjew stellte fest, daß die verschiedene Bindungsart des C in Gußeisen keinen Einfluß auf die Intensität der mittels Funkenentladung angeregten Linien 4267 und 2297 hat, die er ebenfalls zur Analyse solchen Materials empfiehlt.

Neuerdings werden mit Vorteil noch weiter im Ultraviolett liegende Linien zur Analyse herangezogen. Das ist durch die Anwendung von Flußspat- oder Gitter-Vakuumspektrographen mit direkter photoelektrischer Anzeige möglich geworden. Zeuner beschreibt die Anwendung eines solchen Gerätes, in diesem Falle eines „Polychromators“ für die Bestimmung von Kohlenstoff (sowie von Phosphor und Schwefel) in Stahl und Temperguß. Er verwendet für C die Linie 1657,0 und spült mit sehr reinem Argon (3 Liter/Minute). Als Gegenelektrode dient Armco-Eisen. So lassen sich C-Gehalte bis zu 0,01% herunter ermitteln. Lüscher verwendet beim Arbeiten mit einem Vakuum-Gitterspektrographen die C-Linie 1390,9.

2. Auf Grund von CN-Banden.

Da der Kohlenstoff bei den hohen Temperaturen der elektrischen Entladung mit dem Stickstoff der Luft Cyan bildet, können die CN-Banden zum Nachweis bzw. zur Bestimmung von C dienen. Es gibt ein Banden-System im Rot und ein etwas stärkeres im Violett (Anregungspotential 3,2 Volt). Die intensivste Bande ist die mit dem Kopf 3883,4 Å. DENNEN untersuchte die Anwendung dieser Bande auf die Analyse von sehr verschiedenartigen C-Verbindungen wie organische Stoffe und Siliciumcarbid. Er benutzte Kupferelektroden und Gleichstrombogen mit Kathodenanregung, die empfindlicher war als die Anodenanregung, und stellte eine starke Abhängigkeit von den Anregungsbedingungen sowie einen starken Einfluß des Grundmaterials auf die Intensität fest. Die Gegenwart von SiO_2 erhöht die Empfindlichkeit. DENNEN setzt daher den Proben (Pulvern) Quarzpulver (im Verhältnis 1:1) zu.

Für den Nachweis geringer C-Konzentrationen ist es auch bei Benutzung der CN-Banden notwendig, die Entladung in CO_2-freier Luft oder Stickstoff auszuführen, worauf SCHLEICHER hinweist.

3. Nachweis von Entkohlungsvorgängen.

Eine spezielle Anwendung der Spektralanalyse zum Nachweis von Unterschieden des C-Gehaltes (Kohlungs- und Entkohlungseffekte) in den Außenschichtzonen von Werkstücken aus Stahl beschreibt LIEDTKE. Die Eindringtiefe des Funkens wird dabei durch kontinuierliches Bewegen der als Elektrode geschalteten Probe begrenzt.

VIII. Nachweis von Metallcarbiden durch Röntgenbeugungsanalyse.

Die Röntgenbeugungsanalyse (Diffraktometrie) gestattet den Nachweis von kristallisierten Verbindungen als solchen, nicht nur von in ihnen bzw. in einem Gemisch von Verbindungen enthaltenen chemischen Elementen. Hierdurch unterscheidet sie sich von den meisten anderen Analysenmethoden, auch der Röntgenspektralanalyse, mit der sie sonst in Prinzip und Ausführungstechnik vieles gemeinsam hat und die für die Analyse auf Kohlenstoff gar nicht in Betracht kommt, weil die Fluorescenzstrahlung des C so weich (langwellig) ist, daß sie nicht nachgewiesen werden kann. Wegen allgemeiner Angaben über die Methode wird auf die kurzen Ausführungen im Teil Silicium, § 10, dieses Handbuches und auf die Spezialliteratur, z. B. AZAROW und BÜRGER sowie BANNISTER, verwiesen. Hinzuweisen ist darauf, daß die Empfindlichkeit des Verfahrens nicht sehr groß ist. Die Identifizierung von isolierten Gefügebestandteilen, darunter Carbiden, aus unlegierten Stählen auf Grund der DEBYE-SCHERRER-Aufnahmen mittels monochromatischer, fokussierter Strahlung in einer Seemann-Bohlin-Kamera wird von MARION und FAIVRE beschrieben.

KOPECKI weist auf die große Vervollkommnung hin, welche die Röntgenbeugungsmethode durch die Anwendung von Zählrohrdetektoren an Stelle des photographischen Films erfahren hat, insbesondere die Beschleunigung der Analyse. Er empfiehlt die Methode zum Nachweis und zur Bestimmung von Metallcarbiden in der Pulvermetallurgie und beschreibt Einzelheiten der Anwendung.

REDMOND untersucht die Zusammensetzung von Wolframcarbid—Molybdäncarbid-Gemischen und den Grad der Stöchiometrie von Wolframcarbid, WC. Er verwendet gefilterte Cu-Strahlung und ein Zählrohrgoniometer und stellt die Präparate aus dem auf 2,5 μ Körnung gemahlenen Probenpulver durch Anteigen mit Äthylcellulose-Toluollösung, Verdünnen mit Äthylacetat, Aufgießen auf Glasstreifen und Verdunstenlassen des flüchtigen Lösungsmittels her. Als Analysenlinien werden die Beugungen entsprechend den Reflexionswinkeln $2\,\Theta = 35{,}9°$ und $31{,}0°$ für WC und $2\,\Theta = 40{,}3°$ für W benutzt. Auf Grund des Auftretens der W-Reflexion konnten C-Fehlbeträge von nur 0,16% C leicht nachgewiesen werden.

IX. Nachweis durch Radioaktivierungsanalyse.

Die Methode der Radioaktivierung besteht in dem Beschuß einer Substanz mit Neutronen, Protonen oder Deuteronen, und zwar meist mit thermischen Neutronen eines Reaktors, und nachfolgender Messung der Strahlung, die infolge Entstehens eines bestimmten instabilen Isotops in der Probe aufgetreten ist. Von manchen Elementen lassen sich auf diese Weise extrem niedrige Konzentrationen nachweisen und bestimmen. In vielen Fällen kann die Messung unmittelbar vorgenommen werden, in anderen sind chemische Trennoperationen notwendig, um den Einfluß anderer, gleichzeitig induzierter Strahlung (anderer vorhandener Elemente) hinreichend auszuschalten.

Der Kohlenstoff ist eines von den hierfür weniger günstigen Elementen. Sein durch *Neutronen*anlagerung entstehendes Isotop hat eine äußerst lange Halbwertzeit und sehr geringe Aktivität. Immerhin läßt er sich durch Aktivierungsanalyse ohne chemische Operationen in Mengen bis herunter auf 0,1—0,2% feststellen. Es wird dazu Beschuß mit *Deuteronen* von mindestens 0,3 MeV Energie im Cyclotron angewendet, wobei die Kernreaktion $C^{12}(d,n)\,N^{13}$ eintritt. N^{13} hat eine Halbwertzeit von 10,0 Min.

1. Methoden ohne chemische Abtrennung.

Curie hat die Analyse von Stahl auf Kohlenstoff untersucht und eine Nachweisbarkeit von 0,1% festgestellt. Verunreinigungen, die Co^{55} oder Mn^{52} bei der Deuteronenbestrahlung bilden, könnten zunächst als sehr störend angesehen werden; die Störung ist aber eliminierbar infolge der gegenüber N^{13} größeren Halbwertzeit dieser Isotope. Mit so aktiviertem Stahl kann auch die Verteilung des C im Material durch einfache Autoradiographie studiert werden.

Die Möglichkeit des Nachweises bzw. der Bestimmung von Kohlenstoff als SiC in Siliciumdioxyd wird von Winchester und Bottino näher beschrieben. Die Autoren bestrahlen mit 15-MeV-Deuteronen eines Cyclotrons, wobei 5 Proben gleichzeitig in dünnwandigen Aluminiumkapseln auf dem Target des Gerätes untergebracht sind. Sie messen nach kurzer Bestrahlung die entstandenen aktiven Komponenten N^{13}, F^{18} (112 Minuten Halbwertzeit) und Si^{31} (157 Minuten). Si^{31} ist ein reiner β-(Negatron-)Strahler, die anderen Isotope sind γ-(Positron-Annihilations-)Strahler. Es muß also mit γ-Szintillations- und β-Proportionalzähler gemessen werden. Die Isotopenverhältnisse werden aus dem Verlauf der Zerfallskurven (einige Stunden Beobachtung) abgeleitet. Das Verhältnis von $F^{18}:Si^{31}$ entspricht dem Verhältnis von O:Si, das von $N^{13}:F^{18}$ dem von C:O. Einige Zehntelprozent C können erfaßt werden. Bei Materialien mit geringerem O-Gehalt wäre eine wesentlich größere Empfindlichkeit für C zu erwarten.

Für die Analyse von *organischen* Substanzen auf Grund der gleichen Kernreaktionen läßt die Methode nach Sue eine größere Empfindlichkeit zu. Es brauchen als gleichzeitig stattfindende Aktivierungsreaktionen nur diejenigen mit den Siliciumisotopen der als Behälter dienenden Quarzampullen berücksichtigt zu werden, hauptsächlich die Reaktion $O^{16}(d,n)\,F^{17}$. Das F^{17} hat eine wesentlich kürzere Halbwertzeit (1,1 Minute) als das aus dem Kohlenstoff entstehende N^{13}; die Unterscheidung der beiden Strahlungen ist daher gut möglich. Es wird 15 Minuten nach der 5 Minuten dauernden Bestrahlung mit Glockenzählrohr gemessen. Bei Verwendung sehr dünnwandiger Quarzampullen müßten nach Ansicht des Autors 0,015 μg C nachweisbar sein.

2. Methode mit chemischer Abtrennung des aktiven Stickstoffs.

Albert, Chaudron und Sue haben eine Methode angegeben, bei welcher der als Aktivierungsprodukt entstandene Stickstoff (N^{13}) durch Isotopenaustausch mit Ammonium-N und Austreiben als Ammoniak von allen anderen Elementen bequem abgetrennt wird. Da nunmehr keinerlei Störung durch Strahler wie Co^{55} und Mn^{52} mehr vorliegt, ist Nachweis (und Bestimmung) sehr kleiner Kohlenstoffgehalte in Al-, Mg-, Cu- und auch in Fe-Legierungen möglich.

Ausführung. Man bestrahlt ein Stück Metall von $7 \times 5 \times 1$ mm Größe, $= 250$ mg Fe, 30 Minuten ($= 3$ Halbwertzeiten) lang mit einem Deuteronenstrahlbündel des Cyclotrons von 6—10 μA. Dann löst man in 60 ml 6n-Salzsäure in der Wärme in einem Kolben mit Rückflußkühler, was je nach Eisensorte 3—15 Minuten dauert. Man spült den Kühler mit 10 ml Wasser. Von der Lösung entnimmt man 2 ml und fügt 25 ml einer Lösung von Ammoniumchlorid (2 g N pro Liter) hinzu. Man versieht den Kolben mit einem absteigenden Kühler und läßt aus einem über eine Hahnverbindung am Kolben angebrachten Gefäß 250 ml 12n-Natronlauge zufließen. Nun destilliert man 50 ml über und füllt einen Teil des Destillats in einen Flüssigkeits-Geigerzähler. Die Zählung soll 15—30 Minuten nach Beendigung der Bestrahlung beginnen. Nimmt man 10 ml von den 50 ml Destillat und mißt 20 Minuten nach Beendigung der Bestrahlung (mit 10 μA), so bekommt man 200 Impulse pro Minute bei einem C-Gehalt des Eisens von 0,0001% (0,25 μg C). Aus der Abklingkurve der Strahlung ergibt sich, daß sie nur von N^{13} herrührt.

X. Nachweis durch Phosphorescenz von Siliciumdisulfid.

Tiede und Thimann haben die Ausnutzung der von ihnen entdeckten Erscheinung, daß Siliciumdisulfid durch Spuren von Kohlenstoff zu einem „Phosphor" aktiviert wird, als „empfindlichsten Nachweis für Kohlenstoff" vorgeschlagen. Durch Glühen von reinem Silicium im H_2S-Strom bei 1200—1300° (im Porzellan- oder Platinschiffchen) wird SiS_2 im kühlen Teil des Rohres als Sublimat erhalten. Wird dieses mit einer geringen Menge organischer Substanz verrieben und nochmals — im N_2-Strom — bei 1200—1300° sublimiert, so ist es zur Phosphorescenz befähigt. Nach Erregung durch Bestrahlen, z. B. mit der Eisenbogenlampe, zeigt das Sulfid ein helles, grünes, aber schnell abklingendes Nachleuchten.

XI. Abtrennung von Kohlenstoff oder Carbiden aus Metallen zwecks gesonderter Identifizierung und andere Trennungsmethoden.

1. Abtrennung aus Metallen durch Metalle lösende Agentien.

Aus Stahl und Gußeisen kann nach Sernagiotto der Kohlenstoff durch Behandeln mit salzsaurer Kaliumkupferchloridlösung freigemacht werden. Man übergießt 1 g des als Draht oder feines Pulver vorliegenden Materials mit 50 ml einer 30%igen Lösung von Kaliumkupferchlorid $CuCl_2 + 2KCl$, die mit einigen Tropfen HCl angesäuert wurde. Der Kohlenstoff bleibt nach rascher Auflösung des Fe und Lösen des zunächst abgeschiedenen Cu durch Erwärmen als schwarzes Pulver zurück. Blousse weist darauf hin, daß bei dieser Methode das Material feingespant vorliegen muß und manche Spezialstähle nicht allein aus C bestehende Rückstände hinterlassen.

2. Abtrennung aus Metallen durch Elektrolyse.

Für die Isolierung der Carbide aus legierten Stählen mit weniger als 1,6% C verwenden Hofmann und Deponte die Elektrolyse in 3%iger Salzsäure, wobei die Probe die Anode bildet und die Kathode aus einer Platinfolie besteht. Die unlöslichen Carbide bilden nach der Elektrolyse einen lockeren, leicht entfernbaren Überzug auf der Probe.

Colbeck und Rait empfehlen, 5%ige alkoholische Salzsäure als Elektrolyt zu benutzen. Zur bequemen Aufsammelung der Carbide bei weitgehender Zersetzung der Probe umgeben sie die als Anode geschaltete Probe mit einem Zellophanbeutelchen, in dem ein kleiner Glasbehälter steht. In diesen fallen die Carbidteilchen. Die Elektrolyse wird mit 2 V und etwa 0,5 Amp. ausgeführt. Der Elektrolysierbecher befindet sich dabei in einem Kältebad.

3. Abtrennung von Diamant von anderen C-Modifikationen.

Für die schnelle Abtrennung von Diamant von anderen Modifikationen des Kohlenstoffs in feinkörnigen Gemischen ist nach PHINNEY folgende Methode am besten geeignet: Die Probe wird in Menge von etwa 0,1 g mit rauchender Salpetersäure zur Trockene gedampft. Dann wird zur vollständigen Oxydation aller noch vorhandenen, schwer oxydierbaren Bestandteile außer Diamant mit 10—20 ml 60%iger $HClO_4$ unter Zusatz von 0,1 g NH_4VO_3 als Katalysator behandelt. Nach Verdünnen mit Wasser werden die entstandenen unlöslichen Vanadiumoxide mit Hydroxylaminhydrochlorid reduziert. Der nun nach Waschen, Zentrifugieren und Trocknen verbleibende Rückstand besteht nur noch aus Diamant. Unter den angegebenen Bedingungen werden alle anderen Modifikationen im allgemeinen innerhalb von 30 Minuten vollständig zerstört, nur für grobkörnigen Graphit werden unter Umständen mehrere Stunden benötigt. Diamant dagegen ist nach 6 Stunden nicht merklich angegriffen.

4. Identifizierung von Kohlen, Graphit und Ruß in Gemischen.

Nach Versuchen von OTTO und WINZER lassen sich in Pulvergemischen aus Braun- und Steinkohlenstaub, Graphit und Ruß die Komponenten dadurch identifizieren, daß man bei stufenweise gesteigerter Temperatur verascht. Die Temperatur wird mehrmals um je 100° erhöht und jedesmal der Schwund durch Wägung festgestellt. Glanzkohle, Tierkohle und Kerzenruß lassen sich allerdings so nicht voneinander unterscheiden.

Literatur.

AHRENS, L. H., u. S. TAYLOR: Spectrochemical analysis, 2. Aufl. Reading London 1961. — ALBERT, P., G. CHAUDRON u. P. SUE: Bl. **1953**, C. 97—102. — AZAROW, L. W., u. M. J. BÜRGER: The Powder Method in X-ray Crystallography. New York, Toronto, London 1958.

BANNISTER, F. A.: X-ray-refraction by polycristalline materials. London 1955. — BLANK, O. W.: a) Sawodskaja Lab. **11**, 305—11 (1945); Ref.: Chem. Abstr. **40**, 1111 (1946). b) Bl. Acad. Russie, Sér. physique **9**, 703—6 (1945); Chem. Abstr. **40**, 4976 (1946).

COLBECK, E. W., u. J. R. RAIT: Chem. Abstr. **47**, 1565c (1953). — CURIE, IRÈNE: J. Physique Radium **13**, 497 (1952); Chem. Abstr. **47**, 10406c (1953), offenbar identisch mit Bl. **1953**, C. 94.

DENNEN, W. H.: Spectrochim. Acta **9**, 89 (1957).

EMICH, F.: Fr. **56**, 1 (1917).

FEIGL, F.: Qualitative Analyse mit Hilfe von Tüpfelreaktionen, 3. Aufl. Leipzig 1935. — FEIGL, F., u. D. GOLDSTEIN: Mikrochim. A. (Wien) **1956**, 1317; Ref.: Fr. **154** 155 (1956).

GERLACH, W., u. E. RIEDL: Die chemische Emissionsspektralanalyse, 3. Teil. Leipzig 1949. — GLADŠTEJN, B. M.: Z. analyt. Chem. **11**, 114 (1956); Ref.: Fr. **154**, 370 (1956); C. **1957**, 513. — GUTBIER, A.: Lehrbuch der qualitativen Analyse, 1921.

HOFMANN, W., u. R. DEPONTE: Arch. Eisenhüttenw. **19**, 73 (1948); Ref.: Chem. Abstr. **43**, 1685i (1950).

JUREČEK, M.: Mikrochim. A. **1955**, 1088—9. — JUREČEK, M., u. M. NEPRAS: Mikrochim. A. **1956**, 1762—66; Ref.: Fr. **158**, 213 (1957).

KOPECKI, E. S.: Iron Age **157**, Nr. 9, 48 (1946); Ref.: Chem. Abstr. **40**, 2772[2] (1946). — KÖRBL, J., u. R. PŘIBIL: Chem. Listy **50**, 236 (1956); Ref.: Fr. **153**, 282 (1956).

LIEDTKE, W.: Arch. Eisenhüttenw. **24**, 465—7 (1953); Ref.: Chem. Abstr. **48**, 2517e (1954). — LÜSCHER, F.: Congr. groupement avance meth. anal. spectrgr. prod. mét. **18**, 305—9 (1955).

MARION, F., u. R. FAIVRE: Rev. Mét. **54**, 725 (1957); Ref.: C. **1958**, 4281. — MARINOT, A.: Ann. Chim. anal. [2] **1**, 5; Ref.: Fr. **59**, 367 (1920). — MÜLLER, E.: J. pr. Chem. [2] **95**, 53; Ref.: C. **1917**, I, 811; Fr. **59**, 257 (1920).

NASARTSCHUK, T. N., u. L. E. PETSCHENKOWSKAJA: Sawodskaja Labor. **27**, 256—58 (1961).— NIEDERL, J. B. u. J. A. SOZZI: Mikrochim. A. (Wien) **1957**, 496—9.

OTTO, H., u. H. WINZER: Naturwiss. **44**, 557 (1957); Ref.: C. **1958**, 7850.

PEPKOWITZ, L. P.: Anal. Chem. **23**, 1716—7 (1951). — PETERS, R.: Angew. Chem. **26**, 702 (1913); P. C. H. **58**, 217 u. 231 (1917); Ref.: Fr. **58**, 304 (1919). — PHINNEY, F. S.: Science (Washington) **120**, 114 (1954). — PIVA, A. u. U. SALVADEO: Annali chim. appl. **11**, 113—29; Ref. C **1919** IV 1026. — PROKOFJEW, W. K.: Bl. Acad. Russie, Sér. physique **9**, 691—8 (1945); Ref.: C. A. **42**, 5793h.

REDMOND, J. C.: Anal. Chem. **19**, 773—7 (1947). — ROSENTHALER, L.: Fr. **109**, 31 (1937); C. **1937**, II, 822.

SCHLEICHER, A.: Fr. **91**, 281 (1933). — SERNAGIOTTO, E.: Ann. Chim. appl. **9**, 113 (1918); Fr. **59**, 369 (1920). — SOZZI, J. A., u. J. B. NIEDERL: Mikrochim. A. **1956**, 1512; Ref.: Fr. **155**, 286 (1957). — SUE, P.: C. r. **237**, 1696—8 (1953).

TIEDE, E., u. M. THIMANN: B. **59**, 1706 (1926).

WIBORGH: siehe MARINOT. — WINCHESTER, J. W. u. BOTTINO, M. L.: Anal. Chem. **33**, 472—3 (1961).

ZEUNER, H.: Gießerei **47**, 747—53 (1960).

Methan.

Mol.-Gew. 16,043. Kp. —164°. Dichte (bez. auf Luft) 0,554.

Inhaltsübersicht.

Da Methan zu einer homologen Reihe wenig reaktionsfähiger und in den chemischen Eigenschaften untereinander kaum verschiedener Stoffe gehört, gibt es fast keine direkten, spezifischen chemischen Nachweismethoden für dieses Gas. Indirekt läßt es sich neben seinen Homologen, mit denen zusammen es sehr häufig vorkommt, durch Verbrennungsverfahren in Verbindung mit einfachen quantitativen Operationen nachweisen. Spezifischer sind die physikalischen Methoden. Unter diesen ist die Gaschromatographie heute die wichtigste.

I. Einfache Methoden zum Nachweis von Methan als Grubengas.

Der Nachweis von Methan hat große Bedeutung bei der Überwachung von Grubenbetrieben, insbesondere des Steinkohlenbergbaus. Deswegen sind einige spezielle Methoden ausgearbeitet worden, die infolge der Einfachheit der benötigten

Vorrichtungen und deren einfacher Bedienung zur Anwendung unter Betriebsbedingungen in der Grube selbst besonders geeignet sind. Sie sind aber nicht spezifisch.

1. Nachweis mit der Grubenlampe.

Die Grubenlampe (DAVYsche Lampe) ist das am längsten bekannte Gerät dieser Art. Sie besteht heute aus einer Benzinlampe, deren Flamme innerhalb eines feinmaschigen doppelten Drahtkorbes brennt. Neuerdings werden die lichtstärkeren elektrischen Grubenleuchten teilweise zusätzlich mit einem CH_4-Detektor nach dem Prinzip der DAVYschen Lampe ausgerüstet.

Enthält die Luft zwischen 5 und etwa 14% CH_4 (Explosionsgrenzen), so verbrennt das Methan innerhalb des Korbes, wobei die Benzinflamme erlischt. Bei geringeren Gehalten an Methan findet dessen Verbrennung stationär nur unmittelbar an der Benzinflamme in Form einer mehr oder weniger ausgedehnten mattblauen Aureole statt. Bei 4% CH_4 ist die Aureole 60 mm hoch, bei 2% nur 7 mm, 1% macht sich gerade noch bemerkbar. Geringere Mengen sind nicht ohne weiteres nachweisbar (KATTWINKEL).

Nach VON ROSEN kann die Erkennungsgrenze dadurch auf 0,5% CH_4 herabgesetzt werden, daß man auf den Docht der Lampe eine Kochsalzperle legt. Man hat die Empfindlichkeit von speziell zum Nachweis von Methan (nicht als Geleucht) konstruierten Lampen durch Verwendung besonderer Brennstoffe ebenfalls erhöhen können. So werden nach WOODHEAD von einer mit Paraldehyd betriebenen Lampe bei 0,5 Zoll Flammenhöhe 0,6% CH_4 noch angezeigt. HARTWELL bezeichnet solche Lampen als das nach wie vor praktischste Mittel zur Erkennung von Methan in Grubenbauen. Sie überträfen andere „Methanometer", z. B. die auf der Messung des Widerstands von beheizten Platindrähten beruhenden Geräte an Einfachheit und vor allem an Zuverlässigkeit.

2. Nachweis mit dem Schlagwetterrohr nach Wilhelmi.

Das Schlagwetterrohr besteht aus einem zylindrischen Glasgefäß mit verjüngtem unterem Teil, an dem sich ein Hahn befindet. Im oberen Teil sind zwei Drähte als Elektroden eingeschmolzen, die an der Außenseite mit Kontaktplättchen versehen sind. Vor Gebrauch wird das Rohr evakuiert. Die auf Methan zu prüfende Luft wird durch kurzes Öffnen des Hahnes in das Rohr eingelassen und dieses dann so zwischen die Kontaktfedern einer elektrischen Zündanlage geklemmt, daß Spannung an den Elektroden liegt und ein Funke zwischen ihnen überspringt. Bei größeren CH_4-Gehalten ist eine Explosion wahrnehmbar und wird dadurch ein Methangehalt der Luft angezeigt. Bei kleinen Gehalten wird mehrmals gefunkt und die Verbrennung indirekt nachgewiesen. Dazu wird das Rohr, gegebenenfalls nach Abkühlung, mit dem Hahnansatz in Wasser gestellt und der Hahn geöffnet. Das entstandene Kohlendioxid löst sich im Wasser, und dieses steigt entsprechend der Volumenabnahme in dem unteren, kalibrierten Rohrteil hoch. Gehalte bis 9% CH_4 können an der Skala dieses auch für halbquantitative Messungen verwendbaren Gerätes abgelesen werden. Die (untere) Nachweisgrenze dürfte nur wenig niedriger liegen als die der Grubenlampe.

3. Nachweis mit dem Grubengas-Interferometer.

Von Zeiss, Jena, wurde ein kompaktes, bequem tragbares Interferometer als Grubengasinterferometer konstruiert, das vorwiegend für die schnelle, bequeme und gefahrlose Bestimmung des Methangehalts bzw. den Nachweis erhöhter Konzentrationen des Gases in Grubenbauen bestimmt ist (LÖWE). Es kann übrigens auch für die Analyse anderer Gase verwendet werden, da im Prinzip nur der Unterschied des Brechungsindex des zu analysierenden Gases gegenüber einem Vergleichsgas, das den nachzuweisenden Stoff nicht enthält, gemessen wird. Als Vergleichsgas dient gewöhnlich atmosphärische, von CO_2 und H_2O gereinigte Luft.

Durch ein Okular werden zwei als parallel nebeneinander liegende Bänder abgebildete Beugungsspektren betrachtet. Bei gleicher Zusammensetzung von Analysengas und Vergleichsgas sind die Spektren identisch. Tritt in dem zu prüfenden Gas eine zusätzliche Komponente, z. B. Methan, auf, so verschieben sich die Interferenzlinien des einen Spektrums. Durch Drehen einer Rändelschraube mit Meßtrommel kann man die Spektren wieder zur Deckung bringen. Das Grubengasinterferometer ist so eingerichtet, daß einem Teilstrich auf der Kompensatortrommel 0,1% CH_4 entspricht. Nähere Beschreibung des Gerätes und seiner Anwendung findet sich bei KATTWINKEL (S. 54) und SCHUSTER (S. 267—271).

4. Nachweis durch Oxydation zu Kohlendioxid und Identifizierung desselben.

Das auf Methan zu prüfende Gas wird auf irgendeine Weise, z. B. in dem in Abschn. II 2 beschriebenen Kupferoxidröhrchen oxydiert und weiter in ein Gefäß mit Barytlauge eingeleitet. Eine Fällung von Bariumcarbonat zeigt CH_4 bzw. höhere Kohlenwasserstoffe oder andere oxydierbare kohlenstoffhaltige Gase an.

5. Nachweis durch die bei der Oxydation auftretende Wärme.

Man hat eine Reihe von Geräten konstruiert, die einen Gehalt von Methan (oder anderen brennbaren Gasen) durch die bei der Oxydation auftretende Temperaturerhöhung nachzuweisen gestatten. Entweder wird die Widerstandsänderung von konstant beheizten Platindrähten, die bei Auftreten einer Reaktionswärme eintritt, gemessen oder die Temperaturerhöhung des Gas-Luft-Gemisches selbst durch ein Thermoelement. Ein einfacher Apparat der letzteren Art wurde von GÖRLACHER beschrieben.

II. Spezifische chemische Nachweismethoden.

1. Oxydation mit Ozon zu Formaldehyd.

Nach HÄUSER und HERZFELD läßt sich Methan mit Ozon leicht zu Formaldehyd oxydieren. Der Aldehyd kann dann z. B. mit Morphin-Schwefelsäure nachgewiesen werden.

Ausführung. Man mischt das CH_4-haltige, von adsorbierbaren Bestandteilen mit Aktivkohle befreite Gas bei Zimmertemperatur in langsamem Strom mit etwa 2—3% Ozon enthaltendem Sauerstoff, wie man ihn aus einem BERTHELOT-KOLBEschen Ozonisator erhält, und leitet das Gemisch weiter durch ein Rohr mit angefeuchteter Glaswolle. Anschließend spült man die Glaswolle mit wenig Wasser und sammelt das Waschwasser in einem Reagensglas. Waren merkliche CH_4-Mengen in dem Gas, so ist das schon an einem Formaldehydgeruch zu erkennen. Außerdem kann man den Aldehyd mit oben genannter Reaktion nachweisen.

Äthan wird nur sehr langsam, und zwar zu Acetaldehyd und Essigsäure oxydiert; der Nachweis ist also — soweit nur Kohlenwasserstoffe in Betracht kommen — spezifisch für Methan.

2. Gasvolumetrische Methoden.

Alle in der klassischen Gasanalyse im allgemeinen zur quantitativen Bestimmung von Methan verwendeten Verfahren und Apparaturen können zum Nachweis des Methans verwendet werden, insofern als ein oberhalb der Fehlergrenze liegender

Meßwert für CH_4 sein Vorhandensein anzeigt. Dabei ist als Fehlergrenze 0,1—0,2% zu betrachten. Wegen der vielfältigen Möglichkeiten, das Methan für sich allein oder im Gasgemisch mit Wasserstoff oder mit Wasserstoff und Kohlenoxid zusammen in explosionsartiger oder langsamer Reaktion zu verbrennen und aus den auftretenden Volumenänderungen auf die Art und Konzentration der Komponenten zu schließen, muß auf die gasanalytische Spezialliteratur (z. B. SCHUSTER oder KATTWINKEL) verwiesen werden. Nachstehend werden nur zwei der gebräuchlichsten Arbeitsweisen geschildert.

In beiden Fällen wird aus dem abgemessenen Gasvolumen zunächst CO_2 (durch Absorption in KOH-Lösung) und CO (z. B. durch Absorption in salzsaurer Kupfer(II)-chlorid-Lösung — s. Kap. Kohlenoxid — entfernt. Bei der zweiten Methode (nach JÄGER) muß auch der Sauerstoff entfernt werden. Das kann durch Absorption in alkalischer Pyrogallol-Lösung (1 Vol. 25%iger wäßriger Lösung von Pyrogallol vermischt mit 5—6 Vol. Kalilauge 1:2, etwa 35%ig) geschehen.

a) Glühdrahtmethode.

Ausführung. Das Gas, das keinen nennenswerten Wasserstoffgehalt aufweisen darf und von CO_2 und CO gereinigt wurde, wird nach Feststellung seines Volumens in einem kalibrierten Meßrohr aus diesem über eine auf etwa 1000° (helle Rotglut) erhitzte Platinwendel in ein mit Schwefelsäure-Glycerin (1 Vol. Glycerin + 1 Vol. 20%ige Schwefelsäure) als Sperrflüssigkeit gefülltes Ausweichgefäß und zurück in das Meßrohr geleitet. Das Hin- und Herleiten wird einige Male wiederholt, bis das Volumen nicht mehr abnimmt. Die Platinwendel ist in eine Quarzglaskapillare auswechselbar eingesetzt; sie wird elektrisch mittels Netztrafo und Regelwiderstand beheizt. Die Schlauchverbindungen zu den übrigen Teilen der Apparatur werden mit Wasser gekühlt.

Der Methangehalt ergibt sich aus der Volumenabnahme des Gases entsprechend dem Vorgang:

$$CH_4 + 2O_2 = CO_2 + 2H_2O.$$

Das entstehende Wasser kondensiert sich. Der Wasserdampfdruck im ganzen System stellt sich schnell auf den ursprünglich vorhandenen — die H_2O-Tension der im Meßrohr befindlichen Sperrflüssigkeit bei der herrschenden Temperatur — ein. Infolgedessen tritt eine Kontraktion des Gases ein. Einem Volumenteil an der Teilung des Meßrohres abgelesener Volumenabnahme entsprechen $^1/_3$ Vol.-Teile CH_4 unter Vernachlässigung der Löslichkeit des CO_2. Bei sehr methanreicher Luft muß diese vor der Analyse mit reiner Luft verdünnt werden. Für genauere Analysen muß auf Temperaturkonstanz geachtet werden oder müssen die Temperaturänderungen und Luftdruckänderungen auf bekannte Weise rechnerisch oder durch Kompensationseinrichtungen (s. SCHUSTER, S. 112) eliminiert werden. Dies gilt naturgemäß für alle gasvolumetrischen Methoden. Um das etwaige Vorhandensein von höheren Methan-Homologen zu überprüfen, wird das Gas nach der CH_4-Verbrennung zur Entfernung des enstandenen CO_2 noch in die Kalilaugepipette geleitet und wiederum gemessen. War nur CH_4 vorhanden, so ist die jetzt festgestellte Volumenabnahme gleich dem vorher errechneten CH_4-Volumen. Waren Homologe vorhanden, so zeigt sich das an einer erhöhten Volumenabnahme bei der CO_2-Absorption, da die Verbrennungs-Kontraktion bei den Homologen infolge ihres niedrigeren H-Gehaltes geringer ist als beim Methan und andererseits die CO_2-Bildung infolge des höheren C-Gehaltes der Homologen größer ist. Es läßt sich aber nichts darüber aussagen, welche homologe Verbindung vorliegt.

Bei Vorhandensein eines merklichen Wasserstoffgehaltes in der Luft bzw. in dem Gas kann die beschriebene einfache Arbeitsweise nicht angewendet werden.

b) Kupferoxidmethode (nach JÄGER).

Bei dieser Methode, welche die einfachste und wohl auch gebräuchlichste zur CH_4-Bestimmung ist, kann das Gas wasserstoffhaltig sein und kann H_2 in bequemer Weise mitbestimmt oder nachgewiesen werden bzw. kann durch vorherige Entfernung des H_2 dessen störender Einfluß auf den CH_4-Nachweis beseitigt werden. Dabei können die Mengenanteile der beiden Gase in weiten Grenzen schwanken. Das erhitzte Kupferoxid oxydiert H_2 und CH_4 nach den Gleichungen:

$$H_2 + CuO = Cu + H_2O$$

$$CH_4 + 4CuO = 4Cu + CO_2 + 2H_2O.$$

Die Verbrennung läßt sich selektiv ausführen. Man verbrennt zunächst den Wasserstoff bei 280—290° und dann das Methan (und erforderlichenfalls Homologe) bei etwa 900° (helle Rotglut). Das Kupferoxid wird in Form der käuflichen Drahtstückchen angewendet oder aus Kupferdrahtstückchen durch Erhitzen auf Rotglut unter Luftdurchleiten unmittelbar im Verbrennungsröhrchen hergestellt. Das Rohr besteht aus Quarzglas oder hochlegiertem Stahl (NCT 3) und hat etwa 20 cm Länge sowie etwa 8 mm ⌀. An den Enden wird die CuO-Schicht durch je ein Stückchen Quarzkapillare begrenzt.

Das Rohr wird in einen der gebräuchlichen Orsat-Apparate eingesetzt. Die Beheizung kann auf beliebige Weise erfolgen, nur muß die Erreichung einer genügend hohen Temperatur für die CH_4-Verbrennung gewährleistet sein. Äthan und höhere Homologe werden schon bei etwas niedrigeren Temperaturen oxydiert. Die Temperatur kann niedriger gehalten werden, wenn man ein Oxidgemisch nach BRÜCKNER und SCHICK verwendet. Das Gemisch besteht aus 99% CuO und 1% Fe_2O_3. Es wird durch Tränken von Kupferoxiddraht z. B. in einer Porzellanschale mit der entsprechenden Menge Eisennitratlösung und Erhitzen bis zur vollständigen Vertreibung der Stickstoffoxide hergestellt. An ihm verbrennt H_2 bereits bei 200° rasch und CH_4 bei 600° genügend rasch und vollständig.

Ausführung. Das wie unter a) von CO_2, CO, erforderlichenfalls von ungesättigten Kohlenwasserstoffen (z. B. durch Absorption in rauchender, 15% SO_3 enthaltender Schwefelsäure) und von O_2 befreite Gas wird in der Bürette gemessen. Vorher wurde die ganze Apparatur, d. h. die Verbindungskapillaren und das Verbrennungsrohr, mit Stickstoff (hergestellt aus Luft durch Absorption des O_2 in der Pyrogallolpipette) gespült.

Nun wird die Verbindung zur Ausgleichspipette (gefüllt mit KOH) geöffnet und das Verbrennungsrohr auf 280—290° (bzw. 220° bei Verwendung von CuO—Fe_2O_3 nach BRÜCKNER und SCHICK) erhitzt, und das Gas mehrfach zwischen Meßbürette und Ausgleichspipette hin- und hergeleitet, bis keine Volumenabnahme mehr bemerkbar ist, d. h. der H_2 vollständig verbrannt ist. Man kühlt das Rohr zunächst wieder auf Zimmertemperatur und liest das noch vorhandene Gasvolumen in der Meßbürette ab. Auf diese Weise kann das Vorhandensein von H_2 und dessen Menge (Volumenabnahme) festgestellt werden. Nun wird das Verbrennungsrohr auf 900° (600°) geheizt und das Gas wie zuvor hin- und hergeleitet.

Nach Erreichung der Volumenkonstanz läßt man endgültig abkühlen. Bei Anwendung von einfachem CuO und hoher Temperatur soll vorher noch einige Male bei schwacher Rotglut zur Wiederaufnahme von etwa aus dem CuO dissoziiertem O_2 hin- und hergeleitet werden. Die gegenüber der vorigen Ablesung jetzt an der Bürette festgestellte Volumenabnahme entspricht dem Methan oder der Summe von CH_4 und evtl. vorhandenen Homologen.

Nachweis des Vorhandenseins von Homologen.

Wenn man, statt schon während der Verbrennung das entstehende CO_2 zu absorbieren, zunächst eine mit Glycerin-Schwefelsäure als Sperrflüssigkeit gefüllte Bürette verwendet, kann man aus der bei der Verbrennung auftretenden Volumenzunahme auf höhere Kohlenwasserstoffe, z. B. Äthan, schließen. Handelt es sich nur um C_2H_6, so ist die Zunahme einfach gleich dessen Menge. Sind weitere Homologe vorhanden, so läßt sich wieder wie unter a) nur die Tatsache, daß nicht CH_4 allein vorliegt, folgern, aber nicht die Art und Menge der höheren Kohlenwasserstoffe feststellen.

Die Schlußfolgerungen auf das Vorhandensein von Homologen sind wenig sicher, wenn es sich um kleine Anteile von diesen handelt, da die Messungen auf der nicht ideal zutreffenden Voraussetzung beruhen, daß CO_2 in der sauren Sperrflüssigkeit unlöslich ist.

Ein etwas sichererer Nachweis des Vorhandenseins kleiner Anteile von Äthan oder höheren Homologen im Methan in Verbindung mit der Orsatanalyse läßt sich durch genaue Dichtemessungen führen.

Man mißt die Dichte des Restgases, das sich nach der Analyse in der Bürette befindet und aus Stickstoff und Argon und im Falle der Untersuchung von Erdgas außerdem aus einigen Hundertstelprozent Helium besteht. Handelt es sich wie bei Industriegasen nur um Luftstickstoff, so genügt es, dabei mit der Dichte des natürlichen N_2-Ar-Gemisches d = 0,9721 (bez. auf Luft = 1,000) zu rechnen.

Außerdem bestimmt man die Dichte des von CO_2 gereinigten Gemisches von Kohlenwasserstoffgasen und Restgas an einem vor der Verbrennung abgezweigten Teil des Gemisches.

Die Dichte (bez. auf Luft) des Kohlenwasserstoffgases berechnet man dann aus den gemessenen Dichten von Mischgas (D_{M}) und Restgas (D_{R}) sowie dem Volumenanteil des Restgases (V_{R}) und dem Volumenanteil des Kohlenwasserstoffgases (V_{KW}), d. h. der Differenz zwischen der zur Verbrennung angewendeten Gasmenge und der Restgasmenge. Da die Dichte von Gasgemischen sich additiv aus den einzelnen Dichten zusammensetzt, ist

$$D_{\mathrm{M}} = D_{\mathrm{KW}} \cdot V_{\mathrm{KW}} + D_{\mathrm{R}} \cdot V_{\mathrm{R}}$$

und

$$D_{\mathrm{KW}} = \frac{D_{\mathrm{M}} - D_{\mathrm{R}} \cdot V_{\mathrm{R}}}{V_{\mathrm{KW}}}.$$

Ist die so berechnete Dichte höher als die von Methan (0,5545), so liegen höhere Kohlenwasserstoffe im Methan vor.

Die Gasdichten lassen sich mit einer für kleine Volumina geeigneten Gasdichtewaage, z. B. der der Firma Fuess, leicht auf drei Dezimalen genau messen. Solche Waagen bestehen aus einem waagebalkenartig in einem Gehäuse angeordneten hohlen Auftriebskörper aus Quarz, dessen Ausschläge aus der markierten Nullstellung an einem Zeiger mittels eines kleines Mikroskops beobachtet werden.

Mit Hilfe eines Elektromagneten und eines in dessen Stromkreis befindlichen Regelwiderstandes wird der Auftrieb genau kompensiert. Die zur Kompensation erforderliche Stromstärke wird an einem Milliamperemeter abgelesen. Macht man das einmal mit dem zu prüfenden Gas und gleich darauf mit reiner Luft, so werden Temperatur- und Luftdruckänderungen eliminiert und läßt sich die Dichte des Analysengases bezogen auf Luft sehr einfach berechnen. Um mit kleinen Gasmengen auskommen zu können, wird die Dichtewaage zunächst evakuiert und dann mit dem Gas bis zu einem beliebigen Druck, der an einem mit Nonius versehenen Quecksilbermanometer abzulesen ist, gefüllt. Die Formel für die Dichte lautet:

$$D_{\mathrm{Gas}} = \frac{d_{\mathrm{Luft}} \cdot i_{\mathrm{Gas}}}{d_{\mathrm{Gas}} \cdot i_{\mathrm{Luft}}}.$$

Dabei sind *d* die Manometer- und *i* die Amperemeter-Ablesungen. Dieser Nachweis der höheren Homologen ist recht empfindlich, wenn der Anteil des Kohlenwasserstoffgases gegenüber dem des Stickstoffes nicht sehr klein ist. Über die Art der Homologen sagt er ebenso wenig aus wie die zuvor beschriebenen Arbeitsweisen.

Man wird daher im allgemeinen den getrennten direkten Nachweis des Methans und der Homologen, z. B. durch Gaschromatographie, vorziehen (s. Abschn. VII), nachdem diese Methode und die zu ihrer Durchführung erforderlichen Apparaturen in die meisten Laboratorien Eingang gefunden haben.

III. Nachweis durch Destillations- und Kondensationsanalyse.

Diese Methoden können mit einem durch Behandlung im Orsat von einem Teil der übrigen Gase befreiten, außer Kohlenwasserstoffen nur noch Stickstoff und Edelgase enthaltenden oder dem ursprünglichen Gasgemisch ausgeführt werden (nähere Angaben mit Literatur s. SCHUSTER). Sie werden in der Praxis heute im allgemeinen höchstens noch für präparative Zwecke verwendet. Die große Bedeutung, die sie noch vor einem Jahrzehnt hatten, gehört der Vergangenheit an. Es soll deshalb hier nur kurz angedeutet werden, wie z. B. durch Kondensationsanalyse Methan in einem Gemisch mit höheren Kohlenwasserstoffen und anderen Gasen nachgewiesen bzw. bestimmt werden kann.

Hierzu läßt sich eine recht einfache Apparatur (SCHUSTER S. 239) verwenden, die nur aus einem U-Rohr, einem DEWAR-Gefäß, zwei wie üblich mit Niveaugefäßen versehenen Gasbüretten und einem Hahnsystem besteht, welches die Möglichkeit gibt, nach Belieben jede der beiden Büretten mit dem U-Rohr oder miteinander oder mit der Außenluft in Verbindung zu bringen.

Das U-Rohr wird in flüssige Luft getaucht, die Büretten haben Quecksilber als Sperrflüssigkeit. Durch Heben und Senken des Quecksilbers in Bürette 2 und entsprechende Betätigung der Hähne wird zunächst der ganze Apparat evakuiert. Nun wird in Bürette 1 das zu prüfende Gas eingesaugt und durch Heben und Senken des Quecksilbers in beiden Büretten mehrmals durch das U-Rohr hin- und hergeleitet. Sind die kondensierbaren Gase, d. h. alle außer CH_4 und, wenn vorhanden, O_2, N_2, CO und H_2 verflüssigt, so wird mittels einer der Büretten der gasförmig gebliebene Teil aus dem U-Rohr abgepumpt und in die andere Bürette gedrückt. Aus ihr wird er zur Orsatanalyse oder anderweitigen Identifizierung entnommen. Die Verbrennung nach Entfernen des CO gibt jetzt ein eindeutiges Ergebnis, denn CH_4 ist nun die einzige brennbare C-Verbindung, die noch vorhanden sein kann. Bei der Temperatur der flüssigen Luft (etwa —185°) hat keine der übrigen C-Verbindungen einen merklichen Dampfdruck. Diese Verbindungen, einschließlich Äthylen (Kp. —104°) und Äthan (Kp. —89°) befinden sich, wenn anwesend, vollständig im Kondensat.

IV. Nachweis durch Adsorptions-Desorptionsanalyse.

Von der Anwendung dieser Methoden, die teils für sich allein, teils in Kombination mit der Kondensationsmethode benutzt wurden, gilt dasselbe, was im vorigen Absatz über die Anwendung der Destillations- und Kondensationsanalyse gesagt wurde. Die Verfahren sind ziemlich schwierig und zeitraubend durchzuführen und haben eigentlich nur noch historisches Interesse. Sie können als eine Art Vorläufer der gaschromatischen Verfahren angesehen werden.

V. Nachweis durch Ultrarotspektralanalyse.

Die Ultrarot-Absorptions-Spektralanalyse ermöglicht einen empfindlichen und spezifischen Nachweis des Methans in Gemischen mit den verschiedensten Gasen. PIERSON, FLETCHER und CLAIR GANTZ bringen eine große Zusammenstellung der Absorptionseigenschaften von 66 Gasen und Dämpfen. Für jede Verbindung ist das

Diagramm im Bereich von 2—15 μ dargestellt (teilweise für verschiedene Gasdrücke). Außerdem sind alle Verbindungen in einer Übersichtstafel zusammengestellt, in der die Lage ihrer hauptsächlichen Banden in Form von Symbolen, welche gleichzeitig ihre relativen Intensitäten angeben, eingezeichnet ist.

Methan zeigt eine zwar nur mittelmäßig starke, aber gegenüber allen Kohlenwasserstoffen und übrigen Gasen spezifische Bande bei 7,7 μ. Die Verfasser bringen als Beispiel für die Analyse eines Gemisches mit mehreren Komponenten die Aufnahme eines Gemisches von CH_4, C_2H_4, C_2H_2, CO, CO_2, NO, NO_2 und HCN. Der Absorptionspeak von CH_4 bei 7,65 μ tritt frei von Überlagerung sehr gut in Erscheinung. Für die Analyse des Methans und anderer Kohlenwasserstoffe wie auch z.B. der vorstehend mitgenannten Gase wirkt sich vorteilhaft aus, daß in dem Wellenbereich von 2—15 μ die Elemente H_2, N_2 und O_2 überhaupt keine Absorption zeigen und daher nicht störend in Erscheinung treten.

1. Apparaturen.

Auf die Einzelheiten der für die Durchführung der Ultrarotabsorptionsanalyse konstruierten Geräte kann im Rahmen dieses Werkes nicht eingegangen werden. Eine recht ausführliche Beschreibung mehrerer Typen und der experimentellen Grundlage der Methode überhaupt sowie Spezialliteratur gibt Luther im „Zerbe“ (S. 137—152). Hier seien nur die wesentlichsten Merkmale der beiden in Konstruktion und Arbeitsprinzip recht unterschiedlichen Hauptarten herausgestellt. Es handelt sich um die mit Dispersion der Strahlung (durch Prismen, Gitter) und die ohne Dispersion arbeitenden Geräte.

Bei den Geräten der ersten Art wird ein mehr oder weniger breiter Teil des Spektrums „durchfahren“, indem bei feststehendem Prisma ein Strahlungsempfänger in der Brennebene des Austrittsobjektivs kontinuierlich verschoben oder durch Drehen des Prismas selbst oder Drehen eines hinter dem Prisma befindlichen Spiegels die Strahlung der verschiedenen Wellenlängen nacheinander auf den feststehenden Detektor gerichtet wird. Die Registrierung des Spektrums geschieht bei den modernen Geräten dieser Art meist als Kurvenzug durch einen Tintenschreiber. Die Spektrographen dieser Hauptart sind vielseitig anwendbar, besonders dann, wenn sie mit einer Wechseleinrichtung zur wahlweisen oder aufeinanderfolgenden Anwendung von Prismen aus verschiedenem Material (z. B. KBr, NaCl, LiF) ausgerüstet sind wie das Gerät von Zeiss, und gestatten sowohl die Untersuchung von festen Stoffen und Flüssigkeiten und auch die von Gasen.

Bei dem anderen Haupttypus, den ohne Dispersion arbeitenden, besonders für die Analyse strömender Gase bestimmten Geräten, erfolgt die relative Detektion durch gasgefüllte Empfängerkammern. Als Beispiel sei das Prinzip des URAS der Fa. Hartmann & Braun (in Anlehnung an die Beschreibung von Schuster S. 172) geschildert. Die Probe und die Vergleichssubstanz (meistens Luft) werden von je einer IR-Quelle durchstrahlt. Dabei geht je ein mittels Filterküvette nur grob ausgefiltertes Strahlungsbündel mit ziemlich breitem Wellenbereich (2—10 μ) durch Probenkammer und Vergleichskammer. Danach treten die Strahlungen in je eine Empfängerkammer ein. Diese geschlossenen Kammern sind mit dem Gas gefüllt, auf das geprüft werden soll. Findet keine Absorption in der Probenkammer statt, so gelangt die Strahlung gleichmäßig in jede der Empfängerkammern und erzeugt dort infolge Absorption der Banden des Füllgases eine gleich große Temperaturerhöhung. Tritt nun aber in der Probenkammer das nachzuweisende Gas auf, so wird ein Teil der Strahlung bereits dort absorbiert und die zugehörige Empfängerkammer erhält eine geschwächte Strahlung, so daß ihre Temperatur und ihr Gasdruck absinken. Zwischen den beiden Empfängerkammern befindet sich ein als Membran ausgebildeter Kondensator, der sich entsprechend der Druckveränderung verstellt und seine Kapazität ändert.

Die Druckänderungen sind sehr gering. Deshalb werden die beiden Strahlengänge durch ein schnell rotierendes Blendenrad ständig unterbrochen und wieder hergestellt. Die so entstandenen periodischen Druckschwankungen erzeugen ebensolche Kapazitätsänderungen des Membrankondensators. Dadurch überlagert sich der an ihm liegenden Gleichspannung eine Wechselspannung (mit von der Gaskonzentration in der Probenkammer abhängiger Amplitude). Die Wechselspannung wird verstärkt, gleichgerichtet und von einem Meßinstrument angezeigt oder registriert.

Bei der Analyse von Gasen werden lange Probenkammern verwendet (mehrere Dezimeter). Die Geräte der zweiten Art werden vorzugsweise als mit Gaszuführungen ausgerüstete Durchflußgeräte für die kontinuierliche Analyse zur Kontrolle von Betriebsvorgängen oder zur Überwachung der Luft auf einen bestimmten schädlichen Stoff oder eine Gruppe solcher Stoffe verwendet.

2. Spurennachweis von Methan und Homologen.

Die Empfindlichkeit solcher Geräte kann durch starke Strahlungsquellen, besonders lange Strahlungswege und einige andere Maßnahmen sehr weit gesteigert werden. So beschreiben Littman und Denton die Abwandlung eines Apparates des Handels zu einem Ultramikroanalysator, mit dem Kohlenwasserstoffgase bei Gehalten von 0,1—10 Gew.-ppm in der Luft kontinuierlich angezeigt und registriert werden. 1 ppm CH_4 z. B. erzeugt einen Ausschlag von zwei Skalenteilen.

Dieser Apparat hat Gasdurchflußzellen (Glasrohr mit innen aufgedampftem Aluminium) von 2,90 m Länge. Die Vergleichszelle ist ebenfalls als Durchflußzelle ausgebildet, und zwar wird sie mit einem Teilstrom der zu untersuchenden Luft beschickt, der aber vorher durch Überleiten über einen auf 800° beheizten Edelmetallkatalysator vollständig von organischen Gasen befreit wird. Der infolge einer gewissen Überlappung der Banden mit denen des jeweils zu bestimmenden Gases bestehende fälschende Einfluß von CO_2 und CO auf die Anzeige wird dadurch ausgeschaltet, daß die ihren Banden entsprechenden Wellenlängen durch Füllung der Filterkammern mit einem CO_2—CO-Gemisch von der Proben- und der Vergleichskammer ferngehalten werden. Durch Anwendung der gleichen Luft in Probe- und Vergleichskammer wird der sonst schwer zu eliminierende Einfluß der wechselnden Luftfeuchtigkeit vermieden. Der durch Verbrennung der Spuren von Kohlenwasserstoffen in der Vergleichsluft zusätzlich auftretende Wasserdampf ist wegen seiner äußerst geringen Menge ohne Belang.

Da bei einer derartig empfindlichen Anordnung die Null-Linie unweigerlich einen „Gang" aufweist, der die Deutung der angezeigten Kurve schwierig machen würde, wird in regelmäßigen Zeitabständen auch durch die Probenzelle gereinigte Luft geleitet. Durch Verbinden der hierbei entstehenden Kurvenabschnitte erhält man eine schlank-kurvenförmige Null-Linie, und über dieser Linie treten die eigentlichen Meßausschläge wie mehr oder weniger lange Zähne eines gekrümmten Sägeblattes in Erscheinung, wenn die Nachweisschwelle des Gerätes für das zu bestimmende Gas in der originalen Luft mehr oder weniger weit überschritten wird.

Sofern nicht wie im obigen Falle außerordentlich hohe Anforderungen bezüglich der Nachweisempfindlichkeit gestellt werden, genügen kleine Geräte mit 20—30 cm Kammerlänge vollauf. Friedel hebt den Wert der UR-Methode unter Ausnutzung der Bande bei 7,7 μ für die Überwachung der Grubenluft auf CH_4 hervor; er empfiehlt die Messung bei 3,5 μ, wenn Kohlenwasserstoffgase insgesamt nachgewiesen werden sollen.

VI. Nachweis durch Massenspektrometrie.

Wegen der theoretischen und apparativen Grundlagen der Massenspektrometrie muß auf die Spezialliteratur, z. B. Ewald und Hintenberger, verwiesen werden.

Es sei hier nur die Erfahrungstatsache festgehalten, daß bei einer bestimmten, zwischen 50 und 100 eV liegenden Energie der zum Beschuß der Gasmoleküle dienenden Elektronen und bei Konstanthaltung der übrigen Betriebsdaten das von einer chemischen Verbindung erzeugte Masse/Ladung-Spektrum der Molekül- und Bruchstückionen reproduzierbar festgelegt werden kann und charakteristisch für die betreffende Substanz ist. Ein großer Vorzug der Methode ist ihre äußerst hohe Empfindlichkeit: 0,1—0,0001 ml Gas reichen zur Analyse aus.

Zum Nachweis von Methan kann die Massenspektrometrie Anwendung finden. Man wird sie u. U. dann dazu heranziehen, wenn für die Analyse von Gemischen mit höher molekularen Verbindungen, für welche diese Methode sehr gute Dienste leistet, sowieso ein Massenspektrometer eingesetzt wird.

Die Bedingungen für den CH_4-Nachweis sind verhältnismäßig ungünstig, da das kleine CH_4-Molekül nur sehr wenige Ionenarten liefern kann und die zugehörigen Peaks $m/e = 16$ und 15 von denen der Luftgase N_2, O_2 (in größeren Konzentrationen) und CO_2, H_2O (auch in kleineren Konzentrationen) überdeckt werden.

Trotzdem ist der Nachweis (und sogar die befriedigend genaue quantitative Bestimmung) von einigen Zehntelprozent Methan in Luft bei Einführung von Korrekturen möglich, wie FRIEDEL zeigt. Dieser Autor gibt aber der UR-Spektrometrie für solche Fälle den Vorzug. Die Massenspektrometrie wird dann nützlich sein, wenn nur sehr kleine Gasmengen zur Verfügung stehen. DREW und Mitarbeiter empfehlen, die Massenspektrometrie z. B. für die Klärung der Frage anzuwenden, ob der 1. Peak eines Gas-Flüssig-Chromatogramms von Kohlenwasserstoffen nur durch eine Luftbeimengung oder aber auch durch Methan hervorgerufen wird. Sauerstoff, Stickstoff und CH_4 werden nämlich bei der Verteilungschromatographie nicht getrennt. Andererseits weisen DREW und Mitverfasser besonders auf die zahlreichen Fälle hin, wo eine einwandfreie massenspektrometrische Analyse von Gemischen erst durch Vortrennung auf gaschromatischem Wege möglich wird.

Wie aus den Intensitäten der Peaks des Spektrums eines Gemisches von fünf Kohlenwasserstoffgasen, darunter Methan, die Partialdrücke der einzelnen Komponenten errechnet werden und so ihr Vorhandensein nachgewiesen wird, beschreiben EWALD und HINTENBERGER eingehend. Bei der Berechnung geht man von dem Bestandteil mit dem höchsten Molekulargewicht aus und führt die Rechnung stufenweise fortschreitend bis zum Methan durch.

VII. Nachweis durch Gaschromatographie.

1. Allgemeines über Prinzip und Apparatur.

Die Gaschromatographie ist ein Verfahren, das zum Nachweis, zur Bestimmung und zur Trennung von gasförmigen oder leicht verdampfbaren Stoffen gleich gute Dienste leistet. Die verhältnismäßig einfache und billige Apparatur und die hohe Selektivität auch für chemisch sehr ähnliche Verbindungen machen die Gaschromatographie zu einer nahezu ideal zu nennenden Methode gerade für die Analytik der Kohlenwasserstoffe. Ihre Grundprinzipien sollen daher hier im Kapitel Methan erläutert werden.

Das Gas als bewegliche Phase wird durch eine stationäre Phase geleitet. Besteht letztere aus einem festen oberflächenaktiven Stoff, so spricht man von Gas/Festkörper- oder Adsorptions-Gaschromatographie. Besteht die stationäre Phase aus einer Flüssigkeit, so handelt es sich um die Gas/Flüssigkeits- oder Verteilungsgaschromatographie. Diese ist äußerst vielseitig anwendbar und flexibel, da bezüglich der verwendeten Flüssigkeit weitgehend variiert werden kann.

Die erste Art der Chromatographie wird hauptsächlich für die Analyse sehr niedrigsiedender Stoffe, z. B. der permanenten Gase, angewendet, die zweite Art für die übrigen Stoffe. Von den verschiedenen Möglichkeiten, die Gase durch die wirksame Schicht, die „Säule“ hindurch und heraus zu führen (Frontal-, Verdrängungs- und Eluierungs-Chromatographie), hat die letztere die weitaus größte Bedeutung erlangt. Im folgenden wird nur über ihre Anwendung berichtet.

Ein Trägergas, auch Schleppgas genannt (Wasserstoff, Helium, Stickstoff, Luft, Kohlendioxid), wird mit konstanter Geschwindigkeit durch die Säule geleitet. Das zu untersuchende Gas wird in kleinen Mengen von einigen Hundertsteln Millilitern bis zu einigen Millilitern kurz vor der Säule während eines relativ kurzen Zeitraums eingeführt.

Das Trägergas spült nun die Komponenten der Gasprobe durch die Säule, aus der sie getrennt nacheinander austreten, da sie infolge unterschiedlicher Bindungsfestigkeit (dieser Begriff ist hier im allgemeinsten Sinne zu verstehen) gegenüber der Säulenfüllung von dieser mehr oder weniger stark bzw. lange zurückgehalten werden.

Man nennt die Zeit, nach der eine bestimmte Komponente aus der Säule austritt, die Retentionszeit. Da die Zeit von der Stärke des Trägergasstromes abhängt, ist das Retentionsvolumen, d. h. die Menge des bis zum Austreten der Komponente benötigten Trägergases ein besseres Maß für die Charakterisierung der Komponenten.

Das Erscheinen der einzelnen Gasbestandteile wird im allgemeinen automatisch durch einen Detektor registriert, und zwar meist so, daß die Anzeige gleichzeitig ein Maß für die Menge der betreffenden Komponente ist. In der Praxis beruht die Detektion gewöhnlich auf dem Prinzip der Wärmeleitfähigkeit. Es kann aber auch mit der Gasdichtewaage, Ultrarotabsorption, Interferometrie, Ionisationsdetektion, Massenspektrometrie und anderen Mitteln gearbeitet werden.

Näheres über die Grundlagen der Methode und über die Apparatur findet sich in den Spezialwerken über Gaschromatographie wie KEULEMANS, BAYER, SCHAY. Die Wirksamkeit einer bestimmten Säulenfüllung kann noch dadurch den analytischen Erfordernissen besonders angepaßt werden, daß man bei erniedrigter oder erhöhter Temperatur arbeitet oder die Temperatur während der Eluierung stufenweise oder kontinuierlich erhöht. So kann man Gemische von Stoffen mit sehr unterschiedlichen Retentionsvolumina in einem Arbeitsgang und in kurzer Zeit analysieren.

2. Arten der Identifizierung einer Substanz.

Unter definierten Arbeitsbedingungen sind Retentionsvolumen und Retentionszeit bzw. — bei schreibender Registrierung des Chromatogramms — der Abstand des Peaks vom 0-Punkt (dem Punkt, der den Austritt einer gar nicht adsorbierten bzw. gelösten Komponente bezeichnet) für eine bestimmte Komponente charakteristisch. Der qualitative Nachweis eines Stoffes kann daher sehr einfach erbracht werden. Wenn der nachzuweisende Stoff bei vorangehenden Analysen bereits registriert wurde, braucht man nur festzustellen, ob bei der vorliegenden Probe im Diagramm an der gleichen Stelle wieder ein Peak verhanden ist. Zur Sicherung des Befundes kann man bei einer zweiten Analyse des gleichen Gases diesem eine gewisse Menge des vermuteten Stoffes zusetzen und sich überzeugen, ob der betreffende Peak jetzt erhöht auftritt.

Eine andere Möglichkeit besteht darin, ein Vergleichschromatogramm unter Verwendung eines künstlichen Gasgemisches, das die in Frage stehenden Komponenten enthält, aufzunehmen. Schließlich kann die nähere Identifizierung nach getrenntem Auffangen der Komponenten durch andere physikalische oder chemische Methoden erfolgen. Dafür ist die Massenspektrometrie mit ihrem sehr geringen Bedarf an Probevolumen das günstigste Mittel (s. Abschn. VI). Andernfalls müssen große Säulen verwendet werden, die den Durchsatz relativ großer Probemengen gestatten.

3. Spezielle Anwendung auf den Nachweis von Methan neben anderen Gasen.

Der adsorptionschromatographische Nachweis von Methan in den Abgasen von mit Hexan und Luft betriebenen kalten Flammen unter Verwendung von Molekularsieb 5 A (Linde), auf 30—60 mesh gemahlen und bei 350° im Vakuum aktiviert, als Füllung einer etwa 5 m langen Säule wird von KRYACOS und BOORD beschrieben. Eich- und Probenchromatogramm sind anschaulich gegenübergestellt. Die Reihenfolge der Eluierung bei 270° Arbeitstemperatur und Helium als Trägergas ist H_2, O_2, N_2, CH_4, CO. Die Peaks sind durch weite Zwischenräume voneinander getrennt.

PATTON, LEWIS und KAYE zeigten schon 1955 die Möglichkeit des Nachweises von kleinen Mengen Methan im Handelspropan, das außerdem größere Mengen Äthan enthält, durch Adsorptionschromatographie mit aktiviertem Aluminiumoxid und H_2 als Trägergas. Sie zeigten außerdem, wie durch Chromatographie an A-Kohle bei 180° ein Gemisch von H_2, O_2, CH_4, CO_2, C_2H_2, C_2H_4 und C_2H_6 in sehr kurzer Zeit sauber analysiert werden kann (der Peak des CH_4 erscheint nach 2,5 Minuten). Die Überlegenheit von Kieselgel gegenüber aktiviertem Aluminiumoxid bei der Adsorptionschromatographie von Gemischen, die Methan, Luft CO, CO_2, Äthan, weitere Homologe und C_2H_2 enthalten, wird von GREENE und PUST dargelegt.

4. Gleichzeitiger Nachweis von Methan und seinen Homologen neben anderen Gasen.

Um die Homologen bis zum Butan neben Methan, H_2, N_2, O_2 und CO, also verhältnismäßig hochsiedende Stoffe und permanente Gase, in ein und derselben Probemenge unmittelbar nacheinander zu chromatographieren, verwendet MADISON eine kombinierte Apparatur. Diese besteht in der Hauptsache aus einer Verteilungs-Chromatographie-Säule mit 40% Sulfolan (2,4-Dimethyltetrahydrothiophen-1,1-dioxid) auf Schamotte, einer mit Aktivkohle oder Molekularsieb gefüllten Adsorptions-Chromatographie-Säule, die beide bei 20° betrieben werden, gemeinsamer Wärmeleitfähigkeitszelle und Schreiber sowie Verbindungsleitungen mit Umschaltorganen. Helium als Trägergas (50—100 ml/Min.) spült das zu untersuchende Gas durch die 1. Säule, wobei die permanenten Gase nicht aufgetrennt in eine Falle mit durch flüssigen Stickstoff gekühlter Aktivkohle geleitet werden. Dann werden die so lange in der Säule zurückgehaltenen, kondensierbaren Gase (C_2 bis C_4) bei abgesperrter Falle eluiert und registriert. Schließlich wird die Falle an den Eingang der 2. Säule und der Detektor an deren Ausgang geschaltet und werden nach Aufheizen der Falle mittels Wasserbad die Permanentgase chromatographiert. Für die gesamte Analyse werden 150 Minuten benötigt.

Wegen des Nachweises von kleinen Mengen von CH_4 in technischem Äthylen wird auf die Arbeit von MARKOSOW, SAITSCHENKO und LITJAJEWA (s. Kap. Kohlenoxid, gaschromatischer Nachweis) verwiesen.

5. Spurennachweis von Methan.

Zum Nachweis und zur Bestimmung von Methangehalten (ab 5 ppm bis zu etwa 600 ppm) in Luft verwendet man nach LAWREY und CERATO mit Vorteil A-Kohle (20—50 mesh Körnung), die durch Tränken mit 1,5% Dinonylphthalat teilweise desaktiviert ist. Diese Säulenfüllung soll besser geeignet sein als Kieselgel, Molekularsiebe und andere Adsorbentien. Zimmertemperatur ist die optimale Temperatur.

Anmerkung. Das Literaturverzeichnis für Methan und die übrigen Kohlenwasserstoffe befindet sich hinter dem Kapitel Acetylen.

Äthan.

C_2H_6

Mol.-Gew. 30,07 Schmp. —172° Kp. —88,5° Dichte (bez. auf Luft = 1) 1,049

Ein getrennter Nachweis von Äthan allein kommt selten in Frage, da dieses Gas fast stets im Gemisch mit anderen Kohlenwasserstoffen, insbesondere Methan, auftritt. Es wird daher auf die Kapitel Methan, Äthylen und Acetylen verwiesen. Hauptsächlich kommen die Ultrarot-, Massenspektrometrie- und — da sicher und einfach — besonders die gaschromatographischen Methoden in Betracht. Wegen Ultrarot-Spektrometrie s. auch PIERSON, FLETCHER und CLAIR-GANTZ, wegen Massenspektrometrie EWALD und HINTENBERGER S. 248—250 und WASHBURN und Mitarbeiter, sowie WASHBURN, WILEY und ROCK. Für die Reinheitsprüfung mehr oder weniger reinen Äthans bietet sich ferner die Dichtemessung mittels Gasdichtewaage, CHANCEL-Kolben (Pyknometerprinzip) oder Effusiometer an (s. ZERBE S. 9ff., SCHUSTER S. 338—348).

Propan.

C_3H_8

Mol.-Gew. 44,097 Schmp. —190° Kp. —44,5° Dichte (bez. auf Luft = 1) 1,550

Für den Nachweis von Propan gilt grundsätzlich dasselbe, was für Äthan gesagt wurde. Für den Nachweis durch Ultrarot- und Massenspektrometrie geben die beim Äthan angegebenen Literaturstellen auch bezüglich des Propans Auskunft. Die rationellste Methode ist auch für dieses Gas die Gaschromatographie (s. Kap. Methan). Hier sei zusätzlich nur auf ein Beispiel hingewiesen, das von DREW, SMITH und GERDON erwähnt wird. Die Autoren zeigen, wie in nur 5 ml Gas durch Adsorptionschromatographie an Kieselgel bei von 0 auf 100° gesteigerter Temperatur Äthan, Propan und Butan vollständig (massenspektralanalytisch rein) voneinander getrennt und nachgewiesen werden konnten.

Äthylen.

C_2H_4

Mol.-Gew. 28,052 Kp. —103,9° Dichte (bez. auf Luft = 1) 0,975

Inhaltsübersicht.

I. Nachweis durch Anlagerungsreaktionen.

Zum Nachweis von Äthylen können die gleichen gasanalytischen Verfahren verwendet werden, die für die quantitative Bestimmung dienen und auf Absorption des Äthylens infolge von Anlagerungsreaktionen der Doppelbindung und auf Beobachtung der Volumenabnahme des Gases oder der Konzentrationsänderung des Additionsreagens beruhen. Sie können z. B. mit der Bunte-Bürette (Beschreibung der Bürette und Handhabung: SCHUSTER S. 58) ausgeführt werden.

1. Anlagerung von Brom.

Die Anlagerung erfolgt nach der Gleichung: $H_2C{=}CH_2 + 2\,Br = BrH_2C{-}CH_2Br$. Mit verdünnter Bromlösung reagieren von allen ungesättigten Kohlenwasserstoffen nur das Äthylen und seine Homologen rasch, und zwar verläuft die Reaktion quantitativ.

Ausführung. Man schüttelt das Gas mit einer gemessenen Menge titrierter Bromlösung 2 Minuten lang. Dann läßt man die Flüssigkeit vollständig in ein Becherglas, das Kaliumjodidlösung enthält, ablaufen und titriert das in Freiheit gesetzte Jod mit n/10-Thiosulfat und Stärke als Indikator zurück. 1 ml verbrauchte n/10-Bromlösung zeigt 1,113 ml Äthylen unter Normalbedingungen an. (Allerdings verläuft, wie DAVIS, CRANDALL und HIGBEE zeigten, die Reaktion in Gegenwart von O_2 nicht quantitativ.) Bei sehr langem Schütteln (1 Stunde) würde nach der Feststellung von WILDE bei Gegenwart von Acetylen dieses ebenfalls Brom aufnehmen.

2. Anlagerung von Schwefelsäure oder Phosphorsäure.

Diese Reaktionen, bei denen Äthylschwefelsäure bzw. Äthylphosphorsäure entstehen, werden durch Silber katalysiert. Beim Schütteln von Äthylen enthaltendem Gas mit einer Lösung von 0,5—1% Silbersulfat in 94%iger Schwefelsäure wird das Äthylen unter entsprechender Volumenverminderung rasch absorbiert (GLUUD und SCHNEIDER sowie MORRIES). Sind homologe Olefine vorhanden, so reagieren sie ebenfalls, und zwar sehr schnell. Das Silbersulfat kann evtl. aus $AgNO_3$ durch Abrauchen mit H_2SO_4 hergestellt werden.

Störung. Bei Vorhandensein von Kohlenoxid werden geringe Anteile dieses Gases ebenfalls absorbiert und verursachen daher auch eine gewisse Volumenabnahme.

Auch Uranyl- und Vanadinverbindungen katalysieren die Schwefelsäureanlagerung, wie schon LEBEAU und DAMIENS zeigten.

Nach LOMMEL und ENGELHARDT ist auch eine Lösung von 10% Silbernitrat in 4%iger Phosphorsäure gut für die Absorption von Äthylen geeignet.

3. Unterscheidung des Äthylens von seinen Homologen mittels verdünnter Schwefelsäure.

Bei allen chemischen Methoden ist zu beachten, daß die Eigenschaften der homologen Äthylenverbindungen sehr ähnlich sind und die Reaktionen meist bis zu einem gewissen Grade von allen eingegangen werden. Eine Trennung des C_2H_4 aus Gemischen mit seinen Homologen ist aber für seinen Nachweis, wobei ein kleiner mengenmäßiger Verlust keine Rolle spielt, durch quantitative Herausnahme der höheren Homologen möglich (TROPSCH und PHILIPPOWITSCH, TROPSCH und MATTOCK). In etwa 86%iger Schwefelsäure (d = 1,78) löst sich Äthylen nur langsam, alle Homologen aber ziemlich schnell.

Ausführung. Man schüttelt das Gasgemisch 20 Minuten mit 2 ml Schwefelsäure der genannten Konzentration (ohne Katalysator!). Alle höheren Homologen sind nun absorbiert, nur vom C_2H_4 ist der weitaus überwiegende Teil im Gas zurückgeblieben. In diesem Restgas kann man nun das Äthylen nach einer der oben genannten Methoden sicher nachweisen.

II. Nachweis durch Ultrarotspektralanalyse.

Äthylen hat ein charakteristisches UR-Absorptionsspektrum in dem gewöhnlich angewendeten Bereich bis 15 μ. Die Absorptionskurve und ein Übersichts-Diagramm der Hauptlinien im Vergleich mit denen von 65 anderen gasförmigen bzw. leicht verdampfbaren Substanzen geben PIERSON, FLETCHER und CLAIR GANTZ. Sie bringen außerdem die Aufnahme eines Gemisches von CH_4, C_2H_4, C_2H_2, HCN, CO, CO_2, NO und N_2O, in der das Äthylen mit seinen Banden bei 7 und 16,6 μ sehr gut in Erscheinung tritt.

III. Nachweis durch Massenspektrometrie.

Äthylen läßt sich massenspektrometrisch auch im Gemisch mit seinen Homologen und denen des Methans gut nachweisen bzw. bestimmen (WASHBURN, WILEY, ROCK und BERRY); s. auch EWALD und HINTERBERGER (S. 253).

IV. Nachweis durch Gaschromatographie.

Äthylen kann sowohl durch Adsorptions- als auch durch Verteilungschromatographie erfaßt werden. Erstere Methode ist vorzuziehen, wenn gleichzeitig niedrigmolekulare Gase nachgewiesen werden sollen, die zweite, wenn das Äthylen im Gemisch mit höheren Homologen (Olefin- und Paraffinkohlenwasserstoffen) vorliegt, und diese mitanalysiert werden sollen.

Die Adsorptionschromatographie eines C_2H_4 enthaltenden 7-Komponenten-Gemisches mit Aktivkohle als Säulenfüllung, die aber zur Beschleunigung der Analyse auf 180° geheizt wird, und N_2 als Schleppgas beschreiben PATTON, LEWIS und KAYE. Die Eluierung erfolgt unter diesen Bedingungen mit gut voneinander getrennten Peaks für alle Komponenten. Äthylen erscheint zwischen Acetylen und Äthan, und zwar C_2H_2 nach 7, C_2H_4 nach 10 und C_2H_6 nach 15 Minuten.

Über die Verteilungs-(Gas/Flüssig-)Chromatographie von komplizierten Kohlenwasserstoffgas-Gemischen, die neben Paraffinen und Olefinen von C_1 bis C_5 auch Äthylen enthalten, haben FREDERICKS und BROOKS eingehende Versuche angestellt. Eine befriedigende Trennung wurde durch Hintereinanderschalten einer 1,8 m langen Säule mit Diisodecylphthalat auf Celite (40 : 100 Gewichtsteile) und einer 4,9 m langen Säule mit Dimethylsulfolan erreicht. Es wurde mit Helium bei 15° eluiert. Die zweite Säule mit ihrer ziemlich stark polaren Füllung bewirkt die Trennung der Olefinkomponente von der Paraffinkomponente gleicher C-Zahl, die aus der 1. Säule gemeinsam austreten (Äthylen + Äthan, Propylen + Propan usw.). In den polarisierbaren ungesättigten Verbindungen werden durch das polare Lösungsmittel der 2. Säule Dipole induziert, wodurch die Affinität zum Lösungsmittel erhöht und die Retentionszeit gegenüber der des gesättigten Kohlenwasserstoffs gleicher C-Zahl etwas vergrößert wird. So erscheint in dem Chromatogramm nach FREDERICKS und BROOKS das Äthylen als deutlich getrennter Peak zwischen denen des Äthans und des Propans. Bei den Verbindungen mit höherer C-Zahl werden die Abstände zwischen Paraffin und Olefin noch größer.

Einen ähnlichen Effekt kann man auch dadurch erzielen, daß man der stationären Phase eine Silberverbindung zusetzt, die mit den Olefinen lockere Additionsverbindungen bildet. BRADFORD, HARVEY und CHALKLEY wandten eine gesättigte Lösung von $AgNO_3$ in Glykol an und erreichten dabei die Eluierung von Äthylen und Propen (gemeinsam) mit erheblichem Abstand nach Methan, Äthan und Propan.

Den Spurennachweis von Äthylen und Äthan neben anderen in Spuren vorhandenen Olefinen und Paraffinen sowie Alkynen durch Verteilungschromatographie beschreiben EGGERTSEN und NELSEN. Sie haben die Empfindlichkeit der Detektion mit Wärmeleitfähigkeitszelle durch eine besondere Konstruktion ähnlich der von DIMBAT, PORTER und STROSS und durch Betreiben der Zelle mit einer um das Mehrfache höheren als der gewöhnlich angewendeten und erforderlichen Stromstärke bedeutend gesteigert. Außerdem haben sie eine gaschromatographische Voranreicherung vor der eigentlichen Analyse angewendet. So konnten sie die einzelnen Kohlenwasserstoffe mit verhältnismäßig geringem Aufwand in Spuren von wenigen Hundertstel ppm nachweisen, z. B. in Luftproben aus Tunnels und Straßen mit starkem Kraftfahrzeugverkehr.

Die. Voranreicherung erfolgt in einer U-förmigen Säule von 35 cm Länge, die als Füllung mit Dimethylsulfolan (= 2, 4-Dimethyltetrahydrothiophen-1,1-dioxid) getränkte Schamottekörner (40 g Lösungsmittel auf 100 g Träger) enthält. Während diese Säule in flüssigen Sauerstoff eingetaucht ist, wird die zu untersuchende Luft aus dem Probebehälter langsam hindurchgesaugt. Möglicherweise würde ein inertes Füllmaterial zur Anreicherung ebenfalls genügen, wahrscheinlich findet aber doch in dieser Säule schon eine gewisse Vortrennung der Kohlenwasserstoffe statt, wodurch die Hauptsäule entlastet wird. Die Hauptsäule ist mindestens 8 m lang und spiralförmig gewickelt; ihre Füllung ist die gleiche wie die der Vorsäule. Sie befindet sich ständig in einem Eiswasser-Bad.

Nach Beendigung des Durchleitens der Probeluft werden Vor- und Hauptsäule miteinander verbunden. Zunächst wird 30 Minuten lang mit Helium (60 ml/Min.) gespült. Das Helium wird zur Entfernung von Spuren von Verunreinigungen durch mit flüssigem N_2 gekühlte Aktivkohle geleitet. Nun erst wird das O_2-Bad der Vorsäule entfernt und durch ein Eiswasserbad ersetzt. Das im Heliumstrom aus der Vorsäule eluierende Gas wird vor dem Eintreten in die Hauptsäule nochmals durch ein Rohr mit Ascarite geleitet zur Entfernung der Reste von CO_2 und H_2O.

Die Kohlenwasserstoffe erscheinen in der Reihenfolge C_2H_6, C_2H_4, C_3H_6, i-C_4H_{10}, n-C_4H_{10}, C_2H_2, i-C_5H_{12}, n-C_5H_{10} und C_3H_4 (Propyn). Bei der angewendeten Säulenlänge von 8 Metern war der Äthylen-Peak nicht vollständig vom Äthan-Peak getrennt, aber qualitativ immerhin deutlich erkennbar. Die Kohlenwasserstoffe wurden in diesem Falle auf Grund ihrer relativen Retentionszeiten nach FREDERICKS und BROOKS identifiziert. Mit der beschriebenen Anordnung konnten in 5 bis 10 Litern Straßenluft 9 Kohlenwasserstoffe der C-Zahlen C_2 bis C_5 bei einem Gesamtgehalt von etwa 2 Gew.-ppm nachgewiesen werden. Dauer der Analyse 2 Stunden.

Äthylenoxid.

$$H_2C\underset{O}{\diagdown\!\!-\!\!\diagup}CH_2$$

Mol.-Gew. 44,05 Schmp. —111,3° Kp. 10,7°

Farbloses, in Wasser, Alkohol, Äther und anderen organischen Flüssigkeiten lösliches Gas. Mit verdünnter Salzsäure entsteht in glatter Reaktion (z. B. beim einfachen Durchperlenlassen des Äthylenoxids) Glykolmonochlorhydrin unter stöchiometrischem Verbrauch von Salzsäure. Soll diese Reaktion zum Nachweis oder zur Bestimmung angewendet werden, so muß die Titration der unverbrauchten Salzsäure mit Barytlauge erfolgen (Indikator Methylorange), da durch stärkere Alkalien das entstandene Chlorhydrin unter Laugeverbrauch verseift werden würde (GUÉRIN).

1. Nachweis durch Säure/Base-Indikator nach Umsatz mit Natriumchlorid bzw. -rhodanid.

Für den Nachweis von kleinen Mengen von Äthylenoxid wie sie z. B. als Restgas in zur Schädlingsbekämpfung durchgasten Räumen vorhanden sind, entwickelte DECKERT zwei einfache Verfahren. Das erste (DECKERT a) beruht auf dem Umsatz des Gases mit Natriumchloridlösung in der Wärme zu Chlorhydrin und Natriumhydroxid nach der Gleichung

$$H_2C\underset{O}{\diagdown\!\!-\!\!\diagup}CH_2 + NaCl + H_2O = \begin{array}{l}CH_2OH\\ |\\ CH_2Cl\end{array} + NaOH$$

und auf dem Nachweis der Natronlauge durch den Umschlag eines Säure-Base-Indikators (Phenolphthalein oder besser Bromthymolblau. Mit letzterem Indikator tritt der Umschlag von hellgelb nach hellblau bereits ein, wenn 0,02 mg Äthylenoxid in 5 ml 22%iger Kochsalzlösung aufgefangen und erhitzt werden.

In noch einfacherer Weise läßt sich der Nachweis führen, wenn man nach dem zweiten Vorschlag von Deckert (b) statt der NaCl-Lösung Kaliumrhodanidlösung verwendet. Mit diesem Reagens findet der Umsatz des Äthylenoxids (zu Glykolrhodanhydrin) schon bei Körpertemperatur sehr rasch statt.

Ausführung. Man bringt 1—2 ml 40%ige Kaliumrhodanidlösung (die monatelang haltbar ist, ohne ihr pH wesentlich zu ändern) in ein kleines Reagensglas und fügt aus einem Tropffläschchen einen Tropfen Phenolphthaleinlösung (1:1000) hinzu. Mit einer kleinen Pumpe werden dann 50 ml der zu prüfenden Luft angesaugt und mittels eines kapillaren Verbindungsstücks durch die Flüssigkeit gedrückt. Ist nach zwei Minuten Erwärmung des Glases durch Umfassen mit der Hand keine Rotfärbung bemerkbar, so kann die Luft als praktisch frei von Äthylenoxid betrachtet werden.

Empfindlichkeit. 25 mg Äthylenoxid geben innerhalb von zwei Minuten eine positive Reaktion. Bei 0,5 g des Gases in 1 m^3 reichen also 50 ml Luft zum Nachweis dieser unter der Gefahrengrenze liegenden Konzentration aus.

Störung. Säuredämpfe dürfen nicht in der Luft vorhanden sein, da sie den Farbumschlag verhindern. Ammoniak würde eine positive Reaktion geben. Ist mit seiner Anwesenheit zu rechnen, so kann man als Indikator konzentrierte Kupfersulfatlösung nehmen. In diesem Falle zeigt eine Ausscheidung von Kupfer(II)-hydroxid, allerdings mit einer etwas geringeren Empfindlichkeit, Äthylenoxid an.

2. Nachweis als Acetaldehyd nach Isomerisierung mit Aluminiumchlorid.

Durch Aluminiumchloridlösung wird Äthylenoxid zu Acetaldehyd umgelagert. Dieser kann durch gleichzeitg in der Lösung vorhandene fuchsinschwefelige Säure nachgewiesen werden. Vor Ausführung der Reaktion wird die Reagenslösung durch Mischen von 1 ml einer Lösung von 50 g kristallisiertem Aluminiumchlorid in 100 ml Wasser mit 9 ml einer 0,02%igen Lösung von fuchsinschwefliger Säure hergestellt (IG Farben, vgl. Bauer).

Ausführung. Man bringt einige Tropfen der Reagenslösung auf einen Glaswollebausch und setzt diesen der auf Äthylenoxid zu prüfenden Luft aus. Für die halbquantitative Bestimmung leitet man vier Liter Luft durch die in ein Glasrohr eingebrachte Glaswolle. Äthylenoxid wird durch Rotfärbung angezeigt.

Grenzkonzentration bei der angegebenen Luftmenge 0,025 Vol.-% Äthylenoxid.

Acetylen.

C_2H_2, $HC{\equiv}CH$

Mol.-Gew. 26,038 Dichte (bez. auf Luft = 1) 0,906 Fp. —81,8° Kp. —83,8°

Inhaltsübersicht.

C_2H_2 zeichnet sich unter allen Kohlenwasserstoffen durch seine große Löslichkeit in Flüssigkeiten aus. Seine Wasserlöslichkeit bei gewöhnlichem Druck übertrifft sogar die des Kohlendioxids, sie beträgt 1,03 Nl in 1 l Wasser von 20°.

Absoluter Alkohol und Eisessig lösen mehr als das 6fache ihres Volumens an C_2H_2. Besonders groß ist die Löslichkeit in Aceton. Sie beträgt bei 15° und 760 Torr 25 Vol., unter 12 Atmosphären Druck 300 Vol. Acetylen je Volumen Aceton.

I. Nachweis durch Absorption in Aceton.

Für die Bestimmung von C_2H_2 ist vorgeschlagen worden (s. Schuster S. 231), die Volumenabnahme, die auf Grund der Löslichkeit beim Schütteln mit Aceton eintritt, zu messen. Dieses Verfahren kann ebenso zum Nachweis von C_2H_2-Konzentrationen ab etwa 0,3% benutzt werden. Hierfür ist nur eine Gasbürette mit Niveaugefäß und eine einfache (z. B. Hempelsche) Gaspipette erforderlich. Man verfährt bei der Messung nach den üblichen Regeln der Absorptionsgasanalyse.

II. Nachweis durch Fällung von Metallacetyliden.

Acetylen gibt beim Einleiten in die entsprechende Metallsalzlösung mit ammoniakalischem Silbernitrat einen weißen, mit ammoniakalischem Kupfer(I)-chlorid einen kastanienbraunen, mit Quecksilber(I)-nitrat einen schwarzen, mit Quecksilber(II)-chlorid einen weißen Niederschlag. Die Fällungen erfolgen mehr oder weniger vollständig auch mit höheren Acetylen-Homologen, insbesondere durch ammoniakalische Silberchlorid-Lösung.

Am gebräuchlichsten ist wohl die auch für quantitative Bestimmungen hauptsächlich verwendete Lösung nach Ilosvay. Beim Einleiten von C_2H_2-haltigem Gas in diese Lösung entsteht ein roter Niederschlag oder, bei geringen Gehalten, eine rote Suspension. Größere Gehalte an Schwefelwasserstoff im Gas stören durch Sulfidfällung.

1. Herstellung der ammoniakalischen Kupfer(I)-Lösung nach Ilosvay.

Man löst 2 g kristallisiertes, reines Kupfernitrat in 10 ml Wasser, gibt 8 g Hydroxylaminhydrochlorid hinzu und schüttelt, bis alles gelöst ist. Dann gibt man noch 10,5 ml wässeriges Ammoniak (20 g NH_3 in 100 ml Lösung) hinzu und füllt auf 100 ml auf. (Für die quantitative kolorimetrische Anwendung und zum Spuren-Nachweis kommen noch 6 ml frisch bereitete 2%ige Gelatinelösung vor dem Auffüllen hinzu.)

Man kann zum Nachweis auch eine Lösung aus 1 g Kupfersulfat, 4 ml 20%iger Ammoniaklösung und 3 g Hydroxylammoniumchlorid, auf 50 ml aufgefüllt, verwenden.

2. Nachweis geringer Konzentrationen von Acetylen.

PIETSCH und KOTOWSKI haben eine Untersuchung über die Nachweisgrenze bei Anwendung der Cu_2C_2-Methode angestellt. Sie verwenden eine etwas abgeänderte Lösung (zur Erreichung der maximalen Farbintensität ist eine bestimmte Zusammensetzung der Lösung erforderlich). Sie benutzten eine Gaswaschflasche mit zu einer Kapillare ausgezogenem Einleitungsrohr, so daß das Gas (1,7—1,9 Normalliter je Stunde) in sehr kleinen Bläschen mit der Lösung in Berührung kam. Bei $12{,}5 \cdot 10^{-4}$ und mehr Vol.-% Acetylen im Gas trat Fällung des Niederschlags schon während des Versuches ein; bei Konzentrationen oberhalb $3{,}7 \cdot 10^{-4}$ Vol.-% konnte der Niederschlag nach Zugeben von Filtrierpapierstückchen mit möglichst faserigem Rand durch Absetzen an diesem Rand im Verlauf von mehreren Stunden sichtbar gemacht werden.

Grenzkonzentration. 1:270000.

3. Nachweis kleinster Spuren nach Anreicherung.

Da sich auch ganz geringe Gehalte von Acetylen aus der Luft in Anlagen zur Luft-Verflüssigung und -Fraktionierung zu gefährlichen Konzentrationen anreichern können, ist die Möglichkeit, Spuren von C_2H_2 in den Größenordnungen von 0,1 und 0,01 ppm nachzuweisen, von Interesse. HUGHES und GORDEN beschreiben eine Einrichtung dafür, die auf dem u. a. von VELDHEER in ähnlicher Weise angewendeten Prinzip der Anreicherung des C_2H_2 mittels tiefgekühltem Kieselgel beruht. Konzentrationen oberhalb etwa 13 ppm werden an und für sich schon bei Zimmertemperatur von dem Kieselgel festgehalten.

Apparatur. Das sehr reine (nicht durch Eisenoxid gefärbte) Kieselgel befindet sich in Glasröhrchen, von denen für jede Analyse ein neues genommen wird. Die Röhrchen haben etwa 4 mm Außen- und 2 mm Innen-∅. In ihnen befindet sich das Kieselgel in einer Schichthöhe von 1 cm zwischen zwei Lagen von Glasperlen (60 bis 70 mesh), die ihrerseits durch locker eingeführte Wattepfropfen fixiert sind. (Für quantitative Messungen wird das Kieselgel mittels eines kleinen Meßgefäßes aus verzinntem Blech volumenmäßig genau abgemessen.) Jeweils ein Röhrchen wird in ein Dewargefäß mit Trockeneis-Aceton-Mischung eingehängt, und zwar wird es am Eingangsende mittels eines „Tygon"-Schlauchstückes mit einem Glaswolle enthaltenden U-Rohr verbunden, das teilweise ebenfalls in das Kühlbad eintaucht. Das U-Rohr dient als Falle für Wasserdampf und andere kondensierbare Verunreinigungen. Am unteren Ende wird das Kieselgelröhrchen in gleicher Weise mit einem Abgangsrohr verbunden. Die obere Eingangsverbindungsstelle soll oberhalb des Spiegels der Kühlflüssigkeit liegen, damit auf keinen Fall Aceton vor der aktiven Zone in das Röhrchen eindringen und dort etwa C_2H_2 durch Absorption festhalten kann. Das zu untersuchende Gas wird je nach C_2H_2-Gehalt und demgemäß anzuwendender Menge mit einer Injektionsspritze eingeführt oder mit einer Pumpe durch das U-Rohr und das Absorptionsröhrchen hindurchgesaugt. Bei Vergleichsversuchen wird das Gefäß mit dem Standardgemisch am freien Ende des U-Rohres angeschlossen.

Das Kieselgelröhrchen wird nach Durchströmen einer geeigneten Menge Luft (bei 0,01 ppm C_2H_2 sind nicht mehr als 10 Liter erforderlich, die innerhalb von 50 Minuten durchgeleitet werden können) aus dem Kühlbad herausgenommen. Es wird nun Kupfer-Hydroxylamin-Reagenslösung nach FEIGL (Spot Tests in Org. Anal.) aufgegeben und beobachtet, ob Rotfärbung eintritt.

Wie immer bei dieser Reaktion stört auch hier Schwefelwasserstoff durch Fällung von schwarzem CuS. Ebenso stören niedrigsiedende Mercaptane durch Fällung von gelben Salzen und u. U. ebenfalls von CuS. Praktisch ist aber kaum eine Täuschung durch Mercaptane zu befürchten, da bereits das Vorhandensein einiger Tausendstel ppm dieser Stoffe am Geruch zu erkennen ist.

4. Reinheitsprüfung von Acetylen.

Auf die wichtigsten Verunreinigungen des Acetylens (Phosphorwasserstoff u. a.) kann mittels eines mit ammoniakalischer Silbernitratlösung getränkten Streifens von weißem Papier geprüft werden (GATEHOUSE). Die genannten Verunreinigungen färben das Papier innerhalb kurzer Zeit schwarz, bei ihrer Abwesenheit bleibt es dagegen mindestens eine halbe Stunde unverändert. Wegen weiterer Prüfung s. SCHUSTER S. 232 und die dort angeführte Literatur.

5. Trennung von Acetylen und Äthylen.

In der bei der klassischen Gasanalyse im Orsatapparat zur Absorption der sog. schweren Kohlenwasserstoffe vielfach benutzten rauchenden Schwefelsäure sind Acetylen, Äthylen und andere ungesättigte Kohlenwasserstoffe löslich. Um Acetylen vorher auszuschließen, kann man das Gas mit ammoniakalischer Silberchloridlösung behandeln, wobei C_2H_2 als Silberacetylid ausfällt und gleichzeitig nachgewiesen wird. Äthylen wird von dieser Lösung nicht absorbiert (wohl aber in gewissem Umfange von den oben beschriebenen Kupferlösungen).

6. Unterscheidung von Acetylen und Methylacetylen (Allylen, Propyn).

Beim Durchleiten eines Gemisches von Acetylen und Allylen (CH_3—C≡CH) durch ammoniakalische Kupfer(I)-chloridlösung wird alles C_2H_2 absorbiert, während das C_3H_4 zum großen Teil unangegriffen bleibt und anschließend mit ammoniakalischer Silberlösung aufgenommen und nachgewiesen werden kann.

III. Nachweis durch Ultrarot-Spektralanalyse.

Das Acetylen besitzt in dem gebräuchlichen Ultrarot-Bereich bis 15 μ sehr charakteristische Absorptionsbanden bei 3,1, 7,5 und besonders bei 13,7 μ, auf Grund deren ein spezifischer Nachweis auch in komplizierten Gasgemischen möglich ist (PIERSON, FLETCHER und ST. CLAIR GANTZ). Diese Autoren bringen ein Ultrarot-Spektrogramm des Acetylens, ein Übersichtsdiagramm, aus dem die Lage der C_2H_2-Banden im Vergleich zu denen einer großen Zahl anderer Verbindungen zu ersehen ist, und ein Beispiel für die Ultrarot-Analyse eines Gemisches, das außer C_2H_2 noch CH_4, C_2H_4, HCN, CO, CO_2, NO und N_2 enthält.

Infolge seiner charakteristischen Banden läßt sich auch die kontinuierliche Kontrolle auf das Vorhandensein des Acetylens in Luft und anderen Gasen mit Hilfe von dispersionslosen Geräten mit Detektion durch Differenzdruck-Gaskammern nach Art des „Uras“ (s. auch Kap. Methan) gut durchführen (GUÉRIN S. 275).

IV. Nachweis durch Gaschromatographie.

Acetylen kann ebenso wie Äthylen sowohl durch Adsorptions- als durch Verteilungschromatographie analysiert werden. Dabei zeigt es trotz seines relativ kleinen Molekulargewichts und niedrigen Siedepunktes ein ziemlich großes Retentionsvolumen und wird somit verhältnismäßig spät eluiert. Am deutlichsten wird das infolge der guten Löslichkeit des C_2H_2 in organischen Lösungsmitteln bei der Gas/Flüssig-Chromatographie.

PATTON, LEWIS und KAYE beschrieben die Analyse eines Gemisches von H_2, O_2, CH_4, CO_2, C_2H_2, C_2H_4, C_2H_6 mit Aktivkohle als Säulenfüllung, 180° Säulentemperatur und Stickstoff als Schleppgas. Das Acetylen eluiert — in diesem Falle recht frühzeitig — nach 7 Minuten hinter CO_2 mit 2,5 Minuten und vor C_2H_4 mit 10 Minuten. Wie GREENE und PUST zeigten, ist auch Kieselgel als Säulenfüllung gut geeignet. Der C_2H_2-Peak erscheint dabei zwischen denen von Propan und Propylen. Weniger günstig ist Aluminiumoxid, aus dem der C_2H_2-Peak zwischen denen von Propylen und Isobutan, und zwar dicht vor letzterem und in der Basis etwas mit ihm überschneidend eluiert.

Die Anwendung der Verteilungschromatographie auf die Analyse von Spuren von Kohlenwasserstoffen, darunter C_2H_2 und Propyn (Allylen) wurde von EGGERTSEN und NELSEN eingehend untersucht und beschrieben. Auf die Anordnung und Arbeitsweise wurde im Kapitel Äthylen, Abschn. IV, näher eingegangen. Bei der von den Autoren verwendeten stationären Phase Dimethylsulfolan (= 2,4-Dimethyltetrahydrothiophen-1,1-dioxid) auf Schamottekörnern erscheint der C_2H_2-Peak zwischen denen von n-C_4H_{10} und i-C_5H_{12}. Hier eluiert also das niedrigsiedende Acetylen infolge seiner großen Löslichkeit erst kurz vor dem ersten C_5-Kohlenwasserstoff! Das Propyn (Allylen) erscheint mit dem n-C_5H_{12} gemeinsam als nächster Peak. Acetylen wird also einwandfrei von seinem nächsten Homologen (und erst recht natürlich von den höheren, wenn solche vorhanden) getrennt nachgewiesen.

Die hervorragende Selektivität der Gaschromatographie für chemisch und physikalisch sehr ähnliche Stoffe wurde von DREW, McNESBY, SMITH und GORDON durch das Beispiel einer Trennung der Isomeren Propyn und Propadien besonders herausgestellt. Diese beiden C_3H_4-Kohlenwasserstoffe haben so weitgehend identische Massenspektren, daß sie im Gemisch aus ihnen nicht identifiziert werden können. Die genannten Autoren verwendeten eine 10-m-Säule mit Paraffinöl auf Celite (präp. Kieselgur) bei 0° und erhielten eine so deutliche Aufspaltung der sich allerdings ein wenig überschneidenden Peaks der beiden Verbindungen, daß diese (qualitativ) ohne weiteres nebeneinander nachgewiesen wurden.

Literatur.

BAUER, K. H.: Die organische Analyse, 2. Aufl. Leipzig: Akademische Buch-Verlagsges. Geest & Portig, 1950. — BAYER, E.: Gaschromatographie. Berlin/Göttingen/Heidelberg: Springer, 1959. — BRADFORD, B. W., D. HARVEY u. D. E. CHALKLEY: J. Inst. Petrol. Tech. **41**, 80 (1954). — BRÜCKNER, u. SCHICK: Gas- und Wasserfach **82**, 189 (1939).

DAVIS, H. S., G. H. CRANDALL, u. W. E. HIGBEE: Ind. eng. Chem. Anal. Edit. **3**, 108—10 (1931). — DECKERT, W.: a) Angew. Ch. **45**, 559—562 (1932); Ref.: Fr. **94**, 38 (1933). b) Angew. Ch. **45**, 758 (1932); Ref.: Fr. **96**, 345 (1934). — DIMBAT, M., P. E. PORTER u. F. H. STROSS: Anal. Chem. **28**, 290 (1956). — DREW, C. M., J. R. McNESBY, S. R. SMITH, A. S. GORDON: Anal. Chem. **28**, 979 (1956).

EGGERTSEN, F. T., u. F. M. NELSEN: Anal. Chem. **30**, 1040—3 (1958). — EWALD, H., u. H. HINTENBERGER: Methoden und Anwendungen der Massenspektroskopie. Weinheim: Verlag Chemie, 1953; s. auch GUÉRIN.

FEIGL, F.: Qual. Analyse mit Hilfe v. Tüpfelreaktionen, 3. Aufl. Leipzig 1935. — FREDERICKS, E., u. F. R. BROOKS: Anal. Chem. **28**, 297 (1956). — FRIEDEL, R. A.: Anal. Chem. **28**, 1806—10 (1956).

GATEHOUSE: Acetylen (1900), S. 80. — GLUUD, W., u. SCHNEIDER, G.: B. **57**, 254 (1927). — GÖRLACHER, A.: Ges. Ing. **57**, 144 (1934); Ref.: Fr. **101**, 425 (1935). — GREENE, S. A., u. H. PUST: Anal. Chem. **29**, 1055 (1957). — GUÉRIN: Traité de manipulation et d'analyse des gaz, Masson et Cie, Paris 1952.

HARTWELL, F. J.: Ministry Fuel and Power (Brit) Safety in Mines Research & Testing Branch research rept. Nr. 9, 38pp (1950); Ref.: C. A. **45**, 3204g (1951). — HAUSER, O., u. H. HERZFELD: B. **45**, 3515 (1912). — HUGHES, E. E., u. R. GORDEN: Anal. Chem. **31**, 94—98 (1959).

ILOSVAY, L.: B. **32**, 2697 (1899).

JÄGER: Gas- und Wasserfach **54**, 810 (1911).

KATTWINKEL, R.: Grubengasanalyse im Kohlenbergbau. Berlin: Walter de Gruyter & Co., 1950. — KEULEMANS, A. I. M.: Gas-Chromatographie. Weinheim: Verlag Chemie, 1959. — KRYACOS, G., u. C. BOORD: Anal. Chem. **29**, 787—8 (1957).

LAWREY, D. M. G., u. C. C. CERATO: Anal. Chem. **31**, 1011 (1959). — LEBEAU u. DAMIENS: C. r. **156**, 757 (1913). — LITTMAN, F. E., u. J. O. DENTON: Anal. Chem. **28**, 945—9 (1956). — LOMMEL, W., u. R. ENGELHARDT: B. **57**, 848 (1924). — LÖWE, F.: Ch. Z. **1921**, 405.

MADISON, J. J.: Anal. Chem. **30**, 1859—62 (1958). — MARKOSOW, P. I., W. N. SAITSCHENKO, u. S. A. LITJAJEWA: Betriebslab. (russ.) **27**, 285—7 (1961). — MORRIES, J. J.: J. A. S. **51**, 1460 (1929); Fr. **82**, 83 (1930).

PATTON, H. W., J. S. LEWIS, u. W. I. KAYE: Anal. Chem. **27**, 170—74 (1955). — PIERSON, R. H., N. A. FLETCHER, u. ST. CLAIR GANTZ: Anal. Chem. **28**, 1218—39 (1956). — PIETSCH, E., u. A. KOTOWSKI: Angew. Ch. **44**, 309 (1931).

ROSEN, VON: In Leinau, Bergbau 1929 Nr. 14.

SCHAY, G.: Theoret. Grundlagen d. Gaschromatographie. Berlin: VEB Deutscher Verlag d. Wissenschaften, 1960. — SCHUSTER: Laboratoriumsbuch für Untersuchungen fester, flüssiger und gasförmiger Brennstoffe und ihre Auswertung, 2. Bd. Halle (Saale): VEB Wilhelm Knapp, 1958.

TROPSCH, H., u. W. J. MATTOX: Ind. eng. Chem. Anal. Edit. **6**, 404 (1934); Ref.: Fr. **102**, 430 (1935). — TROPSCH u. PHILOPPOWITSCH: Brennst. Chem. **4**, 147 (1923).

VELDHEER, P.: Chem. Weekbl. **44**, 499 (1948).

WASHBURN, H. W., H. F. WILEY, u. S. M. ROCK: Ind. eng. Chem. **15**, 541 (1943). — WASHBURN, H. W., H. F. WILEY, S. M. ROCK u. C. E. BERRY: Ind. eng. Chem. **17**, 74 (1945). — v. WILDE, M. P.: B. **7**, 353 (1874). — WILHELMI: Siehe KATTWINKEL. — WOODHEAD, D. W.: Safety Mines Research & Testing Branch (London) Research Rept. Nr. **4**, 30pp (1950); Ref.: Chem. Abstr. **45**, 3580a (1951).

ZERBE: Mineralöle und verwandte Produkte. Berlin/Göttingen/Heidelberg: Springer, 1952.

Kohlenoxid.

Mol.-Gew. 28,01 Fp. —205° Schmp. —191,5° Dichte (bez. auf Luft = 1) 0,967
Löslichkeit 23,2 Nml in 1 Liter Wasser bei 760 Torr Teildruck und 20°

Inhaltsübersicht.

Kohlenoxid ist ein farb- und geruchloses, brennbares, sehr giftiges Gas. Es bildet mit verschiedenen Agentien Anlagerungsverbindungen. Es wirkt als Reduktionsmittel gegenüber einer Reihe von Metall- und Nichtmetalloxyden. Dementsprechend wird es leicht zu CO_2 oxydiert. Auf derartigen Reaktionen beruhen verschiedene Nachweismethoden.

I. Nachweis durch Absorption unter Bildung von Anlagerungsverbindungen.

Mit Hilfe der in der klassischen Gasanalyse gebräuchlichen Reagenslösungen und volumetrischen Methoden kann Kohlenoxid in Konzentrationen ab etwa 0,2% aufwärts in Gasgemischen durch die bei der Absorption auftretende Volumenverminderung nachgewiesen werden. Zwei der üblichsten Absorptionsflüssigkeiten sind Kupfer(I)-chlorid-Lösung und Kupfer(I)-sulfat-Schwefelsäure.

1. Absorption mit salzsaurer Kupfer(I)-chlorid-Lösung.

Herstellung (nach SCHUSTER): Man gibt in eine Flasche eine 1—2 cm hohe Schicht von Kupferoxid und einige Kupferdrahtröllchen oder Kupferdrähte, füllt mit Salzsäure (d = 1,125) fast vollständig auf und läßt mehrere Tage bei öfterem Umschütteln stehen. Die anfänglich bräunliche Lösung wird farblos. Entnimmt man einen Teil der Lösung aus der Flasche, so füllt man sofort eine gleiche Menge Salzsäure nach. Bevor das metallische Kupfer vollständig aufgelöst ist, gibt man auch solches wieder hinzu.

Ausführung. Man bringt das zu prüfende Gas in einem Absorptionsgefäß (Gaspipette nach HEMPEL, BUNTE u. a.) in abgemessener Menge mit der Lösung in Berührung. Vorher gibt man auch in das Gefäß einige Stückchen Kupferdraht. Die Absorption erfolgt relativ rasch. (Wenn sie quantitativ verlaufen soll, darf man eine Pipettenfüllung nicht sehr oft verwenden, da die Verbindung $Cu_2Cl_2 \cdot 2CO$ in höherer Konzentration einen nicht unerheblichen CO-Druck besitzt.) Bei der Prüfung auf kleine CO-Gehalte muß man das Gas nach der CO-Absorption noch in einem Absorptionsgefäß mit Kalilauge von Salzsäuredampf befreien, erst danach erfolgt die Messung des Endvolumens. Hat das Volumen um mehr als etwa 0,1 ml abgenommen, so war Kohlenoxid vorhanden.

Störungen. Vor der Prüfung auf CO müssen etwa vorhandene ungesättigte Kohlenwasserstoffe wie Acetylen, Äthylen oder Benzol, z. B. mit rauchender (25% SO_3) Schwefelsäure entfernt werden, ebenso Sauerstoff, z. B. mit alkalischer Pyrogallol-Lösung (1 Teil 40%ige wässerige Pyrogallol-Lösung + 2 Teile Kalilauge von der Dichte 1,27). Diese Gase würden sonst ebenfalls mit der Kupfer(I)-chlorid-Lösung reagieren und eine Volumenabnahme verursachen.

2. Absorption mit Kupfer(I)-oxid-Aufschlämmung in Schwefelsäure.

Herstellung des Reagenses (nach SCHUSTER): Um ein möglichst wirksames Reagenses zu erhalten, geht man von gefälltem Kupferoxid aus. Dazu löst man 15 g Zucker in 100 ml Wasser, gibt 2—3 g Schwefelsäure hinzu und kocht 4—5 Minuten. Dann neutralisiert man mit Calciumcarbonat und filtriert. In einem Kolben löst man 25 g kristallisiertes Kupferacetat in 250 ml Wasser. Zu dieser Lösung gibt man das vorher erhaltene Filtrat und kocht das Gemisch. Hierbei fällt ein rotes Pulver aus. Man läßt 35—40 Minuten lang unter Nachfüllen des verdampfenden Wassers sieden. Bevor die blaue Farbe der Lösung verschwindet, unterbricht man das Sieden, dekantiert die Lösung und filtriert das Cu(I)-oxid ab. Man wäscht es und trocknet es im Vakuum. Von dem trockenen Oxid werden 14,3 Teile mit 9,8 Teilen Schwefelsäure im Mörser vermischt und fein verrieben.

Dieses Reagens absorbiert CO langsamer als das zuvor beschriebene. Auch ist es infolge seiner breiigen Konsistenz schwieriger mit dem Gas in Kontakt zu bringen.

Andererseits ist die entstehende Anlagerungsverbindung $Cu_2SO_4 \cdot 2CO$ völlig stabil, so daß in stöchiometrischer Reaktion von 1 ml des Reagens 12 ml CO absorbiert werden. Außerdem reagiert es mit Sauerstoff nur so langsam, daß die Reaktion in Gegenwart von Sauerstoff ausgeführt werden kann.

Störung. Ungesättigte Kohlenwasserstoffe sind vorher aus dem Gas zu entfernen.

Zur besseren Handhabung des Absorptionsmittels wird von LEBEAU und BEDEL empfohlen, das Cu(I)-sulfat durch β-Naphthol in Lösung überzuführen. Man vermischt dazu 95 g Schwefelsäure (d = 1,84) und 5 ml Wasser, kühlt, verreibt im Mörser mit 8—10 g der nach obiger Vorschrift erhaltenen Paste oder 5 g käuflichem Cu_2O, gibt das Gemisch in eine 125-ml-Flasche, die 10 g β-Naphthol enthält, und schüttelt einige Stunden lang. Dann filtriert man über Asbest oder Glaswolle, läßt einige Tage stehen, dekantiert von evtl. ausgeschiedenem Kupferoxid und bewahrt die Lösung in einer gut verschlossenen Flasche auf.

II. Nachweis als Kohlendioxid nach Oxydation.

Hierbei kann die Oxydation durch einfache Verbrennung oder durch katalytisch beschleunigte Oxydation mit Luftsauerstoff oder mit Sauerstoff abgebenden Oxiden bei relativ niedriger Temperatur erfolgen. Das zu untersuchende Gas muß natürlich vorher durch Waschen mit Lauge oder durch Leiten über Natronkalk von in ihm vorhandenen CO_2 befreit werden. Die einfache Verbrennung ist nur dann anwendbar, wenn das Gas keine anderen Kohlenstoff enthaltenden Komponenten aufweist. Ungesättigte und höhere Kohlenwasserstoffe werden, wenn vorhanden oder vermutet, durch Absorption in rauchender Schwefelsäure oder besser durch Adsorption mit Aktivkohle entfernt. Methan passiert diese Reinigung ebenso wie das Kohlenoxid. Die nachstehend beschriebenen Methoden gestatten eine selektive Oxydation des CO neben CH_4. Der Nachweis des dabei gebildeten CO_2 kann z. B. durch Fällung von Bariumcarbonat aus Barytlauge oder durch Entfärbung von mit Phenolphthalein rot gefärbter verdünnter Alkalilauge, durch Titration des Laugeverbrauchs, durch Leitfähigkeitsmessung oder andere Nachweismethoden für CO_2 (s. Kap. Kohlendioxid) erfolgen.

Auch kann das Stattfinden der Oxydation durch Messen der Temperaturerhöhung (HUGUENARD) oder durch den Nachweis eines aus dem Oxydationsmittel entstehenden Reduktionsprodukts aufgezeigt werden. Schließlich kann das CO_2 gasvolumetrisch durch die Volumenabnahme des Reaktionsgemisches beim Durchleiten durch Kalilauge oder gravimetrisch durch die Gewichtszunahme von Alkalilauge oder eines anderen Absorptionsmittels nachgewiesen werden.

1. Platinkontakt-Methode.

In einer Verbrennungspipette mit beheizbarer Platinwendel, wie sie in der klassischen Gasanalyse gebräuchlich sind, kann Kohlenoxid gegebenenfalls zusammen mit Wasserstoff bei dunkler Rotglut selektiv in Gegenwart von Methan mit überschüssiger Luft verbrannt werden, wenn von den verbrennlichen Gasen insgesamt nicht mehr als 3% vorhanden sind. Bei mehr als 0,5% CH_4 muß das Überleiten langsam erfolgen. (SCHUSTER, s. auch OTT.) An Stelle des Platindrahtes wurde von KOBE und ARBESON platiniertes Kieselgel empfohlen. Bei 300° erfolgt glatte Oxydation des CO ohne Angriff von Methan.

2. Jodpentoxid-Methode.

Das bei der Reaktion:

$$J_2O_5 + 5CO = J_2 + 5CO_2,$$

die ab etwa 120° eintritt, entstehende Kohlendioxid kann ebenfalls zum Nachweis von Kohlenoxid dienen. So analysiert SCHMITT Spuren von CO in Luft durch Oxydation mit J_2O_5 und Messung der Änderung der Leitfähigkeit einer alkalischen Absorptionslösung in einem „Mikrogas“-Apparat (Wösthoff, Bochum), in welche das Reaktionsgas eingeleitet wird. PFUNDT beschreibt eine Apparatur zum Nachweis kleiner CO-Mengen insbesondere in technischem Wasserstoff für katalytische Prozesse, deren Arbeitsprinzip ebenfalls eine Leitfähigkeitsmessung ist. Das in einem beheizten Jodpentoxidrohr oxydierte Gas wird zur Absorption des Jods über auf 250° erhitztes Silber und dann in eine Aufschlämmung von gefälltem Bariumcarbonat geleitet. Tritt CO_2 als Oxydationsprodukt auf, so setzt es sich mit dem $BaCO_3$ zu $Ba(HCO_3)_2$ um, und die dadurch verursachte Erhöhung der Leitfähigkeit wird konduktometrisch festgestellt. Ungesättigte Kohlenwasserstoffe sind vor Eintritt des Gases in das Reaktionsrohr zu entfernen. Bei solchen Geräten wird die Anzeige gewöhnlich registrierend ausgebildet.

3. Quecksilberoxid-Methode.

Nach MOSER und SCHMID reagiert Kohlenoxid mit rotem Quecksilberoxid bereits ab 160° und nach FAY und SEECKER mit gelbem Quecksilberoxid sogar schon bei gewöhnlicher Temperatur. Auf diesen Reaktionen fußend haben RENAUD, THOMAS und GIBERT bzw. MCCULLOUGH, CRANE und BECKMAN in neuerer Zeit Nachweis- und Bestimmungsmethoden für CO entwickelt. Sie arbeiten bei Dampfbadtemperatur (mit gelbem Oxid) bzw. bei 175—200° (mit rotem Oxid). Näheres s. auch bei GUÉRIN, S. 429—430. Vgl. außerdem Abschn. III 2 e.

4. Hopcalite-Methoden.

Die mit Hopcalite bezeichneten Massen bestehen aus 60% MnO_2 und 40% CuO, teilweise enthalten sie auch geringe Anteile von Co_2O_3 und Ag_2O. Die Gemische sind wirksamer als jede der Komponenten allein (LAMB, BRAY und FRAZER), ihre Aktivität hängt stark von der Struktur, d. h. von der Herstellungsweise ab. Manche Präparate reagieren schon bei Zimmertemperatur. Die Wirkung wird durch Wasserdampf beeinträchtigt.

Ein einfaches Präparat der oben zuerst genannten Art wird nach MERRILL und SCALIONE folgendermaßen hergestellt: Man läßt auf eine Suspension von Mangansulfat in konzentrierter Schwefelsäure Kaliumpermanganat einwirken und verdünnt mit Wasser. Auf den entstandenen MnO_2-Niederschlag fällt man durch Zugabe von Kupfersulfat und Natriumcarbonat basisches Kupfercarbonat. Man verdünnt, wäscht durch Dekantation, filtriert, preßt den Niederschlag bei einem Druck von 400 kg/cm² zu Formlingen und trocknet zuerst bei 50°, dann bei 200°.

Hopcalite-Präparate werden in vielen im Handel befindlichen CO-Analysier-, Überwachungs- und Warnapparaturen angewendet. Vielfach dient dabei zur Indizierung einfach die mit Flüssigkeits- oder Luftthermometer oder mit Thermoelementen festgestellte Temperaturerhöhung. Der CO-Messer Mod. T von DRÄGER arbeitet nach diesem Prinzip. Spezifischer und auch bei Gegenwart von Wasserstoff und Kohlenwasserstoffen anwendbar ist der Nachweis auf Grund des Reaktionsproduktes CO_2. Methan stört in diesem Falle nicht, da es bei den angewendeten niedrigen Temperaturen nicht angegriffen wird.

Eine Arbeitsweise mit Rücktritation vorgelegter Barytlauge beschreiben LINDSLEY und YOE. Sie verwenden ein Gemisch von Phenolphthalein und Thymolphthalein als Indikator und analysieren so Gase mit Kohlenoxidgehalten von 0,001—0,005%.

5. Silberpermanganat-Methode.

Silberpermanganat wirkt ähnlich wie Hopcalite und ist nach den Angaben von KATZ und KATZMANN weniger empfindlich gegen Desaktivierung durch Feuchtigkeit.

6. Kupferoxid-Methoden.

a) Kupferoxid.

Das in der Gasanalyse sehr gebräuchliche Kupferoxid in Form von Drahtstückchen oder das bei tieferen Temperaturen wirksame Eisenoxid-Kupferoxid (s. Kap. Methan, Abschn. II 2 b) gestattet die selektive Verbrennung von Kohlenoxid (bzw. von CO gemeinsam mit Wasserstoff) in Gegenwart von Methan und Äthan (JÄGER).

Ausführung. Man leitet das Gas (bei kleinen CO-Gehalten mehrmals) durch ein mit Kupferoxid gefülltes Röhrchen aus Quarz oder NCT 3, das auf 270—290° erhitzt wird. Methan verbrennt erst oberhalb 400°, und Äthan würde, falls vorhanden, nicht unterhalb 300° angegriffen werden. Wasserstoff reagiert mit, was aber beim Nachweis des CO als CO_2 nicht stört. Wegen CO—H_2-selektiver Oxydationsmittel s. HgO-Methoden.

b) Kupferoxid/Quarz.

Hierbei wirkt das Kupferoxid als Katalysator, als Oxydationsmittel dient Luftsauerstoff. Zur Herstellung des Katalysators werden nach SCHMIDT 1—2 mm große Quarzkörner mit Kupfernitratlösung getränkt und im Luftstrom auf 300—400° erhitzt. Zur Oxydation des Kohlenoxids wird das wie üblich von Kohlendioxid und Kohlenwasserstoffen außer Methan gereinigte und mittels KOH, $CaCl_2$ und P_2O_5 getrocknete Gas mit überschüssiger Luft bei 290° durch ein mit etwa 60 g des Katalysators gefülltes Rohr aus Quarz oder schwer schmelzbarem Glas geleitet. Während bei der vorbeschriebenen Methode (a) kleine Mengen CO_2 im Kupferoxid zurückgehalten werden, ist das bei diesem Katalysator weniger der Fall; er ist also für kleinere CO-Konzentrationen besser geeignet. Man kann übrigens das CO_2 durch längeres Nachspülen der Apparatur mit reiner Luft vollständig erfassen.

III. Nachweis auf Grund der aus Oxydationsmitteln entstehenden Reduktionsprodukte.

1. Reduktion von Jodpentoxid.

CO und Jodpentoxid reagieren bei erhöhter Temperatur miteinander entsprechend der Gleichung

$$5CO + J_2O_5 = 5CO_2 + J_2 .$$

Zur Bestimmung kleinerer CO-Mengen wurde die Reaktion zuerst von NICLOUX (a) und von GAUTIER benutzt. Für diesen Zweck ist seitdem eine ganze Reihe von Ausführungsformen und Apparaten beschrieben worden, auf die hier nicht im einzelnen eingegangen werden kann. Es wird auf den Teil Quantitative Methoden dieses Werkes sowie auf SCHUSTER S. 78—81, 88 und GUÉRIN S. 426, 433 verwiesen. Grundsätzlich können die dort beschriebenen quantitativen Methoden auch zum Nachweis von CO dienen. Das J_2O_5 wird in einem Rohr, durch welches das zu prüfende Gas geleitet wird, auf 195° oder, wenn H_2 oder CH_4 im Gas vorhanden ist, auf 120—130° und erst nachher unter Durchleiten von Luft auf 195° geheizt. Wasserdampf, H_2S, HCN und NO müssen vorher entfernt werden, am besten gemeinsam durch auf —80° gekühlte Aktivkohle. Gewöhnlich wird das freiwerdende Jod in einer Vorlage mit Thiosulfat oder Kaliumjodidlösung aufgefangen und anschließend titrimetrisch ermittelt [KATTWINKEL (b)].

KATTWINKEL (a) S. 60 gibt den Hinweis, daß man für genaues Arbeiten das J_2O_5 des Handels vor Gebrauch erst 8—10 Stunden lang bei 190° im Apparat selbst vollständig entwässern sollte, wobei auch etwas Jod abgespalten wird, und daß man das Ende des Vorganges daran feststellen kann, daß beim Durchleiten des durch das J_2O_5 gegangenen Luftstromes durch Chloroform innerhalb von 15 Minuten keine

Färbung auftritt. Spuren von J_2 würden eine deutliche Rosafärbung des $CHCl_3$ geben. Der bloße Nachweis von CO in einem Gas müßte also dadurch gut möglich sein, daß man nun einfach von Luft auf Gasdurchleitung umschaltet und beobachtet, ob jetzt das $CHCl_3$ gefärbt wird.

Für den qualitativen Nachweis von CO sind jedoch andere handlichere Ausführungsformen der J_2O_5-Methode entwickelt worden.

Jodpentoxid-Aufschlämmungen in rauchender Schwefelsäure oder in konzentrierter Schwefelsäure oxydieren CO auch in geringen Konzentrationen bereits bei gewöhnlicher Temperatur. Hierauf gründete schon HOOVER einen kolorimetrischen CO-Nachweis bzw. eine CO-Schnellbestimmung. Die nach HOOVER und LAMB „Hoolamite" genannte Masse besteht aus 12,3% J_2O_5, 51,9% rauchender Schwefelsäure (mit 47% SO_3) und 35,8% fein gekörntem Bimsstein. Das Gemisch wird mehrere Stunden lang unter Vakuum erhitzt.

Arbeiten der IG Farben zeigten, daß die rauchende H_2SO_4 auch durch gewöhnliche konzentrierte Schwefelsäure ersetzt werden kann, wenn man als Trägermaterial statt Bimsstein das katalytisch wirksame Kieselgel nimmt. Ein solches Gemisch hat die Zusammensetzung: 10 g J_2O_5, 10 ml konz. H_2SO_4, 10 g Kieselgel.

Derartige Gemische werden auch in den CO-Spürgeräten der Auergesellschaft, des Drägerwerks und anderer Firmen angewendet. Der wesentliche Teil dieser Geräte ist ein leicht auswechselbar angeordnetes, etwa 10 cm langes Glasröhrchen, das die feuchtigkeitsempfindliche Reaktionsmasse enthält und dessen zugeschmolzene Enden vor dem Einsetzen durch Abbrechen der Spitzen geöffnet werden. Das Rohr wird mit einem Ende in eine Halterung eingesetzt, die es mit einer Handluftpumpe verbindet. Außerdem enthalten die Geräte noch ein Rohr mit SO_3-getränktem Kieselgel oder Aktivkohle, durch welches die zu prüfende Luft zur Entfernung von Schwefelwasserstoff, ungesättigten und höheren Kohlenwasserstoffen und anderen reaktiven Bestandteilen gesaugt wird, bevor sie durch das Prüfröhrchen strömt. Für jeden Versuch wird ein neues Röhrchen genommen.

Die weiße bis schwach gelbliche Masse färbt sich je nach CO-Gehalt blaßgrün bis tiefgrün (im letzteren Falle zunächst — einige Minuten lang — braun). In dem DRÄGER-Gerät mit Prüfröhrchen Typ 18 werden bei 10 Pumpenhüben weniger als 0,01% CO durch blaßgrüne Färbung angezeigt. Auch Wasserstoff ruft eine Verfärbung hervor, die aber nur vorübergehend besteht (KATTWINKEL (a) S. 64).

Nachweisgrenze. Diese kann bei der J_2O_5-Methode durch Anwendung genügend großer Gas- bzw. Luftmengen auf 5 ppm CO heruntergedrückt werden (AMBLER und SUTTON).

Der Geruch des beim Umsatz von CO mit J_2O_5 in solchen Reaktionsmassen auftretenden Jods kann ebenfalls zum Nachweis von Kohlenmonoxid dienen. Man macht von dieser Möglichkeit bei CO-Gasmaskenfiltern Gebrauch. Hinter der CO zu CO_2 umsetzenden und das CO_2 absorbierenden Schicht ist eine J_2O_5-Reaktionsschicht angebracht. Sobald die Hauptschicht nahezu erschöpft ist und CO durchzulassen beginnt, wird Joddampf entwickelt und dem Maskenträger so die Notwendigkeit des Filterwechsels angezeigt.

2. Reduktion von Metallsalzen.

a) Palladiumchlorid-Methode.

Von den Metallsalzen, die durch CO zu dem entsprechenden Metall reduziert werden, ist Palladium(II)-chlorid das am längsten bekannte und gebräuchlichste Reagens. Man wendet es als Lösung an und leitet das zu prüfende Gas hindurch, worauf bei Anwesenheit von CO eine gelbbraune bis schwarze Trübung oder Fällung oder ein zarter Beschlag auf der Glaswandung des Gefäßes entsteht, oder man hängt

Pd-Salz enthaltende Papierstreifen in das Gefäß, in dem sich das Gas befindet. In allen Fällen müssen H_2S und ungesättigte Kohlenwasserstoffe abwesend bzw. entfernt worden sein. Das gleiche gilt für Ammoniak, da der Komplex $Pd(NH_3)_4Cl_2$ nicht mit CO reagiert.

Ausführung nach ACKERMANN (s. KAST und SELLE). Man leitet das auf geringe CO-Gehalte zu analysierende Gas zunächst im Kreislauf mit einer Geschwindigkeit von etwa 1 l/Minute nacheinander durch 4 Waschflaschen, die 1. Kalilauge, 2. rauchende Schwefelsäure, 3. Kalilauge und 4. 96%ige Schwefelsäure enthalten (bei Abwesenheit von ungesättigten Kohlenwasserstoffen genügen je 2 Flaschen mit Ätzkali und konzentrierter Schwefelsäure) und dann weiter durch ein Peligot-Rohr, in dem sich n/200-$PdCl_2$-Lösung befindet. Vom Umschalten auf die $PdCl_2$-Lösung an beobachtet man diese und die Wandung des sie enthaltenden Rohres auf eine Trübung oder Abscheidung.

Empfindlichkeit. Bei 0,1 Vol.-% CO ist nach 2—3 Minuten = 50 ml Gas eine Ausscheidung zu bemerken, bei 0,03% nach 15—20 Minuten = 300—350 ml Gas, bei 0,015% nach 1 Stunde = 1 Liter Gas. Bei 0,008% ist nach dem Filtrieren der Lösung noch ein geringer Anflug von Palladium auf dem Filter erkennbar.

α) *Ausführung mit Reagenspapier.*

CO-Reagenspapier auf $PdCl_2$-Basis ist im Handel erhältlich. Man kann es selbst herstellen, z. B. nach folgendem Rezept (SCHUSTER): Filterpapier wird mit einer 1%igen $PdCl_2$-Lösung, der einige Tropfen 5%iger Natriumacetatlösung zugesetzt wurden, getränkt und sofort verwendet oder zum Aufbewahren im Dunkeln auf einer Glasplatte an der Luft getrocknet. Im letzteren Falle werden die Streifen vor der Benutzung leicht angefeuchtet. Bei 0,05% CO in der Luft ist die Färbung nach 10 Minuten Einwirkung auf das Papier gerade noch zu erkennen.

β) *Ausführung unter Mitverwendung von Cu(I)-salz.*

VOIRET und BONAIMÉ haben gefunden, daß ein Zusatz von Kupfer(I)-salz zum $PdCl_2$ dessen Empfindlichkeit für den CO-Nachweis steigert. In sehr verdünnten Lösungen reduziert Cu^+ das $PdCl_2$ nicht, bei Hinzutreten von CO erfolgt jedoch sofort Bräunung und später eine schwarze Ausfällung. Das $PdCl_2$ wird in 0,05%iger Lösung, die auf 100 ml außerdem 0,5 ml konzentrierte Salzsäure enthält, angewendet. Die Kupferlösung wird wie folgt hergestellt:

1 g $CuSO_4 \cdot 5H_2O$, 1 g NaCl, 1 g Kupferdrehspäne, 10 ml Wasser und 10 ml konzentrierte HCl werden in einem Kolben erhitzt und einige Minuten lang am Sieden gehalten. Dann wird mit Wasser auf 500 ml aufgefüllt. Die Lösung ist nach einigen Tagen Stehens unter öfterem Durchschütteln benutzungsfertig. Sie ist im Dunkeln aufzubewahren.

Ausführung. Die Reaktion wird in Lösung oder auf dem Papier ausgeführt. Man gibt in ein Testrohr von 30 ml Inhalt 2 ml der $PdCl_2$-Lösung und 5 Tropfen der CuCl-Lösung, führt die zu prüfende Luft in das Rohr ein und schüttelt das geschlossene Rohr einige Sekunden kräftig. Bei 0,01% CO ist nach etwa einer Minute eine Dunkelfärbung der Lösung zu sehen.

Grenzkonzentration. 0,005% CO in 30 ml Probe.

Erfassungsgrenze. 2 μg CO.
Noch empfindlicher ist die Tüpfelreaktion auf Papier.

Ausführung als Tüpfelreaktion. Man gibt einen großen Tropfen der $PdCl_2$-Lösung auf Filterpapier und in die Mitte des entstandenen Fleckes einen kleinen Tropfen der

CuCl-Lösung. Ein schwarzer Ring um den CuCl-Fleck zeigt das Vorhandensein von CO in der Atmosphäre, der das Papier ausgesetzt wird, an.

Die Grenzkonzentration liegt bei 0,001% (1:100000). Ein Blindversuch sollte durchgeführt werden.

Störungen. Störend wirken auch hier die oben wiederholt genannten Gase. Wasserstoff stört nach Angabe von RENAUD, THOMAS und GILBERT nur, wenn seine Konzentration 15—20mal größer als diejenige des CO ist.

b) Silbernitrat-Methode.

Ammoniakalische Silbernitratlösung wird von CO reduziert (BERTHELOT), und zwar etwas rascher als $PdCl_2$. Sie wurde von THIELE (s. KAST und SELLE) zur Prüfung der Luft in Gruben empfohlen.

Herstellung des Reagenses. Die Lösung wird folgendermaßen hergestellt: Man löst 1,7 g $AgNO_3$ in destilliertem Wasser, setzt 36 ml 10%ige NH_3-Lösung und 200 ml 8%ige Natronlauge hinzu und füllt mit Wasser zu 1 Liter auf.

Ausführung. Von dieser Lösung füllt man je 1 ml in einseitig zugeschmolzene, am anderen Ende eingezogene Glasröhren von etwa 10 ml Volumen. Man evakuiert die Röhren und schmelzt sie ab. Am Ort, an dem die Luft untersucht werden soll, ritzt man das ausgezogene Ende des Rohres an und bricht die Spitze ab. Nachdem die Luft eingeströmt ist, verschließt man die Öffnung mit dem Daumen (Benutzung eines Fingerschützers aus Leder ist zu empfehlen) und schüttelt durch.

Empfindlichkeit. Deutliche Silberausscheidung ist zu erkennen bei 0,8% CO nach 10, bei 0,1% nach 45 und bei 0,05% nach 80 Sekunden.

Dieses Reagens kann nach KAST und Mitarbeitern in Gegenwart von H_2 und C_2H_2 und sogar von geringeren Mengen C_2H_4 angewendet werden.

c) Silberhydroxid-Methode.

In Pyridin gelöstes Silberhydroxid wird ebenfalls von CO reduziert (MANCHOT und SCHERER). Das Reaktionsgemisch wird aus 50 ml n/10-$AgNO_3$, 50 ml n/10-NaOH und 50 ml völlig reinem Pyridin hergestellt. Das zunächst ausfallende AgOH löst sich im Pyridin. Das Reagens ist recht spezifisch. H_2, CH_4 und C_2H_4 stören (reduzieren) nicht. WALKER und ALLEY empfehlen es daher für den Nachweis kleiner Mengen von CO in Äthylen für medizinische Zwecke.

d) Molybdat-Palladium-Methode.

Kohlenoxid reduziert Phosphormolybdänsäure und Silicomolybdänsäure momentan zu Molybdänblau, wenn die Reaktion durch Palladium katalysiert wird. Hierzu genügen kleinste Spuren von Palladium, die als Reaktionsprodukt der Pd(II)-chlorid-Methode bei weitem nicht mehr zu erkennen sein würden. Da außerdem kleinste Mengen von Molybdänblau gut zu sehen sind, ermöglicht die Kombination der beiden Reagentien einen sehr empfindlichen CO-Nachweis. Dieser kann in Lösung oder auf Kieselgel ausgeführt werden.

α) *Ein Kupfermolybdat-Palladium-Reagens* wird nach POLIS, BERGER und SCHRENK durch Mischen gleicher Volumina der folgenden drei Lösungen hergestellt: *1.* 3n-H_2SO_4, *2.* 5 g $2H_3PO_4 \cdot 20MoO_3 \cdot 48H_2O$ in 100 ml Wasser, *3.* 0,5 g $PdCl_2$ in der Wärme gelöst in 2 ml konzentrierter Salzsäure und 100 ml Wasser, nach dem Abkühlen mit weiteren 3,5 ml Salzsäure versetzt und auf 250 ml verdünnt.

Ausführung. Zur Analyse gibt man in ein Gefäß von z. B. 50 ml Inhalt mit dem zu prüfenden Gas 3 ml reinstes, von reduzierenden Stoffen freies Aceton sowie 3 ml der Reagenslösung und schüttelt eine Stunde lang im Wasserbad bei 60°. Nun beobachtet man die Färbung.

Nachweisgrenze. 0,001% CO.

Störung. Wasserstoff stört erst, wenn seine Konzentration 30mal größer als die des CO ist.

β) Noch viel empfindlicher ist die Methode des U. S. National Bureau of Standards = NBS (SHEPHERD); mit ihr sollen weniger als 0,002 ppm CO in Luft innerhalb 20 Minuten nachgewiesen werden können, physiologisch interessante Konzentrationen (0,01—0,4%) in etwa einer Minute. Die Reaktionsmasse wird aus sehr gut gereinigtem Kieselgel durch Imprägnieren mit Ammoniummolybdat und Palladiumsulfat hergestellt und in bestimmter Weise getrocknet; ihre Empfindlichkeit ist stark vom Wassergehalt abhängig, 10—16 mg H_2O pro Gramm sind optimal. Wegen der Einzelheiten der ziemlich umständlichen und langwierigen Präparation wird auf die Originalarbeit und auf GUÉRIN (S. 438) verwiesen.

Fertige Prüfröhrchen sind im Handel erhältlich.

Störungen. SCHUHKNECHT und SCHINKEL haben systematische Versuche über die Stärke der „CO-Anzeige“ von H_2 und Kohlenwasserstoffen (CH_4, C_2H_6, C_3H_8, C_4H_{10} und C_2H_4) bei Benutzung von handelsüblichen Drägerröhrchen Typ 16 und von Röhrchen mit NBS-Gel bei verschiedenen Konzentrationen dieser Gase ausgeführt. Sie prüften auch die Wirkung zusätzlich vorgeschalteter Röhrchen mit Aktiv-Kohle, Kieselgel und Jodbromidgel (20% JBr, 80% Kieselgel). Das NBS-Gel zeigte sich bei etwa 5 mal höherer Empfindlichkeit für CO bedeutend weniger empfindlich gegen die gesättigten Kohlenwasserstoffe als die Drägermasse, aber äußerst empfindlich gegen Äthylen und andere ungesättigte Kohlenwasserstoffe. Die Autoren empfehlen JBr-Gel als sehr wirksames Mittel, Äthylen selbst in einer Konzentration von 10% vollständig zu absorbieren und so die wesentlichste Störquelle zu beseitigen.

e) Quecksilberoxid-Methoden.

Die Quecksilberoxide werden von CO bei relativ niedriger Temperatur reduziert. Gelbes HgO reagiert bereits bei 100° — HgO-Reaktionsrohr im siedenden Wasserbad —, wo CH_4 und sogar H_2 noch nicht einwirken (RENAUD, THOMAS und GILBERT). Rotes HgO ist etwas weniger reaktionsfähig, oxydiert aber CO immerhin quantitativ schon bei 175°, nach der Angabe von DEINUM und SCHUSTER bei 150°, ohne auf CH_4 und H_2 in Konzentrationen unterhalb 5% einzuwirken (MC COLLOUGH, CRANE und BECKMANN).

Die Autoren haben Nachweis- und Bestimmungsmethoden für CO beschrieben, bei denen das CO_2 titriert (RENAUD und Mitarbeiter), die Gewichtsabnahme des HgO festgestellt oder der Quecksilberdampf auf Grund der Schwärzung von Selensulfidpapier (Quecksilberselenidbildung) nachgewiesen wird (beides: MC COLLOUGH und Mitarbeiter). In allen Fällen müssen evtl. vorhandene höhere Kohlenwasserstoffe (z. B. durch Adsorption an Aktivkohle) entfernt werden.

Auf den Nachweis bzw. die quantitative Messung des bei der Reduktion von HgO entstehenden Quecksilberdampfes gründet sich nun eine der allerempfindlichsten Nachweismethoden für Kohlenoxid, offenbar jedenfalls die empfindlichste zur kontinuierlichen Anzeige geeignete Methode.

Diese Methode ist von TOMBERG entwickelt worden. In seinem Apparat wird das Quecksilber mittels einer spektralphotometrischen Anordnung angezeigt. Dabei wird die Absorption des ausgefilterten Lichtes der 2537 Å-Linie einer Hg-Quarzlampe durch den Hg-Dampf ausgenutzt.

Grenzkonzentration. Die Apparatur registriert den CO-Gehalt der Luft und soll auf Konzentrationen von weniger als 0,01 ppm (1:100000000) ansprechen.

IV. Gasvolumetrischer Nachweis durch Reduktion mit Wasserstoff.

Kohlenoxid wird von H_2 an Nickelkatalysatoren bei Temperaturen ab 200° zu Methan reduziert. Entsprechend der Gleichung:

$$CO + 3H_2 = H_2O + CH_4$$

verschwinden dabei auf ein Mol CO 3 Mol H_2 aus der Gasphase, es tritt also eine starke Volumenkontraktion ein. Die Reaktion kann mit üblichen gasanalytischen Geräten ausgeführt werden, wobei das Rohr mit dem Katalysator z. B. an Stelle des CuO enthaltenden Verbrennungsrohres nach JÄGER eingesetzt werden kann. Der Katalysator wird wie folgt hergestellt (SCHUSTER):

In einem Nickeltiegel schmelzt man vorsichtig 10 g kristallisiertes, kobaltfreies Nickelnitrat und 3,5 g kristallisiertes Aluminiumnitrat zusammen. Dazu gibt man 10 g mehrmals mit Salpetersäure ausgekochte Tonscherben von etwa 1,5 mm Korngröße. Unter dauerndem Rühren steigert man die Temperatur, bis die Masse gleichmäßig trocken geworden ist. Dann erhitzt man im bedeckten Tiegel unter Einleiten eines schwachen Luftstromes auf etwa 400°, wobei die Nitrate in Oxide übergehen. Schließlich wird bei 290° mit reinem Wasserstoff reduziert.

Ausführung. Einige Gramm des Katalysators werden in das Reaktionsrohr gegeben und auf beiden Seiten mit Glaswollpfropfen festgelegt. Vor Ausführung der Reaktion wird zweckmäßig noch einmal bei 400° durch Überleiten von reinem Wasserstoff nachreduziert. Anschließend wird die Temperatur auf 200—250° gesenkt und durch eine Heizwicklung elektrisch oder mittels eines β-Naphthol-Heizbades so gehalten.

Das zu untersuchende Gas wird mit H_2 gemischt, so daß das Verhältnis $H_2:CO$ mindestens $= 3:1$ ist, und aus der Gasbürette mit einer Strömungsgeschwindigkeit von 20 ml/Sekunde durch das Reaktionsrohr in eine als Ausweichgefäß dienende Gaspipette und zurück geleitet. Dann wird die Volumenabnahme bei noch konstant beheiztem Reaktionsrohr abgelesen; sie beträgt das 3fache des CO-Volumens.

V. Nachweis durch die Vergiftungswirkung auf einen katalytischen Verbrennungsvorgang.

Zur ständigen Überwachung von Räumen auf CO und zur Signalgebung bei Auftreten dieses Gases hat BOEKE ein auf der katalysevergiftenden Wirkung beruhendes Gerät konstruiert. In einer Wheatstone-Widerstandsbrücke ist ein Platinkatalysator auf einem Platindraht als einer der Zweige der Brücke geschaltet. Die anderen Zweige sind so bemessen, daß Gleichgewicht und Stromlosigkeit herrscht, wenn über den Kontakt ein gleichmäßiger Luftstrom, dem eine bestimmte Menge Methanoldampf zugemischt wird, strömt. Die Temperatur des Kontaktes beträgt dabei etwa 135°. Tritt nun in der Luft CO auf, so wird die Verbrennung weniger intensiv, die Temperatur fällt, und durch die Störung des Widerstandsgleichgewichts wird elektrisch ein Alarm ausgelöst. Das Gerät spricht auch auf Cyanwasserstoff und einige andere Kontaktgifte an.

VI. Nachweis durch Komplexbildung mit Hämoglobin.

Kohlenoxid bildet mit Hämoglobin den recht stabilen Komplex Kohlenoxidhämoglobin. Das Gleichgewicht, das sich zwischen Hämoglobin, Sauerstoff und Kohlenoxid einstellt, liegt derartig zuungunsten der entsprechenden Sauerstoffverbindung, daß schon bei 1 Teil CO im Gemisch mit 300 Teilen O_2 entsprechend $< 0{,}1\%$ CO sich ein Verhältnis von Carboxyhämoglobin:Oxyhämoglobin von 1:1 einstellt.

Während letztere Verbindung in verdünnter Lösung gelb aussieht, ist die CO-Verbindung rosa. Die Absorptionsspektren unterscheiden sich ebenfalls in charakteristischer Weise. Auf dieser recht spezifischen Reaktion (nur C_2H_4 und NO stören), die mit verdünnten Blutlösungen als Reagens ausgeführt werden kann, gründen sich mehrere Nachweisverfahren für CO (die auch für die quantitative Bestimmung benutzt werden).

1. Direkter Farbvergleich.

Ausführung. In Anlehnung an die Methode von HALDANE werden 0,75 ml Blut mit 30 Tropfen konz. Ammoniak versetzt und auf 150 ml mit Wasser aufgefüllt. Je einige Milliliter dieser Blutlösung werden in kleine mit Gummistopfen versehene Fläschchen eingeführt, von denen die eine das zu untersuchende Gas, die andere Luft enthält. Die Einführung des Gases und der Lösung erfolgt durch Bohrungen des Stopfens, die anschließend mit Glasstäbchen verschlossen werden. Man schüttelt einige Minuten lang. Bei Anwesenheit von Kohlenoxid im Gas zeigt die Lösung in der entsprechenden Flasche gegenüber der gelben Vergleichslösung einen deutlichen Umschlag nach blaßrot.

Nachweisgrenze. Etwa 0,01% CO.

2. Tannin-Methode.

Wenn 1:4 mit Wasser verdünntes Blut mit dem gleichen Volumen einer 1%igen Tanninsäurelösung geschüttelt und dann 24 Stunden stehen gelassen wird, bildet sich eine Suspension von grauer Farbe. Ist das Blut jedoch vorher mit CO-haltigem Gas behandelt worden, so bleibt die Lösung karminrot (SAYERS und YANT).

3. Spektralanalytische Methode.

O_2-Hämoglobin besitzt zwei breite Absorptionsbanden bei 5860—5680 und 5520—5280 Å mit Maxima bei 5769 und 5404 Å, CO-Hämoglobin ein demgegenüber nur wenig verschobenes Bandenpaar von 5820—5600 und 5500—5240 Å mit Maxima bei 5695 und 5380 Å. Während aber nach Reduktion des Sauerstoffkomplexes, z. B. mit Ammonsulfid oder Dithionit, an Stelle seines Bandenpaares eine sehr breite „STOKEsche Bande" von 5940—5340 Å mit Maximum bei 5560 Å auftritt, reagiert die CO-Verbindung mit den Reduktionsmitteln nicht. Sein Spektrum bleibt nach Zusatz dieser Agentien unverändert. Die CO-Banden treten nach Durchleiten von CO-haltigem Gas durch die Blutlösung deutlich auf, sobald 25—30% des Hämoglobins in den CO-Komplex verwandelt sind.

Man verwendet als Blutlösung beispielsweise (GUÉRIN S. 441) 0,2 ml Rinder-, Schweine- oder Menschenblut, das mit der gleichen Menge Alkohol versetzt und mit 17,6 ml destilliertem Wasser verdünnt wurde. Kurz vor Gebrauch setzt man eine Lösung von 60—70 mg Natriumdithionit in 2 ml etwa 0,34%igem Ammoniak (1 Teil Ammoniak von 22° Bé zu 50 Teilen Wasser) hinzu.

Bei Analyse von Luft oder eines anderen Sauerstoff enthaltenden Gases entfernt man den Sauerstoff vorher durch Schütteln mit einer Lösung aus 20 g Natriumhyposulfit, 100 ml destilliertem Wasser und 20 ml Natronlauge von 36° Bé.

Man leitet von dem zu untersuchenden Gas soviel durch die Blutlösung, bis bei Betrachtung des beleuchteten Gefäßes mit dem Spektroskop die CO-Hämoglobinbanden erscheinen.

Sorgt man durch genügend langsames Durchleiten und feine Verteilung des Gases (enges Einleitungsrohr, Zusatz von einigen Tropfen einer 2%igen Saponinlösung) für vollständige Absorption des CO, so ist der Nachweis sehr empfindlich. Bei 18 bis 20 ml Blutlösung in einem Gefäß nach WINKLER sind in 1800 ml Luft noch 3,5 ppm nachzuweisen (GUÉRIN S. 442). Da die Empfindlichkeit mit abnehmender Hämoglobinmenge zunimmt, kann man bei Anwendung eines kleinen Absorptionsgefäßes (NICLOUX (b)) mit kleinen Gasmengen auskommen.

VII. Nachweis durch Ultrarotspektroskopie.

Kohlenoxid hat zwei charakteristische Absorptionsbanden im gewöhnlich verwendeten IR-Bereich bei 4,6 und 4,7 μ.

PIERSON, FLETCHER und ST. CLAIR GANTZ geben in einem großen Katalog der UR-Spektren für die qualitative Analyse von Gasen auch ein Spektrogramm des CO im Bereich von 2—15 μ und außerdem eine schematische Darstellung der Lage und Intensität der hauptsächlichen Banden im Vergleich mit denen von 65 anderen anorganischen und organischen Gasen und Dämpfen; die Autoren beschreiben das Beispiel der Analyse eines Gasgemisches, in dem neben CO noch CO_2, CH_4, C_2H_2, C_2H_4, HCN, N_2O, NO und NO_2 enthalten sind. Das Kohlenoxid tritt in dem Spektrogramm klar in Erscheinung, wenn auch nicht so deutlich wie einige der übrigen Gase.

VIII. Nachweis durch Massenspektrometrie.

Dieser Nachweis läßt sich auf Grund der für CO charakteristischen Peaks bei m/e = 12 und 28 führen. Wegen der Methodik wird auf die im Kapitel Methan angeführte Literatur verwiesen.

Kohlenoxid wird bei der Analyse mit dem Massenspektrometer bisweilen auch dann gefunden, wenn es in dem zu untersuchenden Gas ursprünglich nicht vorhanden ist, worauf CRABLE und KERR aufmerksam machen. Diese Erscheinung tritt auf, wenn das Gas freien Sauerstoff enthält, und die Intensitäten der CO-Peaks sind dem O_2-Partialdruck proportional. Die Autoren führen den Befund auf eine Reaktion des O_2 mit dem im beheizten Wolframdraht der Ionenquelle enthaltenen Wolframcarbid zu CO zurück. Sie vermuten, daß in Geräten mit solcher Ionenquelle auch reaktionsfähige O-Verbindungen wie Stickstoff- und Schwefeloxide eine derartige Verfälschung des Spektrogramms hervorrufen könnten.

IX. Nachweis durch Gaschromatographie.

Für die gaschromatische Analyse — Adsorptionschromatographie — auf CO kann Aluminiumoxid, Kieselgel, Molekularsieb oder Aktivkohle als feste Phase verwendet werden. Wegen allgemeiner Hinweise zur Methodik wird auf das Kapitel Methan verwiesen.

Die Anwendung von Kieselgel und Aluminiumoxid mit Helium als Schleppgas wird von GREENE und PUST beschrieben. Bei Kieselgel liegt der CO-Peak zwischen denen von Luft und Methan. Die Analyse von Gasgemischen, die außer CO noch CO_2, NO, N_2O und O_2 enthalten, mit Kieselgel wird von SZULCZEWSKI und HIGUCHI beschrieben. Zur einwandfreien Trennung aller dieser Gase voneinander wenden sie zunächst Kühlung der Säule mit Trockeneis-Aceton an. Bei 45 ml Helium pro Minute Schleppgasstrom erscheint dabei der CO-Peak nach 16,5 Minuten hinter demjenigen von NO (14 Minuten). Danach wird die Temperatur zur Elution von N_2O (46 Minuten) und CO_2 auf Zimmertemperatur erhöht.

KRYACOS und BOORD führten den Nachweis verschiedener Gase, u. a. von CO, in den Oxydationsprodukten mit Hexan betriebener kalter Flammen aus. Sie benutzten eine 4teilige, insgesamt 5 m lange Säule mit Molekularsieb 5 A der Fa. Linde, das auf 30—60 mesh gemahlen und bei 350° im Vakuum aktiviert war. Die Säulentemperatur betrug 200°. Mit 25 ml Helium pro Minute wurde CO nach den Luftgasen und — soweit vorhanden — CH_4 in der 22. Minute eluiert.

Der Nachweis bzw. die Bestimmung von Mikrogehalten von CO (neben H_2 und CH_4) in technischem Äthylen bei dessen Fabrikation wird von MARKOSOW, SAITSCHENKO und LITJAJEWA beschrieben. Es werden 19 g Aktivkohle in dem sowjetischen Standard-Chromatographen XT-2M verwendet. 150 ml rohes C_2H_4 werden mit 4—5 ml pro Minute durchgeleitet. Nach einer Pause von 15 Minuten wird, ebenfalls bei Zimmertemperatur, mit 50 ml Luft pro Minute eluiert. Der CO-Peak erscheint nach 3 Minuten, kurz nach dem H_2-Peak, aber deutlich von ihm getrennt, CH_4 erst nach 9 Minuten. Das C_2H_4 wird anschließend durch Aufheizen der Säule ausgetrieben Die Nachweisgrenze für Kohlenoxid liegt bei dieser Arbeitsweise bei etwa 0,001%.

X. Forensischer Kohlenoxidnachweis

1. Im Blut.

Für den Kohlenoxidnachweis im Blut für die Zwecke der Gerichtsmedizin sind sehr viele verschiedene Verfahren vorgeschlagen worden, die gewöhnlich auf einer der oben beschriebenen Methoden beruhen. Eine Übersicht gibt MASSMANN. Siehe auch GUÉRIN, S. 571—574.

Ein viel angewendetes Mittel, das CO aus dem Blut freizumachen, um es dann nach üblichen Methoden nachzuweisen, ist die Behandlung durch Schütteln mit Kaliumcyanoferrat(III). Diese Substanz wird auch in einer neuerdings von SACHS vorgeschlagenen Schnellmethode benutzt. Die Methode soll hier etwas näher beschrieben werden:

0,25—4 ml der Blutprobe werden in einen Perlonbeutel von 1 Liter Fassungsraum gegeben, unter Luftabschluß mit $K_3[Fe(CN)_6]$ und Milchsäure versetzt und zur Freisetzung des Kohlenoxids kräftig geschüttelt. Nun wird mit einem Handgebläse Luft eingepumpt und anschließend die gegebenenfalls Kohlenoxid enthaltende Luft durch ein handelsübliches Drägerröhrchen (s. oben) gesaugt.

NIETHOLD wies darauf hin, daß es möglich war, den CO-Nachweis in Leichen sowohl spektrometrisch als auch mit chemischen Methoden mehr als 100 Tage nach dem durch Einatmen des Gases erfolgten Tode zu führen, aber nur dann, wenn der Tod innerhalb der CO-haltigen Atmosphäre eingetreten war. Andernfalls war das Kohlenoxid aus dem Körper verschwunden.

2. Im Gewebe.

Wenn versäumt wurde, Blut nach Eintritt des Todes, solange das noch möglich war, zu entnehmen oder wenn es sich um eine exhumierte Leiche handelt, kann nach GRIFFON und LE BRETON auch Gewebe untersucht werden. Es wird entweder das Absorptionsspektrum eines 2—3 mm starken Gewebestückes zwischen zwei Glasplättchen betrachtet oder es werden 20—25 g Gewebe in einem evakuierten Kolben mit Phosphorsäure bei 110° 20 Minuten lang erhitzt, die entweichenden Gase über Quecksilber gesammelt und nach einer der üblichen Methoden auf Kohlenoxid analysiert.

Literatur.

ACKERMANN, W.: Ch. Z. **57**, 154 (1933); Ref.: Fr. **96**, 339 (1934). — AMBLER, H. R., u. T. C. SUTTON: Nature **131**, 766 (1933); Fr. **97**, 427 (1934).

BERTHELOT, M.: C. r. **112**, 597 (1891); Ref.: Fr. **34**, 95 (1895). — BOEKE, J.: Phil. Tech. Rev. **8**, 341 (1946); Ref.: Chem. Abstr. **41**, 4014c (1957).

CRABLE, G. F., u. N. F. KERR: Anal. Chem. **29**, 1281—2 (1957). — MC CULLOUGH, J. D., R. A. CRANE, u. A. O. BECKMANN: Anal. Chem. **19**, 999—1002 (1947); Anal. Chem. **20**, 674—7 (1948).

DAMIENS, A.: C. r. **178**, 849 (1924). — DEINUM, H. W., u. A. SCHUSTER: Anal. chim. Acta **4**, 288 (1950). — DRÄGER, O. H.: E. P. 455409 (1935); Ref.: C. **1937**, I, 1988.

FAY, J. W., u. A. F. SEECKER: Am. Soc. **25**, 641—7 (1903).

GAUTIER, A.: C. r. **126**, 793—5 (1898). — GREEINE, S. A., u. H. PUST: Anal. Chem. **25**, 1055 (1957). — GRIFFON, H., u. R. LE BRETON: Ann. pharm. France **6**, 93 (1948); Ref.: Chem. Abstr. **42**, 7363 i (1948). — GUÉRIN, H.: Traitê de manipulation et d'analyse des gaz Masson et Cie., Paris: 1952.

HALDANE, J. S.: J. Physiol. **18**, 461 (1895). — HOOVER, O. R.: Ind. eng. Chem. **13**, 770—72 (1921). — HUGUENARD: C. r. **213**, 21—23 (1941).

JÄGER, E.: Gas und Wasserfach **54**, 81 (1911).

KAST, H., u. H. SELLE: Gas und Wasserfach **69**, 812 (1926). — KATZ, M., u. J. KATZMANN: Canadian J. Res. **26**, 318—30 (1948); Ref.: GUÉRIN, S. 433. — KATTWINKEL, R.: a) Grubengasanalyse im Kohlenbergbau. W. de Gruyter, Berlin: 1950. b) Brennstoffchemie **4**, 104 (1923), dch C. **94**, II, 1097 (1923); Fr. **68**, 56 (1926). — KOBE u. ARBESON: J. E. C. **1933**, 110. — KRYACOS, G., u. C. F. BOORD: Anal. Chem. **29**, 787—8 (1957).

LAMB, A. B., W. C. BRAY, u. J. C. FRAZER: Ind. eng. Chem. **12**, 213—221 (1920). — LEBEAU, P., u. C. BEDEL: C. r. **179**, 108—10 (1924). — LINDSLEY, C., u. J. H. YOE: Anal. chim. Acta **3**, 445—51 (1949).

MANCHOT, W., u. O. SCHERER: B. **60**, 326 (1927). — MARKOSOW, P., W. SAITSCHENKO u. S. LITJAJEWA: Sawodskaja Lab. **27**, 285—7 (1961). — MASSMANN, W.: Dtsch. med. Wschr. **79**, 1140 (1954). — MERRILL, P. R., u. C. G. SCALIONE: Am. Soc. **43**, 1982—2002 (1921). — MOSER, L., u. O. SCHMID: Fr. **53**, 217—33 (1914).

NICLOUX, M.: a) C. r. **126**, 746—8 (1898); b) C. r. **180**, 1750—3 (1925).

OTT: Helv. **7**, 886 (1924).

PIERSON, R. H., N. A. FLETCHER, u. E. ST. CLAIR GANTZ: Ann. Chem. **28**, 1218—39 (1956). — PFUNDT, O.: Ch. Fabr. **6**, 69 (1933); Ref.: C. **1933** I, 2282. — POLIS, B. D., L. B. BERGER u. H. H. SCHRENK: Bur. of Mines Report of Investigations Nr. 3485, 13 (1944); Ref.: GUÉRIN, S. 437.

RENAUD, R., R. THOMAS u. R. GIBERT: Mém. Serv. chim. État **32**, 36—61 (1945); s. a. GUÉRIN, S. 436.

SACHS, V.: Dtsch. Z. ges. gerichtl. Med. **45**, 68 (1956); Ref.: Fr. **154**, 78 (1957). — SAYERS, R. R., u. W. P. YANT: Bur. Mines Tech. papers **1925**, 373; GUÉRIN, S. 443. — SCHMIDT, A.: Angew. Ch. **44**, 152—3 (1931). — SCHMITT, K.: Glückauf **86**, 792—8 (1950). — SCHUFTAN, P.: Angew. Ch. **39**, 276—8 (1926). — SCHUHKNECHT, W., u. H. SCHINKEL: Glückauf **87**, 883—86 (1951); Ref.: Fr. **136**, 23 (1952). — SHEPHERD, M.: J. Res. Nat. Bureau of Standards **38**, 135 (1947); Anal. Chem. **19**, 77—81, 635—40 (1947); Ref.: Chem. Abstr. **41**, 1952d (1947). — SZULCZEWSKI, D. H., u. T. HIGUCHI: Anal. Chem. **29**, 1541 (1957). — SCHUSTER, F.: Laboratoriumsbuch f. Untersuchungen fester, flüssiger und gasförmiger Brennstoffe und ihre Auswertung, Bd. II. Halle (Saale): VEB Wilhelm Knapp, 1958.

TOMBERG, V.: Experienita **10**, 388 (1954); Ref.: Ch. Z. **79**, 16 (1955).

VOIRET, W. G., u. A. L. BONAIMÉ: Ann. Chim. anal. **26**, 11 (1944); Ref.: C. **1944**, II, 1095.

WALKER, B. S., u. O. E. ALLEY: Current Res. Anesthesia Analgesia **8**, 227 (1929); Ref.: C. **1930**, II, 2679. — WIETHOLD, F.: Dtsch. Z. ges. gerichtl. Med. **14**, 135—38 (1929); C. **1929**, II, 3044.

Kohlendioxid und Carbonate.

Inhaltsübersicht.

Kohlendioxid ist in Wasser ziemlich leicht löslich (0,04 Mol/Liter); aber es setzt sich mit dem Wasser nur zum kleinsten Teil zu Kohlensäure, deren Anhydrid es ist, bzw. zu Carbonat-Ion um; 99% der aufgenommenen Menge sind als CO_2-Moleküle physikalisch gelöst. Die Gleichgewichte lauten:

$$\frac{[H^+]\cdot[HCO_3^-]}{[CO_2\ \text{gesamt}]} = 10^{-6,4} \quad \text{bzw.} \quad \frac{[H^+]\cdot[HCO_3^-]}{[H_2CO_3]} = 10^{-3,7}.$$

Insofern erscheint es gerechtfertigt, die Analyse des Gases Kohlendioxid und die der Carbonate getrennt zu behandeln. Da die Kohlensäure als schwache und zudem unbeständige Säure durch viele andere Säuren leicht ausgetrieben werden kann und dabei CO_2 entsteht, ist es andererseits selbstverständlich, daß alle Carbonate im Prinzip mittels sämtlicher im Abschnitt Kohlendioxid aufgeführter Methoden identifiziert werden können.

A. Kohlendioxid.

Mol. Gew.: 44,011 Fp. —56,7° (5,2 at) Kp. —78,5° d (bez. auf Luft = 1) 1,529

Farbloses geruchloses Gas. Löslichkeit in Wasser 878 Nml in 1 Liter bei 20° und 760 Torr Teildruck.

I. Nachweis durch Neutralisationsreaktionen.

Kohlendioxid reagiert als Anhydrid der Kohlensäure mit alkalischen Agentien unter Bildung von Carbonat. Das Stattfinden dieser Reaktion kann durch das Entstehen einer Fällung oder Trübung, durch die Gewichtszunahme des absorbierenden alkalischen Stoffes, durch die Volumenabnahme des CO_2-haltigen Gases infolge der Absorption oder durch die dabei stattfindende pH-Erniedrigung oder Leitfähigkeitsänderung nachgewiesen werden. Andere saure Gase müssen vorher entfernt werden, z. B. H_2S mittels $CuSO_4$, SO_2 mittels H_2O_2 oder $Fe[Fe(CN)_6]$. Vgl. Abschn. Carbonate.

1. Fällungsmethoden.

a) Erdalkalilaugen als Reagens.

Hierbei wird die Schwerlöslichkeit der Erdalkalicarbonate ausgenutzt. Man leitet das auf CO_2 zu prüfende Gas in eine Lösung von Bariumhydroxid (z. B. 15 g $Ba(OH)_2 \cdot 8H_2O$ in 1 Liter Wasser) oder in Kalkwasser. Bei Anwesenheit von CO_2 entsteht beim Einleiten eine weiße Trübung oder Fällung von Barium- bzw. Calciumcarbonat. Beim Überleiten von Gas mit geringem CO_2-Gehalt entstehen entsprechende Häutchen auf der Oberfläche der Flüssigkeit. Bariumhydroxid ist besser geeignet als Kalkwasser, weil sich Bariumcarbonat nicht so leicht wie Calciumcarbonat mit überschüssigem Kohlendioxid als Hydrogencarbonat auflöst. Wenn sehr hohe CO_2-Konzentrationen zu erwarten sind, führt man das Einleitungsrohr nur bis dicht über die Oberfläche der Flüssigkeit. Es ist zweckmäßig, den Niederschlag nach Ansäuern mit Salzsäure mit einem Tropfen Permanganat daraufhin zu prüfen, ob es sich nicht um Sulfit handelt. Wenn das der Fall wäre, würde das Permanganat entfärbt werden. Für das längerdauernde Einleiten schwacher Gasströme mit niedriger CO_2-Konzentration in offene Barytwassergefäße (Reagensglas u. dgl.) wird empfohlen, die Lauge durch Überschichten mit etwas Paraffinöl vor der Einwirkung des Luft-CO_2 zu schützen.

Mikroskopische Ausführung für den Nachweis von CO_2-Einschlüssen in Gesteinen. Der Nachweis von unter Druck stehenden Gaseinschlüssen in Gesteinsstückchen kann allgemein mit dem „Quetschmikroskop“ von Deicha, in dem die durch Zerdrücken einer winzigen mit einem Tropfen Flüssigkeit umhüllten und zwischen Glasplatten befindlichen Probe entstehenden Gasbläschen beobachtet werden. Verwendet man nun nach Rasumny als Umhüllungsflüssigkeit Barytwasser, so sieht man im Mikroskop, wie die zunächst entstandenen Bläschen kleiner werden und sich bald mit einer wachsenden Aureole von $BaCO_3$ umhüllen. $BaCO_3$ ist mikroskopisch gut zu erkennen. Wegen weiterer mikroskopischer Methoden s. Abschn. Carbonate.

b) Natriummethylat als Reagens.

Wendlandt und Bryant schlagen vor, eine Lösung von Natriummethylat in Methanol als Reagens zu verwenden, aus der mit CO_2 ein voluminöser weißer Niederschlag von Natriummethylcarbonat ausfällt. Herstellung des Reagenses: Man löst 1 g Natrium in 50 ml Methanol unter Rückflußkühlung; jedoch darf hierbei keinerlei Chlorentwicklung durch Gemisch wahrzunehmen sein.

2. Gravimetrische Methoden.

Das Prinzip der Feststellung der Gewichtszunahme eines alkalischen Absorptionsmittels, das in der quantitativen Analyse der Kohlensäure die größte Rolle spielt, kann selbstverständlich auch zum Nachweis benutzt werden. Als Absorptionsmittel dienen Lösungen oder feste Präparate. Letztere sind besonders dann am Platze, wenn das zu untersuchende Gas leicht wasserlösliche Bestandteile wie z. B. Acetylen enthält, die durch Aufnahme in die wäßrige Absorptionsflüssigkeit infolge physikalischer Lösung CO_2 vortäuschen würden. Sauer reagierende Gase müssen vorher entfernt werden, H_2S z. B. durch Vorschalten einer Waschflasche mit gesättigter Kupfersulfatlösung oder eines Rohres mit $CuSO_4$-Bimsstein.

a) Absorptionslösungen.

Als solche werden Lösungen von Kaliumhydroxid in Wasser, meist mit 40% KOH, oder von Natriumhydroxid verwendet. Letzteres ist weniger günstig, da seine Lösungen zum Schäumen neigen und frühzeitig Carbonat-Kristalle ausscheiden. Als Absorptionsgefäße, die eine intensive Berührung des Gasstromes mit der Flüssigkeit bei möglichst kleiner Flüssigkeitsmenge und geringstem Gesamtgewicht gewährleisten sollen, sind eine große Zahl von Modellen entwickelt worden und im Handel.

b) Feste Absorptionsmittel.

Als solches kann Kaliumhydroxid in Stücken verwendet werden, besser ist Natronkalk oder Natronasbest. Diese Agentien werden in Glasröhrchen gefüllt und mit Glaswolle oder Asbest an den Enden festgelegt. Natronasbest ist unter dem Namen Ascarite im Handel. Man kann es nach KELLEY folgendermaßen selbst herstellen: Man löst 1 kg NaOH in 1 kg Wasser, gibt zu 500 ml der entstandenen Lösung 1 kg gepulvertes NaOH und fügt nach und nach unter Rühren so viel Asbestfasern hinzu, bis eine gerade noch feuchte, dickbreiige Masse entstanden ist. Diese erwärmt man im Sand- oder Luftbad auf 150—180° und rührt in die anfangs dünner werdende Masse noch weiteren Asbest hinein, um die ursprüngliche Konsistenz aufrechtzuerhalten. Man erhitzt 4 Std. lang, läßt erkalten und zerkleinert die trockene Masse zweckmäßig zu einer solchen Körnung, daß etwa $^1/_3$ durch das Sieb mit 20 Maschen und $^2/_3$ durch das Sieb mit 10 Maschen pro Zoll gehen.

Die Absorptionskapazität des so erhaltenen Produktes ist 4mal so groß wie die von Natronkalk; es kann mehr als 20% seines Gewichtes an CO_2 aufnehmen.

3. Gasvolumetrische und manometrische Methoden.

Für diese Methoden können die Geräte verwendet werden, die in der Gasanalyse für die Absorption von Gasen und Feststellung der dabei eintretenden Volumenabnahme allgemein gebräuchlich sind (s. z. B. SCHUSTER S. 54—59, 116—140). In der Hauptsache handelt es sich dabei um die BUNTE-Bürette, die HEMPEL-Pipette mit Meßbürette und die verschiedenen Ausführungen des Orsat-Apparates. Als Absorptionsmittel für CO_2 dient bei diesen Geräten fast ausschließlich etwa 40%ige Kalilauge.

Es sind auch robuste und einfach zu bedienende Geräte konstruiert worden, mit denen der CO_2-Nachweis besonders schnell und bequem geführt werden kann. Sie sind vorzugsweise für den oft wiederholten Nachweis und die Bestimmung größerer CO_2-Konzentrationen in der Industrie gedacht. An deutschen Fabrikaten sind der „Mono-CO_2-Indikator“ und das „Carboskop“ zu nennen. Bei beiden Geräten erfolgt die Indikation der Volumenabnahme manometrisch, und zwar wird an einem großen Zeigermanometer bzw. an einer Skala mit Zeiger, die mittelbar den Druck anzeigt, der CO_2-Gehalt in Prozent abgelesen (Näheres s. SCHUSTER, S. 139—140).

Ein Apparat für kleine Konzentrationen, der nach dem gleichen Prinzip arbeitet, aber durch Anwendung eines Schräg-Kapillarmanometers noch 0,01% abzulesen gestattet, wird von der Fa. Riedel, Essen, hergestellt (Näheres s. SCHUSTER, S. 61).

4. Farbindikator-Methoden.

Die Methoden beruhen darauf, daß beim Einleiten von Gas in eine schwach alkalische Lösung, die mit einem Säure/Base-Indikator angefärbt ist, die Farbe des Indikators umschlägt oder ihre Intensität ändert, wenn das Gas CO_2 enthält. Gewöhnlich verwendet man sehr verdünnte Alkalihydroxid- oder Alkalicarbonatlauge als Absorptionsmittel und Phenolphthalein als Indikator.

Für den Nachweis von höheren CO_2-Konzentrationen, wie sie an undichten CO_2-Behältern auftreten, empfiehlt ELTESTE zum Auffinden solcher Undichtigkeiten eine Reagenspapiermethode: Filtrierpapierstreifen werden mit 0,1 n-$Ba(OH)_2$-Lösung, die auf 10 ml 1 ml 0,1%ige Phenolphthaleinlösung enthält, getränkt. Das feuchte rote Papier entfärbt sich sofort, wenn es in die Nähe undichter Stellen gebracht wird. In freier Luft kehrt die Rotfärbung wieder zurück, und das Papier kann mehrmals benutzt werden, solange man es nicht zwischendurch austrocknen läßt. Das Papier kann auch zusammengerollt in ein Röhrchen eingeführt werden und so für den CO_2-Nachweis in durchgeleiteter Luft dienen. Für den Nachweis von CO_2-Konzentrationen in der Größenordnung, wie sie in der normalen Luft enthalten ist, kann man in Anlehnung an die halbquantitative Methode von DOHERTY folgendermaßen vorgehen: In das Gefäß, in dem das Gas enthalten ist, gibt man einige Milliliter einer Lösung, die durch Verdünnen im Verhältnis 1:100 aus einer Stammlösung von

0,475 g wasserfreiem Natriumcarbonat und 0,5 g Phenolphthalein in 100 ml hergestellt wurde, und schüttelt etwa 20 Minuten lang. 1 ml der Lösung entspricht 0,01 Nml CO_2. Bei Anwendung von 4 ml der verdünnten Lösung entfärbt sich diese also, wenn das Gas 0,04 ml oder mehr, d. h. bei Anwendung von 100 ml Gas 0,04% oder mehr CO_2 enthält.

Solche Methoden können natürlich auch als Titrationen, z. B. unter Vorlage von Barytlauge und Titration der unverbrauchten Lauge gegen Phenolphthalein mit Salzsäure ausgeführt werden; so arbeitet man aber im allgemeinen nur bei der quantitativen Bestimmung. Statt die angefärbte Alkalilauge in ein das Gas enthaltendes Gefäß einzuführen, kann man das Gas durch die Lauge perlen lassen, die sich dann von vornherein in einem nach Art einer Waschflasche ausgebildeten Gefäß befindet. Wenn sehr kleine CO_2-Konzentrationen so festgestellt werden sollen, spült man die Flasche vor und während der Einführung der Lösung mit einem sorgfältig von CO_2 gereinigten Gas. In solchen Fällen ist es zweckmäßig, das Gefäß vorher durch längeres Durchleiten von Wasserdampf sorgfältig zu reinigen.

Die Veränderung der Farbintensität kann mit Hilfe einer photoelektrischen Kolorimeter-Einrichtung bequem automatisch überwacht werden. Eine solche Apparatur wird von SPEKTOR und DODGE beschrieben (0,00005 n-NaOH und Phenolphthalein), eine weitere von DEMESSE (kontinuierliche Arbeitsweise, bei der Gasbläschen mit einem Strom von Alkalihydrogencarbonat + Bromthymolblau-Lösung durch ein Kapillarrohr mitgerissen werden (Nachweisgrenze: 0,001% in 1 Liter Gas).

Eine Ausführungsform im Mikromaßstab beschreiben FEIGL und KRUMHOLZ für den Nachweis von Carbonaten (s. dieses Kapitel, Abschn. B).

Eine andersartige Farbreaktion ist die folgende, von DUBRISAY und GION empfohlene: Durch Hydrazin entfärbte Fuchsinlösung nimmt ihre ursprüngliche Färbung mehr oder weniger intensiv wieder an, wenn sie mit CO_2 in Berührung kommt, da CO_2 das Hydrazin bindet. Man schüttelt das Gas, z. B. in einem Scheidetrichter, mit einer wäßrig-alkoholischen Lösung von Fuchsin, die durch Hydrazin eben entfärbt wurde. CHOVIN und GION haben auf Grundlage dieser Reaktion eine photoelektrische Einrichtung zur kontinuierlichen Überwachung der Luft auf erhöhten CO_2-Gehalt entwickelt.

5. Leitfähigkeitsmethoden.

Die Veränderung der Leitfähigkeit, die eine alkalische Lösung bei Berührung mit CO_2-haltigem Gas erfährt, kann ebenfalls zu dessen empfindlichem Nachweis dienen. Nach diesem Prinzip arbeitende, meist registrierende Geräte sind besonders für die kontinuierliche analytische Überwachung von Gasströmen in der Industrie konstruiert worden.

Bei dem von SMITH (s. auch GUÉRIN S. 459) beschriebenen Gerät fließt die unter konstantem Druck zugeführte Lauge durch eine Leitfähigkeits-Meßzelle. Sie schließt danach Blasen eines mit konstantem Druck zugeführten Teilstromes des Gases ein und führt sie mit sich durch eine Rohrschlange, in der die Absorption erfolgt. Die Lauge trennt sich dann in einer Rohrerweiterung von dem Gas und fließt schließlich durch eine zweite Leitfähigkeitszelle. Die beiden Zellen sind als Zweige einer WHEATSTONEschen Brücke geschaltet, an der eine Wechselspannung liegt, so daß durch Neutralisation bedingte Unterschiede der Leitfähigkeit der Lauge vor und nach der Berührung mit dem Gas angezeigt und registriert werden. Durch die Differenzmessung wird der sonst starke Einfluß von Temperaturänderungen weitgehend eliminiert. Ein ähnliches Gerät ist das von SCHMITT, das von der Fa. Wösthoff, Bochum, gebaut wird. Dieser Apparat gestattet die Erkennung bzw. Bestimmung von CO_2 bis herab zu einer Konzentration von 0,005% (s. auch Kap. Kohlenoxid, Abschn. II 2).

Eine apparativ etwas einfachere Methode für die kontinuierliche Analyse auf CO_2 in Gasströmen ist die von GORDON und LEHMANN vorgeschlagene. Hierbei perlt das Gas durch eine Suspension von Bariumcarbonat, und je nach der CO_2-Konzentration verschiebt sich das Carbonat/Hydrogencarbonat-Gleichgewicht und verändert sich die Konzentration der in der Lösung befindlichen Ionen und damit die Leitfähigkeit. Die Konzentration ist der 3. Potenz der gemessenen Leitfähigkeit bzw. Stromstärke proportional.

PFUNDT beschreibt eine solche Anordnung mit vorgeschaltetem Oxydationsrohr für den Spuren-Nachweis von CO als CO_2. Neuerdings haben TOREN und HEINRICH das System $CaCO_3$ (Aufschlämmung)/CO_2 bezüglich des in ihm sich einstellenden pH untersucht. Die durch CO_2 auch in Konzentrationen von nur etwa 1 ppm bewirkte pH-Abnahme kann gut reproduzierbar gemessen werden, allerdings mit ziemlich langer Einstellzeit.

II. Nachweis durch Ultrarot-Spektroskopie.

Kohlendioxid hat ausgeprägte Absorptionsbanden im üblicherweise untersuchten Wellenbereich von 2—15 μ bei 2,7 und 4,3 μ. Besonders die Bande bei 4,3 ist charakteristisch.

PIERSON, FLETCHER und ST. CLAIR GANTZ bringen in ihrem Katalog von Ultrarot-Spektren für die qualitative Analyse von Gasen ein Spektrometerdiagramm für CO_2 im genannten Wellenbereich sowie eine Übersichtsdarstellung der Lage und Intensität der hauptsächlichsten Banden im Vergleich mit denen von 65 anderen anorganischen und organischen Gasen und Dämpfen. Sie beschreiben weiter die Analyse eines Gemisches, das neben CO_2 noch CO, CH_4, C_2H_2, C_2H_4, HCN, N_2O, NO und NO_2 enthält. Das CO_2 tritt in dem Spektrogramm des Gemisches deutlich in Erscheinung, wenn auch nicht ganz so stark, wie einige der anderen Gemischkomponenten.

Der kontinuierliche Nachweis von CO_2, auch in Gemischen mit anderen mehratomigen Gasen, ist mittels Durchflußphotometrie ohne Dispersion mit Wärmeausdehnungsdetektoren nach Art des „Uras" (s. Kap. CH_4, Abschn. V) bequem auszuführen.

MILLER und RUSSELL beschreiben ein solches Gerät, mit dem Konzentrationsänderungen von wenigen ppm CO_2 nachgewiesen und registriert werden. Als Strahlungsdetektor nach dem Wärmeausdehnungsprinzip zwischen den beiden Empfängerkammern dient bei diesem Gerät nicht eine feste Membran, sondern ein Tröpfchen Diäthylphthalat in einem Kapillarrohr. Die Verschiebung des Tropfens wird mit einem Mikroskop mit optischem Mikrometer beobachtet oder durch eine photoelektrische Einrichtung festgestellt.

III. Nachweis durch Gaschromatographie.

Kohlendioxid kann in Gasgemischen durch Adsorptions-(Gas/Fest-)Chromatographie neben und gleichzeitig mit den anderen Gasen nachgewiesen werden. Wegen seiner starken Adsorbierbarkeit werden aber die Trennsäulen zweckmäßig bei erhöhter Temperatur betrieben (Allgemeines zur Methodik s. Kap. Methan, Abschn. VII). Eine Arbeitsweise mit Aktivkohle als feste Phase in einer 110 cm langen Säule und 150 ml/Minute Stickstoff als Schleppgas beschreiben PATTON, LEWIS und KAYE. Bei einer Arbeitstemperatur von 180° erscheint der CO_2-Peak hinter H_2, O_2 und CH_4 (2,5 Minuten) nach etwa 3,5 Minuten, anschließend folgen C_2H_2 (7 Minuten), C_2H_4 und C_2H_6.

In dem wie üblich mit Wärmeleitfähigkeitsdetektor und Schreibvorrichtung aufgenommenen Chromatogramm ist der CO_2-Peak besonders auffällig und von allen anderen auf den ersten Blick zu unterscheiden, weil sein Ausschlag in entgegengesetzter Richtung liegt. Diese Erscheinung kommt daher, daß CO_2 die Wärme schlechter leitet als Stickstoff, die übrigen Gase aber eine höhere Wärmeleitfähigkeit haben als der Stickstoff.

Kieselgel ist ebenfalls gut als Absorptionsmittel geeignet, wie GREENE und PUST zeigten. In diesem Falle liegt bei Gemischen von CO_2 mit Luft, CO, CH_4 und weiteren Kohlenwasserstoffen der CO_2-Peak zwischen denen von C_2H_6 und C_2H_4. Alle Peaks sind gut voneinander getrennt.

Wie dieselben Autoren hervorheben, ist aktiviertes Aluminiumoxid für den Nachweis von CO_2 nicht geeignet, da es das CO_2 irreversibel adsorbiert.

Die Trennung von Gasgemischen mit Kieselgel als feste Phase wird auch von SZULCZEWSKI und HIGUCHI beschrieben, und zwar für die Analyse von Gasen, die außer CO_2 noch CO, N_2, O_2, NO und N_2O enthalten. Die Autoren chromatographieren die permanenten Gase bei Kühlung der Säule mit Trockeneis-Aceton und lassen die Temperatur dann auf Zimmertemperatur ansteigen, worauf N_2O nach (insgesamt) 46 Minuten und CO_2 nach 52 Minuten erscheint.

IV. Nachweis durch andere physikalische Methoden

(u. a. Massenspektrometrie).

Wenn es sich darum handelt, in komplizierten Gasgemischen die Bestandteile zu identifizieren, und man die Massenspektrometrie hierfür in Betracht zieht, wird man mit dieser Methodik auch das CO_2 nachweisen (vgl. z. B. TAYLOR). Für die quantitative Analyse verwenden HUNTER, STACY und HITCHCOCK selbst bei so einfachen Gemischen wie $N_2 + O_2 + CO_2$ ein speziell für die Überprüfung des Atmungsvorganges konstruiertes Massenspektrometer.

Da Kohlendioxid gegenüber den Luftgasen und vielen anderen Gasen, die Hauptbestandteile von technischen Gasen sind, abweichende physikalische Eigenschaften (z. B. eine relativ hohe Dichte) hat, kann es in vielen Fällen auch durch einfache physikalische Messungen nachgewiesen werden oder durch Kombination solcher Messungen mit einfachen chemischen Operationen.

So kann u. U. die Dichtemessung [mit Effusiometer, Gasdichtewaage usw. (s. Kap. CH_4)] allein zum Nachweis dienen. In vielen anderen Fällen ist der Nachweis dadurch sicher und ziemlich empfindlich zu erbringen, daß man die Dichte des zu prüfenden Gases vor und nach Durchgang durch eine alkalische Lösung mißt. Abnahme der unter derjenigen von CO_2 liegenden Dichte eines Gemisches weist auf CO_2 im ursprünglichen Gemisch hin. Natürlich müssen andere saure Gasbestandteile wie H_2S abwesend sein oder durch spezifische Absorptionsmittel vorher entfernt werden.

In analoger Weise kann der CO_2-Nachweis durch Messung der Änderung des Brechungsindex sehr bequem und auch kontinuierlich geführt werden. Am besten dient dazu ein Interferometer wie das von Zeiss mit zwei Gaskammern, von denen die eine mit dem (evtl. von H_2S gereinigten) Originalgas und die andere mit dem gleichen, aber durch eine Waschflasche mit Alkalilauge geleiteten Gas beaufschlagt wird.

V. Spezielle Methoden zum Nachweis von freier Kohlensäure in Wässern.

Zum Nachweis von freier, nicht als Carbonat und Hydrogencarbonat gebundener Kohlensäure in Trinkwasser hat VON PETTENKOFER die Farbreaktion mit Corallin (Rosolsäure) vorgeschlagen. Die Indikatorlösung wird durch Lösen von 1 Teil Corallin in 500 Teilen 80%igem Alkohol und Versetzen mit Barytlauge bis zur beginnenden Rotfärbung hergestellt. Von dieser Lösung gibt man 0,5 ml zu 50 ml der Wasserprobe. Enthält das Wasser nur Hydrogencarbonat, so wird es rot gefärbt, ist jedoch freie Kohlensäure vorhanden, so bleibt es farblos oder wird es schwach gelblich.

Winkler empfiehlt zur qualitativen Vorprüfung die folgenden Methoden, von denen die erste nur für Wasser mit nennenswerter Härte (über 0,5° D. H.), die zweite nur für weichere Wässer anzuwenden ist.

1. In die frischgeschöpfte Wasserprobe von 100 ml werden zwei Tropfen (0,1 ml) einer Lösung von 10 g $CuSO_4 \cdot 5H_2O$ in 100 ml destilliertem Wasser gegeben und kurz eingerührt. Ist keine freie Kohlensäure vorhanden, so trübt sich die Flüssigkeit je nach Carbonathärte fast sofort oder innerhalb einer Minute durch Ausscheidung von Kupfercarbonat.

Ist freie Kohlensäure vorhanden, so bleibt die Flüssigkeit mindestens 10 Minuten klar, ist sie in reichlicher Menge vorhanden, so tritt bei Aufbewahrung in vollgefüllter verstöpselter Flasche auch nach Stunden keine Trübung auf. Beim Schütteln an der Luft erscheint die Trübung allmählich infolge Entweichens des CO_2. Bei Anwesenheit von Humussäure und anderen organischen Substanzen in größerer Menge versagt die Reaktion, es tritt dann auch ohne Anwesenheit von Kohlensäure keine Trübung auf, diese erscheint in solchem Falle auch beim Schütteln mit Luft nicht.

2. Zu 100 ml des weichen Wassers gibt man 10 Tropfen Alizarinlösung (1 g Alizarin in 100 ml Alkohol unter öfterem Schütteln gelöst, tags darauf filtriert). Je nach Gehalt des Wassers an freier Kohlensäure entstehen folgende Färbungen:

Bläulichrot	keine freie Kohlensäure,
Kupferrot	etwas Kohlensäure,
Rötlichgelb	ziemlich viel Kohlensäure,
reingelb	viel Kohlensäure.

Bei hoher Carbonathärte sind so nur große Mengen CO_2 nachzuweisen, die Farbskala verschiebt sich dann ganz in Richtung nach Blau.

B. Carbonate.

Die Carbonate können im Prinzip nach Entwickeln von Kohlendioxid durch Behandeln mit stärkeren Säuren durch alle im Abschn. A angeführten Methoden nachgewiesen werden. Es gibt aber einige speziell für Carbonate brauchbare bzw. für sie ausgearbeitete Verfahren.

I. Nachweis durch unmittelbar wahrnehmbare Anzeichen der Gasentwicklung.

1. Einfacher Nachweis.

Dieser einfache, aber nicht spezifische Nachweis besteht in dem Auftropfen einer starken Säure auf die feste Probe bzw. dem Zutropfen der Säure zu der in Wasser gelösten oder suspendierten Probe. Das mehr oder weniger stürmische, auch akustisch wahrnehmbare Auftreten von Blasen eines farb- und geruchlosen Gases kann in vielen einfach gelagerten Fällen bereits als hinreichender Nachweis gelten, so z. B. bei der Prüfung von Gesteinen und Böden auf Calciumcarbonat.

Die übrigen Carbonate — schon Dolomit ($CaCO_3 \cdot MgCO_3$) — sind schwerer angreifbar. Man pulvert sie möglichst fein und erhitzt sie mit Salzsäure, Schwefelsäure oder Perchlorsäure.

2. Mikroskopischer Nachweis.

Der Nachweis durch Gasbläschenbildung kann auch als mikroskopische Methode ausgeführt werden. So weist Cadle Carbonat in Staubpartikelchen von einigen μ ⌀

aus der Luft durch Zugabe von HNO_3 mittels Mikropipette zu den in einem Mineralölfilm eingebetteten Staubkörnchen unter dem Mikroskop nach.

Der mikroskopische Nachweis kann mit einer Lokalisierung der carbonathaltigen Anteile eines Objektes, z. B. von Einschlüssen carbonatischen Materials in Gesteinsschliffen, verbunden werden. Nach BEHRENS-KLEY bringt man dazu einen Tropfen Wasser auf das auf einem Objektträger befindliche Objekt und legt ein Deckglas auf. Nachdem man das Mikroskop mit schwacher Vergrößerung auf das Objekt eingestellt hat, bringt man an die eine Kante des Deckglases einen Tropfen Salzsäure und an die andere einen Streifen Filtrierpapier. Die Säure bestreicht infolge der Saugwirkung des Papiers nach und nach die ganze Oberfläche des Objekts und läßt so die einzelnen carbonatischen Partien durch die Bläschenbildung erkennen.

Um die Lokalisierung noch vollkommener zu machen, empfiehlt sich nach BEHRENS-KLEY eine zweite Arbeitsweise: Man übergießt den Schliff mit einer dünnen Schicht eines Gemisches aus Glycerin und Gelatine, läßt erstarren und oberflächlich abtrocknen und gießt eine zweite Lage des Gemisches, dem etwa 10% Salzsäure zugesetzt wurde, auf.

3. Nähere Identifizierung.

Die nähere Identifizierung des ausgetriebenen Kohlendioxids beim Makronachweis erfolgt am einfachsten nach einer der Fällungsmethoden, z. B. mit Barytwasser (s. Abschn. A I 1). Bei Verdacht auf Anwesenheit von Sulfit oder Thiosulfat oxydiert man die Probe vor der Säurezugabe mit Wasserstoffperoxid. Es wird empfohlen, sich in diesem Falle nach Ansäuern des in der Vorlage erhaltenen Niederschlages mit HCl durch Zugabe eines Tropfens verdünnter Permanganatlösung zu überzeugen, daß letzteres nicht entfärbt wird, also kein Bariumsulfit vorliegt. Die Unterscheidung kann besser durch Ansäuern mit *Essigsäure* erfolgen, in der Ba- und Ca-Carbonat sich lösen, Sulfit jedoch nicht; außerdem könnte bei *Salzsäure*-Überschuß HCl zu Cl_2 unter Entfärbung des Permanganats oxydiert werden.

II. Nachweis durch Fällungsreaktionen.

1. Einfache Ausführung.

Die einfachste Ausführungsform ist die von GUTZEIT in seinen systematischen Analysengang aufgenommene: Die Probe wird in einem Tiegelchen mit Chrom- und Essigsäure erhitzt. Hält man dabei einen Tropfen frisch bereiteten Barytwassers mit einem Glasstab über den Tiegel, so zeigt eine weiße Trübung des Tropfens CO_2 an.

CRAIG hat eine kleine, sehr einfache und zweckmäßige Apparatur zum Nachweis des aus Carbonaten entwickelten CO_2 angegeben. Sie besteht aus einem Reagensglas als Entwicklungsgefäß mit einem einfach durchbohrten Gummistopfen. In diesen ist der eine Schenkel eines zweimal rechtwinklig abgebogenen Glasrohres eingesetzt. Der andere, äußere Schenkel ist am Ende zugeschmolzen und hat kurz über dem Ende ein seitliches Loch. Das Rohrende wird bis zu dem Loch mit Barytwasser gefüllt, und die aus dem Entwickler kommenden Gase streichen so zwangsläufig unmittelbar über die Oberfläche der Reagenslösung.

Bei sehr kleinen CO_2-Mengen ist es zweckmäßig, die Überführung des CO_2 in den Absorptionsteil der Anordnung durch einen leichten Strom von Schleppgas zu fördern. Man kann z. B. Luft, die durch Waschen mit Alkali CO_2-frei gemacht wurde, über das in der Apparatur befindliche Reaktionsgemisch und dann in die $Ba(OH)_2$-Vorlage leiten. Die Nachweisempfindlichkeit wird so auf 1 mg CO_3^{2-} erhöht (HAHN und MULLINS). Oder man bringt nach dem Vorschlag von PETERSEN einen Zinkstreifen in den aus einem kleinen Reagensglas bestehenden Gasentwickler. Der mit der Salzsäure entstehende Wasserstoffstrom hat seine günstigste Stärke, wenn er beim Einleiten in die Vorlage 2—3 Blasen pro Sekunde gibt. Bei einer solchen Arbeitsweise mit Schleppgas kann man zur Absorption von störenden Gasen ein Gläschen mit H_2O_2- oder $KMnO_4$-Lösung zur Entfernung störenden Schwefeldioxids zwischenschalten, ohne eine Einbuße an Empfindlichkeit befürchten zu müssen. Nach VAN DALEN und DE VRIES kann die *Erfassungsgrenze* bis auf 1 μg CO_2 gesenkt werden.

Eine weitere Variante der Barytwassermethode beschreibt CORNOG. Bei ihr wird das CO_2 zunächst durch eine organische Flüssigkeit, vorzugsweise Petroläther, aufgenommen.

Ausführung. Man gibt die Probe als feste Substanz oder in etwa 1 ml Wasser gelöst in ein 10-ml-Reagensglas, fügt 2 ml Petroläther und dann 1—2 ml 6 n-HCl (oder Königswasser) hinzu, schüttelt eine halbe Minute und trennt die Schichten durch Zentrifugieren. Von der Petrolätherschicht überführt man mit einer Pipette den größten Teil in ein zweites Reagensglas, in dem sich Barytwasser befindet. Bei Vorhandensein von Kohlendioxid entsteht eine $BaCO_3$-Ausscheidung an der Grenzfläche der beiden Schichten.

2. Mikronachweis im geschlossenen System.

Die von PEPKOWITZ beschriebene Modifizierung des Verfahrens von EMICH (s. Kap. Kohlenstoff II 4) ist auch für Carbonate anwendbar, wenn man statt des T-Stückes aus Silicatglas ein solches aus Quarzglas verwendet und stärker erhitzt. In diesem Falle werden die Carbonate thermisch zersetzt.

Die Apparatur aus Silicatglas kann aber ebenfalls zum Nachweis von Carbonaten verwendet werden, indem man nach dem Einbringen der Probe weit in den waagerechten Rohrschenkel hinein dann mittels Kapillarpipette einen Tropfen 6 n-HCl mehr am Ende des Rohres einführt. Nun schmelzt man zuerst das entgegengesetzte Ende des Rohres und dann das Einführungsende ab und destilliert schließlich die Säure in dem nun geschlossenen System durch Fächeln mit kleiner Flamme bis zur Berührung mit der Probesubstanz weiter. Die Anwendung von Sauerstoff entfällt bei dieser Ausführung.

Erfassungsgrenze. Einige Zehntel μg C.

III. Mikroskopischer Nachweis auf Grund kristalliner Reaktionsprodukte.

Nach Freimachen des Kohlendioxids in einem Mikroexsikkator oder einem der von FEIGL beschriebenen, einfachen Geräte (s. Abschn. IV 1) wird es wie üblich in einem Tropfen möglichst CO_2-freier Natronlauge absorbiert.

Zu diesem Tropfen fügt man dann nach CHAMOT und MASON, S. 324, ein Körnchen Thalliumacetat. Es entstehen lange, zierliche Nadeln von Tl_2CO_3, die stark doppelbrechend sind und im Polarisationsmikroskop eine Auslöschung bei 5° zeigen.

Man kann das CO_2 auch in einem Tropfen einer Lösung von Strontiumacetat und Natriumacetat (VAN NIEUWENBURG) oder in einem Tropfen 12%iger NaOH, zu dem einige Kristallstückchen Zinkacetat zugefügt wurden, auffangen. Man beobachtet unter dem Mikroskop im ersten Falle Sphärolithen und charakteristische Nadeln von $SrCO_3$, im zweiten Falle tetraedrische Kristalle von $3Na_2CO_3 \cdot 8ZnCO_3 \cdot 8H_2O$. Bei diesen Methoden ist es kaum möglich, Luftkohlensäure auszuschließen. Daher ist ein Blindversuch unbedingt erforderlich.

IV. Nachweis durch Farbreaktionen.

1. Mit Säure-Base-Indikatoren.

Lösliche Carbonate geben einer wäßrigen Lösung ein oberhalb 9 liegendes pH. Mit Phenolphthalein versetzte Natriumcarbonatlösung ist also rot gefärbt. Wirkt aber auf diese Lösung Kohlendioxid ein, so geht das pH herunter und zwar bei

Anwesenheit eines geringen Überschusses von CO_2 so weit, daß der Indikator farblos wird. Für den Nachweis von CO_2 in Carbonaten haben FEIGL und KRUMHOLZ eine auf diesem Prinzip beruhende Ausführung beschrieben.

Beschreibung des Gerätes. Glashülse von etwa 1 ml Inhalt mit Glasschliff und dazu passendes Aufsatzstück, an dem sich unten, also in die Hülse hineinhängend, ein Glasknopf zum Aufbringen eines Reagenströpfchens befindet. Man kann den Apparat auch ganz einfach gestalten, indem man einen Gummistopfen mit durchgestecktem Glasstäbchen oder abgeschmolzenem Röhrchen an Stelle des Aufsatzes verwendet.

Die Erkennbarkeit der Farbänderung wird verbessert, wenn man das den Tropfen tragende Röhrchen mit einer weißen Substanz wie Magnesia- oder Gipspulver gefüllt hat.

Ausführung. In die als Entwicklungsgefäß dienende Glashülse gibt man 1—2 Tropfen der Probelösung oder eine Messerspitze der festen Substanz und 3 Tropfen 2n-H_2SO_4. Nun verschließt man das Gefäß mit dem Aufsatzteil, an dessen Glasknopf man ein Tröpfchen eines Gemisches von 1 ml 0,1 n-Na_2CO_3-Lösung, 2 ml 0,5%iger Phenolphthaleinlösung und 10 ml Wasser gebracht hat. Je nach Menge des Carbonates wird der Tropfen sofort oder nach einigem Stehen entfärbt. Um bei geringen Mengen Fehlschlüsse durch den CO_2-Gehalt der Luft auszuschalten, empfiehlt es sich, in einem zweiten Apparat einen Blindversuch anzustellen.

Erfassungsgrenze. 4 μg CO_2.

Grenzkonzentration. 1:12500.

Störungen und ihre Beseitigung. Durch Säure zersetzbare Cyanide, Sulfide, Sulfite, Thiosulfate, Fluoride, Nitrite, Formiate und Acetate bewirken bei der oben beschriebenen Arbeitsweise, da die aus ihnen freigemachten Säuren ebenfalls den Tropfen entfärben, Störungen. Die zur Verhinderung der meisten dieser Störungen (aller durch anorganische Stoffe bedingten) nachstehend aufgeführten Zusätze können vor dem Einbringen der Säure unmittelbar in das Entwicklungsgefäß gegeben werden.

Störung durch Cyanide. Man setzt einige Tropfen gesättigte $AgNO_3$-Lösung hinzu.

Erfassungsgrenze. 5 μg CO_2 neben der 2500fachen Menge KCN.

Störung durch Sulfide, Sulfite und Thiosulfate. Man setzt einige Tropfen H_2O_2-Lösung hinzu.

Erfassungsgrenze. 5 μg CO_2 neben der 20000fachen Menge $Na_2S_2O_3$,
der 10000fachen Menge K_2S oder Na_2SO_3.

Störung durch Fluoride. Man setzt einige Tropfen konzentrierte Zirkoniumchloridlösung zu.

Erfassungsgrenze. 5 μg CO_2 neben der 1000fachen Menge KF.

Störung durch Nitrite. Man setzt Anilinchlorhydrat zu, welches durch Diazotierung das Entweichen von HNO_2 verhindert.

Erfassungsgrenze. 5 μg CO_2 neben der 1000fachen Menge KNO_2.

2. Entfärbung von Uranylcyanoferrat(II).

Diese Farbreaktion wurde von TSUBAKI und HARA angegeben.

Ausführung. Zu 0,1%iger Kaliumcyanoferrat(II)-Lösung gibt man 0,1%ige Uranylnitratlösung, bis schwache Gelbfärbung entstanden ist. Zu einem Tropfen dieser Lösung fügt man einen Tropfen Probelösung. Bei Anwesenheit von Carbonat verschwindet die Gelbfärbung.

Nachweisgrenze. 4 μg CO_2.

V. Nachweis von Carbonat und Hydrogencarbonat nebeneinander.

1. Mit Chininhydrochlorid.

Für den Nachweis von Carbonat in Natriumhydrogencarbonat empfiehlt Kubli folgende Methode:

Ausführung. Man löst 3 g des auf einen Carbonatgehalt zu prüfenden Hydrogencarbonats in 50 ml Wasser, kühlt auf 10° ab und fügt 50 ml einer gleichfalls auf 10° gekühlten Lösung von 0,4 g Chininhydrochlorid in 100 ml Wasser hinzu. Bei Anwesenheit von 2% oder mehr Na_2CO_3 in der Probe tritt nach 5 Minuten Stehens infolge Zersetzung des Carbonates an der Oberfläche der Lösung eine Trübung auf.

2. Mit pH-Indikator.

Die Britische Pharmacopoe enthält eine Vorschrift zum Nachweis von Carbonat in Natriumhydrogencarbonat, die auf der Färbung von Thymolblau beruht. Der Umschlag dieses Indikators (pH $>$ 8,6) soll nicht erreicht werden. Moore machte die Methode, die nur Carbonatgehalte von mehr als 3,5% anzeigt, durch nachstehende Abänderung über 10mal empfindlicher.

Ausführung. Man löst 1 g des Hydrogencarbonats in etwa 50 ml frisch ausgekochtem und abgekühltem Wasser, fügt 24 ml 0,01 n-Natronlauge hinzu und füllt mit ausgekochtem Wasser auf 100 ml auf. Wenn zu dieser Lösung zugegebenes Thymolblau nach alkalisch umschlägt, sind mehr als 0,3% Carbonat im Hydrogencarbonat enthalten.

3. Auf Grund des Löslichkeitsunterschiedes der Calciumsalze.

Nach Feigl kann man zum Nachweis von Hydrogencarbonat neben Carbonat die Tatsache ausnutzen, daß $Ca(HCO_3)_2$ im Gegensatz zu $CaCO_3$ in Wasser löslich ist und durch Ammoniak in Carbonat übergeführt wird.

Ausführung. Man gibt 1—2 Tropfen bis 1 ml (letzteres bei kleinem HCO_3-Anteil) der zu prüfenden Lösung in ein Emichsches Spitzröhrchen oder ein kleines Zentrifugenröhrchen, fällt mit einem Überschuß von $CaCl_2$-Lösung das CO_3^{2-}, zentrifugiert und gibt zu der klaren Lösung einen Tropfen Ammoniak. Ist Hydrogencarbonat vorhanden, so entsteht eine Trübung von $CaCO_3$. Man kann auch statt der Fällung mit NH_3 den HCO_3^--Nachweis in der Lösung mittels einer der früher beschriebenen CO_2-Nachweis-Methoden führen.

VI. Nachweis spezieller Carbonate.

1. Identifizierung der Carbonate der Erdalkalimetalle.

Auf die Unlöslichkeit der Carbonate und Oxide der 2wertigen Metalle und zugleich die Beständigkeit ihrer Nitrate beim Erhitzen gründet Feigl eine Unterscheidung dieser Carbonate, insbesondere derjenigen der Erdalkalimetalle, von denen anderer Metalle.

Ausführung. Die Substanz wird in Wasser aufgenommen und zentrifugiert. Das Unlösliche wird mehrmals mit Wasser gewaschen, bis keine alkalische Reaktion gegen Lackmus mehr festzustellen ist. Nun pipettiert man das Wasser ab und löst den Rückstand in einigen Tropfen verd. HNO_3. Man bringt einen Tropfen der Lösung in einen Mikrotiegel aus Porzellan und verdampft zur Trockene. Man erhitzt dann 5—10 Minuten lang auf 350—400°, kühlt ab und behandelt mit einem Tropfen einer 1%igen Lösung von Diphenylamin in konzentrierter Schwefelsäure. Blaufärbung zeigt an, daß Carbonate (oder Oxide!) von zweiwertigen Metallen in der Probe waren.

2. Unterscheidung von Magnesit und Dolomit oder Bräunerit.

Wie FEIGL fand, werden Magnesiumoxide und -carbonate beim Erwärmen mit alkoholisch-alkalischer Lösung von Diphenylcarbazid intensiv violettrot angefärbt. Diese wahrscheinlich auf Adsorption beruhende Anfärbung ist bei Gemischen von 1 Teil $MgCO_3$ und 200 Teilen $CaCO_3$ noch erkennbar. Liegt aber das $MgCO_3$ als Doppel-(wohl Komplex-)Verbindung wie im Dolomit oder Bräunerit vor, so bleibt die Färbung aus. Nach starkem Glühen tritt die Anfärbung aber auch in diesem Falle ein. Die Reaktion kann auch zum Nachweis kleiner Mengen von nicht dolomitisch gebundenem $MgCO_3$ in Kalkstein dienen.

Ausführung. Zu 1—2 Tropfen einer heißen alkoholisch-alkalischen Diphenylcarbazidlösung gibt man in der Vertiefung einer Tüpfelplatte ein stecknadelkopfgroßes Stück des zu untersuchenden Gesteins. Nach 5 Minuten wird die farbige Lösung herauspipettiert, durch heißes Wasser ersetzt und dieses Waschen fortgesetzt, bis kein Farbstoff mehr in das Wasser geht. Enthält die Probe Magnesit, so bleibt sie violettrot. Wenn das Magnesium dagegen in dolomitischer Bindung vorliegt, so ist das Stück ungefärbt. Ob überhaupt Mg vorhanden ist, kann dadurch geprüft werden, daß man ein anderes Probestückchen auf einem Platindeckel stark glüht und dann die Reaktion ausführt und feststellt, ob sie nun positiv ausfällt.

3. Unterscheidung von Calcit und Dolomit.

Diese Unterscheidung kann durch Glühen der Probe und Anfärben mit Diphenylcarbazid, wie oben angegeben, ausgeführt werden.

4. Unterscheidung von Aragonit und Calcit.

Die beiden Modifikationen von Caciumcarbonat unterscheiden sich dadurch, daß Aragonit mehr und schneller in Wasser löslich ist als Calcit und daher mehr OH^--Ionen entsprechend folgendem Gleichgewicht liefert:

$$CaCO_3\,(\text{fest}) \rightleftharpoons CaCO_3\,(\text{gelöst}) \rightleftharpoons Ca^{2+} + CO_3^{2-},$$

$$CO_3^{2-} + 2\,H_2O \rightleftharpoons H_2CO_3 + 2\,OH^-.$$

In einer Aufschwemmung in Wasser liefert Aragonit schon nach $^1/_2$—1 Minute so viel OH^--Ionen, daß die OH-Reaktion mit Silber/Mangan-Reagens nach der Gleichung

$$Mn^{2+} + 2\,Ag^+ + 4\,OH^- = MnO_2 + 2\,Ag + 2\,H_2O$$

deutlich als Schwarzfärbung erscheint, während Calcit erst nach etwa 10 Minuten eine schwache Graufärbung bewirkt (FEIGL und LEITMEIER).

Reagens. Man trägt in eine Lösung von 11,8 g $MnSO_4 \cdot 7\,H_2O$ in 100 ml Wasser 1 g festes Ag_2SO_4 ein, kocht auf, läßt erkalten und filtriert das Ungelöste ab. Zum Filtrat gibt man 1—2 Tropfen verdünnte NaOH-Lösung und filtriert nach 1—2 Stunden vom entstandenen Niederschlag. Die Lösung kann in braunen Flaschen längere Zeit aufbewahrt werden.

Ausführung. In der Vertiefung einer Tüpfelplatte oder auf einem Uhrglas, das auf weißem Papier liegt, wird ein hirsekorngroßes Häufchen des gepulverten Minerals mit einem Tropfen der Reagenslösung angetüpfelt. Wenn schon nach 2 Minuten Schwarzfärbung auftritt, liegt Aragonit vor.

VII. Nachweis und Unterscheidung von Carbonatmineralien durch Ultrarotspektrometrie.

HUNT und TURNER haben ein Verfahren zur Bestimmung der Mineralbestandteile von Gesteinen mittels UR-Spektralphotometrie ausgearbeitet. Verschiedene andere Autoren haben seitdem die Methode überprüft und für nützlich befunden, so

GÖRLICH, MOENKE und MOENKE-BLANKENBURG, die das vollautomatische, registrierende Gerät von Zeiss (Jena) benutzen. Wegen einiger allgemeiner Angaben zur Methode s. Kap. Methan.

Die zuletzt genannten Autoren geben Absorptionsspektrogramme verschiedener Gesteinstypen und zeigen, daß Carbonat allgemein eine starke, sehr breite Bande mit Maximum bei etwa 1440 cm^{-1} (6,9 μ) sowie eine schmale, scharf ausgeprägte Bande bei etwa 880 cm^{-1} (11,4 μ) erzeugt. Calcit und Dolomit haben je eine scharf ausgeprägte spezifische Bande bei 713 bzw. 729 cm^{-1} (14,0 bzw. 13,7 μ) und können dadurch sehr gut unterschieden werden; auch ihr Mengenverhältnis kann aus dem Verhältnis der Absorptionswerte der beiden Banden entnommen werden. Die relative Standardabweichung bei 15 Präparationen derselben Probe beträgt 3% (MOENKE und MOENKE-BLANKENBURG).

Die Banden des Calciumcarbonats sind so scharf ausgeprägt, daß diese Verbindung von KUENKEL als Eichsubstanz für UR-Geräte empfohlen wird. Da man sie außerdem leicht als feinstes Pulver erhält, ist sie auch als innerer Standard bei quantitativem Arbeiten gut geeignet.

Die Aufnahme und Auswertung eines UR-Spektrums dauert mit modernen Geräten nur wenige Minuten. Die Vorbereitung einer Probe benötigt längere Zeit, je nach Härte des Materials, da auf eine Korngröße von etwa 90% $< 5\,\mu$ gemahlen werden muß. Dies geschieht am besten in einer Wirbelstrommühle (Jetmühle oder Micronicer), in der die Mahlung z. B. bei Tonschiefer 15 Minuten, bei quarzfreien Carbonatgesteinen noch weniger Zeit erfordert. Es werden nur 5—8 mg des Pulvers angewendet, und zwar werden sie als Aufschlämmung in einer flüchtigen Flüssigkeit, z. B. Isopropylalkohol, auf das Küvettenfenster gebracht oder nach der sich immer mehr durchsetzenden Kaliumbromid-Methode mit KBr-Pulver zu Tabletten verpreßt.

Für die Aufklärung des chemischen Aufbaues von Knochen, Dentin und Zahnschmelz, wozu die Röntgendiffraktometrie wegen der Kleinheit der Kristalle nicht anwendbar ist, haben POZNER und DUYCKAERTS die UR-Spektralanalyse im Bereich von 1800—650 cm^{-1} erfolgreich benutzt. Sie bestätigten auf Grund der charakteristischen Carbonatbanden, daß die 3—5% CO_2 dieser vorwiegend aus Apatit bestehenden Materialien als $CaCO_3$ und $MgCO_3$ gebunden sind.

MILLER und WILKINS geben an, daß feste Hydrogencarbonate ein für ihr Anion charakteristisches Absorptionsspektrum besitzen, und zwar liegen mittelstarke Banden bei etwa 700, 840, und 1000 cm^{-1} (14,3, 11,9 und 10 μ).

VIII. Nachweis durch Röntgendiffraktometrie.

Kristallisierte Carbonate können nach der DEBYE-SCHERRER-Methode durch Beugung monochromatischen Röntgenlichtes auf ihre Gitterkonstanten untersucht und identifiziert werden

Literatur.

BEHRENS-KLEY, P.: Mikrochemische Analyse, I. Teil. Leopold Voss, Leipzig, 1921.

CADLE, R. D.: Anal. Chem. **23**, 196—8 (1951); Ref.: Chem. Abstr. **45**, 3754h (1951). — CHAMOT, E. M., u. C. W. MASON: Handbook of chemical microscopy, Bd. 2, 2. Aufl. New York, 1946. — CHOVIN, P., u. L. GION: C. r. 15. congr. Chim. Ind. (Brüssel) **1935**, I, 276; GUÉRIN, S. 452. — CORNOG, J.: Proc. Iowa Acad. Sci. **55**, 239 (1948); Ref.: Chem. Abstr. **44**, 482g (1950) — CRAIG, A.: Chemist-Analyst **21**, Nr. 1, 11 (1932); Fr. **94**, 30 (1933).

DALEN, VAN, E., u. G. DE VRIES: R. **66**, 467 (1947). — DEICHA, G.: Neues Jahrbuch Mineralogie, Mh. Stuttgart 5 (1952); durch RASUMNY. — DOHERTY: Chem. N. **109**, 281—2 (1914). — DEMESSE, J.: Protect. aér. **3**, 10 (1937); Ref.: C. **1937**, I, 4398. — DUBRISAY, R., u. L. GION: C. r. 14me congr. Chim. Ind. (Paris) 1934, 2p; C. **1936**, I, 2780.

ELTESTE, G.: Angew. Chem. **41**, 858 (1928). — EMICH: Siehe Kap. C II 4.

FEIGL, F.: Qual. Analyse mit Tüpfelreaktionen 1931; Fr. **99**, 203 (1934). — FEIGL, F., u. KRUMHOLZ: Mikrochemie **8**, 131 (1930). — FEIGL, F., u. LEITMEIER: Mikrochemie **13**, 136, 129 (1933).

GORDON, P., u. J. F. LEHMANN: J. sci. Instruments 5, 123 (1928); Fr. **124**, 377 (1942). — GÖRLICH, P., H. MOENKE, u. L. MOENKE-BLANKENBURG: Jenaer Jahrbuch 1959, I, 154—80; 1960, II, 376—401. — GREENE, ST., u. H. PUST: Anal. Chem. **29**, 1055 (1957). — GUÉRIN: Traité de manipulation et d'analyse des gaz, Masson et Cie Paris 1952.

GUTZEIT, G.: Helv. **12**, 829 (1929).

HAHN, R. B., u. R. MULLINS: J. chem. Educat. **27**, 345 (1950); Ref.: Fr. **134**, 216 (1951/52). — HUNT u. TURNER: Anal. Chem. **22**, 1478 (1950). — HUNTER, J. A., R. W. STACY u. F. A. HITCHCOCK: Rev. sci. Instruments **20**, 333—37 (1949).

KELLEY, G. L.: Ind. eng. Chem. 8, 1038 (1916); Ref.: C. **1918**, I, 596; Fr. **59**, 304 (1920). — KUBLI, M.: Arch. **236**, 321 (1898). — KUENKEL, L. E.: Anal. Chem. **27**, 301—2 (1955).

MILLER, F. A., u. C. H. WILKINS: Anal. Chem. **24**, 1253 (1952); Ref.: C. **1953**, 6103. — MILLER, R., u. M. B. RUSSELL: Anal. Chem. **21**, 773 (1949); Ref.: Chem. Abstr. **43**, 8216g (1949). — MOORE: Pharm. J. Pharmacist **129** [4], 75, 497 (1932); Ref.: C. **1933**, I, 980; Ref.: Fr. **108**, 368 (1937).

NIEUWENBURG, VAN, C. J.: Kwalitatieve Chemische Analyse, Den Helder, 1956.

PATTON, H. W., J. S. LEWIS u. W. I. KAYE: Anal. Chem. **27**, 171 (1955). — v. PETTENKOFER, M.: Fr. **15**, 353 (1876). — PEPKOWITZ, L. P.: Anal. Chem. **23**, 1716—7 (1951). — PETERSEN, J.: Z. anorg. Ch. **88**, 234 (1914); Fr. **59**, 318 (1920). — PFUNDT, O.: Ch. Fabr. **6**, 69 (1933). — PIERSON, R. H., N. A. FLETCHER u. E. ST. CLAIR GANTZ: Anal. Chem. **28**, 1218 (1956). — POZNER u. DUYCKAERTS: Experientia **10**, 424 (1954).

RASUMNY: C. r. Sommaire Séances Soc. Géologique de France **1957**, 378.

SCHUSTER: Laboratoriumsbuch für Untersuchungen fester, flüssiger und gasförmiger Brennstoffe und ihre Auswertung, 2. Bd. Halle (Saale): VEB Wilhelm Knapp, 1958. — SMITH, A. S.: Anal. Chem. **6**, 217—20 (1934); s. auch GUÉRIN. — SPECTOR, N. A., u. F. DODGE: Anal. Chem. **19**, 55—7 (1947). — SZULCZEWSKI, D. H., u. T. HIGUCHI: Anal. Chem. **29**, 1541 (1957).

TAYLOR, R. C., R. A. BROWN, W. S. YOUNG u. C. E. HECHINGTEN: Anal. Chem. **20**, 396—401 (1948). — TOREN, P. F., u. B. J. HEINRICH: Anal. Chem. **29**, 1854—6 (1957). — TSUBAKI, I., u. SH. HARA: Jap. Analyst. **4**, 563 (1955); Ref.: **153**, 279 (1956); C. A. 16533f. (1956).

WENDLANDT, W. W., u. J. M. BRYANT: Chemist-Analyst **44**, 52 (1955); Ref.: Fr. **150**, 233 (1956). — WILLIAM, MC, J. G., u. R. A. DEWAR: Nature **181**, 760 (1958); Ref.: Chem. Abstr. **52**, 11647b (1958). — WINKLER, L. W.: Angew. Ch. **28**, I, 376 (1915); Ref.: Fr. **61**, 198 (1922).

Kohlensuboxid.

$OC = C = CO$

Mol. = Gew.: 68,033 Schmp. —107° Kp. 7° Dichte: 1,11

Kohlensuboxid wird als farbloses, giftiges Gas durch Erhitzen wasserfreier Malonsäure mit Phosphor(V)-Oxid erhalten. Es ist für die Praxis ohne Bedeutung und wird durch seine reduzierende Wirkung auf glühendes Kupferoxid erkannt.

Kohlenoxysulfid.

COS.

Mol.-Gew. 60,08 Schmp. —130° Kp. —50° Dichte (bez. auf Luft = 1) 2,1.

Inhaltsübersicht.

Allgemeines. Kohlenoxysulfid ist ein farbloses, in reinstem Zustand geruch- und geschmackloses Gas. Es findet sich in einigen schwefelwasserstofführenden Quellgasen, in vielen Erdöl- bzw. Erdgasvorkommen und in allen technischen Gasen, die durch Kohlendestillation oder Vergasung gewonnen werden. Bei seiner Verbrennung entsteht CO_2 und SO_2. In Berührung mit glühendem Platin zerfällt es glatt in CO und S. COS löst sich in Wasser etwa im Vol.-Verhältnis 1:1. Die Lösung nimmt allmählich einen Schwefelwasserstoffgeruch an, da ein kleiner Teil des Gases nach der Gleichung $COS + H_2O \rightarrow CO_2 + H_2S$ hydrolysiert. Diese Reaktion kann in einfachen Fällen zum Nachweis des COS verwendet werden, indem man sie durch Temperaturerhöhung intensiviert. So leitet man z. B. nach TURBIN technischen Wasserstoff durch ein mit Teclubrenner erhitztes, oxydierten Eisendraht enthaltendes Rohr und prüft das ausströmende Gas mit Bleiacetatpapier auf H_2S. War ursprünglich Kohlenoxysulfid im H_2 vorhanden, so hat es sich mit dem im Rohr durch Reaktion von Wasserstoff und Eisenoxid entstehenden Wasser zu H_2S umgesetzt.

Da COS praktisch fast immer im Gemisch mit H_2S, CS_2, Mercaptanen, Thiophen, CO_2, CO, HCN u. a. vorkommt, interessieren analytisch besonders die Eigenschaften, in denen es sich von denen der genannten Stoffe unterscheidet.

I. Verhalten gegen verschiedene in der Gasanalyse gebräuchliche Absorptionsmittel.

1. Verdünnte und mäßig konzentrierte Alkalilauge

löst COS kaum mehr als Wasser. (Unterschied zu H_2S und Mercaptanen.) In starker Lauge wird es vollständig, aber langsam absorbiert, wobei Kaliumcarbonat und-sulfid entstehen. Die Umsetzung erfolgt so langsam, daß sich ein Gas ohne Beeinträchtigung des COS-Gehaltes durch Waschen mit Kalilauge von H_2S, CO_2, HCN und flüchtigen organischen Säuren befreien läßt.

2. Alkoholische Kalilauge

(10% KOH in Alkohol oder 1 Teil KOH in 4 Teilen Alkohol + Wasser 1:1) absorbiert COS rasch und vollständig (KLASON) unter Bildung von Kaliumäthylthiocarbonat $C_2H_5O \cdot CO \cdot SK$. CS_2 wird ebenfalls absorbiert, wobei Kaliumxanthogenat, C_2H_5OCS—SK, entsteht. Beide Verbindungen reagieren mit Jodlösung quantitativ unter Oxydation zu den entsprechenden Disulfiden unter Verbrauch von je 1 Mol Jod.

Nickelxanthogenat ist ziemlich beständig, Nickeläthylthiocarbonat dagegen zersetzt sich bei pH 4,7.

3. Barytwasser

wird von COS erst nach einiger Zeit (etwa 1 Minute) getrübt im Unterschied zum Verhalten von CO_2.

4. Silbernitrat und Bleiacetat

reagieren in saurer oder neutraler Lösung nur sehr langsam mit COS; erst nach 8—10 Minuten entsteht eine wahrnehmbare Sulfidbildung (TREADWELL).

5. Kupfersulfat

in saurer Lösung absorbiert fast kein COS (Unterschied zu H_2S).

6. Cadmiumchlorid,

10%ig + wenig Na_2CO_3, absorbiert COS nicht (Unterschied zu H_2S und Mercaptanen) (Riess und Wohlberg).

7. Palladium(II)-chlorid

absorbiert COS bei 40—50° rasch unter Bildung von HCl, CO_2 und PdS (Dede).

8. Jod

in neutraler oder saurer Lösung oxydiert COS so langsam, daß in seiner Gegenwart H_2S mit n/10 Jodlösung selektiv oxydiert (genau titriert) werden kann.

9. Triäthylphosphin

(Hofmann) absorbiert COS nicht (Unterschied zu CS_2).

10. Piperidin

in alkoholischer Lösung absorbiert COS unter Bildung von Piperidin-oxythiocarbamat. CS_2 bildet Piperidin-dithiocarbamat, Thiophen reagiert nicht, es wird nur physikalisch gelöst.

II. Trennung von den gewöhnlich begleitenden Verbindungen.

Wie aus der obigen Übersicht der Reaktionen hervorgeht, ist es verhältnismäßig leicht, das Kohlenoxysulfid zu seinem Nachweis von den meisten der es gewöhnlich begleitenden Gase auf Grund der in verschiedenen Reagentien unterschiedlichen Absorbierbarkeit zu trennen.

Schwierig ist jedoch die Trennung von CS_2. Es ist zwar möglich, CS_2 durch Bindung an Triäthylphosphin, mit dem COS nicht reagiert, aus dem Gemisch zu entfernen. Hempel hat dazu eine Lösung von 1 Teil Triäthylphosphin in 9 Teilen Pyridin und 10 Teilen Nitrobenzol empfohlen. Aber dieses Reagens stellt sich sehr teuer und kommt daher kaum in Betracht.

III. Nachweis neben Schwefelkohlenstoff auf chemischem Wege.

Hierbei muß man praktisch zu indirekten Methoden greifen, die eigentlich quantitative Verfahren sind.

Nachstehend werden zwei derartige Methoden angeführt:

1. Nach Guérin und Adam-Gironne absorbiert man beide Gase in alkoholischer Kalilauge, titriert einen aliquoten Teil der Lösung jodometrisch und bestimmt in einem anderen nach Oxydation mit H_2O_2 den Gesamtschwefel, z. B. gravimetrisch. Bei der Titration verbrauchen x Mol CS_2 und y Mol COS $x + y$ Mol Jod. Bei der Oxydation liefern x Mol CS_2 und y Mol COS $2x + y$ Mol SO_4^{2-} bzw. $BaSO_4$. Hieraus ergibt sich, daß das Verhältnis von Molen $BaSO_4$ zu Molen Jod bei Vorhandensein von nur CS_2 2:1, bei Vorhandensein von nur COS 1:1 ist und ein Verhältniswert von kleiner als 2,0 bzw. zwischen 2,0 und 1,0 anzeigt, daß Kohlenoxysulfid zugegen war.

2. Man kann auch nach dem Vorschlag von Riess und Wohlberg einerseits den Gesamtschwefel durch Verbrennen nach Drehschmidt oder einer ähnlichen Methode

(s. Teil III dieses Handbuches) und andererseits den CS_2-Anteil nach Behandlung mit einer Lösung von Piperazin in Chlorbenzol jodometrisch oder kolorimetrisch bestimmen.

3. Schließlich kann man entsprechend der Arbeitsweise von PAGNY den Gesamtschwefel nach Oxydation mit Hypochlorit gravimetrisch und den CS_2-Anteil nach Abscheidung des CS_2 als Nickelxanthogenat bei einem pH von 4,7, bei dem das aus COS entstehende Äthylthiocarbonat nicht beständig ist, bestimmen. Die Ausrechnung der quantitativen Ergebnisse gibt auch hier wieder Aufschluß über das Vorhandensein oder Nichtvorhandensein von Kohlenoxysulfid.

IV. Chemischer Nachweis in Flüssiggas.

Für den Nachweis von Kohlenoxysulfid in Flüssiggas besteht eine normierte Vorschrift (ZERBE S. 646), die auf der Reaktion mit Natriumplumbit beruht.

Ausführung. Man füllt 10 ml alkoholische Natriumplumbitlauge in ein Bombenrohr; als solches dient ein druckfestes Glasrohr von 20 mm ⌀ und 250 mm Länge. Zu der Plumbitlauge werden 20 ml Flüssiggas, möglichst unter Kühlung gehalten, hinzugegeben. Nun wird das Bombenrohr in die Druckbombe eingesetzt und verschraubt. Nach 3 Minuten langem Schütteln und nachfolgendem Entspannen wird die Verfärbung der Plumbitlauge beobachtet.

Reagens: 94,3 ml 5%ige Bleiacetatlösung werden mit 278 ml 30%iger Natronlauge und 627,7 ml destilliertem Wasser gemischt. Dazu werden 10% Alkohol gegeben.

Mercaptane werden bei dieser Arbeitsweise nicht erfaßt, sie reagieren nur mit wässeriger Plumbitlösung.

V. Nachweis durch physikalische Methoden.

Bei den meisten dieser Methoden besteht das Problem der Störung durch Schwefelkohlenstoff überhaupt nicht, da die beiden Verbindungen sehr verschiedene physikalische Eigenschaften haben. Die Kochpunkte beispielsweise liegen mehr als 100° auseinander.

1. Methode der fraktionierten Auflösung.

Eine Abwandlung dieses für die Kohlenwasserstoffanalyse entwickelten Prinzips (SCHRIEFRING) haben FIELD und OLDACH für die rein chemisch sehr schwierige Analyse von Leuchtgas auf die verschiedenen schwefelhaltigen Komponenten (H_2S, CS_2, CH_3SH, $(CH_3)_2S$ und COS) vorgeschlagen.

Sie lassen das zu untersuchende Gas durch eine verhältnismäßig kleine Menge des inerten Lösungsmittels Vaselinöl perlen. Je größer die Löslichkeit einer Komponente ist, desto länger dauert es, bis die Flüssigkeit an ihr gesättigt ist, und desto später beginnt diese Komponente mit dem übrigen Gasstrom auszutreten. So erscheint allmählich eine der Komponenten nach der anderen im austretenden Gas, bis sie sämtlich in der ursprünglichen Konzentration wieder darin vorhanden sind. (Unterschied zur Gaschromatographie, bei der die Komponenten einer begrenzten Gasprobenmenge nacheinander erscheinen, aber nach kurzem Zeitintervall schon wieder ausbleiben.)

FIELD und OLDACH bestimmten laufend im Austrittsgas den Gesamtschwefelgehalt und trugen ihn graphisch als Funktion der durchgegangenen Gasmenge auf. Bei jedem Erscheinen einer weiteren schwefelhaltigen Komponente stieg die Gesamtschwefel-Konzentration sprunghaft. So entstand eine Stufenkurve, die auf Grund der Lage und Höhe der Stufen und auf Grund der bekannten S-Gehalte der einzelnen Verbindungen Rückschlüsse auf die Art und Konzentration der Komponenten erlaubte. Diese an und für sich interessante Methode erscheint jetzt, nach der Entwicklung der Gaschromatographie, etwas umständlich und dürfte besser durch letztere zu ersetzen sein.

2. Gaschromatographie.

Für COS kommt die Verteilungs-Gaschromatographie in Betracht. Wegen der allgemeinen Grundlagen der Methode wird auf das Kap. Methan verwiesen. Die für die gaschromatographische Analyse von Kohlenwasserstoffgasen als stationäre Phase gebräuchlichen, ziemlich stark polaren Lösungsmittel sind für die Analyse auf COS wenig geeignet, da sein Elutionspeak durch diejenigen von Propan, Butan und Isobutan überdeckt wird. Nur wenn solche Methanhomologen in verhältnismäßig geringer Konzentration vorhanden sind, wie in manchen pyrolytisch erzeugten technischen Gasen, liegt der Fall einfacher. Dann ist z. B. ein Gemisch von n-Propylsulfon und 2,4-Dimethylsulfolan (BLOCH) gut geeignet. Für die Analyse von Erdgas auf COS fand SCHOLS N,N'-Di-n-butylacetamid besser.

Apparatur und Ausführung. SCHOLS verwendet eine 4 m lange Säule mit einer Füllung von 30 Gew.-% der vorgenannten Verbindung auf „Kromat FB", aufgebracht aus einer Lösung in Aceton. Die Säulentemperatur beträgt 28°. Schleppgas ist Helium (50 ml/Minute). Als Detektor dient eine Thermistor-Leitfähigkeitszelle mit zwei Schreibern von 10 bzw. 1 mV Meßbereich, die wahlweise je nach der vorhandenen COS-Konzentration eingeschaltet werden. Die Analyse auf 8 Gasbestandteile ist etwa 6 Minuten nach Aufgabe der Gasprobe beendet. Mit seiner relativen Retensionszeit liegt COS zwischen C_3H_6 und i-C_4H_{10}. Die Retentionszeiten sind: C_3H_6 0,427; COS 0,526; i-C_4H_{10} 0,705.

Empfindlichkeit. Die Nachweisgrenze für COS hängt von der Propylenkonzentration ab, da dessen Peak nahe benachbart liegt. Die Grenzkonzentration ist bei 10 Vol.-% C_3H_6 100 ppm COS, bei 0,5 Vol.-% C_3H_6 25 ppm COS.

In Erdgas sind nie mehr als 0,5% C_3H_6 festgestellt worden. Für die Analyse technischer Gase ließe sich die Empfindlichkeit relativ zum C_3H_6-Gehalt durch Anwendung einer längeren Säule steigern. Schwefelkohlenstoff wird von den Autoren nicht erwähnt; er dürfte aber bei seiner starken Löslichkeit und hohem Molekulargewicht und Siedepunkt noch länger als Butan in der Säule zurückgehalten werden und als Störquelle für den COS-Nachweis keinesfalls in Betracht kommen.

3. Ultrarotspektrometrie und Massenspektrometrie.

Die massenspektrometrische Methode kann offenbar mit gutem Erfolg für den Nachweis auch von Kohlenoxysulfid in komplizierten Gasgemischen herangezogen werden. OSBORNE, ADAMEK u. HOBBS arbeiten bei der Untersuchung der Zusammensetzung von Tabakrauch mit einer Kombination von Ultrarot- und Massenspektrometrie.

SCHOLS erwähnt das gute Übereinstimmen von massenspektrometrischen und gaschromatographischen Analysen von Gasgemischen, die u. a. Kohlenoxysulfid enthalten.

Literatur.

BLOCH, M. G.: Vortrag a. d. 2. Symp. über Gaschromatographie d. Industr. Soc. America am 11. 6. 59, s. SCHOLS.

DEDE: Ch. Z. **1914**, 1075.

FIELD, E., u. C. S. OLDACH: Anal. Chem. **18**, 665, 668, 669 (1946).

GUÉRIN, H., u. J. ADAM-Gironne: durch GUÉRIN, Traité de manipulation et d'analyse des gaz, Masson et Cie, Paris 1952, S. 469.

HEMPEL: Gaschromatographische Methoden, 4. Aufl., S. 218. — HOFMANN, A. W.: B. **13**, 1732 (1880).

KLASON, P.: J. pr. 36, 64—74 (1887).
OSBORNE, J. S., ST. ADAMEK u. M. E. HOBBS: Anal. Chem. 28, 211—15 (1956).
PAGNY, P.: Revue de documentation des mines de potasse d'Alsace ... durch GUÉRIN, S. 469.
RIESS, C. H., u. WOHLBERG: Proc. americ. gas. 1943, durch GUÉRIN, S. 470.
SCHRIEFRING, F.: Öl u. Kohle, Erdöl 38, 1194—98 (1942). — SCHOLS, J. A.: Anal. Chem. 33, 359—60 (1961).
TREADWELL, F. P.: Kurzes Lehrbuch d. analyt. Chemie, Bd. 2, 11. Aufl. Deuticke, Wien. — TURBIN, L.: Öl- und Fett-Ind. (russ.) 10, 31 (1934); Ref.: C. 1935, I, 125.
ZERBE, C.: Mineralöle und verwandte Produkte. Springer, Berlin/Göttingen/Heidelberg: 1952.

Phosgen und andere wichtige einfache Halogenverbindungen.

Inhaltsübersicht.

Seite

A. Phosgen $COCl_2$.

Mol.-Gew. 98,925 Schmp. —127° Kp. 8,2° Dichte (bez. auf Luft) 3,41.

Phosgen ist ein farbloses Gas mit charakteristischem Geruch, der zuerst stechend, dann süßlich erscheint und noch bei einem Gehalt von 5 ppm wahrnehmbar ist. Es ist sehr leicht löslich in organischen Lösungsmitteln, z. B. Toluol, Xylol. In Berührung mit Wasser zersetzt es sich zu CO_2 und Salzsäure, ebenso mit alkalischen Lösungen, wobei Chlorid und Carbonat entstehen. Mit Anilin gibt es einen Niederschlag von Diphenylharnstoff $OC(NHC_6H_5)_2$ (Schmp. 235°), der zur quantitativen Bestimmung dienen kann. Die Nachweisreaktionen haben große Bedeutung u. a. für die Prüfung von Narkosechloroform.

I. Fällungsreaktionen.

Nachweis mit Anilin oder Aminophenetol.

Ebenso wie Anilin bildet Aminophenetol (Phenetidin) mit Phosgen eine in Chloroform unlösliche Verbindung (p-Phenetolharnstoff).

Ausführung. Ein Tropfen des Reagenses wird in wasser- und schwefelkohlenstofffreiem Benzol gelöst und die Lösung dem zu prüfenden Chloroform zugesetzt. Ist dieser phosgenhaltig, entsteht sofort eine Trübung, später scheiden sich Kristalle ab (Scholvien).

II. Farbreaktionen.

1. Nachweis mit Resorcin.

Diese Reaktion wird von Allport für den Nachweis in Chloroform empfohlen.

Ausführung. Man gibt zu 15 ml Chloroform in einer 25-ml-Flasche mit Glasstopfen 20 mg Resorcin, läßt eine Stunde im Dunkeln stehen und fügt dann 5 ml 1%ige NH_3-Lösung hinzu, schüttelt und läßt absitzen. In Gegenwart von Phosgen (oder HCl) tritt Rotfärbung der wäßrigen Schicht ein; stärkste Färbung nach 30 Sekunden.

Empfindlichkeit. Bei 0,1% $COCl_2$ noch wahrnehmbare Rosafärbung.

2. Nachweis mit p-Dimethylaminobenzaldehyd und einem aromatischen Amin.

Als Amin kann Diphenylamin oder Dimethylamin dienen.

Ausführung. a) (nach Suchier). Man stellt das Reagens durch Auflösen von je 1 g Dimethylaminobenzaldehyd und 1 g Diphenylamin in je 5 ml Alkohol bei Zimmertemperatur durch häufiges Umschütteln (am besten in Wägegläsern mit Glasstopfen) her. Man mischt die Lösungen miteinander. Zur Aufbewahrung muß das Gemisch vor Licht und Luft geschützt werden. Mit dieser Lösung werden Filtrierpapierstreifen getränkt und schnell in eine Saugflasche gehängt, durch die CO_2 streicht, so daß sie unter Luftabschluß trocknen. Nach dem Trocknen ist das schwach gelb gefärbte Papier in einer braunen Flasche möglichst in CO_2-Atmosphäre aufzubewahren. Setzt man das Reagenspapier der Einwirkung von $COCl_2$ aus, so geht die Farbe in rotbraun über.

Empfindlichkeit. Bei 1—2 ml $COCl_2$/Liter Luft Farbänderung innerhalb 1—2 Sekunden; bei 4 mg $COCl_2/m^3$ nach 12—15 Sekunden.

Rosenthaler verwendet 1%ige Lösung der Reagentien in Aceton. Nach seinen Angaben ist damit eine schwache Verfärbung nach $^1/_2$ Stunde bei einer Verdünnung von 1:20000 noch zu erkennen.

b) Moureu, Chovin und Truffert fanden, daß von 11 untersuchten aromatischen Aminen das Dimethylanilin (I) mit p-Dimethylaminobenzaldehyd (II) zusammen das empfindlichste Reagens ist. Man tränkt Filterpapier mit einer Mischung aus gleichen Teilen einer gesättigten Lösung von (II) und einer 25%igen Lösung von (I) in 95%igem Alkohol. Die mit $COCl_2$ entstehende Färbung ist blau.

Die Grenzkonzentration wurde zu 10 mg/m³ selbst in Gegenwart der 10fachen Konzentration von Chlor oder Chlorpikrin ermittelt.

c) Das empfindlichste Reagens dieser Art ist nach LIDDEL eine Lösung von 1,68 g N-Äthyl-N-hydroxyäthylanilin (Schmp. 37,2°), 0,75 g p-Dimethylaminobenzaldehyd und 2,5 ml Phthalsäurediäthylester in 25 ml Alkohol. Filterpapierstreifen werden mit dieser Lösung (die als solche mehrere Monate haltbar ist) getränkt und getrocknet. 1 mg $COCl_2/m^3$ erzeugt eine gerade noch erkennbare Blaufärbung.

3. Nachweis mit Phenylhydrazin und Kupfersalz.

Phosgen reagiert mit Phenylhydrazin in indifferenten Lösungsmitteln zu Diphenylhydrocarbazid nach dem Schema

$$\begin{matrix} C_6H_5\text{—NH—NH}_2 \\ C_6H_5\text{—NH—NH}_2 \end{matrix} + \begin{matrix} Cl \\ Cl \end{matrix}\!\!>\!CO \rightarrow \begin{matrix} C_6H_5\text{—NH—NH} \\ C_6H_5\text{—NH—NH} \end{matrix}\!\!>\!CO + 2\,HCl.$$

Das entstehende Carbazid bildet bei Zugabe von Kupfer(II)-salz in neutraler, ammoniakalischer oder schwach saurer Lösung eine wasserunlösliche, tief violett gefärbte Innerkomplexverbindung. ANGER und WANG kombinierten die beiden Reaktionen zu einem empfindlichen $COCl_2$-Nachweis. Sie empfehlen die Verwendung des zimtsauren Salzes an Stelle des wenig haltbaren freien Phenylhydrazins.

Ausführung a). Ein Tropfen der Probelösung wird in einem Mikrotiegel mit einem Körnchen zimtsaurem Phenylhydrazin behandelt. Nach 5 Minuten gibt man einen Tropfen 1%iger Kupfersulfatlösung hinzu. War Phosgen vorhanden, so entsteht je nach seiner Menge eine rosa bis rotviolette Färbung.

Ausführung b). Die Reaktion kann sehr gut auch als Tüpfelreaktion ausgeführt werden. Dazu verwendet man ein mit 1%iger Kupfersulfatlösung getränktes und getrocknetes Filtrierpapier. Unmittelbar vor der Prüfung wird ein Stückchen festes zimtsaures Phenylhydrazin auf einem Streifen des Papiers verrieben. Dann bringt man einen Tropfen der Lösung von Phosgen in einem organischen Lösungsmittel darauf, läßt eindunsten und versetzt mit einem Tropfen Wasser. War Phosgen vorhanden, so entsteht ein rotvioletter Fleck.

Erfassungsgrenze. 0,5 μg $COCl_2$.

Grenzkonzentration. 1:50000—100000 (höhere Zahl nach FEIGL, 1954).

4. Nachweis durch Reagensflecke, die mit Detektorschreibstiften erzeugt werden.

Für den Nachweis geringer Konzentrationen von reaktionsfähigen Gasen in Räumen und im Freien sind Detektorstifte, in denen das Reagens in inertem Material aufgesaugt ist, und mit denen man im Bedarfsfalle Striche oder Flecke auf beliebige Flächen „schreibt", ein handliches Hilfsmittel. Sie haben vor Reagenspapier den Vorteil, daß die Reagentien nur mit geringer Oberfläche der Verdunstung und Oxydation ausgesetzt sind. WITTEN und PROSTAK beschreiben u. a. Stifte für den Phosgennachweis.

a) Stifte mit 4-(p-Nitrobenzyl)-pyridin (I) und N-Phenylbenzylamin (II) für sehr geringe Konzentrationen.

Herstellung. 2% (jeweils bezogen auf die Gesamtmenge der festen Ingredientien) von (I) und 5% von (II) werden in Benzol gelöst. Mit dieser Lösung wird Blanc fixe (amorphes Bariumsulfat) vermengt. Die Benzolmenge wird so gewählt, daß die Lösung vollständig von dem Blanc fixe aufgenommen wird, dies aber trotzdem vollständig durchfeuchtet wird. Man läßt das Benzol über Nacht vollständig verdunsten. Das trockene Gemisch tränkt man dann mit einer wässerigen Lösung von 5% (bezogen auf die Gesamtmasse) Natriumcarbonat. Die Wassermenge wird ebenso bemessen, wie für das Benzol beschrieben wurde. Nun läßt man das Wasser verdunsten. Erwärmen ist nicht ratsam, da das Reagens (II) dabei schmelzen könnte. Das abgetrocknete Gemisch wird nun zu Pulver verrieben und in Portionen von etwa 15 g zu Stiften verpreßt. Das Pressen geschieht mit einer kleinen hydraulischen Presse bei etwa 200 kg/cm^2 in einem kleinen Zylinder mit eingepaßtem Stempel, die leicht mit Silicon-Hahnfett geschmiert werden. Die Stifte sind mindestens 1 Jahr haltbar.

Die Stifte schreiben hellgelb, bei Gegenwart von Phosgen entsteht eine Rotfärbung.

Empfindlichkeit. 0,08 ppm $COCl_2$ werden nach 1 Minute angezeigt.

Störung. Bei gleichzeitiger Anwesenheit von höheren HCl-Konzentrationen wird die Reaktion infolge Neutralisation des Carbonats verhindert. Bei hohen $COCl_2$-Konzentrationen bleibt die Rotfärbung aus. Sie erscheint aber, wenn die Strichmarke in Frischluft gebracht wird.

b) Stifte mit Thio-Michler-Keton.

Zum Nachweis von relativ hohen $COCl_2$-Konzentrationen, bei denen die unter a) beschriebenen Stifte versagen, können die für den Lewisit-Nachweis entwickelten Stifte mit Thio-Michler-Keton (= 4,4'-Bis-(dimethylamin)thiobenzophenon) verwendet werden.

Herstellung. Man läßt eine Benzolchloroform-Lösung von 5% (bezogen auf die Gesamtmasse der festen Ingredientien) Thio-Michler-Keton vollständig von 95% Blanc fixe aufsaugen. Das Lösungsmittel läßt man bei Zimmertemperatur über Nacht und dann 12 Stunden unter Vakuum abdampfen. Das trockene Gemisch wird zerrieben und wie oben zu Stiften verpreßt.

Diese Stifte schreiben hell lohbraun. Beim Auftreten von $COCl_2$ in höheren Konzentrationen wird die Färbung purpurrot (mit Lewisit intensiv grünblau, Chlor und Bromcyan färben grau). Die Stifte sind zum Lokalisieren von Undichtigkeiten von Phosgenbehältern geeignet.

III. Nachweis durch Absorptionsspektralphotometrie.

Phosgen absorbiert im UV-Licht bei 2537 Å stark, was zu seinem bequemen Nachweis mit geeigneten Spektralphotometern dienen kann. Klotz und Dole beschreiben ein automatisch wirkendes Gerät dieser Art, das eine Nachweisempfindlichkeit von 1 ppm hat.

Im UR-Gebiet weist $COCl_2$ starke, recht spezifische Banden bei 5,5 und 11,8 μ auf, die gut zum Nachweis geeignet sind (Diagramme bei Pierson und Mitarbeitern).

B. Weitere wichtige einfache Halogenverbindungen.

I. Allgemeine Methoden (Halogen- bzw. Kohlenstoffnachweis).

Zum Nachweis des Halogens in halogensubstituierten Kohlenwasserstoffen und anderen Halogenverbindungen des Kohlenstoffs werden die folgenden Methoden angewendet, soweit es sich nicht um zu flüchtige Stoffe handelt. Für solche ist von den zunächst beschriebenen vier Methoden die BEILSTEIN-Probe noch am besten zu gebrauchen.

1. Beilstein-Probe.

Die Methode beruht auf der Verflüchtigung von Kupferhalogenid und die dadurch verursachte Flammenfärbung (BEILSTEIN).

Ausführung. Man bringt eine kleine Menge der zu prüfenden Substanz auf die Öse eines mit einer solchen versehenen Kupferdrahtes oder auf ein Stück Kupferoxid, das man in der Öse eines Platindrahtes befestigt hat, und erhitzt in der nichtleuchtenden Flamme eines Bunsenbrenners. Bei Anwesenheit von Halogen tritt eine Grünfärbung der Flamme ein, und zwar weist reines Grün auf Jod hin, ein mehr blaustichiges Grün auf Chlor oder Brom. Selbstverständlich müssen die Drähte bzw. das CuO vor Aufgabe der Substanz so lange geglüht werden, bis die Flamme frei von Färbung ist. Eine Abwandlung der BEILSTEIN-Probe stellt die Arbeitsweise mit der Halogen-Detektionslampe von LAMB dar, die speziell für den Nachweis kleiner Mengen von Chlorkohlenwasserstoffen in der Luft dient. Sie besteht aus einem Alkoholbrenner, dessen Flamme eine Kupferspirale bestreicht. Brennt sie in einer Halogenverbindungen enthaltenden Atmosphäre, so werden die Dämpfe zersetzt und reagieren analog der BEILSTEIN-Reaktion.

Empfindlichkeit. Die Grünfärbung der Flamme soll noch bei 3 ppm Tetrachlorkohlenstoff eben erkennbar sein.

2. Kalkmethode.

Bei dieser Methode wird die Substanz durch Einwirkung von Calciumoxid unter Halogenbildung zersetzt.

Ausführung. Eine kleine Menge der Substanz wird mit etwa der 5fachen Menge halogenfreiem Calciumoxid gemischt, in ein weites Reagensglas gegeben und über dem Bunsenbrenner geglüht. Dann taucht man das Glas in kaltes Wasser. Das Glas zerspringt dabei und läßt das Wasser mit dem Reaktionsgemisch in Berührung kommen. Man säuert mit Salpetersäure an und fügt einige Tropfen Silbernitratlösung hinzu. Auftreten eines Niederschlages (Silberhalogenid) deutet auf Vorliegen einer Halogenverbindung hin.

3. Lassaigne-Probe.

Bei dieser Probe wird die Substanz durch Glühen mit Alkalimetall zersetzt, worauf man (neben N und S) auch das Halogen im Zersetzungsprodukt nachweisen kann.

Ausführung. Man glüht einige Zentigramm der zu prüfenden Substanz in einem Glühröhrchen mit einem Stückchen Natrium von Erbsengröße und taucht das heiße Rohr in etwas Wasser, das sich in einem kleinen Becherglas befindet (Vorsicht!). Das zerspringende Röhrchen gibt dem Wasser den Zutritt zum Reaktionsgemisch frei. Das überschüssige Natrium entwickelt Wasserstoff, der sich entzündet, während Natriumhalogenid in Lösung geht. Man filtriert vom Bodensatz, säuert einen Teil des Filtrats mit verdünnter Salpetersäure an und versetzt mit Silbernitratlösung. Der entstehende Niederschlag ist nur dann als Halogensilber und damit als Halogennachweis anzusprechen, wenn die Probe keinen Stickstoff oder Schwefel enthält. Vom Zutreffen dieser Voraussetzungen muß man sich durch Ausführung einer Prüfung auf Cyanid (s. Kapitel Cyanwasserstoffsäure) bzw. Sulfid an einem anderen Teil des oben erhaltenen Filtrats überzeugen. Diese Prüfung muß negativ ausfallen.

4. Methode mit alkoholischem Alkali.

Aus den meisten aliphatischen Halogenverbindungen wird das Halogen durch Erwärmen mit alkoholischer Kalilauge leicht abgespalten, so daß man es als Halogenion nachweisen kann.

Ausführung. Man kocht einige Tropfen der Probe mit wenigen Millilitern alkoholischer Kalilauge einige Minuten auf dem Wasserbad, verdünnt mit Wasser, säuert mit Salpetersäure an und trennt den Rückstand durch Filtrieren oder Ausschütteln mit einem geeigneten Lösungsmittel ab. Danach prüft man wie üblich mit Silbernitrat.

5. Cariusmethode.

Für leicht flüchtige Substanzen ist der Halogennachweis mittels der Cariusmethode (Erhitzen im geschlossenen Rohr mit konzentrierter Salpetersäure in Gegenwart von Silbernitrat) geeignet; weiterhin die Methode der Pyrolyse in der Gasphase.

6. Gleichzeitiger Nachweis von Kohlenstoff und Halogen nach thermischer Zersetzung in der Gasphase.

Bei dieser Methode wird die organische Halogenverbindung, die als Flüssigkeit oder bereits verdampft in der Luft oder einem anderen nicht brennbaren Gas vorliegen kann, mittels eines Luftstromes durch ein hocherhitztes Rohr geleitet, wobei Umsetzung zu CO_2 und HCl stattfindet. Nach Versuchen von Maffi sind bei folgenden Verbindungen CO_2 und HCl praktisch die einzigen entstehenden Produkte: CCl_4, $CHCl_3$, C_2HCl_3, $C_2H_2Cl_4$. Dabei ist vorausgesetzt, daß ihre Konzentration nicht zu hoch ist, für CCl_4 z. B. nicht höher als 10 mg pro Liter Luft. Maffi hält das Zersetzungsrohr auf 950°. Das Kohlendioxid wird in Barytwasser absorbiert und der Chlorwasserstoff in Silbernitratlösung, wobei der Nachweis von Kohlenstoff und von Chlor kurz nacheinander oder unmittelbar gleichzeitig, im letzten Falle durch Einleiten von Teilströmen des Gases in je ein Gefäß mit den Reagentien, erfolgen kann. Smyth, Ferguson und Scheflan verwenden für eine quantitative Ausführung der Methode ein Quarzrohr mit Quarzfüllkörpern.

Die **Empfindlichkeit** der Methode ist groß: nach Maffi können 10 ppm CCl_4 in der Luft nachgewiesen werden.

Bei quantitativer Ausführung der C- und Cl-Bestimmung kann im Falle des Vorliegens einer einzigen Verbindung in günstigen Fällen aus dem Verhältnis C:Cl auf die Art derselben geschlossen werden.

II. Spezielle Nachweismethoden für bestimmte Verbindungen.

1. Tetrachlorkohlenstoff, CCl_4.

Mol.-Gew. 153,839 $d_{18} = 1{,}5985$ $n_{20} = 1{,}4607$ Schmp. —24,7° Kp. 76,7°.

Dampfdruck bei 0°: 26 Torr.

a) Siedeanalyse und Dampfdruckanalyse.

Mit Benzin, Benzol, Schwefelkohlenstoff, Aceton und vielen anderen organischen Lösungsmitteln ist CCl_4 unbegrenzt mischbar. Es bildet mit Alkohol ein bei 65,2° konstant siedendes Gemisch mit 16% Alkoholgehalt. Bei Anwesenheit von Wasser entsteht ein azeotropisches Gemisch mit 86% CCl_4, 10% Alkohol und 4% Wasser, das bei 62° siedet. Diese Eigenschaften können zur Identifizierung benutzt werden (BAUER).

Der Dampfdruck kann ebenfalls zur Identifizierung dienen, wenn auch die Dampfdrücke der Halogenverbindungen teilweise nicht sehr unterschiedlich sind (vgl. die Tabelle der Chlorverbindungen bei GUÉRIN S. 414). Für den Nachweis solcher Stoffe, wenn sie in Dampfform in der Luft enthalten sind, hat NUCKOLLS eine einfache Methode angegeben. Durch eine mit Hähnen versehene Ausfrierfalle, an der sich ein abgekürztes Hg-Manometer befindet, saugt man eine ausreichende Menge der zu prüfenden Luft, die vorher durch ein Rohr mit Anhydron strömt, während gleichzeitig mit CO_2-Aceton gekühlt wird, bis eine kleine Menge Flüssigkeit kondensiert ist. Dann schließt man einen Hahn, evakuiert durch den anderen, schließt auch ihn und stellt in ein Eis-Wasser-Bad. Der sich nun einstellende Druck wird am Manometer abgelesen. Für die in diesem Kapitel behandelten Verbindungen sind die Dampfdrücke jeweils im Kopf der Abschnitte angegeben.

Völlig spezifische **chemische Methoden** sind nicht verfügbar. Gewisse Unterscheidungsmöglichkeiten sind jedoch durch die Methoden von WEBER (a; b) gegeben (s. unten). Wenn es sich nur um die Unterscheidung von CCl_4 und $CHCl_3$ handelt, kann die folgende von ROZEBOOM angegebene Methode benutzt werden.

b) Unterscheidung von Tetrachlorkohlenstoff und Chloroform mit Jod und Alkaloidsalz.

Ausführung. Man gibt zu der Flüssigkeit eine sehr kleine Menge Jod. Fügt man nun Chininsulfat oder Papaverinhydrochlorid hinzu, so geht bei Vorliegen von Chloroform (in dem diese Salze löslich sind) die violette Färbung der Flüssigkeit in Gelb bis Gelbrot über. Handelt es sich um CCl_4, so bleibt die violette Färbung bestehen.

c) Nachweis in der Luft mit Brenzcatechin.

SIVADJIAN gibt die folgende Vorschrift zum Nachweis von Spuren von Tetrachlorkohlenstoff in der Luft, der aber kaum spezifisch sein dürfte.

Ausführung. Ein bekanntes Volumen Luft wird durch 5 ml 96%igen Alkohol geleitet. Anschließend gibt man zu dem Alkohol 8 mg farbloses Benzcatechin, eine Messerspitze voll Kupferpulver und 10 Tropfen 20%ige Natronlauge. Das Gemisch wird 1 Minute zum Sieden erhitzt und dann rasch abgekühlt. Dann wird Salzsäure hinzugefügt. Bei Anwesenheit von CCl_4 entsteht eine rote Färbung.

Grenzkonzentration. 1:10000 (CCl_4 im Alkohol).

2. Chloroform, $CHCl_3$.

Mol.-Gew. 119,4 $d_{15} = 1,4984$ $n_{20} = 1,4476$ Schmp. −63,5° Kp. 61,5°.
Dampfdruck bei 0°: 60 Torr.

In Wasser sehr wenig lösliche, mit Alkohol und Äther in jedem Verhältnis mischbare Flüssigkeit von eigenartigem Geruch und süßlichem Geschmack. Vorzügliches Lösungsmittel für Jod, Brom und viele organische Substanzen. Unter der Einwirkung von Licht, Sauerstoff und Feuchtigkeit zersetzt sich Chloroform langsam unter Bildung von Phosgen. Bei erhöhter Temperatur geht die Zersetzung rasch vor sich.

a) Nachweis durch Farbreaktion mit aromatischen Hydroxyverbindungen.

Aromatische Hydroxyverbindungen kondensieren sich mit $CHCl_3$ in alkalischer Lösung zu gefärbten Produkten, wahrscheinlich Triphenylmethanfarbstoffen.

α) **Ausführung** nach LUSTGARTEN. Man löst 0,1 g Naphthol in starker Kalilauge, erwärmt auf etwa 50° und fügt einige Tropfen der Probe hinzu. Bei Gegenwart von $CHCl_3$ entsteht eine vorübergehende blaue Färbung. Säuren scheiden aus der blauen Lösung einen ziegelroten Niederschlag ab.

β) **Ausführung** nach SCHWARZ (s. BAUER S. 44). Man löst 0,1 g Resorcin in 1—2 ml Wasser, setzt wenige Milliliter der zu prüfenden Lösung hinzu und erhitzt. Auch bei Anwesenheit von Spuren von Chloroform entsteht eine gelbrote, bisweilen von grüner Fluoreszenz begleitete Färbung.

b) Nachweis durch Überführung in Ammoniumcyanid und Farbreaktion.

Beim Erhitzen von Chloroform mit alkoholischem Ammoniak entsteht Ammoniumcyanid, woraufhin in bekannter Weise (s. Kapitel HCN) das Cyan-Ion nachgewiesen werden kann.

Ausführung nach BAUER. Man schmilzt die zu prüfende Flüssigkeit mit alkoholischer Kalilauge und Ammoniumchlorid in einem Bombenrohr ein und erhitzt einige Stunden in einem Wasserbadschießofen. Nach Erkalten und Öffnen des Rohres wird in dem Reaktionsprodukt das entstandene Cyanid nachgewiesen, z. B. mittels der Berlinerblau-Reaktion, indem man mit einigen Kriställchen Eisen(II)-sulfat 2 Minuten kocht, dann mit 3 Tropfen Eisen(III)-chloridlösung versetzt und mit konzentrierter Salzsäure ansäuert. War Chloroform zugegen, so entsteht nun ein blauer Niederschlag.

c) Nachweis durch Bildung von Isonitril.

Wie HOFMANN fand, setzt sich Chloroform mit Anilin in alkalischer Lösung zu Phenylisonitril um, das an seinem charakteristischen Geruch zu erkennen ist:

$$CHCl_3 + C_6H_5NH_2 + 3KOH = CN \cdot C_6H_5 + 3KCl + 3H_2O.$$

Ausführung. Zu etwa 5 ml von auf Chloroformgehalt zu prüfendem Wasser gibt man einige Tropfen frisch destilliertes Anilin und 10 ml 10%ige alkoholische Kalilauge und erhitzt. Bei geringen Mengen von Chloroform ist es zur Beseitigung des Anilingeruches zweckmäßig, die Flüssigkeit nach dem Erkalten mit verdünnter Schwefelsäure anzusäuren und danach auf den Isonitrilgeruch hin zu prüfen.

d) Unterscheidung von Chloroform und Tetrachlorkohlenstoff.

(Siehe Abschn. II 1 b.)

e) Nachweis von kleinen Mengen Chloroform in Tetrachlorkohlenstoff durch Farbreaktion mit Pyridin.

Diese von HILDEBRECHT verwendete, auch für quantitative Zwecke anwendbare Methode ist eine spezielle, verhältnismäßig spezifische Ausführungsform der Farbreaktion von FUJIWARA mit Pyridin und Natriumhydroxid, die mit vielen Halogenderivaten eintritt. Unter den angegebenen Bedingungen reagieren von einer großen Zahl von Chlorkohlenwasserstoffen nur einige wenige in gleicher Weise (s. Störungen), die aber nicht als Verunreinigung von CCl_4 auftreten dürften.

Ausführung. Man pipettiert 5 ml destilliertes Wasser und 1 ml des CCl_4 in einen Kolben, fügt 5 Tropfen 10%ige Natronlauge und 15 ml Pyridin hinzu, mischt durch und stellt für 3 Minuten in ein siedendes Wasserbad. Bei Anwesenheit von Chloroform entsteht eine Rosa- bis Rotfärbung.

Grenzkonzentration. 1:100000 (10 ppm $CHCl_3$ in CCl_4).

Störungen. 1,1,2,2-Tetrachloräthan, 1,1-Dichloräthylen sowie Schwefelkohlenstoff. Letzterer stört bei Gehalten oberhalb 20 ppm. Seine Anwesenheit ist aber durch sofortiges Gelbwerden des Gemisches vor dem Erwärmen zu erkennen. Nachher bewirkt er sehr intensive Rotfärbung.

3. Trichloräthylen, C_2HCl_3.

Mol.-Gew. 131,401 $d_{18} = 1,466$ $n_{20} = 1,4782$ Schmp. —73° Kp. 87°.
Dampfdruck bei 0°: 22 Torr.

Nur in Spuren in Wasser lösliche, mit Äther, Alkohol, Chloroform und Benzin mischbare Flüssigkeit; gutes Lösungsmittel für Fette, Öle, Wachse, Paraffin, Harze und viele andere organische Substanzen.

a) Nachweis durch Siedeanalyse.

Zum Nachweis auf physikalischem Wege kann das Siedeverhalten benutzt werden. Trichloräthylen bildet mit Alkohol ein azeotropisch bei 70,9° siedendes Gemisch (73% Tri), und bei gleichzeitiger Anwesenheit von Wasser entsteht ein ternäres azeotropisches Gemisch mit 69% C_2HCl_3, 26% Alkohol und 5% Wasser, das bei 67,3° siedet (s. auch Dampfdruckanalyse Abschn. 1a).

b) Nachweis durch Farbreaktion mit α-Naphthol.

Zum Nachweis von Spuren von Trichloräthylen in Ölen und Fetten, die durch Extraktion mit diesem Lösungsmittel gewonnen wurden, schlägt TESTONI eine Methode vor, die der von LUSTGARTEN für den Chloroformnachweis ähnlich ist.

Ausführung. Man schüttelt 2 ml des Öles oder geschmolzenen Fettes mit einigen Tropfen alkoholischer 2%iger α-Naphthollösung und 2 ml konz. Schwefelsäure kräftig durch, setzt 1—2 ml Wasser hinzu, schüttelt nochmals kräftig und läßt dann absetzen. Bei Anwesenheit von Trichloräthylen ist die untere Schicht farblos bis schwach gelbbraun, bei seiner Anwesenheit jedoch ziegelrot gefärbt.

4. Dichloräthan (1,2-Dichloräthan), $ClH_2C—CH_2Cl$.

Mol.-Gew. 98,968 Schmp. —35,3° Kp. 83,5° $d_{17} = 1,2576$ $n_{20} = 1,4443$.
Dampfdruck bei 20°: 24 Torr.

Das symmetrische Dichloräthan (Äthylendichlorid) ist ebenso wie die vorgenannten Halogenkohlenwasserstoffe für sich allein oder in Gemischen ein vielverwendetes Lösungsmittel. In Wasser lösen sich 0,87 g pro 100 ml.

a) Nachweis durch Farbreaktion mit Chinolin.

KUSNETZOW und PIMENOWA haben in der Farbreaktion mit Chinolin einen Nachweis für diese Verbindung gefunden, der insofern spezifisch ist, als er mit den übrigen gebräuchlichen Lösungsmitteln wie 1,1-Dichloräthan (Äthylidenchlorid), Chloroform, Tetrachlorkohlenstoff, Chlorbenzol, Chlornaphthalin, Kohlenwasserstoffen, Alkoholen, Äthern und Estern nicht eintritt. Mit einigen technisch weniger üblichen Halogenverbindungen tritt die Reaktion ein (s. Störungen). Sie beruht offenbar auf der Entstehung von Cyaninfarbstoffen.

Ausführung. In ein Becherglas gibt man 0,2—0,3 ml möglichst hellfarbiges, am besten frisch destilliertes Chinolin (Kp. 238°) und einen (bei geringen Gehalten mehrere) Tropfen der auf $C_2H_4Cl_2$ zu prüfenden Flüssigkeit. Man erhitzt 3—4 Minuten auf 200° im Glycerinbad oder auf der Heizplatte. Bei großen Dichloräthangehalten färbt sich das Chinolin beim allmählichen Erhitzen braun oder braunschwarz, bei raschem Erhitzen blauschwarz. Bei geringen Gehalten entsteht eine orangegelbe Färbung.

Nachweisgrenze. 0,1 mg $C_2H_4Cl_2$ (bei Verwendung von frisch destilliertem Chinolin).

Störungen. Äthylchlorid, Äthylbromid, Äthyljodid und 1,2-Dibromäthan stören.

Die Reaktion kann auch zum Nachweis von Dichloräthandämpfen in der Luft dienen. Dazu saugt man die Luft durch ein Röhrchen, das eine 2—3 cm lange Schicht von getrocknetem Kieselgel von etwa 1 mm Korngröße enthält. Bei Gehalten von 1 mg pro Liter genügen 1—2 Liter Luft, bei geringerer Konzentration nimmt man mehr. Dazu gibt man einige Tropfen Chinolin in das Rohr und legt es auf eine Heizplatte. Dichloräthan wird innerhalb 2—3 Minuten durch Rotfärbung des Gels angezeigt.

b) Nachweis durch Umsetzen zu Äthylendiamin.

Diese von NASARENKO und LAPKINA angegebene, sehr spezifische Methode beruht auf der Umsetzung mit konzentrierter Ammoniaklösung unter Druck und mikroskopischem Nachweis des entstandenen Äthylendiamins durch die Reaktion mit Kaliumwismutjodid, bei der stäbchenförmige Kristalle entstehen. Da außer Äthylendiamin auch Polyamine gebildet werden, bilden sich auch Kristalle von anderer Form.

Ausführung. Man gibt einen Mikrotropfen (0,001—0,005 ml) der zu prüfenden Flüssigkeit (keine wäßrige Lösung) in eine 1-ml-Glasampulle, fügt 0,5 ml 25%iges Ammoniak hinzu, schmelzt ab und legt die Ampulle in siedendes Wasser. Nach Ablauf einer Stunde läßt man die Ampulle erkalten, öffnet sie, überführt die Flüssigkeit in ein kleines Becherglas und dampft zur Trockene. Dann löst man den Rückstand in 1—2 Tropfen Wasser und gibt zu einem Tropfen der Lösung einen Tropfen Kaliumwismutjodidlösung. War 1,2-$C_2H_4Cl_2$ vorhanden, so entsteht zunächst eine amorphe Trübung, die allmählich in blutrote Kristalle in Form kurzer Stäbchen, Quadrate, Rechtecke und ihrer Aggregate übergeht.

Störung. Von einer großen Zahl von anderen untersuchten Halogenkohlenwasserstoffen gab nur 1,2-Dibromäthan die gleiche Reaktion.

c) Nachweis auch in wäßriger Lösung durch Umsetzen zu Äthylenglykol.

Zum spezifischen Nachweis geringer Mengen von Dichloräthan auch in wäßrigen Lösungen, wie sie z. B. bei der toxikologischen Untersuchung von Organteilen auftreten, empfehlen NASARENKO und LAPKINA Reaktionen, die zu Äthylenglykol bzw. Acetylen führen, und anschließende Identifizierung dieser Verbindungen durch bekannte Methoden. Das auf der Umsetzung zu Äthylenglykol beruhende Verfahren ist spezifischer als das andere. Es spricht auf 1,1-Dichloräthan (im Gegensatz zu der Acetylenmethode) nicht an, ebenso wenig auf 15 weitere Halogenderivate von Äthan und Methan außer auf Allylbromid, mit dem die Probe positiv ausfällt.

Ausführung. Man gibt 0,5 ml der zu prüfenden, wäßrigen Lösung mit einer Kapillarpipette in eine Glasampulle von 1 ml Fassungsvermögen und dazu 0,5 ml einer 10%igen Lösung von Natriumcarbonat. Dann schmelzt man die Ampulle zu und legt sie in ein siedendes Wasserbad. Nach einer Stunde läßt man erkalten, öffnet das Gefäß und überführt die Flüssigkeit mittels Kapillarpipette in ein kleines Reagensglas. Man gibt 6—7 Tropfen Schwefelsäure (1 + 8) (etwa 2 m) bis zur sauren Reaktion, dann 2 Tropfen einer 5%igen Lösung von Kalium- oder Natriumjodat in 1 n-Schwefelsäure hinzu und läßt 5 Minuten stehen. Danach versetzt man tropfenweise mit einer gesättigten Lösung von schwefliger Säure gerade bis zum Verschwinden des anfangs ausgeschiedenen Jods und dann mit 2 Tropfen fuchsinschwefliger Säure. Bei ursprünglicher Anwesenheit von 1,2-Dichloräthan ist durch Hydrolyse zunächst Äthylenglycol entstanden und dieses dann zu Formaldehyd oxydiert, so daß eine rosarote Färbung entsteht. Bei sehr geringen Gehalten tritt die Färbung erst nach 10—25 Minuten auf. Erst nach 35 und mehr Minuten entstehende Färbungen sind nicht zu beachten.

Erfassungsgrenze. 0,4 mg $C_2H_4Cl_2$ (in wäßriger Lösung).

Grenzkonzentration. 1 : 1200.

Störungen. 1,2-Dibromäthan und Allylbromid geben die gleiche Reaktion.

III. Farbreaktionen, welche die Identifizierung verschiedener Halogenverbindungen gestatten.

Weber (a) bezeichnet die älteren Nachweismethoden für die als Lösungsmittel gebräuchlichen Halogenverbindungen, u. a. die Isonitrilreaktion und die Reaktion von Guareschi bzw. Lustgarten, als sehr unspezifisch und hat eine Abwandlung der letztgenannten Methode ausgearbeitet, mit der eine ganze Reihe von Verbindungen durch spezifische Färbungen charakterisiert wird. Allerdings versagt sie, wenn mehrere der Verbindungen nebeneinander vorliegen, da die einzelnen dann gleichzeitig stattfindenden Reaktionen sich gegenseitig stören. Die Methode ist besonders für den Nachweis bzw. die Identifizierung eines Chlorkohlenwasserstoffs im Gemisch mit aliphatischen und aromatischen Kohlenwasserstoffen (Benzin) bestimmt, einem in der Lösungsmitteltechnik hauptsächlich vorkommenden Fall.

Reagentien. Lösung *A*: 2%-Naphthol in Cyclohexanol,
Lösung *B*: Cyclopentanol,
Lösung *C*: 2% Phenolphthalein in Cyclohexanol.

Ausführung mit Reagentien *A* und *B*.

1 Tropfen des Chlorkohlenwasserstoffes mit 2 ml *A* oder *B* und einem linsengroßen Stück NaOH soll man zum Sieden erhitzen, etwa 25 Sekunden kochen, in ein anderes Reagensglas abgießen, kühlen und Farbe beobachten, weiter mit 85%iger H_2SO_4 (*S*) oder mit Eisessig (*E*) im gleichen Volumenverhältnis unterschichten, 1 Minute so stehen lassen, dann schütteln. (Entsprechende Farben s. Tabelle.)

Ausführung mit Reagens *C*:

Man richtet ein Glycolbad her, das aus einem 200-ml-Erlenmeyer-Kolben, gefüllt mit 30 ml Glycol und einigen Siedesteinchen, besteht. Dahinein stellt man ein großes Reagensglas (180 × 20 mm), in dem die Reaktion verläuft, und in dieses hängt man ein gewöhnliches Reagensglas, das man von einem Kühlwasserstrom durchfließen läßt. In das größere Glas gibt man 2 Tropfen der Probe, 2 ml Lösung *C* und ein linsengroßes Stück NaOH. Man stellt das Glas mit eingehängtem Kühlglas in das siedende Glycol und erhitzt vom Eintritt des Siedens ab (das durch die plötzliche Violettfärbung gut zu beobachten ist) 5 Minuten lang. Nun gießt man in ein gewöhnliches Reagensglas ab, in das man 1 ml Eisessig und einige Glasperlen gibt. Man schüttelt dann kräftig, bis sich die durch Abkühlung gebildeten Krusten gelöst haben.

In der nachfolgenden Tabelle 1 sind die sich mit einzelnen Chlorkohlenwasserstoffen ergebenden Farben zusammengestellt.

Ein Nachweis mehrerer Chlorkohlenwasserstoffe nebeneinander ist nicht möglich, da die einzelnen Reaktionen sich bei Gemischen gegenseitig stören.

Nachweisgrenzen in Benzin oder Benzol: Mit Reagens *A* und Zusatz von Schwefelsäure sind noch deutlich nachzuweisen:

Tabelle 1.

	% in Benzin	% in Benzol
Methylenchlorid	0,1	0,5
Acetylendichlorid (techn. hochsiedend)	10,0	10,0
Chloroform	0,1	0,1
Trichloräthylen	1,0	2,5
Tetrachloräthan	0,1	5,0
Tetrachlorkohlenstoff	0,05	0,1

Mit Reagens *A* und Zusatz von Eisessig sind noch deutlich nachzuweisen:

	% in Benzin	% in Benzol
Chloroform	0,5	0,5
Tetrachlorkohlenstoff	0,1*	0,5*

* Bei sehr kleinen Konzentrationen erscheint die Färbung rotgelb.

Mit Reagens *B* und Zusatz von Eisessig sind noch deutlich nachzuweisen:

Trichloräthylen	15	15
Tetrachloräthan	20	15

Mit Reagens *C* sind noch nachzuweisen:

Äthylendichlorid	75	75
Tetrachloräthan	75	75

Weber (b) hat später für den Nachweis der wichtigen Verbindungen Tetrachlorkohlenstoff, Chloroform und Methylenchlorid noch etwas abgeänderte Arbeitsweisen angegeben:

α) Unterscheidung von Tetrachlorkohlenstoff, Chloroform und Methylenchlorid.

1 Tropfen des Chlorkohlenwasserstoffs wird im Reagensglas mit 2 ml Cyclohexanol (rein), einem linsengroßen Stückchen NaOH und einer kleinen Messerspitze voll 2,7-Dioxynaphthalin versetzt. Man stellt das Reagensglas in ein bereits siedendes Glycolbad (100-ml-Erlenmeyer-Kolben, gefüllt mit 40 ml Glycol und einigen Siedesteinchen) und beläßt es hierin genau 45 Sekunden. Hierauf wird das Reagens herausgenommen, die Flüssigkeit vom ungelösten Ätzkali in ein anderes Reagensglas abgegossen, abgekühlt und nun mit 2 ml Eisessig und 4 ml Äthylalkohol (96%) versetzt und durchgeschüttelt. Man erhält folgende Farbreaktionen:

Methylenchlorid: stahlblau; Chloroform: tiefrot; Tetrachlorkohlenstoff: hell gelbbraun.

Bei den ausgeprägten Färbungen, die diese Reaktion mit jedem der drei Chlorkohlenwasserstoffe liefert, ist sie zum Nachweis dieser Chlorkohlenwasserstoffe, wenn sie miteinander gemischt vorliegen, weniger geeignet. In diesem Falle greift man besser zu den nachstehend geschilderten anderen Nachweisverfahren.

β) Nachweis von Tetrachlorkohlenstoff in Chloroform.

1 Tropfen des Chlorkohlenwasserstoffgemisches wird im Reagensglas mit 1 ml Cyclopentanol und einem linsengroßen Stückchen NaOH versetzt, über dem Zündflämmchen des Bunsenbrenners zum Sieden erhitzt und 25 Sekunden im Sieden belassen. Hierauf gibt man 4 ml Äthylalkohol (96%) hinzu und mischt durch. Tetrachlorkohlenstoff gibt eine intensive, tief nußbraune Färbung, während Chloroform unter den gleichen Bedingungen eine hell zitronengelbe Färbung zeigt. Durch Vergleich lassen sich noch etwa 5% Tetrachlorkohlenstoff in Chloroform nachweisen.

Tabelle 2.

Kp. bzw. Siedegrenzen	40—60°	48,5°	60°	61°
Chlorkohlenwasserstoff / Reagentien	Methylenchlorid	Acetylendichlorid, techn. (trans-1, 2-Dichloräthylen)	Acetylendichlorid, techn. (cis-1, 2-Dichloräthylen)	Chloroform
A nach dem Kochen	blau	gelbbraun	gelbbraun	blau
A nach Zugabe von *S*	grünblau	rötlichviolett[1]	violett[1]	intensiv blau
A nach Zugabe von *E*	gelb[1]	gelb	farblos	orangegelb[1]
B nach Zugabe von *E*	gelblich	gelblich	gelblich	gelblich
C nach Zugabe von *E*	farblos	fast farblos	fast farblos	rötlichgelb

Kp. bzw. Siedegrenzen	77°	81—87°	85—87°	119—120°	144°	159°
Chlorkohlenwasserstoff / Reagentien	Tetrachlorkohlenstoff	Äthylendichlorid (1, 2-Dichloräthan)	Trichloräthylen	Tetrachloräthylen	Tetrachloräthan	Pentachloräthan
A nach dem Kochen	blau	gelbbraun	gelbbraun	gelbbraun	grau	braun
A nach Zugabe von *S*	intensiv blau	farblos bis sehr schwach grünl.	intensiv grünblau	grün	intensiv grünblau	graugrün
A nach Zugabe von *E*	rot[1]	farblos	gelblich	farblos	gelblich	gelb
B nach Zugabe von *E*	hellbraun	gelblich	grün[1]	gelblich	grün[1]	gelblich
C nach Zugabe von *E*	rötlichgelb	lila[1]	fast farblos	fast farblos	lilarötlich	farblos

[1] Zur Unterscheidung der einzelnen Chlorkohlenwasserstoffe besonders geeignete Reaktionen.

γ) Nachweis von Methylenchlorid in Chloroform.

1 Tropfen des Chlorkohlenwasserstoffgemisches wird im Reagensglas mit 1 ml Cyclopentanol und einem linsengroßen Stückchen NaOH versetzt, über dem Zündflämmchen des Bunsenbrenners zum Sieden erhitzt und 25 Sekunden lang im Sieden erhalten; man zieht von der Flamme zurück und schüttelt sofort weitere 25 Sekunden sehr kräftig, wobei sich bei Anwesenheit von Methylenchlorid die Flüssigkeit tiefrot färbt. Hierauf gibt man 4 ml Äthylalkohol (96%) zu und schüttelt gut durch. Methylenchlorid gibt eine kräftige rote bis rotbraune Färbung, während Chloroform unter den gleichen Bedingungen eine gelbe bis gelbbräunliche Färbung gibt. Durch Vergleich lassen sich noch etwa 20% Methylenchlorid in Chloroform deutlich nachweisen; ein Verhältnis, das — gegebenenfalls nach vorheriger fraktionierter Destillation — den praktischen Anforderungen meist genügt. Die Anwesenheit von Benzin stört die Reaktion nicht.

δ) Nachweis von Chloroform in Tetrachlorkohlenstoff und Methylenchlorid.

Zum Nachweis von Chloroform neben den anderen beiden Chlorkohlenwasserstoffen kann man den Umstand benutzen, daß Chloroform verhältnismäßig leicht durch Alkalihydroxid gespalten wird, Tetrachlorkohlenstoff und Methylenchlorid aber viel schwerer.

1 Tropfen des Chlorkohlenwasserstoffgemisches wird im Reagensglas mit 2 ml Cyclohexanol, einer Messerspitze voll α-Naphthol und 2 ml 20%iger wäßriger Kalilauge unter kräftigem Schütteln zum Sieden erhitzt und etwa 15 Sekunden im Sieden belassen. Die obere Schicht färbt sich bei Anwesenheit von Chloroform intensiv blau, während Tetrachlorkohlenstoff und Methylenchlorid keine Färbung der oberen Schicht geben. Auf diese Weise läßt sich noch 1% Chloroform neben den beiden anderen Chlorkohlenwasserstoffen deutlich nachweisen.

IV. Gaschromatographische Nachweismethoden.

Für die Analyse vielkomponentiger Gemische von Halogenkohlenwasserstoffen mit ihren untereinander ähnlichen chemischen Eigenschaften und nahe beieinander liegenden Siedepunkten ist die Gaschromatographie ein vielversprechendes Hilfsmittel. Šingliar und Bobák haben eine Liste von 36 dieses Gebiet betreffenden Arbeiten zusammengestellt. Auf dieses Verzeichnis sei hingewiesen und hier nur auf zwei Arbeiten näher eingegangen. (Wegen einiger allgemeiner Angaben über die Methodik s. Kap. Methan.) Als Trennflüssigkeiten werden hauptsächlich Phthalate, Siliconöle und Paraffine verwendet.

1. Analyse von Chlorderivaten.

Šingliar und Bobák untersuchten eine Reihe von Trennflüssigkeiten auf ihre Eignung als stationäre Phase bei der Chromatographie von 25 Chlorderivaten mit 1—3 C-Atomen und 1—3 Cl-Atomen (Kochpunkte von 12—120°).

Für am besten haben sie Triphenylphosphat befunden. Sie verwendeten es auf Kieselgel von 0,2—0,4 mm Korngröße als Träger in einer Menge von 17% des Gels. Die Säulentemperatur betrug gewöhnlich 70°, Schleppgas war Stickstoff (32,5 ml/Minute).

Welche günstigen Möglichkeiten die Methode bietet, zeigt das Beispiel der beiden Verbindungen 1,1-Dichlorpropan und Trichloräthylen mit den Kochpunkten 87—88° bzw. 87,2°, die ganz verschiedene Retentionsvolumina aufweisen, nämlich 652 und 362.

2. Analyse von Jodderivaten.

Jodderivate haben große analytische Bedeutung, weil sich die verschiedensten organischen Verbindungsklassen leicht in sie überführen lassen. So werden z. B. Alkoxygruppen nach der bekannten Reaktion von ZEISEL durch Umwandlung in Jodide bestimmt. Die Identifizierung bestimmter Gruppen, z. B. die Unterscheidung von Methoxy- und Äthoxygruppen, ist dabei aber schwierig und sehr umständlich. Durch Gaschromatographie der entstandenen Alkyljodide ist die Identifizierung nun leicht durchzuführen, wie VERTALIER und MARTIN zeigen. Diese Autoren verwenden eine auf 100° beheizte Säule mit 1 Teil Octylphthalat als Trennflüssigkeit auf 2 Teilen Celite. Die Retentionszeiten betragen bei 1 Liter Stickstoff pro Stunde Schleppgasmenge für Methyljodid 3,4, Äthyljodid 5,8, Isopropyljodid 8, Propyljodid 10,7, Isobutyljodid 15,2 und Butyljodid 20,2 Minuten.

Die gleichen Autoren weisen u. a. darauf hin, daß sich die aliphatischen Alkohole nach Überführung in die Jodide gaschromatographisch bequem analysieren lassen: Spuren von Methylalkohol sind neben anderen Alkoholen leicht nachweisbar.

V. Ultrarotspektrometrische Nachweismethoden.

Die Ultrarotspektrometrie wurde von BERNSTEIN, SEMELUK und ARENDS zur Analyse kleiner Gehalte von Hexachloräthan, Pentachloräthan, Tetrachloräthan, Tetrachloräthylen und Methylenchlorid in Chloroform angewendet. Die Autoren benutzten ein schreibendes Doppelstrahl-Spektrometer mit NaCl-Optik und 0,116-mm-Küvette. (Wegen einiger allgemeiner Angaben über die Methodik s. Kap. Methan.) Die in der Arbeit mitgeteilten Zahlen und ein Diagramm zeigen, daß die genanntenVerbindungen empfindlich und selektiv nebeneinander nachgewiesen werden können. Am größten ist die Empfindlichkeit für Tetrachloräthylen. Tetrachlorkohlenstoff hat in dem benutzten (NaCl-) Wellenlängenbereich keine Absorptionsbande.

Die charakteristischen Hauptbanden der Chlorderivate haben folgende Wellenzahlen:

Verbindung	$C_2H_2Cl_4$	CH_2Cl_2	C_2Cl_4	C_2HCl_5	C_2Cl_6
Wellenzahl (cm^{-1})	1279	1265	912	822	680.

VI. Massenspektrometrische Nachweismethoden.

Allgemeines zu dieser Methode s. Kap. Methan (Abschn. VI).

Auch sie ist zur Analyse von Gemischen von Halogenderivaten gut brauchbar, wie u. a. BERNSTEIN, SEMELUK und ARENDS in der bereits im vorangehenden Absatz zitierten Arbeit an Gemischen der dort genannten 7 Chlorverbindungen zeigten. Lediglich der Nachweis kleiner Mengen von Methylenchlorid im Gemisch mit den übrigen Verbindungen ist infolge starker Überlagerung seiner charakteristischen m/e-Peaks schwierig.

Die Massenspektrogramme werden von den genannten Verfassern in Tabellenform mit Angabe der relativen Intensitäten der Peaks und den sie verursachenden Ionen aufgeführt.

Über die massenspektrometrische Analyse von Alkylchloriden und -jodiden mit den C-Zahlen von 1 bis 4 finden sich Angaben bei WASHBURN.

Literatur.

ALLPORT, N. L.: Analyst **56**, 706 (1931); Ref.: C. **1932**, I, 848. — ANGER, V., u. S. WANG: Mikrochim. A. **3**, 24 (1938).

BAUER, K. H.: Die organische Analyse, 2. Aufl. Leipzig: Geest & Portig, 1950. — BEILSTEIN, F.: B. **5**, 620—21 (1872). — BERNSTEIN, R. B., G. P. SEMELUK u. C. B. ARENDS: Anal. Chem. **25**, 139—42 (1953).

Fujiwara, K.: Sitz. Nat. Ges. Rostock **6**, 33—43 (1916).

Guareschi, J.: B. **5**, 758 (1872). — Guérin, H.: Traité de Manipulation et d'Analyse des Gaz. Masson et Cie, Paris: 1952.

Hildebrecht, C. D.: Anal. Chem. **29**, 1037—39 (1957). — Hofmann, A. W.: A. **144**, 117 (1867).

Klotz, I. M., u. M. Dole: Ind. eng. Chem. Anal. Edit. **18**, 741 (1946); Chem. Abstr. **41**, 63 b—c (1947). — Kuznetzow, V. I., u. Z. M. Pimenowa: J. anal. Chem. (russ.) **7**, 89—91 (1952).

Lamb, A. B. et al.: Am. Soc. **42**, 78—84 (1920). — Lustgarten, S.: Anz. Akad. Wiss. Wien **1882**. 101; M. 3.715; Fr. **22**, 97, 467 (1883).

Maffi, A.: Ann. Falsific. **41**, 158 (1948); Chem. Abstr. **43**, 973a (1949). — Moureu, H., P. Chovin u. L. Trüffert: Arch. Maladies profess. Méd. Travail Sécurité soc. **11**, 445 (1950).

Nasarenko, V. A., u. N. V. Lapkina: J. anal. Chem. (russ.) **7**, 92 (1952). — Nuckolls, A. H. durch J. C. Olsen, H. F. Smyth, G. E. Ferguson u. L. Scheflan: Anal. Chem. **8**, 260—63 (1936).

Pierson, R. H. u. Mitarb.: Anal. Chem. **28**, 1218 (1956).

Rosenthaler, L.: Pharmac. Acta Helvetiae **12**, 6 (1937); Ref.: C. **1937**, I, 3828. — Rozeboom, J.: Pharm. Weekbl. **72**, 689 (1935); C. **1935**, II, 2096.

Scholvien: P. C. H. **34**, 612; Ref.: Fr. **36**, 274 (1897). — Schwarz: Siehe Bauer, S. 44. — Šingliar u. Bobák: Fortschrittsberichte zur Gaschromatographie 1959. Berlin: Akademie-Verlag, 1961. — Sivadjian, J.: Bl. **1951**, 129; Chem. Abstr. **45**, 6126i (1951). — Smyth, H. F., G. E. Ferguson u. L. Scheflan: Ind. eng. Chem. Anal. Edit. **8**, 260—63 (1936). — Suchier, A.: Fr. **79**, (1930).

Testoni, M.: Ann. Chem. appl. **27**, 497 (1937); Fr. **120**, 293 (1940).

Vertalier u. Martin: Chim. analytique **40**, 80—86 (1958).

Washburn: Kap. Massenspektrometrie in „Physical methods in chemical analysis" Bd. I. New York: Acad. Press Inc. Publ., New York 1950. — Weber, H. H.: Ch. Z. **57**, 836 (1933); **61**, 808 (1937). — Witten, B., u. A. Prostak: Anal. Chem. **29**, 885—87 (1957).

Cyanwasserstoffsäure.

Inhaltsübersicht.

I. Allgemeines.

1. Wichtigste Eigenschaften.

Die Cyanwasserstoffsäure, auch Blausäure genannt, ist farblos, riecht nach bitteren Mandeln und ist äußerst giftig. Ihre Dissoziationskonstante beträgt nur $7{,}2 \cdot 10^{-10}$ (pK = 9,14). Sie kann daher bereits bei pH 9 aus ihren Salzen freigesetzt und mittels eines Gasstromes in eine geeignete Vorlageflüssigkeit übergetrieben werden. Die C≡N-Bindung hydrolysiert in der Kälte langsam, beim Erwärmen jedoch schnell nach folgender Gleichung:

$$HCN + 2\,H_2O = HCOO^- + NH_4^+.$$

Die Cyanide der Alkalien, der alkalischen Erden und das praktisch nicht ionisierte Quecksilber(II)-cyanid sind in Wasser leicht löslich. Die übrigen Cyanide sind in Wasser schwer- bis unlöslich, lösen sich jedoch in einem Überschuß von Cyanid unter Bildung von zum Teil sehr stabilen Komplexverbindungen.

Der Nachweis von Cyanid erfolgt entweder direkt in der Probelösung, im Sodaauszug oder nach Umwandlung in die freie Säure und Abtrennen des Cyanwasserstoffs von den nicht flüchtigen Verbindungen.

2. Stellung der Cyanwasserstoffsäure in den Anionen-Trennungsgängen.

Das Cyanid befindet sich in der ersten Gruppe der von BUNSEN (1878) stammenden Gruppeneinteilung der Anionen. Diese Gruppe enthält diejenigen Säuren, deren Silbersalze in Wasser und Salpetersäure unlöslich, deren Bariumsalze in Wasser hingegen löslich sind. In den Analysengängen zur qualitativen Bestimmung der Anionen von JANDER und WENDT und anderen Autoren wird Cyanid aus alkalischer Lösung als Zn-Salz ausgefällt. Die erste Gruppe im Anionentrennungsgang von KARAOGLANOV und DIMITROV umfaßt alle in essigsaurer Lösung leicht flüchtigen oder zerfallenden Säuren, also Cyanwasserstoff, salpetrige Säure und unterchlorige Säure. Wegen Einzelheiten und weiterer Anionentrennungsgänge wird auf Teil 2, Band IX dieses Handbuches verwiesen.

3. Methoden der Abtrennung der Cyanwasserstoffsäure von den nicht flüchtigen Verbindungen.

Es ist zweckmäßig, die Blausäure vor dem eigentlichen Nachweis durch Austreiben von den nicht flüchtigen Verbindungen abzutrennen. Dadurch gelingt es, sie von den meisten störenden Verbindungen zu isolieren; auf jeden Fall wird die Auswahl einer brauchbaren Nachweismethode hierdurch ganz wesentlich erleichtert.

Blausäure kann aus jeder Lösung, deren pH < 9 ist, also bereits aus bicarbonatalkalischer Lösung, ausgetrieben werden. So versetzt JACQUEMIN die Probe mit NaOH, erhitzt auf 40—60 °C und treibt mittels eines Kohlendioxidstromes aus. (Cyanoferrate und Cyanokobaltat werden durch CO_2 bei Gegenwart von genügend Natriumhydrogencarbonat nicht zersetzt.) Eine Modifikation dieser Methode stellt die Arbeitsweise von BECKURTS und SCHÖNFELDT dar, welche die Probelösung mit NaOH oder Na_2CO_3 alkalisch machen und hierauf im CO_2-Strom destillieren. BISCHOFF empfiehlt als beste Methode zur quantitativen Abtrennung von Blausäure, die Untersuchungssubstanz mit Weinsäure anzusäuern, mit 90%igem Alkohol zu mischen, hierauf im Luftstrom zu destillieren und das Destillat in konz. Silberlösung aufzufangen. CHELLE hat beobachtet, daß Blausäure bei zu hohen Temperaturen zerstört wird, und empfiehlt daher, sie durch einen raschen, bei gewöhnlicher Temperatur lange genug durch die Probelösung geleiteten Luftstrom auszutreiben (für 50 ml Probelösung 20—25 l Luft/Stunde). Statt Luft kann auch ein anderes Trägergas verwendet werden. So trennte BOHSELMANN bei Weinuntersuchungen die Blausäure durch Erhitzen unter Rückflußkühlung im Kohlendioxidstrom ab, während CURTMAN und EDMONDS sie durch einen mit HCl-Dampf beladenen Luftstrom austreiben. HICKINBOTHAM erzeugt Wasserstoff als Trägergas im Analysengefäß, in dem auch die Freisetzung von HCN erfolgt. Weitere Abtrennungsverfahren sind unter II aufgeführt.

Die ausgetriebene Blausäure läßt man entweder auf ein geeignetes Reagenspapier oder eine Reagenslösung einwirken oder man fängt sie zuerst in vorgelegter Lauge bzw. in Silbernitratlösung auf, worin sie mittels einer der später beschriebenen Methoden nachgewiesen wird. Am besten eignet sich nach ORELLA zur Bindung der ausgetriebenen Blausäure eine ammoniakalische Silbernitratlösung. Die durch Säuren (z. B. Weinsäure nach BECKURTS und SCHÖNFELDT) freigesetzte Blausäure kann ferner durch Ausschütteln mit Äther isoliert werden.

4. Aufschluß unlöslicher bzw. nicht dissoziierender Cyanverbindungen.

Unlösliche, komplexe oder nicht dissoziierende Cyanide setzen oft der Entbindung von Cyanwasserstoffsäure große Schwierigkeiten entgegen. Die Freisetzung gelingt jedoch in allen Fällen, wenn man die Zersetzung der Cyanide durch verdünnte Schwefelsäure in Gegenwart einiger Stückchen Zink vornimmt. In die Gruppe der so zu behandelnden Verbindungen gehört auch das wichtige Quecksilber(II)-cyanid.

a) Freisetzung von Blausäure aus Quecksilber(II)-cyanid.

Quecksilber(II)-cyanid ist in wäßriger Lösung nur so wenig dissoziiert, daß fast alle Reaktionen auf Cyanidion versagen. Verdünnte Schwefelsäure setzt dementsprechend aus Quecksilber(II)-cyanid keine Blausäure in Freiheit. Das geschieht erst, wenn man die Verdrängung gemäß folgender Gleichung durch Zusatz von Halogenidion unterstützt:

$$Hg(CN)_2 + 2H^+ + 2Cl^- = HgCl_2 + 2HCN.$$

Bei Gegenwart von löslichen Chloriden wird aber nach PLUGGE das Quecksilbercyanid nicht nur durch Schwefelsäure, sondern auch durch Oxalsäure und Weinsäure zersetzt. Destilliert man daher eine Lösung von Quecksilbercyanid und Kochsalz nach Zusatz von verdünnter Schwefelsäure, Oxalsäure oder Weinsäure, so erhält man ein cyanwasserstoffhaltiges Destillat. Nach KOLTHOFF (a) kann die Wirkung von Mineralsäuren auf Quecksilber(II)-cyanid auch dadurch erheblich gesteigert werden, daß man der Lösung überschüssiges Kaliumjodid zusetzt:

$$Hg(CN)_2 + 4\,KJ \rightarrow K_2(HgJ_4) + 2\,KCN.$$

Diese Reaktion führt so weitgehend zur Bildung von Kaliumcyanid, daß auf Zusatz von Säure Cyanwasserstoff frei wird. Mit Schwefelwasserstoff und Alkalisulfiden setzt sich Quecksilber(II)-cyanid zu unlöslichem Quecksilber(II)-sulfid und Cyanwasserstoff bzw. Alkalicyanid um. Im Filtrat des Quecksilbersulfids kann man Cyanidion nachweisen, wobei letzteres durch Autoxydation z. T. in Rhodanid übergeht.

b) Freisetzung von Cyanwasserstoff aus blausäurehaltigen Glykosiden.

Die Zersetzung solcher Verbindungen, die in vielen Pflanzenteilen vorkommen, erfolgt durch hydrolytische Spaltung entweder in saurer Lösung oder auch in neutraler Lösung unter dem Einfluß eines Ferments z. B. nach folgender Gleichung:

$$\underset{\text{Amygdalin}}{C_6H_5C\begin{cases}H\\ O\cdot C_6H_{10}O_4\cdot O\cdot C_6H_{11}O_5\\ CN\end{cases}} + 2H_2O = \underset{\text{Benzaldehyd}}{C_6H_5CHO} + \underset{\text{Traubenzucker}}{2C_6H_{12}O_6} + HCN.$$

Bei der Umsetzung von Pflanzenteilen und ihren Zubereitungen ist aber häufig das sie spaltende Ferment, z. B. durch Erhitzen, bereits unwirksam geworden. GOUDSWAARD empfiehlt in diesem Falle, das Untersuchungsmaterial zusammen mit einigen geschälten und zerkleinerten süßen Mandeln und Wasser 24 Stunden verschlossen stehen zu lassen. Blausäure liefernde Glykoside werden durch das in den Mandeln vorhandene Enzym Emulsin gespalten (s. auch VIZERN und GUILLOT).

5. Verfahren zum Nachweis von Cyanid auf nassem Wege (Übersicht).

Unter den Fällungsreaktionen ist der Nachweis mit Silbernitrat recht empfindlich, aber sehr wenig charakteristisch. Spezifische Nachweisreaktionen für Cyanid sind vor allem die Reaktionen, die auf der katalytischen Wirkung von Cyanid beruhen, die Bildung des blutroten Eisenrhodanids und die Berlinerblau-Reaktion. Sehr empfindlich sind im allgemeinen die Farbreaktionen, insbesondere die Reaktion mit Guajakharz-Kupfersulfat und mit Benzidin-Kupferazetat, die jedoch nur wenig spezifisch sind. ODEKERKEN bezeichnet den Nachweis durch Auflösung von CuS als den besten, weil äußerst empfindlich, einfach ausführbar und spezifisch.

II. Fällungsreaktionen.

1. Nachweis durch Fällung mit Silbernitrat.

Versetzt man eine Lösung, die freie Blausäure oder ein Alkalicyanid enthält, tropfenweise mit Silbernitratlösung, so entsteht eine weiße, käsige Fällung von Silbercyanid, die beim Umrühren der Flüssigkeit wieder verschwindet, weil sie bei Gegenwart eines Cyanidüberschusses unter Bildung eines komplexen Dicyanoargentats löslich ist:

$$CN^- + Ag^+ = AgCN,$$
$$AgCN + CN^- = [Ag(CN)_2]^-.$$

Das komplexe Dicyanoargentat wird aber bei weiterem Silbernitratzusatz vollständig in Silbercyanid verwandelt. Die Fällung ist nur bei Anwesenheit eines Überschusses von Silbernitrat vollständig.

Silbercyanid ist ein weißes, lichtbeständiges Salz; es ist in Wasser ($3{,}2 \cdot 10^{-7}$ Mol/l) und in 4n-Salpetersäure praktisch unlöslich, merklich löslich in konzentrierter Salpetersäure und leicht löslich in Ammoniak, Natriumthiosulfat und Alkalicyaniden. Von den Silberhalogeniden, denen es hinsichtlich Löslichkeit und auch im sonstigen Verhalten ähnlich ist, unterscheidet es sich dadurch, daß es beim Kochen mit HCl unter Bildung von Silberchlorid Blausäure entwickelt.

a) Spezielle Ausführungsformen.

Handelt es sich um den Cyanidnachweis in stark verdünnten Probelösungen, so ist es nach LINK und MÖCKEL vorteilhaft, zuerst mit Ammoniak zu übersättigen, dann die Silbernitratlösung zuzufügen, und schließlich mit Salpetersäure anzusäuern. Die beiden Autoren geben als *Grenzkonzentration* bei diesem Verfahren 1:250000 an.

BUCHANAN empfiehlt folgendes Verfahren: 10 g Lösung werden mit 3 Tropfen konzentrierter Salpetersäure und 1 ml einer 10%igen Silbernitratlösung 1 Minute lang geschüttelt und, falls kein Niederschlag gebildet wird, in Eis gekühlt und 30 Minuten stehen gelassen.

Empfindlichkeit der Reaktion. Nach den Versuchen von ANDERSON entsteht noch in einer 0,01%igen Lösung (0,4 mg Cyanid in 10 ml), welche 20%ig an Salpetersäure ist, mit einer 0,05 n-Silbernitratlösung ein deutlicher Niederschlag. Bei größeren Verdünnungen beobachtet man nur eine Opaleszenz. In 0,0001%igen Lösungen ist die Opaleszenz nur mehr in einer 12 cm dicken Schicht gegen schwarzes Glanzpapier als Hintergrund erkennbar; bei dieser Verdünnung liegt daher die Grenze der Nachweisbarkeit. KOLTHOFF (a) gibt eine Empfindlichkeit von 1 bis 0,03 mg Cyanid je Liter an.

Störungen. Viele andere Anionen geben unter den gleichen Bedingungen wie Cyanwasserstoffsäure — also in kalter verdünnter Salpetersäure — schwer lösliche Niederschläge mit Silbernitrat. Die wichtigsten störenden Anionen sind: Chloride, Bromide, Jodide, Sulfide, Rhodanide, Cyanoferrate, Hexacyanokobaltate, Chlorite, Sulfide und Thiosulfate. Die Fällung als Silbercyanid ist also zwar recht empfindlich, aber nicht spezifisch. Silbernitrat eignet sich daher vor allem als Gruppenreagens und zur quantitativen Bestimmung. Nach Abtrennen des Cyanwasserstoffs von den flüchtigen Säuren ist der Nachweis mit Silbernitrat bedeutend spezifischer, doch ist auch dann eine Identifizierung des gefällten Silbercyanids nach einer der später beschriebenen Methoden anzuraten.

b) Nachweis von Cyanid neben Halogenid, Cyanoferrat und Rhodanid.

Da die Halogenide, Cyanoferrate und Rhodanide bei Gegenwart von Natriumhydrogencarbonat durch Kohlensäure bei Siedehitze nicht zersetzt werden, die Cyanide der Alkalien aber leicht, läßt sich die Blausäure in Gegenwart der genannten Verbindungen nach TREADWELL [I. Bd., 319 (1939)] wie folgt nachweisen: Man bringt die zu prüfende Lösung in einen kleinen ERLENMEYER-Kolben, fügt 0,5—1 g $NaHCO_3$ hinzu, verschließt den Kolben mit einem doppelt durchbohrten Gummistopfen, der mit einer bis auf den Boden reichenden Gaseinleitungsröhre und einer dicht unter dem Stopfen mündenden Gasableitungsröhre versehen ist. Nun leitet man Kohlendioxid, das vorher durch eine mit Natriumhydrogencarbonatlösung beschickte Waschflasche geht, durch die Flüssigkeit im Kolben, erhitzt zum Sieden und leitet das entweichende Gas in eine mit Salpetersäure angesäuerte Silbernitratlösung. Bei Anwesenheit von Blausäure entsteht nach sehr kurzer Zeit in der Silbernitratlösung eine weiße Fällung von Silbercyanid. Zur Identifizierung wird der Niederschlag durch Behandeln mit Ammoniumpolysulfid in Ammoniumrhodanid umgewandelt und mit Eisen(III)-chlorid nachgewiesen (s. Abschn. III 1).

KARAOGLANOV mischt die Probelösung mit einem gleichen Volumen 2 n-Essigsäure (die Cyanoferrate zersetzen sich hierbei erst nach längerem Stehen, stören also praktisch nicht) und treibt den dabei in Freiheit gesetzten Cyanwasserstoff bei Zimmertemperatur mittels eines inerten Gasstromes wie Wasserstoff oder Luft in eine salpetersaure Silbernitratlösung. Unter den gleichen Bedingungen sind außerdem noch Schwefelwasserstoff, schweflige Säure, salpetrige Säure, Kohlensäure und unterchlorige Säure flüchtig. Von diesen stört nur Schwefelwasserstoff den CN-Nachweis. Er wird in einer vorgeschalteten Waschflasche mit essigsaurer Bleiacetatlösung entfernt.

c) Nachweis von Cyanid neben Sulfid und Thiosulfat.

Enthält die zu untersuchende Lösung (Sodaauszug) nur Sulfid und Thiosulfat als störende Beimengungen, so kann nach CURTMAN und EDMONDS auch folgendermaßen vorgegangen werden: 3 ml der Probelösung werden mit 15 ml 0,25 n Silbernitratlösung versetzt, mit Schwefelsäure neutralisiert und mit einem Überschuß an 3 n-Schwefelsäure versetzt. Dann wird durch kalte Kaliumpermanganatlösung das ausgefallene Silbersulfid und Silberthiosulfat zu Silbersulfat oxydiert (Silbercyanid und auch Silberrhodanid werden erst nach längerem Stehen merklich angegriffen). Nach 5 Minuten trägt man Natriumnitrit in kleinen Anteilen ein, bis sich der abgeschiedene Braunstein gelöst hat und Silbernitrit eben auszufallen beginnt. Hierauf fügt man 5 ml konz. Salpetersäure zu und kocht 10 Minuten unter ständigem Rühren. Bei

Abwesenheit von Halogeniden, Rhodaniden und Cyanoferraten zeigt das Bestehen eines Niederschlages die Gegenwart von Cyanid an.

Erfassungsgrenze. 5 mg Cyanid.

d) Prüfung von Alkalirhodanid auf Verunreinigung durch Cyanid.

Nach KLOCKMANN wird eine Mischung von 1 g festem Alkalirhodanid und 2 g Natriumhydrogencarbonat in einem Probierröhrchen vorsichtig erhitzt und das entstehende Gas in einer Lösung von 1 ml verd. Salpetersäure, 1 ml 5%igem Silbernitrat und 1 ml Wasser aufgefangen. Ein entstehender Niederschlag zeigt die Anwesenheit von Cyanid an.

e) Die Silbercyanidfällung als mikroskopischer Nachweis.

Die Fällung mit Silbernitrat eignet sich auf Grund der charakteristischen Kristallform von Silbercyanid auch für den mikroskopischen Nachweis. Am meisten verwendet wird die von BRUNSWIK und NEUREITER angegebene Arbeitsweise, bei der man mit Methylenblau angefärbte Kristalle erhält.

α) Methode von BRUNSWIK und NEUREITER.

Ausführung. Das zu untersuchende Probematerial wird in einer kleinen Gaskammer (20×10 mm) mit etwas konzentrierter Oxalsäurelösung versetzt bzw. durchtränkt und die Gaskammer rasch mit einem Objektträger bedeckt, an dessen Unterseite ein Tropfen einer mit etwas Methylenblau versetzten, 1%igen Silbernitratlösung hängt. Die durch die Oxalsäure freigemachte Blausäure bewirkt im Tropfen die Ausscheidung blauer Silbercyanidkristalle in Form von Nadeln, Drusen und Klumpen. Zur Identifizierung säuert man mit Salpetersäure an, wobei das blaugefärbte Silbercyanid ungelöst bleibt, während evtl. vorhandenes Carbonat zersetzt wird. Erwärmt man nun das mit Salpetersäure behandelte Präparat vorsichtig bis zum Auftreten von kleinen Blasen, so gehen auch die Silbercyanidkristalle in Lösung und fallen beim Erkalten in Form von feinen Nadeln wieder aus.

Erfassungsgrenze. 0,06 μg Cyanid.

β) Modifikation des Verfahrens für sulfidhaltiges Untersuchungsmaterial nach KOSLOWSKY.

Um die bei der Methode von BRUNSWIK und NEUREITER evtl. auftretende Silbersulfidbildung zu vermeiden, werden von KOSLOWSKY 1—2 ml des flüssigen Untersuchungsmaterials in einer kleinen Gaskammer mit einigen Tropfen Schwefelsäure (1 + 5) (etwa 3 m) angesäuert, mit 1 ml einer 1%igen Permanganatlösung versetzt und darauf wird die Kammer mit einem Deckglas bedeckt, auf dessen Unterseite sich ein Tropfen einer 1%igen Silbernitratlösung in 50%iger Salpetersäure befindet. Nach wenigen Minuten kann unter dem Mikroskop bei Anwesenheit von Cyaniden die typische Kristallnadelbildung von Silbercyanid beobachtet werden.

Störungen. Bei Anwesenheit von Rhodaniden (z. B. bei der Untersuchung von tierischem Material) tritt ebenfalls positive Reaktion auf.

f) Nachweis der Cyangruppe in Quecksilber(II)-cyanid durch Fällung mit Silbernitrat in alkalischer Lösung.

Quecksilber(II)-cyanid ist in wäßriger Lösung nur zu einem so geringen Grade dissoziiert, daß auf Zusatz von Silberionen kein Silbercyanid ausfällt, da das Löslichkeitsprodukt von Silbercyanid nicht erreicht wird. Nach Zugabe von Alkalien oder Alkalisalzen schwacher Säuren, die infolge Hydrolyse alkalisch reagieren, wird der ursprünglich fest gebundene Cyanrest jedoch reaktionsfähig, und Silbercyanid fällt aus (vgl. Hofmann und Kirmreuter sowie Feigl und Tamchyna). Die Ursache liegt in der Bildung eines komplexen Dicyanohydroxoargentats, das unter Abspaltung von Cyanidion dissoziiert.

Ausführung als Mikroreaktion (nach Feigl). 1 Tropfen der sauren Probelösung wird auf einem Uhrglas mit Silbernitrat versetzt, wobei die Lösung klar bleibt. Wird nun ein Tropfen Natriumacetatlösung hinzugegeben, so tritt Silbercyanidfällung ein.

Erfassungsgrenze. 5 μg Quecksilber(II)-cyanid.

Grenzkonzentration. 1:10000.

2. Fällung mit Quecksilber(I)-nitrat.

Quecksilber(I)-nitrat gibt mit löslichen Cyaniden einen grauen Niederschlag von metallischem Quecksilber, wobei gleichzeitig Quecksilber(II)-cyanid entsteht.

3. Fällung mit Zwikkers Reagens.

Zwikkers Reagens, bestehend aus 4 ml 10%iger Kupfersulfatlösung, 1 ml Pyridin und 5 ml Wasser, gibt mit Cyanidion einen amorphen Niederschlag (vgl. Wagenaar).

Störungen. Jodid, Rhodanid und Molybdat geben ebenfalls amorphe Niederschläge, während Perchlorat, Persulfat, Thiosulfat, Permanganat, Chromat und Nitrat als kristalliner Niederschlag ausfallen.

4. Fällung mit quecksilberaromatischen Aminoverbindungen.

Korenman und Beljakow zeigten, daß sich Acetate von aromatischen Aminoverbindungen für den Nachweis von Cyanid eignen, da die Acetatgruppe durch Cyanid ersetzt wird:

$$RHgAc + CN^- = RHgCN + Ac^-,$$

wobei charakterische kristalline Niederschläge entstehen. Die Fällung kann entweder in einer verdünnten Cyanidlösung durchgeführt werden oder nach Freisetzen von Cyanwasserstoff als Mikroreaktion in der Gaskammer von Brunswik und Neureiter. Von den untersuchten Verbindungen ist das 1,2-Toluidin-4,6-diquecksilberacetat $(CH_3)(NH_2)C_6H_2 \cdot (HgAc)_2$ besonders spezifisch, da es in wäßriger Lösung nur mit Cyanid, aber mit keinem anderen Anion einen kristallinen Niederschlag gibt. Die Kristalle bestehen aus bis zu 120 μ großen, farblosen, eisblumenartigen Rosetten.

Erfassungsgrenze. Noch 0,03 μg Cyanid können in der Gaskammer nachgewiesen werden (Grenzkonzentration 1:65000).

Störungen. Sulfid stört und muß vor Durchführung des Nachweises mit einer 10—15%igen Bleiacetatlösung entfernt werden. Chlorid, Bromid, Jodid, Rhodanid, Nitrit und die Hexacyanoferrate stören nicht, wenn sie nicht in zu großem Überschuß vorhanden sind.

Korenman und Maksakowa untersuchten die Brauchbarkeit einiger anderer organischer Quecksilberverbindungen für den mikrochemischen Nachweis von Cyanid. Als geeignet erwiesen sich C_6H_5HgOH und $C_6H_5CH_2HgOH$, die in Form gesättigter Lösungen verwendet werden (vgl. auch Kap. Rhodanid).

5. Fällung mit Diaminen der Diphenylreihe.

Cyanid wird durch Diamine der Diphenylreihe bei Gegenwart geringer Mengen von Kupfer in Form eines blauen, in Wasser unlöslichen Niederschlages ausgefällt (Folcini).

Störungen. Jodid und Rhodanid geben eine analoge Reaktion, während Chlorid und Bromid nicht stören.

III. Farbreaktionen.

1. Nachweis durch Bildung von Eisen(III)-rhodanid.

Rhodanidion gibt mit Eisen(III)-salzlösungen blutrotgefärbtes, lösliches Eisenrhodanid. Zum Nachweis von Cyanid führt man dieses durch Behandeln mit Schwefel oder schwefelabgebenden Substanzen in Rhodanid über.

a) Umsetzung zu Rhodanid mit Ammoniumpolysulfid.

Meist wird die Umsetzung mit Ammoniumpolysulfid durchgeführt. Link und Möckel geben folgende Vorschrift: Die auf Cyanid zu prüfende Lösung wird mit so viel Ammoniumpolysulfid versetzt, bis die Lösung gelb gefärbt ist. Nach Zusatz einiger Tropfen Natronlauge wird auf dem Wasserbad zur Trockene gedampft, der Rückstand mit etwas Wasser unter Zusatz weniger Tropfen Salzsäure aufgenommen und mit etwas Eisen(III)-chlorid versetzt, worauf die charakteristische blutrote Färbung auftritt, wenn ursprünglich Cyanid vorhanden war.

Empfindlichkeit. Nach Anderson lassen sich 0,4 und nach Kolthoff (a) sogar 0,1 mg Cyanid im Liter nachweisen.

Ausführung als Tüpfelreaktion (nach Feigl). 1 Tropfen der Probelösung wird auf einem Uhrglas mit einem Tropfen gelbem Ammoniumsulfid verrührt und so lange gelinde erwärmt, bis sich um die Flüssigkeit ein Saum von Schwefel gebildet hat (Eindampfen bis zur Trockene ist zu vermeiden). Nach Zusatz von 1 bis 2 Tropfen verdünnter Salzsäure läßt man erkalten und gibt 1—2 Tropfen einer Eisen(III)-chloridlösung hinzu.

Erfassungsgrenze. 1 μg Cyanid neben der 5500fachen Menge an Sulfit und Sulfid.

Grenzkonzentration. 1:50000.

b) Umsetzung zu Rhodanid mit in Aceton gelöstem Schwefel.

Nach Castiglioni nimmt man die Umwandlung zu Rhodanid mit in Aceton gelöstem Schwefel vor. Man versetzt 4—5 ml Probelösung mit einem Tropfen einer bei gewöhnlicher Temperatur gesättigten Lösung von Schwefel in Aceton und erhitzt zum Sieden. Hierbei wird die Lösung in der Regel durch Schwefel, der infolge der Verdünnung mit Wasser aus der Acetonlösung frei wird, opalisierend. Nach dem Abkühlen wird mit einem Tropfen konz. Salpetersäure angesäuert und etwas Eisen(III)-nitrat zugefügt.

Grenzkonzentration. 1:50000.

c) Umsetzung zu Rhodanid mit Calciumpolysulfid.

Lavialle und Varenne führen Cyanid mit Calciumpolysulfid quantitativ in Rhodanid über. Sie versetzen die cyanidhaltige Lösung in der Kälte mit so viel Calciumpolysulfid, daß eine deutliche Gelbfärbung erscheint, lassen eine viertel Stunde stehen und dampfen auf dem Wasserbad zur Trockene ein, wobei erforderlichenfalls noch Calciumpolysulfid zugesetzt wird. Der Rückstand wird in Wasser aufgenommen, mit 5 Tropfen Schwefelsäure (1 + 4) angesäuert, mit Calciumcarbonat bis zum Aufhören der Kohlensäureentwicklung versetzt, filtriert und das Filtrat zur Trockene eingedampft. Der Eindampfungsrückstand wird nach dem völligen Erkalten in höchstens 1 ml Wasser aufgenommen, mit 1—4 Tropfen Schwefelsäure (1 + 4) angesäuert und tropfenweise mit 0,5%iger Eisen(III)-salzlösung versetzt.

d) Umsetzung zu Rhodanid mit Natriumtetrathionat.

KOLTHOFF (b) empfiehlt für die quantitative Umwandlung zu Rhodanid die von KURTENACKER und FRITSCH angegebene Reaktion mit Natriumtetrathionat (vgl. quant. Teil).

e) Störungen der Rhodanidreaktion.

Reduzierende Substanzen stören wegen der Reduktion von Eisen(III), organische Oxysäuren und Phosphorsäure wegen Bildung komplexer Eisensalze, Hexacyanoferrat(II) wegen Bildung von Berlinerblau und Jodide wegen Freisetzung von Jod. Naturgemäß dürfen in der Probelösung auch keine Rhodanide oder stark gefärbten Substanzen vorhanden sein. Chlorid und Bromid stören nicht.

f) Nachweis mit einem Reagenspapierstreifen nach LOCKEMANN.

Bei Gegenwart störender Verbindungen wird die Probelösung bzw. die feste Untersuchungssubstanz im Reagensglas mit verdünnter Schwefelsäure im Überschuß versetzt und die Öffnung des Glases durch ein zusammengefaltetes Stück Filtrierpapier, welches in der Mitte mit einigen Tropfen Alkalilauge und gelbem Schwefelammonium getränkt ist, verschlossen. Nach kurzem Erhitzen wird der Reagensfleck mit etwas Salzsäure behandelt und zeigt dann bei Anwesenheit von Cyanid auf Zusatz einiger Tropfen Eisen(III)-salzlösung die charakteristische Rotfärbung.

Erfassungsgrenze. 0,03—0,04 mg Cyanid.

g) Nachweis der Cyangruppe in Quecksilber(II)-cyanid und in Cyanokomplexen.

Quecksilber(II)-cyanid und Cyanokomplexe lassen sich nach FRÖHDE durch Erhitzen der festen Probe mit Natriumthiosulfat in Rhodanid überführen, wobei gleichzeitig das jeweilige Metallsulfid entsteht.

Ausführung (nach FEIGL — S. 302). Natriumthiosulfat ($Na_2S_2O_3 \cdot 5H_2O$) wird in einer Platinöse erhitzt, bis das Kristallwasser entwichen ist und die Masse sich aufbläht; dann wird eine kleine Probe der zu untersuchenden Substanz zugesetzt und in der Flamme erhitzt, bis der Schwefel zu verbrennen beginnt. Längeres Erhitzen ist zu vermeiden, da sonst Oxydation des entstandenen Rhodanids zu Sulfat erfolgen könnte. Die in der Platinöse befindliche Masse wird nun in eine Eisen(III)-chloridlösung, die mit verdünnter Salzsäure angesäuert ist, eingetragen. Enthielt die Probe Cyanide, so entsteht die Färbung von Eisen(III)-rhodanid. Ist noch unzersetztes Thiosulfat zugegen, so kann eine allerdings nur vorübergehende Rotfärbung (durch komplexes Eisen(III)-thiosulfat) eintreten.

2. Nachweis mit Guajakharz-Kupfersulfat.

Eine Reihe von Farbreaktionen beruht auf der oxydierenden Wirkung des Überganges von Kupfer(II)-cyanid in Kupfer(I)-cyanid. Die älteste Nachweisreaktion auf dieser Grundlage ist die sehr empfindliche Methode von SCHÖNBEIN und PAGENSTECHER mit kupferhaltiger, alkoholischer Guajakharzlösung als Reagens. Das Vorhandensein von HCN wird durch das Auftreten eines blaugefärbten Oxydationsproduktes angezeigt.

Reagens. 0,1 g Guajakharz wird in 50 ml 95%igem Alkohol aufgelöst und mit 15 ml 0,1%iger Kupfersulfatlösung vermischt. Die Guajaklösung soll jeden Tag frisch bereitet werden.

a) Ausführung mit Reagenspapierstreifen.

Die Probe wird in einem ERLENMEYER-Kolben mit etwas Mineralsäure versetzt und ein mit der Reagenslösung getränkter Filtrierpapierstreifen an der Mündung des Kolbens mit einem Korkstopfen festgehalten. Noch 0,001 mg Cyanwasserstoffsäure in 10 ml Probelösung geben innerhalb von 3 Minuten eine Blaufärbung.

Nach LINK und MÖCKEL wird der Filtrierpapierstreifen mit einer frisch bereiteten 4%igen alkoholischen Guajakharzlösung getränkt, dann getrocknet und erst vor Gebrauch mit einem Tropfen $^1/_4$%iger Kupfersulfatlösung befeuchtet. Der so behandelte Streifen wird entweder der Blausäureatmosphäre über der Probe ausgesetzt oder bei niedrigen HCN-Gehalten mit einigen Tropfen Probelösung betupft. Cyanid erzeugt Blaufärbung innerhalb einiger Minuten.

Grenzkonzentration. Die Autoren konnten Cyanide noch bei einer Verdünnung von 1:3000000 nachweisen.

b) Ausführung in Lösung.

Nach ANDERSON arbeitet man bei größeren Verdünnungen besser in Lösung. Man dampft etwas von der zu untersuchenden Lösung unter Zusatz von Alkali auf dem Wasserbad ein, versetzt die wäßrige Lösung des Rückstandes nach Ansäuern mit Weinsäure mit einigen Tropfen frisch bereiteter Guajakharzlösung und fügt einen Tropfen Kupfersulfatlösung hinzu. Der so ausgeführte Nachweis wird erst in an HCN 10^{-6}%iger Lösung unsicher, da dann die blaue Farbe infolge einer durch die Harzlösung erzeugten Trübung verdeckt wird.

c) Störungen.

Viele andere Substanzen (insbesondere solche oxydierender Natur, aber auch Ammoniak und Tabakrauch) geben eine ähnliche Färbung, so daß die Reaktion, allein angewendet, nicht beweisend ist. Nach ANDERSON hat sie jedoch einen gewissen Wert als Vorprobe, indem ihr Ausbleiben die Abwesenheit von Cyanwasserstoffsäure anzeigt. KOLTHOFF fand aber, daß sie bei Anwesenheit verschiedener reduzierender Substanzen versagt.

d) Modifikation mit Guajakonsäure bzw. Guajakol.

KUNZ-KRAUSE empfiehlt, statt Guajakharzlösung 3%ige Guajakonsäurelösung und Kupfersulfat 1:100 zu verwenden. Man erreicht hierbei dieselbe Empfindlichkeit; die Färbung erscheint jedoch schneller und in einem reineren Blau.

GUTZEIT verwendet ein Gemisch von Guajakol mit Kupfersulfat (10 + 1), welches mit Cyanid granatrote Färbung gibt.

3. Nachweis mit Benzidin-Kupferacetat.

Bei dieser häufig angewendeten Reaktion wird Benzidinacetat durch die Einwirkung von Blausäure auf Kupferacetat unter Kupfer(I)-cyanidbildung zu einer blauen chinoiden Imidverbindung oxydiert. Der sehr empfindliche Nachweis kann entweder in Lösung, z. B. durch Einleiten von HCN enthaltendem Gas, in eine Lösung von Kupfer- und Benzidinacetat, oder durch Einwirken blausäurehaltiger Dämpfe auf Filtrierpapier, das mit Reagenslösung getränkt ist, erfolgen.

Reagens. Es ist zweckmäßig, Lösungen von Kupferacetat und Benzidinacetat getrennt in gut verschließbaren, braunen Flaschen aufzubewahren, da ein Gemenge der Acetate höchstens zwei Wochen haltbar ist. Zur Herstellung der Kupferacetatlösung werden 2,86 g Kupfer(II)-acetat mit Wasser zu einem Liter gelöst. Zur Herstellung der Benzidinacetatlösung füllt man 475 ml gesättigte Benzidinlösung mit Wasser oder verdünnter Essigsäure auf einen Liter auf. Die beiden Lösungen werden vor Gebrauch zu gleichen Teilen miteinander vermischt.

a) Ausführung direkt in der Probelösung.

Die Reaktion wird durch die Anwesenheit oxydierender und reduzierender Substanzen gestört und ist deshalb bei Ausführung direkt in der Probelösung für Cyanwasserstoffsäure nicht charakteristisch. Nach PERTUSI und GASTALDI wird der Nachweis jedoch wesentlich spezifischer, wenn man in Gegenwart von Natriumphosphat arbeitet. Man mischt 1 Tropfen 3%iger Kupferacetatlösung mit 5 Tropfen einer gesättigten Benzidinlösung, 1 ml 10%igem Dinatriumhydrogenphosphat und 0,5 ml Wasser. Gibt man zum so bereiteten Reagens etwas Probelösung, so entsteht noch bei Anwesenheit von 0,027 mg HCN in 1 ml Lösung ein blauer Niederschlag.

Störung. Rhodanwasserstoffsäure gibt unter den angegebenen Bedingungen ebenfalls eine Blaufärbung.

b) Ausführung nach Freisetzung der Cyanwasserstoffsäure.

Bei Anwesenheit von Rhodanid oder von oxydierenden oder reduzierenden Substanzen ist es notwendig, die Cyanwasserstoffsäure z. B. mit einem CO_2-Strom oder durch leichtes Erwärmen mit reichlich Hydrogencarbonat auszutreiben und in die Reagenslösung bzw. über damit getränktes Papier zu leiten.

α) Ausführung mit Reagenspapierstreifen.

Nach SCHWEISSINGER werden 0,05 g Benzidinacetat in 10 ml verdünnter Essigsäure gelöst, mit dieser Lösung werden schmale Streifen gehärteten Filtrierpapiers getränkt, im Trockenschrank getrocknet und in einem vor Licht geschützten Reagensglas mit Gummistopfenverschluß aufbewahrt. Kurz vor der Verwendung wird der Streifen in eine 1:10 verdünnte FEHLINGsche Lösung I ($CuSO_4$-Lösung) eingetaucht. Man hängt ihn dann in einen ERLENMEYER-Kolben, der das mit verdünnter H_2SO_4 versetzte Untersuchungsmaterial enthält, ohne daß der Streifen mit der Säure in Berührung kommt, und verschließt den Kolben wieder mit dem Stopfen.

β) Ausführung als Tüpfelreaktion (nach FEIGL).

1 Tropfen der zu prüfenden Lösung wird in einem Mikroporzellantiegel mit einem Tropfen verdünnter Schwefelsäure versetzt, und auf den Tiegel wird ein Filtrierpapierscheibchen gelegt, das mit einem Tropfen Reagenslösung befeuchtet wurde; durch Auflegen eines Uhrgläschens auf das Filterscheibchen läßt sich ein hinreichend dichter Abschluß erzielen. Je nach der Menge der freigesetzten Blausäure entsteht auf dem weißen Papier ein mehr oder weniger intensiver blauer Kreis.

Erfassungsgrenze. 0,25 μg HCN.

Grenzkonzentration. 1:200000.

Störung. Beim Austreiben der Blausäure mit verdünnter Mineralsäure wird die Reaktion in Gegenwart von Nitrit durch Bildung von NO_2 gestört. Es empfiehlt sich dann, nach SCHAPOWALENKO den Cyanwasserstoff durch Erwärmen mit 0,1 g $NaHCO_3$ bei sonst gleicher Anordnung freizusetzen.

c) Ausführung als Tüpfelreaktion auf durch Säuren schwer zersetzliche Cyanide.

Man bringt einen Tropfen Probelösung oder einige mg fester Substanz in das von FEIGL angegebene Zersetzungsgefäß, gibt 1 bis 2 dünne Zinkplättchen sowie 2—3

Tropfen verdünnte Schwefelsäure hinzu, verschließt mit dem Trichteraufsatz und erwärmt schwach. Auf den Trichteraufsatz wird ein mit der Reagenslösung befeuchtetes Filterscheibchen gelegt, welches durch freigemachten und vom Wasserstoff mitgeführten Cyanwasserstoff blau gefärbt wird. (Beschreibung der Vorrichtung von FEIGL s. Kapitel Carbonate IV 1, S. 57.)

Erfassungsgrenze. 1 μg CN^-.

Grenzkonzentration. 1:50000.

d) Ausführung in Gasen.

In Gasen kann nach SIEVERTS und HERMSDORF sowie DIJKSTRA oder PATOU Cyanwasserstoff ebenfalls mittels der Kupferacetat-Benzidinprobe nachgewiesen werden. Nach PATOU wird der Reagenspapierstreifen durch gefährliche Blausäurekonzentrationen innerhalb von 10 Sekunden gebläut. Gasförmiger Cyanwasserstoff läßt sich mit dieser Probe sicher nachweisen, falls seine Konzentration größer ist als 25 mg HCN/m^3 (SIEVERTS und HERMSDORF). SIEVERTS und REHM überprüften den Einfluß verschiedener Faktoren (Qualität und Konzentration der Reagentien, Temperatur, Gegenwart der bei der Schädlingsbekämpfung mit HCN üblicherweise zugesetzten Reizstoffe usw.) auf den Ausfall der Probe und fanden, daß er geringfügig ist. DIJKSTRA konzentriert die Blausäure vor dem eigentlichen Nachweis durch Adsorption an Aktivkohle.

4. Nachweis mit 2,7-Diaminophenylendioxid-Kupferacetat.

Nach Angaben von CULLINANE und CHARD reagiert 2,7-Diaminophenylendioxid analog wie Benzidin und ist etwas empfindlicher. Zur Herstellung des Reagenses werden 0,375 g der Verbindung in 50 ml heißer 10%iger Essigsäure gelöst. Kupferacetat wird wie bei Benzidin vor Ausführung des Nachweises zugefügt.

5. Nachweis mit Pikrat.

Cyanid gibt mit einer alkalischen Pikratlösung eine rote Färbung, die auf der Bildung von Isopurpurat beruht. Die Reaktion wurde zuerst von HLASIWETZ beobachtet und in der Folge vielfach zum Nachweis kleiner Mengen von Cyanid verwendet (z. B. von BRAUN, LEA sowie von REICHARD. Die Empfindlichkeit des Nachweises nimmt mit steigender Temperatur zu (ANDERSON, STEYN).

Ausführung. 3 ml einer gesättigten Pikrinsäurelösung werden in einem Proberöhrchen mit 1 ml 5%iger Natriumcarbonatlösung und 1 ml Probelösung versetzt. Hierauf erwärmt man 5 Minuten am kochenden Wasserbad und läßt abkühlen. Rotfärbung zeigt Cyanid an.

Empfindlichkeit. Nach Angabe von KOLTHOFF läßt sich noch 1 mg Cyanid im Liter nachweisen. ANDERSON konnte jedoch bei einer Verdünnung von 1:2450 nur 0,4 mg in 10 ml Lösung nachweisen und lehnt die Pikratreaktion als wenig eindeutig und zu unempfindlich ab.

Störung. Viele reduzierende Substanzen (z. B. Sulfide, Aldehyde, Ketone, Zucker) geben mit alkalischer Pikratlösung ebenfalls eine Rotfärbung. Nach DENIGÈS (b) entsteht bei der Reaktion mit Schwefelwasserstoff, Phosphin oder Arsin Pikramat, welches im Gegensatz zu Isopurpurat von Essigsäure (1+9, etwa 10%ig) zerstört wird.

a) Prüfung von Jodid bzw. Rhodanid auf Cyanverunreinigung.

WASTENON verwendet die Pikratreaktion für den Nachweis von Cyanid in Jodid: Man fügt einen Tropfen einer Pikrinsäurelösung 1:250 zu 2 ml der Jodidlösung und erwärmt. Die Rotfärbung ist noch bei einem Cyanidgehalt von 0,04% zu beobachten.

Boye schlägt zur Prüfung von Rhodanid auf Cyanidverunreinigung folgende Vorschrift vor: 1 g Rhodanid in 7 ml Wasser werden mit 2 ml Pikrinsäurelösung und 2 ml Natriumcarbonatlösung versetzt, zum Sieden erhitzt und einige Zeit stehen gelassen. Die erscheinende Rotfärbung eignet sich zur halbquantitativen Abschätzung des Cyanidgehaltes.

b) Ausführung der Reaktion am Reagenspapierstreifen.

Guignard empfiehlt die Verwendung von mit Pikrinsäurereagens imprägnierten Papierstreifen. Als Reagens gibt er eine Lösung an, die im Liter 0,5 g Pikrinsäure und 5 g Natriumcarbonat enthält. Gutzeit tränkt das Papier zuerst mit einer gesättigten Lösung von Pikrinsäure und erst dann mit Natriumcarbonat. Der Nachweis kann durch Tüpfeln mit der Probelösung erfolgen oder dadurch, daß man das Reagenspapier in eine blausäurehaltige Atmosphäre bringt. Bei Verwendung von Pikratpapier lassen sich noch 0,005 mg Cyanid in 5 ml Lösung nachweisen. Die Pikratpapierprobe dient vor allem zum Nachweis von Cyanid in Lebensmitteln und Pflanzenteilen (z. B. Rogers und Frykolm, Talon, Goldstone).

6. Nachweis mit Phenolphthalin und Kupfersulfat.

Cyanid färbt nach Weehuizen eine alkalische Lösung von Phenolphthalin, die eine Spur Kupfersulfat enthält, rot. Nach Kolthoff ist die Reaktion in Sodalösung empfindlicher als in Alkalilauge. Phenolphthalin ist die Leukoverbindung des roten Phenolphthaleins und wird durch Oxydationsmittel in die Ursprungssubstanz rückverwandelt. An Stelle von Phenolphthalin kann auch Kresolphthalin verwendet werden (Nicholson).

Reagens. 0,5 g Phenolphthalein werden in 30 ml absolutem Alkohol aufgelöst, etwas mit Wasser verdünnt und mit 20 g Natriumhydroxid versetzt. Die Mischung wird in einem Porzellangefäß mit Aluminiumpulver in kleinen Portionen bis zur Entfärbung, dann mit ausgekochtem destilliertem Wasser versetzt, unter Luftabschluß gekühlt, auf 150 ml verdünnt und filtriert.

a) Ausführung in Lösung.

Zu 10 ml cyanidhaltiger Flüssigkeit gibt man 2—3 ml 1%ige Kupfersulfatlösung, 5 ml Sodalösung und einige Tropfen Reagens. Die Rotfärbung muß innerhalb 5 Minuten auftreten, da nach Ablauf dieser Zeit auch ein Blindversuch an der Luft zu reagieren anfängt.

b) Ausführung als Papierstreifenreaktion.

Nach Thiery wird ein Stück Filtrierpapier mit einer verdünnten Kupfersulfatlösung (1:2000) getränkt, dann getrocknet und in Streifen geschnitten. Ein so behandelter Streifen wird mit einigen Tropfen Probelösung befeuchtet und mit Reagenslösung betupft. Die Anwesenheit von Cyanid gibt sich durch eine Rosarotfärbung zu erkennen.

Empfindlichkeit (nach Kolthoff): 0,1—0,05 mg Cyanid im Liter.

Störung. Die Reaktion ist wohl recht empfindlich, aber sehr wenig spezifisch. Es stören nicht nur oxydierende Substanzen wie Chlor, Salpetersäure, Eisen(III)-chlorid, Persulfate, Hypochlorite und Brom, sondern auch Salzsäure, Schwefelsäure und Phosphorsäure.

c) Ausführung unter Zusatz von Formalin.

Nach den Angaben von Lecoq kann die Phenolphthalinreaktion nach folgendem Verfahren empfindlicher und spezifischer gestaltet werden: Zur Herstellung des Reagenses werden 2 g Phenolphthalin und 20 g Kaliumhydroxid in doppelt destilliertem Wasser aufgelöst und mit dem gleichen Volum 95%igem Alkohol gemischt. Die Probelösung wird mit 5 Tropfen Reagens, 1 Tropfen 3%igem Formalin und 1 Tropfen 0,1%igem Kupfersulfat versetzt. Der Nachweis wird so nur durch Hexachloroplatinat, Permanganat und Hexacyanoferrat(III) gestört.

7. Nachweis mit Fluorescin und Kupfersulfat.

Fluorescin wird in alkalischer Lösung durch Cyanid in Gegenwart von sehr wenig Kupfersulfat zu Fluorescein oxydiert. Diese Reaktion wird von STAMM zum Nachweis von Cyanid verwendet. ROZENDAAL empfiehlt sie als sehr brauchbar, wenn auch nicht absolut spezifisch.

Reagens. 0,01 g Fluorescein werden in 5 ml Alkohol aufgelöst; es werden 2 ml Natronlauge (1:2; etwa 33%ig) sowie 5 ml Wasser zugegeben. Man erwärmt mit Zinkstaub am Wasserbad bis zur Entfärbung, verdünnt mit Wasser auf 100 ml und fügt noch 100 ml Alkohol hinzu. Die erhaltene Lösung läßt man 12 Stunden an einem kühlen und dunkeln Ort stehen und filtriert dann ab. Von dieser Stammlösung, die 0,005% Fluorescin enthält, werden 10 ml mit Wasser auf 200 ml verdünnt.

Ausführung. Man gibt zu 4 ml Probelösung 4 ml Reagens und 2 bis 3 Tropfen Kupfersulfatlösung (1:2000). Bei Gegenwart von Cyanid nimmt die farblose Mischung sofort eine leuchtend grüne Fluorescenz an.

Empfindlichkeit. 0,9 mg Cyanid im Liter.

Störung. Der Nachweis wird durch Oxydationsmittel gestört, z. B. durch Persulfate, Hypochlorite, Chlor und Brom.

ROZENDAAL verglich verschiedene Nachweisreaktionen für Cyanid und fand den Nachweis mit Fluorescin befriedigender als die Reaktionen mit Nitroprussid, Pikrinsäure, Guajakharz, Phenolphthalin, Benzidin oder Pyramidon.

8. Nachweis durch Entfärbung von Jod bzw. Jodstärke.

Cyanid bildet mit elementarem Jod farbloses Jodcyan ($HCN + J_2 = HJ + JCN$) und ist daher imstande, blaue Jodstärkelösung zu entfärben. Auf die Möglichkeit, mittels dieser Reaktion Jod nachzuweisen, hat bereits SCHÖNBEIN hingewiesen; später wurde sie von LINK und MÖCKEL sowie von KOLTHOFF eingehender untersucht. Jodcyan wird in saurer Lösung wieder zu Jod und Cyanwasserstoffsäure zerlegt, weshalb man die Probelösung vor dem Vereinigen mit der Jodstärkelösung mit etwas Hydrogencarbonat und Carbonat versetzt.

Störung. Jodstärke wird bekanntlich auch durch zahlreiche andere reduzierende Substanzen entfärbt. Wurde die Entfärbung aber durch Cyanid hervorgerufen, so wird die Lösung beim Ansäuern infolge Spaltung von Jodcyan wieder blau.

Empfindlichkeit. 0,1 mg Cyanid je Liter.

a) Ausführung als Tüpfelreaktion (nach FEIGL).

Handelt es sich um durch Säure zersetzbare Cyanide, so wird ein Tropfen der Probelösung im Entwicklungsgefäß nach FEIGL (s. Kapitel Kohlensäure und Carbonat Abs. IV 1) mit einem Tropfen verdünnter Schwefelsäure versetzt und das Gefäß mit dem Aufsatz verschlossen, auf dessen Glasknopf 1 Tropfen einer Jodstärkelösung aufgebracht wurde. Je nach der Menge an freigemachter Blausäure (bei kleinen Cyanidmengen wird gelinde erhitzt) wird die Jodstärke mehr oder weniger entfärbt.

Liegen durch Säuren nicht zersetzbare Cyanide vor, so gibt man 1 Tropfen der zu untersuchenden Lösung, 2 oder 3 Stäbchen metallisches Zink und 1—2 Tropfen verdünnter Schwefelsäure in das Zersetzungsgefäß n. FEIGL und verschließt mit dem

Trichteraufsatz. Dieser wird mit einem Streifen Jodkalistärkepapier bedeckt, auf welchem durch Aufbringen eines Tropfens einer mit verdünnter Schwefelsäure angesäuerten 0,1%igen Kaliumjodatlösung ein Jodstärkefleck erzeugt worden ist. Bei Entwicklung von HCN verschwindet der blauviolette Fleck.

Erfassungsgrenze. 1 μg Cyan.

Grenzkonzentration. 1:50000.

Störung. Der Nachweis wird durch Sulfide, Sulfite und Thiosulfate gestört.

b) Nachweis von Quecksilber(II)-cyanid als Tüpfelreaktion.

Obwohl Quecksilber(II)-cyanid als Nichtelektrolyt in wäßriger Lösung mit Kaliumjodid nicht reagiert, vermag es sich mit einer Jodjodkalilösung gemäß

$$Hg(CN)_2 + 2KJ + 2J_2 = K_2HgJ_4 + 2JCN$$

momentan umzusetzen. Eine genügend Kaliumjodid enthaltende Jodlösung wird demnach durch Quecksilber(II)-cyanid entfärbt, was bei Abwesenheit anderer Stoffe, die mit Jod reagieren, zum Nachweis von Quecksilber(II)-cyanid dienen kann.

Ausführung (nach Feigl). Ein Tropfen Probelösung wird auf einer Tüpfelplatte mit einem Tropfen einer verdünnten Jodjodkalilösung vermischt; bei Anwesenheit von Quecksilbercyanid erfolgt Entfärbung. Der Nachweis kann auch so durchgeführt werden, daß man auf einen Streifen Jodkalistärkepapier 1 Tropfen einer verdünnten Jodlösung aufbringt und den so gebildeten Jodstärkefleck mit der Probelösung antüpfelt; durch die Bildung von Jodcyan entsteht auf dem blauen Untergrund ein weißer Fleck.

Erfassungsgrenze. 0,25 μg Quecksilber(II)-cyanid.

Grenzkonzentration. 1:200000.

9. Nachweis mit Quecksilber(II)-chlorid und einem Säure-Base-Indikator.

Wäßrige Lösungen von Quecksilber(II)-chlorid reagieren infolge geringer Dissoziation des $HgCl_2$ durch Hydrolyse nur sehr schwach sauer. Bei Hinzutritt von HCN findet jedoch Umsatz zu $Hg(CN)_2$ und Salzsäure statt. In Gegenwart von Alkalichlorid, d. h. von komplexen Quecksilberchloriden ist die Konzentration der Hg^{2+}-Ionen noch geringer, und die Lösung reagiert gegen Säure-Basen-Indikatoren neutral. Die Alkaliquecksilberchloride setzen sich aber mit HCN ebenfalls um, und zwar nach der Gleichung

$$NaHgCl_3 + 2HCN = Hg(CN)_2 + NaCl + 2HCl$$

zu Quecksilber(II)-cyanid und einer äquivalenten Menge Salzsäure. Diese letztere Variante der Reaktion ermöglicht bei Abwesenheit anderer flüchtiger Säuren einen empfindlichen Blausäurenachweis.

a) Ausführung ohne Alkalichlorid.

Sherard empfiehlt die Verwendung von Quecksilber(II)-chlorid und Methylorange als Reagens für den bequemen, schnellen und für praktische Zwecke nicht zu empfindlichen Nachweis von Blausäureresten in mit Cyanwasserstoff vergast gewesenen Räumen. Der Nachweis beruht auf dem Farbumschlag (orange nach rosa) eines getrockneten Indikatorpapierstreifens, der mit einer Mischung von Methylorange, Quecksilber(II)-chlorid und etwas Glyzerin getränkt worden war. Herstellung des Reagenspapierstreifens: 1,25 g Quecksilber(II)-chlorid bzw. 0,6 g Methylorange werden in je 250 ml Wasser gelöst, die beiden Lösungen im Verhältnis 2:1 gemischt und zu je 15 ml der Mischung noch 1 ml Glyzerin hinzugefügt. Mit der so zubereiteten Lösung tränkt man Filtrierpapierstreifen und trocknet sie in säurefreier Luft an einem dunklen Ort. Vor Licht geschützt aufbewahrt, behalten die orangegefärbten Indikatorstreifen für praktisch unbegrenzte Zeit ihre Wirksamkeit.

Ausführung. Die Indikatorstreifen werden etwa 2 Minuten dem zu prüfenden Gas ausgesetzt. Je nach der Blausäurekonzentration nimmt das Papier eine rosa bis tiefrote Färbung an.

Störung. Der Nachweis versagt bei zu hohem Feuchtigkeitsgehalt der Luft, z.B. bei Regen und Nebel. Saure und alkalische Gase stören natürlich.

Empfindlichkeit. Die Empfindlichkeit der Reaktion ist geringer als die anderer Nachweisreaktionen. Es können aber kleinere als die tödliche Blausäurekonzentration nachgewiesen werden.

b) Ausführung mit Natriumquecksilberchlorid (nach FEIGL).

1 Tropfen der Probelösung wird in einem Mikrotiegelchen mit einem Tropfen konzentrierter Schwefelsäure versetzt. Die Öffnung des Tiegels wird mit einem Stück Indikatorpapier bedeckt, das mit einer Lösung von Alkaliquecksilberchlorid getränkt ist. Der für den Indikator charakteristische Farbumschlag zeigt Cyanid an.

Empfindlichkeit. Die Empfindlichkeit der Reaktion ist sehr vom verwendeten Indikator abhängig. FEIGL gibt bei Verwendung von Kongopapier (rot nach blau) als erfaßbare Grenzkonzentration 1:10000 und bei Verwendung von Accutint (grün nach gelb) 1:20000 an. Nach ROSENTHALER kann man in Lösungen den Umschlag von p-Nitrophenol noch bei einer Cyanidkonzentration von 1:100000 erkennen und den einer schwach alkalischen Lösung von alizarinsulfonsaurem Natrium bei Anwendung einer Vergleichslösung sogar bis zu einer Verdünnung von 1:1000000 (1 μg/ml).

10. Nachweis mit Silbernitrat und Kongorot.

Der Nachweis mit Silbernitrat und Kongorot verläuft analog zum Cyanidnachweis mit Quecksilber(II)-salz und Säure-Base-Indikator. Die Reaktion wurde vom „Department of Scientific and Industrial Research" für den Nachweis von Cyanwasserstoff in Gasen empfohlen.

Herstellung der Reagenspapierstreifen: Streifen von Filtrierpapier werden 1 Min. lang in eine 0,05%ige Kongorotlösung gelegt, sorgfältig getrocknet, hierauf eine Minute mit einer 5%igen Silbernitratlösung getränkt und so schnell wie möglich getrocknet. Die Reagensstreifen müssen vor starkem Licht geschützt und vor Gebrauch frisch hergestellt werden.

Ausführung. Das zu prüfende Gas wird mittels einer Handpumpe durch das in einer Haltevorrichtung festgeklemmte Reagenspapier hindurchgesaugt.

Störung. Der Nachweis wird durch alkalische und saure Gase gestört.

Empfindlichkeit. Noch 1 Volumteil Cyanwasserstoff in 20000 Teilen Luft kann nachgewiesen werden.

11. Nachweis auf dem Wege über die Bildung von Natriumnitroprussid.

Die von VORTMANN stammende Methode beruht darauf, daß sich durch Einwirkung von Alkalinitrit auf Alkalicyanid in Gegenwart eines Eisen(III)-salzes eine Nitroprussidverbindung bildet, welche beim Zufügen von Schwefelammonium die bekannte violette bis blaue Färbung gibt.

Ausführung (nach VORTMANN). Die Probelösung wird mit einigen Tropfen Kaliumnitrit, 2—3 Tropfen Eisenchlorid und so viel verdünnter Schwefelsäure versetzt, daß ihre Färbung hellgelb wird. Dann erhitzt man bis zum beginnenden Sieden, versetzt mit Ammoniak, filtriert und verwendet das Filtrat zur Probe mit Schwefelammonium.

Rosenthaler ändert das Verfahren insofern ab, als er die salpetrige Säure auf primär gebildetes Hexacyanoferrat einwirken läßt: Die Probelösung wird zuerst mit Eisen(II)-sulfat und Natronlauge versetzt, erhitzt, filtriert, nach dem Erkalten mit verdünnter Schwefelsäure angesäuert, dann erst mit Natriumnitrit versetzt und einige Minuten am Wasserbad erwärmt. Nach dem neuerlichen Erkalten versetzt man mit überschüssigem Ammoniak und gießt in eine Schwefelammoniumlösung. War Blausäure vorhanden, so erscheint sofort eine violette Färbung, die nach einigen Minuten in Blau, dann in Grün und schließlich in Gelb übergeht.

Empfindlichkeit. 0,032 mg/10 ml.

12. Nachweis auf dem Wege über die Bildung von Halogencyan.

Cyanwasserstoff läßt sich leicht in Halogencyanide überführen. Diese sind zu empfindlichen Farbreaktionen befähigt.

a) Reaktion mit einer Lösung von Benzidin in Pyridin.

Nach einer von Aldridge entwickelten Methode wird Cyanid mittels Bromwasser in Bromcyan übergeführt. Nach Entfernen des überschüssigen Broms mit Natriumarsenit läßt man die bromcyanhaltige Lösung mit einer Lösung von Benzidin in verdünntem Pyridin reagieren, wobei sie sich orangerot färbt.

Störung. Rhodanid gibt die gleiche Reaktion.

b) Nachweis durch Reaktion von Glutaconaldehydderivaten mit Pyrazolonabkömmlingen.

Eine empfindliche Methode zum Nachweis von Cyanid beruht auf der Fähigkeit der Halogencyane, Pyridin unter Bildung von Derivaten des Glutaconaldehyds aufzuspalten. Die Aldehyde ihrerseits kondensieren sich mit Pyrazolonderivaten zu stark gefärbten Verbindungen.

Falkof, Witten und Gehauf verwenden als Reagens eine Lösung von Pyridin und 1-Phenyl-3-methyl-5-pyrazolon, welche bei Einwirkung von Chlorcyan eine blaue Farbe gibt. Die cyanidhaltige Probelösung wird vor der Zugabe des Reagenses mit Natriumcarbonat und einigen Tropfen einer 5%igen Lösung von Chloramin T als Chlorierungsmittel versetzt. Das entstandene Chlorcyan kann auch durch einen inerten Gasstrom ausgetrieben und mit dem Reagens entweder in einer Gaswaschflasche oder auf einer geeigneten Trägersubstanz, wie z. B. Silikagel oder Papier, in Reaktion gebracht werden.

c) Prüfstifte, die Benzylpyridin und Barbitursäure enthalten.

Witten und Prostak empfehlen die Verwendung von Prüfstäben, die durch Mischen und Zusammenpressen von Reagens und inertem Füll- und Bindematerial hergestellt werden. Mit diesen Nachweisstiften werden an irgendwelchen Oberflächen (Papier, Holz, Porzellan) Striche gezogen, die ihre Farbe bei Berührung mit Halogencyan bzw. Cyanwasserstoff ändern.

Ausführung. 10% Benzylpyridin, 4% Barbitursäure und 86% amorphes Bariumsulfat (Blanc fixe) werden in einem Mörser sorgfältig gemischt, so daß das flüssige Benzylpyridin von den trockenen Bestandteilen völlig absorbiert wird. Je etwa 15 g dieser Mischung werden mit etwa 200 Atm. pro cm^2 zu Prüfstäben gepreßt, die, bei Zimmertemperatur aufbewahrt, mindestens 3 Jahre ihre Wirksamkeit beibehalten. Die weißen Striche dieser Stifte werden bei Berührung mit Halogencyan zuerst rot, dann blau.

Blausäure wird zu ihrem Nachweis zunächst in Chlorcyan umgewandelt, was mit einem chlorierenden Prüfstift erfolgen kann. Dieser wird durch Zusammenpressen einer Mischung von Chloramin T und amorphem Bariumsulfat hergestellt und hält sich bei Zimmertemperatur ebenfalls mindestens 3 Jahre. Für den Cyanwasserstoffnachweis macht man einen Prüffleck durch nacheinanderfolgendes Streichen mit den beiden Prüfstäben. Der Mischfleck wird bei Berührung mit Cyanwasserstoff gleichfalls zuerst rot und schließlich blau.

Empfindlichkeit. Noch 1 mg ClCN/m³ bzw. 5 mg HCN/m³ geben innerhalb einer Minute eine deutliche Färbung.

d) Reaktion mit Anabasin und Anilin.

FEDOTOW beschreibt eine spezifische Farbreaktion auf Cyanide, die eintritt, wenn Chlorcyan, Anabasin und Anilin aufeinander einwirken. Die entstehende rotgefärbte Substanz, ein Polymethinfarbstoff, kann mit Benzol, Toluol oder Chloroform ausgeschüttelt werden.

Ausführung. Zu 5 ml Probelösung gibt man 1—2 Tropfen einer gesättigten wäßrigen Lösung von Chloramin und 0,2—0,3 ml einer Lösung von Anabasinsilicofluorid (7 Gewichtsteile in 20 Teilen Wasser). Je nachdem, ob die Lösung sauer oder alkalisch ist, wird sie mit 20%iger Sodalösung oder mit 15%iger Weinsäurelösung neutralisiert. Die nunmehr neutrale Lösung wird mit 0,25—0,5 ml einer gesättigten wäßrigen Anilinlösung und nach 5 Minuten Stehen mit 3—4 Tropfen Sodalösung versetzt. Bei Anwesenheit von Cyanidion wird die gelbe Lösung rot mit gelber Fluorescenz; bei hoher (> 100 mg/l) Cyanidkonzentration kann die Farbänderung bereits vor dem Sodazusatz auftreten. Das Maximum der Färbung erscheint nach 5—20 Minuten. Die gegebene Vorschrift gilt für Cyanidkonzentrationen von 20—100 mg/l; bei größeren oder geringeren Konzentrationen müssen die Reagensmengen entsprechend verändert werden.

Empfindlichkeit. 0,4 mg Cyanid/l.

Störung. Die Reaktion wird durch Jodid gestört.

13. Nachweis mit Trinitrobenzol bzw. mit Methylpikrylnitramin.

Trinitrobenzol bzw. Methylpikrylnitramin können nach ČUTA und ŠEVELA zum Nachweis von Cyanidion verwendet werden. Als Reagens dienen 1%ige Lösungen dieser Verbindung in Methylalkohol; die Methylpikrylnitraminlösung versetzt man mit Saccharose als Stabilisator. Nach Zugabe zu Probelösungen mit einem pH von 7—9 tritt je nach der Cyanidkonzentration eine gelbe bis rotviolette Färbung auf, die sich mit Amylalkohol ausschütteln läßt. Die Reaktion kann auch auf einer Tüpfelplatte ausgeführt werden.

Empfindlichkeit. 0,5 mg HCN/l.

Störung. Sulfite und Sulfide geben ähnliche Färbungen.

14. Nachweis mit Thionaphthochinonoxim bzw. mit Isatin-β-oxim.

Alkalicyanide geben nach HOVORKA und MORAVEK in Gegenwart von Eisen(II)-ionen mit Thionaphthochinon-α-oxim eine blaue, mit Thionaphthochinon-β-oxim eine grüne und mit Isatin-β-oxim eine karminrote Färbung. Diese Färbungen sind sehr intensiv und eignen sich für den Nachweis von Cyanidionen. Als Reagens dient eine 1%ige Lösung einer der genannten Verbindungen in Äthylalkohol.

Ausführung als Tüpfelreaktion. Ein Tropfen einer 5%igen Lösung von Eisen(II)-sulfat, ein Tropfen einer 5%igen Lösung von Kaliumnatriumtartrat, ein Tropfen

Reagens und ein Tropfen Probelösung werden in der angeführten Reihenfolge auf einer Tüpfelplatte vermischt.

Grenzkonzentration. 1:10000.

Störung. NH_4^+ und CNS^- setzen die Empfindlichkeit der Reaktion herab und Hexacyanoferrate, Ag^+, Hg_2^{2+}, Hg^{2+}, Tl^+, Cu^{2+}, Ca^{2+}, Bi^{3+}, Sn^{2+}, Sb^{3+}, Co^{2+}, Ni^{2+}, Zn^{2+}, Fe^{3+}, Al^{3+} und UO_2^{2+} stören. Bei Gegenwart störender Kationen wird wie üblich aus der Probe HCN entbunden, z. B. in der Apparatur von FEIGL, und die Reaktion mit dem Hydrogencarbonattropfen, der HCN absorbiert hat, auf der Tüpfelplatte vorgenommen.

IV. Nachweisreakionen, die auf der Bildung gering dissoziierter Cyanokomplexe beruhen.

1. Nachweis durch Bildung von Berlinerblau.

Eine der gebräuchlichsten Reaktionen auf Cyanidion ist die erstmals von ALMEN empfohlene Berlinerblau-Probe. Diese Reaktion ist zwar nicht besonders empfindlich; sie ist aber relativ einfach auszuführen und stellt einen eindeutigen Nachweis für Cyanid dar. Sie beruht darauf, daß Cyanid in alkalischer Lösung mit einem Eisen(II)-salz in Hexacyanoferrat(II) übergeführt wird und letzteres als Eisen(III)-hexacyanoferrat(II) (Berlinerblau) nachgewiesen wird. Berlinerblau ist in Wasser unlöslich, löslich hingegen in Oxalsäure und in konzentrierter Salzsäure; mit Alkalihydroxid setzt es sich zu Eisen(III)-hydroxid und Alkalihexacyanoferrat(II) um.

a) Ausführung nach ANDERSON bzw. BUCHANAN.

ANDERSON gibt in Anlehnung an ALMEN folgende

Arbeitsvorschrift. 2 ml Probelösung werden mit 2 Tropfen teilweise oxydierter Eisen(II)-salzlösung und 2—3 Tropfen schwacher Natronlauge versetzt. Hierauf läßt man mindestens 5 Minuten bei gewöhnlicher Temperatur stehen und säuert dann mit Salzsäure an. Ein Überschuß an Salzsäure oder Natronlauge ist zu vermeiden. Sind nur Spuren von Cyanid vorhanden, so erscheint die salzsaure Lösung grün, scheidet aber nach einigem Stehen blaue Flocken von Berlinerblau aus. BUCHANAN gibt eine ähnliche Vorschrift: 10 ml der zu untersuchenden Lösung werden mit 1 ml 10%iger Natronlauge und 5 Tropfen einer gesättigten Eisen(II)-ammoniumsulfatlösung einige Minuten erwärmt, mit 2 Tropfen 10%iger Eisen(III)-chloridlösung und dann tropfenweise mit verdünnter Salzsäure versetzt bis zur Lösung des gebildeten Eisen(III)-hydroxyds.

Empfindlichkeit. Nach ANDERSON bildet sich bei einer Verdünnung von 40 mg Cyanid/l sofort ein blauer Niederschlag, während bei der 10fachen Verdünnung, also bei 4 mg Cyanid/l, erst nach etwa einer halben Stunde eine blaugrüne Färbung entsteht. KOLTHOFF empfiehlt, die Probelösung mit Soda oder noch besser mit einem Gemisch aus gleichen Teilen Natriumcarbonat und Natriumhydrogencarbonat alkalisch zu machen. Das Erwärmen, wie es von vielen Autoren vorgeschlagen wird, hat nach KOLTHOFF einen ungünstigen Einfluß. Dagegen ist H_2SO_4 zum Ansäuern günstiger als HCl, die infolge der gelben Färbung des Eisen(III)-chlorids die Reaktion beeinträchtigt. KOLTHOFFs Befunde wurden durch die Untersuchungen von SUNDBERG bestätigt.

b) Ausführung nach KOLTHOFF.

10 ml Probelösung versetzt man mit etwas Eisen(II)-sulfat und 10 Tropfen eines Carbonat-Hydrogencarbonatgemisches (8 g $Na_2CO_3 \cdot 10H_2O$ und 8 g $NaHCO_3$ je 100 ml); danach schüttelt man tüchtig um, läßt eine halbe Stunde stehen und säuert dann mit Schwefelsäure an.

Empfindlichkeit. Wartet man $1^1/_2$ Stunden nach dem Ansäuern, dann können noch 2 mg Cyanid pro Liter nachgewiesen werden.

Nach WEHRLI läßt sich die Berlinerblau-Probe dadurch verschärfen, daß man die Reaktionsmischung einen Tag stehen läßt und am folgenden Tag zentrifugiert. Kleine, inzwischen ausgeschiedene Flocken von Berlinerblau erscheinen dann mit schön blauer Farbe als Zentrifugat.

DANCKWORTT und PFAU treiben die Blausäure mit einem Wasserdampfstrom über und fangen sie in 2—5 ml der von KOLTHOFF angegebenen Carbonat-Hydrogencarbonatlösung auf. In der Vorlage führen sie die Berlinerblau-Reaktion durch, wobei sie einen Papierstreifen in die Lösung tauchen. Auf dem Papier zeichnet sich bei Anwesenheit auch einer sehr geringen Menge von Cyanid dicht über dem Flüssigkeitsspiegel eine feine blaue Linie ab.

c) Ausführung mit Reagenspapierstreifen für HCN-Gas.

Bei der Untersuchung von Stoffgemischen mit störenden Eigenschaften (z. B. starke Färbung) führt man die Reaktion statt in Lösung vorteilhaft nach Austreiben des HCN auf Reagenspapierstreifen durch. Durch die vorausgehende Destillation und das Auffangen auf dem Reaktionsfleck des Papierstreifens tritt gleichzeitig eine Konzentrationserhöhung ein, welche die Nachweisempfindlichkeit steigert.

Ausführung (nach LOCKEMANN). Die Substanz wird in einem Reagensglas oder Kolben mit verdünnter Schwefelsäure versetzt; gleichzeitig wird ein Stück Fließpapier von 1 dm^2 Größe zu einem Streifen zusammengefaltet und die Mitte des Streifens auf einer Seite mit einigen Tropfen Alkalilauge getränkt. Man legt diese Stelle an die Öffnung des Reagensglases und biegt die beiden Streifenenden nach unten um, so daß die Öffnung durch das Papier verschlossen ist. Wird nun das Reagensglas erhitzt, so wird die bei Gegenwart von Cyaniden sich entwickelnde Blausäure mit den Wasserdämpfen nach oben geführt und vom Alkali des Papierstreifens aufgenommen. Nach einigem Kochen nimmt man den Streifen ab, bringt auf die behandelte Seite einige Tropfen 0,25—0,5%iger Eisen(II)-sulfatlösung und läßt einige Minuten an der Luft liegen. Der grünliche Niederschlag von Eisen(II, III)-hydroxid bräunt sich hierbei oberflächlich durch Oxydation zu Eisen(III)-hydroxid, was durch Hin- und Herschwenken noch beschleunigt werden kann. Man behandelt den Reaktionsfleck durch Auflegen auf das wiedererhitzte Reagensglas noch kurze Zeit mit Wasserdampf und dann mit einigen Tropfen Salzsäure (1 + 1; etwa 6 m).

Erfassungsgrenze. 0,03 mg Cyanid.

Nach dem Vorgang von MAGNIN kann man den Nachweis durch den Berlinerblau-Fleck empfindlicher (1:1000000) gestalten, indem man das mit Alkalilauge betüpfelte Filtrierpapier direkt in das Reagensglas oder einen kleinen Kolben hineinhängt, oder indem man es in ein Röhrchen einlegt und Luft darüber leitet, die durch die erwärmte Probelösung hindurch angesaugt wird.

Ähnlich arbeiten GETTLER und GOLDBAUM. Diese Autoren benutzen aber fertige Reagenspapierstreifen zur Analyse, die sie wie folgt herstellen: 5 g kristallwasserhaltiges Eisen(II)-sulfat werden in 50 ml Wasser gelöst, und die Lösung wird filtriert. Nun legt man das Filtrierpapier (säure- und alkalifest) 5 Minuten in die Lösung und trocknet dann an der Luft. Das getrocknete Papier wird mit 20%iger Natronlauge getränkt und wieder getrocknet. Kühl und dunkel aufbewahrt, sind diese Reagenspapiere mehrere Wochen brauchbar. Zum Gebrauch werden sie angefeuchtet.

Erfassungsgrenze. Noch 0,1 μg Cyanwasserstoffsäure sollen nachgewiesen werden können.

Störungen. Keine; die Probe ist spezifisch.

Eine ebenfalls empfindliche *Sonderausführung* beschreibt HICKINBOTHAM: Die Probe und einige Gramme sulfidfreies Zink werden in einen Kolben gegeben, mit etwa 25 ml 10%iger Schwefelsäure versetzt und mit einem Stöpsel verschlossen, der mit einem kurzen Glasrohr versehen ist. In das untere Ende des Glasrohres wird lose etwas Watte eingeführt, die nach jedem Versuch ausgewechselt wird. In der Nähe des oberen Endes der Rohres ist eine Verengung, die den Reagensstreifen festhält. Für die Herstellung der Reagensstreifen verwendet man Filtrierpapier wie solches von Whatman, welches im Naßzustand halbdurchsichtig ist und durch mäßig konzentrierte Säuren und Alkalien nicht angegriffen wird. 4—5 mm breite Streifen des Papiers werden spitz zugeschnitten mit einem Winkel von etwa 60°, wodurch die Empfindlichkeit erhöht wird. Ungefähr 2,5 cm der zugespitzten Enden der Streifen werden in schwach angesäuertes Eisen(II)-sulfat getaucht und getrocknet. Vor Gebrauch wird das imprägnierte Ende kurz mit 10—20%iger Natronlauge behandelt und der Überschuß durch Auflegen auf Filtrierpapier entfernt. Die Stärke des sich entwickelnden Wasserstoffstromes, der die HCN mitführt, kann durch Zugabe von Kupfersulfatlösung reguliert werden. Die Entwicklung soll gleichmäßig, aber nicht sehr heftig sein (kein Aufschäumen!). Der Reagensstreifen wird mit Salzsäure (1 + 1; etwa 6 m) die etwas Eisen(III)-chlorid enthält, entwickelt. Bei Anwesenheit von Cyanid zeigt die Spitze des Streifens einen blauen Fleck.

Erfassungsgrenze. 1 μg Cyanwasserstoffsäure kann nach 15 Minuten einwandfrei nachgewiesen werden, und bei einem stetigen Wasserstoffstrom von 60 Minuten Dauer geben sogar noch 0,2 μg an der äußersten Spitze des Papiers einen kleinen Farbfleck.

d) Nachweis auf Silicagel.

Zum Nachweis von Spuren von Cyanwasserstoff in der Luft verwendet FENTON Silicagel als Absorptionsmittel. Die auf Blausäure zu prüfende Luft wird zunächst durch eine mit Eisen(II)-sulfat behandelte Silicagelsäure gesaugt. Hierauf wird die Säule mit 20%iger Kalilauge befeuchtet und erwärmt. Nach Zugabe einiger Tropfen Eisen(III)-chlorid in konzentrierter Salzsäure tritt bei Anwesenheit von Cyanwasserstoffsäure Berlinerblau-Färbung ein. Man kann den Nachweis auch mit einem kleinen Teil des mit der HCN-haltigen Luft behandelten Silicagels als Tüpfelreaktion durchführen.

2. Nachweis durch Auflösung von Kupfersulfid.

Kupfersulfid ist in Kaliumcyanid in der Kälte leicht löslich unter Bildung von komplexem Kaliumkupfercyanid gemäß der primären Reaktion

$$CuS + 4KCN = K_2[Cu(CN)_4] + K_2S.$$

Eine Suspension von Kupfersulfid wird daher durch Zugabe von Cyanid geklärt, was nach BARNEBEY zum Nachweis von Cyaniden auch neben Cyanoferrat, Jodid, Bromid oder Chlorid dienen kann. Diese Methode wird von ODEKERKEN als der beste Nachweis von HCN bezeichnet, da er bequem, schnell, empfindlich und sehr spezifisch ist. Wie dieser Autor feststellte, stört bei direkter Ausführung der Reaktion in Lösung zwar $[Fe(CN)_6]^{3-}$, aber nur dann, wenn es in 100fachem Überschuß vorhanden ist.

Herstellung der Kupfersulfidsuspension. 1,25 g kristallisiertes Kupfersulfat wird in 1 Liter Wasser gelöst und nach Zusatz von etwas Ammoniak mit einigen Tropfen H_2S-Wasser getrübt.

a) Ausführung als Tüpfelreaktion (nach FEIGL).

1 Tropfen der frisch bereiteten Kupfersulfidsuspension wird auf ein Filtrierpapier oder auf eine Tüpfelplatte gebracht und ein Tropfen der Probelösung zugefügt. Bei

Anwesenheit von Cyanid wird der durch Kupfersulfid erzeugte, braune Fleck bzw. die Braunfärbung des Tropfens momentan zum Verschwinden gebracht.

Erfassungsgrenze. 2,5 μg Cyanid.
Grenzkonzentration. 1:20000.

b) Ausführung mit Reagenspapier.

Filtrierpapier wird mit einer ammoniakalischen Lösung von 1 g Kupfersulfat in 1 Liter imprägniert und getrocknet; unmittelbar vor Ausführung des Versuches wird auf das Papier Schwefelwasserstoff geblasen, wodurch es gleichmäßig gelbbraun gefärbt wird. 1 Tropfen der Probelösung erzeugt auf diesem Papier, sofern Cyanid anwesend ist, einen weißen Fleck.

Erfassungsgrenze. 1,25 μg Cyanid.
Grenzkonzentration. 1:40000.
Störung. Praktisch keine (s. oben).

3. Nachweis durch Demaskierung von Alkali-Palladiumdimethylglyoxim.

Lösungen von Palladiumdimethylglyoxim in Alkalihydroxid sind in bezug auf viele Reaktionen des Palladiums sowie der organischen Komponente maskiert; z. B. bildet sich mit Nickelsalz kein roter Niederschlag. Auf Zusatz von Cyanid erfolgt hingegen Demaskierung unter Freilegung der innerkomplexbildenden organischen Komponente, während Palladium in den Cyanokomplex $Pd(CN)_4^{2-}$ übergeht. Solche Reaktionen ermöglichen einen empfindlichen Cyanidnachweis. Dazu kann (nach Feigl) sowohl die Entfärbung der gelben Lösung von Alkali-Palladiumdimethylglyoxim als auch die Reaktion von Nickel(II)-Ionen mit dem freigesetzten Dimethylglyoxim verwendet werden. Letztere Methode ist empfindlicher und gestattet einen einfachen Tüpfelnachweis. Ein Vorteil des Verfahrens liegt darin, daß es in alkalischer Lösung ausgeführt werden kann, und daß es — im Gegensatz zu den meisten anderen CN-Nachweismethoden — nicht notwendig ist, die Blausäure zur Abtrennung von störenden Substanzen auszutreiben.

Reagentien. a) Alkali-Palladiumdimethylglyoxim. Reinstes Palladiumdimethylglyoxim (hergestellt durch Fällen aus einer schwach sauren Palladium(II)-chloridlösung mit Dimethylglyoxim und anschließendes Filtrieren und Waschen) wird mit 3n-Kalilauge geschüttelt und filtriert. Man erhält eine beständige Lösung. b) Nickelsalzlösung. Eine 0,5 n-Nickel(II)-chloridlösung wird mit Ammoniumchlorid gesättigt.

Ausführung. Ein Tropfen der alkalischen Probelösung wird auf eine Tüpfelplatte gebracht, dann wird ein Tropfen von Alkali-Palladiumdimethylglyoxim und zuletzt ein Tropfen der Nickelsalzlösung zugegeben. Je nach der Cyanidmenge entsteht ein roter oder orangefarbener Niederschlag. Bei Gegenwart sehr geringer Cyanidmengen ist eine Blindprobe erforderlich.

Erfassungsgrenze. 0,25 μg.
Grenzkonzentration. 1:250000.

Feigl empfiehlt die Reaktion auch zur Feststellung von Blausäure in Leuchtgas, wobei der Nachweis auf mit Alkali-Palladiumdimethylglyoxim getränkten Filtrierpapierstreifen durchgeführt wird.

4. Nachweis durch Auflösung von Silberjodid.

Der Cyano-Silber-Komplex hat eine so kleine Komplexkonstante, daß sich Silberjodid in Gegenwart von Cyanidionen auflöst. Nach Fox wird der darauf beruhende Nachweis von Cyanid zweckmäßig wie folgt geführt:

Ausführung. Man beschickt ein Reagensglas nacheinander mit einem Tropfen 0,001 n-Silbernitratlösung, 1 Tropfen 5%iger Kaliumjodidlösung 1 ml 5%iger Kalilauge. Dann läßt man Luft durch die schwach saure Probelösung streichen und fängt die mitgeführte Blausäure in der alkalischen Silberjodid-Suspension auf, wobei das sich bildende Kaliumcyanid das Silberjodid auflöst. Der Nachweis ist spezifisch.

Die **Grenzkonzentration** beträgt 1:2000000 und kann bei Anwendung nephelometrischer Messung noch weiter herabgesetzt werden. Die alkalische Silberjodid-Suspension muß frisch hergestellt sein.

BROWN und GRAHAM beleuchten die mit 0,00025 n-$AgNO_3$-Lösung hergestellte Suspension mit einem Lichtstrahl von 2 mm ∅ vor schwarzem Hintergrund in einem dunklen Raum und senken so die Erfassungsgrenze auf 1:25000000.

5. Nachweis durch Entfärbung von Kupfer(II)-hexacyanoferrat(II).

Braunes Kupfer(II)-Hexacyanoferrat(II) wird durch Cyanid entfärbt, wobei farbloses Kalium-Tetracyanocuprat(I), $K_2Cu_2(CN)_4$, entsteht. Die Reaktion kann nach ROSSI und Mitarbeitern zum Nachweis von Cyanid dienen. Sie kann nach FEIGL auch als Tüpfelreaktion ausgeführt werden.

V. Reaktionen, die auf der katalytischen Wirkung von Cyanid beruhen.

1. Nachweis durch Katalyse der Oxaluramidbildung.

Alloxan setzt sich mit Ammoniak nach folgender Gleichung zu Oxaluramid und Dialursäure um:

$$2\begin{matrix}NH-CO\\ |\quad\ \ |\\ CO\quad CO\\ |\quad\ \ |\\ NH-CO\end{matrix} + NH_3 + H_2O = \begin{matrix}NH_2\ \ NH_2\\ |\quad\ \ |\\ CO\quad CO\\ |\quad\ \ |\\ NH-CO\end{matrix} + \begin{matrix}NH-CO\\ |\quad\ \ |\\ CO\quad CHOH\\ |\quad\ \ |\\ NH-CO\end{matrix} + CO_2.$$

Alloxan — Oxaluramid — Dialursäure

Die Reaktion erfolgt unmeßbar langsam, wird aber durch Spuren Blausäure katalysiert, ohne daß diese als Reaktionsteilnehmer in der Umsetzungsgleichung auftritt. Die Reaktion wurde erstmals von ROSING und SCHISCHKOW beobachtet und später von STRECKER, der bereits auf die analytische Verwendbarkeit hinwies, untersucht. Der Nachweis von Cyanid erfolgt auf Grund der Bildung von Oxaluramid, das in charakteristischen zarten, farblosen Nadeln auskristallisiert, die häufig zu Sternen vereinigt sind. Die gleichzeitig mit dem Oxaluramid entstandene Dialursäure setzt sich mit überschüssigem Alloxan zu Murexid um, weshalb die Probelösung nach einigem Stehen meist eine rote Farbe annimmt. Die Reaktion wurde von MARTINI und BERISSO zum gerichtschemischen Nachweis von Blausäure empfohlen.

a) Ausführung mit Ammoniak (nach DENIGÈS (b).

Man bringt die zu prüfende Substanz in ein kurzes Reagensglas, säuert mit verdünnter Schwefelsäure an und bedeckt die Öffnung des Glases mit einem kleinen Objektträger, der an seiner Unterseite einen Tropfen einer frisch hergestellten, ammoniakalischen Alloxanlösung trägt. Durch Einwirken freigesetzten Cyanwasserstoffs entstehen nach kurzer Zeit im Reagenstropfen Kristalle von Oxaluramid. Das Reagensgemisch (Ammoniak + Alloxanlösung) verliert bereits nach 5 Minuten seine Reaktionsfähigkeit. Man geht daher mit Vorteil so vor, daß man zuerst den Cyanwasserstoff in einem Tropfen auffängt und diesen hernach auf einem Objektträger mit einem Tropfen Alloxanlösung vereinigt. Liegen komplexe Cyanide vor, so ist das Verfahren insofern abzuändern, als dann die Entbindung von Blausäure durch

Schwefelsäure bei Gegenwart einiger Blättchen Zink vorzunehmen ist. Der Nachweis kann auch in dem auf S. 57 beschriebenen Zersetzungsgefäß durchgeführt werden (FEIGL) oder andererseits direkt, indem man die zu prüfende Lösung auf einem Objektträger mit einem Körnchen Alloxan und einem Tropfen 2n-Ammoniak versetzt.

Die Reaktion ist wohl charakteristisch für Cyanid, aber wenig empfindlich.

Grenzkonzentration. Etwa 1:5000.

Störung. Bei Gegenwart von Phosphat oder Borat versagt der Nachweis.

b) Ausführung mit Amin.

Wie KOSLOWSKY und PENNER fanden, kann bei der durch Cyanid katalysierten Reaktion mit Alloxan das Ammoniak mit Vorteil durch Äthylamin, Propylamin, Butylamin, Anilin, o-, m- und p-Toluidin, o-Anisidin und p-Aminophenol ersetzt werden. Bei den Aminen der aliphatischen Reihe ergab sich, daß die Empfindlichkeit der Reaktion mit der Vergrößerung des Molekulargewichts des Reagenses stark ansteigt. Am empfindlichsten von allen untersuchten Aminen reagiert Butylamin in 0,05 m-Lösung.

Ausführung. Gleiche Teile 1,5%iger (0,1 m-) Alloxanlösung und einer wäßrigen Lösung eines Amins, z. B. Butylamin, werden miteinander vermischt, von dieser Mischung wird sofort ein Tropfen auf die Unterseite eines Objektträgers gebracht. Der Objektträger bedeckt ein Glasgefäß von etwa 2 ml Inhalt (Gaskammer nach BRUNSWIK und NEUREITER), in dem durch Einwirkung von Schwefelsäure auf die Probesubstanz Cyanwasserstoff freigesetzt wird. Nach einiger Zeit wird der Tropfen am Objektträger unter dem Mikroskop auf die Entstehung der charakteristischen Kristallnadeln von Oxaluramid hin untersucht.

Erfassungsgrenze. 0,13 μg HCN (mit Butylamin).

Grenzkonzentration. 1:400000 (mit Butylamin).

2. Nachweis durch Katalyse der Benzoinkondensation.

Beim Kochen einer alkoholischen Lösung von Benzaldehyd entsteht unter der katalytischen Wirkung geringster Mengen von Cyanid Benzoin ($C_6H_5COCHOHC_6H_5$), welches sich in alkalischer Lösung in einer empfindlichen Farbreaktion mit o-Dinitrobenzol nachweisen läßt. Benzoin fungiert hierbei als Wasserstoff-Donator und reduziert das Nitrobenzol zu einem violetten wasserlöslichen Alkalisalz. Darauf gründen FEIGL und CALDAS einen äußerst empfindlichen Nachweis von Cyanid.

Reagens. 0,5 ml reinster Benzaldehyd wird mit 0,5 ml 6 n-Natronlauge versetzt und mit Alkohol auf 5 ml aufgefüllt. Die Reagenslösung muß farblos sein und soll vor Gebrauch frisch hergestellt werden.

Ausführung. Ein Tropfen der schwach alkalischen Probelösung wird in einer Mikroeprouvette mit 1—2 Tropfen Reagenslösung versetzt und 2—5 Minuten im Wasserbad erhitzt. Hierauf fügt man einen Tropfen einer 5%igen benzolischen Lösung von o-Dinitrobenzol hinzu und erhitzt weiter. Je nach der Menge von Cyanid entsteht nach 30 Sekunden bis 3 Minuten eine mehr oder weniger intensive Violettfärbung. Beim Nachweis von sehr wenig Cyanid empfiehlt sich eine Blindprobe.

Erfassungsgrenze. 0,01 μg Cyanid.

Grenzkonzentration 1:5000000. Die Methode ist so empfindlich, daß auch Lösungen von Quecksilber(II)-cyanid, Cyanoferraten und Cyanonickelat sowie Suspensionen von Palladium(II)-cyanid positiv reagieren.

Störung. Der Nachweis versagt in Anwesenheit von Sulfid und von Verbindungen, die in alkalischer Lösung als Wasserstoffdonatoren fungieren (z. B. reduzierende Zucker).

3. Nachweis durch Spaltung von Benzil zu Benzaldehyd und Benzoesäure.

Benzil ($C_6H_5COCOC_6H_5$) wird durch Kochen mit alkoholischem Alkali bei Gegenwart von Cyanid in Benzaldehyd und Benzoesäure gespalten, während bei Abwesenheit von Cyanid die bekannte Benzilsäureumlagerung eintritt. Die Spaltungsreaktion erfolgt nur bei Gegenwart von Cyanid und wird deshalb von DILTHEY und SCHEIDT als Nachweisreaktion für Cyanionen empfohlen. Noch bei einer Cyanidkonzentration von 1:800000 verläuft die Spaltung quantitativ, und selbst bei einer Konzentration von 1:3200000 bildet sich noch hauptsächlich Benzaldehyd und Benzoesäure, die dann allerdings nicht mehr ganz frei von Benzilsäure sind.

4. Nachweis durch negative Katalyse.

Die katalytische Verbrennung von Methanol in Luft bei niedriger Temperatur am Platinkontakt wird durch Cyanwasserstoff (ebenso wie durch Kohlenoxid) unterbunden bzw. gehemmt, so daß ein Temperaturabfall eintritt.

BOCKE hat einen elektrischen Apparat konstruiert, in welchem diese Erscheinung zur kontinuierlichen Anzeige von Spuren solcher Gase bzw. zur Alarmgebung bei ihrem Auftreten ausgenutzt wird. Näheres darüber ist im Kapitel Kohlenoxid, Abschn. V, ausgeführt.

VI. Nachweis durch Bildung fluorescierender Verbindungen.

1. Bildung von Aluminiumoxinat.

FEIGL und HEISIG identifizieren Cyanid durch die Fluorescenz von Aluminiumoxinat im UV-Licht. Die Reaktion beruht auf der Freisetzung von Oxin (8-Hydroxychinolin) aus Kupfer(II)-oxinat mittels Cyanwasserstoffsäure und dem Nachweis des freigesetzten Oxins mit Aluminiumchlorid als Aluminiumoxinat.

Ausführung. Man tränkt ein aschefreies Filtrierpapier mit einer Lösung von 0,1 mg Kupfer(II)-oxinat in 1 ml Chloroform und setzt dieses Reagenspapier der Einwirkung des auf HCN zu prüfenden Gases aus, wobei am Reagensfleck gegebenenfalls Kupfer(I)-cyanid und freies Oxin entstehen. Letzteres gibt sich nach Antüpfeln mit Aluminiumchloridlösung durch Fluorescenz im UV-Licht zu erkennen.

Erfassungsgrenze. 2,5 μg.

Grenzkonzentration. 1:20000.

2. Bildung von Abkömmlingen des Nicotinamids.

Das aus Cyanid durch Behandeln mit Chloramin leicht entstehende Chlorcyan sprengt den Pyridinring von Nicotinamid unter Bildung eines Produktes, das in alkalischer Lösung im UV-Licht stark blau fluoresciert.

Eine auf dieser Reaktion basierende Methode zur Analyse von Tabun (= Äthyldimethylphosphoramidocyanidat, $(C_2H_5O)(CH_3)_2N(PO)CN$, ein Nervenkampfgas) enthaltender Luft auf kleine Mengen von Cyanwasserstoff wurde von HANKER, GAMSON und KLAPPER ausgearbeitet.

Ausführung. Aus der Luft wird zuerst das Tabun mit Diäthylphthalat ausgewaschen, dann wird sie durch zwei Waschflaschen mit je 2 ml 0,5 n-NaOH geleitet zur Absorption von HCN. Der Inhalt der Waschflaschen wird nach einiger Zeit in einen Meßzylinder gespült, mit 4 ml 2 n-$KHCO_3$, 2 ml Nicotinamid (25 g in 100 ml wäßriger Lösung) und 1 ml Chloramin-T-Lösung (10 g in 100 ml wäßriger Lösung) versetzt, auf 20 ml verdünnt und in eine Fluorimeter-Küvette gegeben. 3 Minuten nach Zusatz des Nicotinamids setzt man 4 ml 6 n-KOH hinzu und beobachtet die

Fluorescenz, die nach etwa 45 Sekunden ihre maximale Stärke erreicht. Während der 3 Minuten nach Zugabe der Chloraminlösung muß das Reaktionsgemisch gegen die UV-Strahlung abgeschirmt sein.

3. Bildung von Fluorescein durch Oxydation von Fluorescin.

Siehe Abs. III 7.

4. Bildung von Polymethinfarbstoff.

Siehe die Farbreaktion mit Chloramin, Anabasin und Anilin von FEDOTOW (Abschn. III 12 d), bei der ein roter, gelb fluorescierender Polymethinfarbstoff entsteht.

VII. Nachweis durch Luminescenz einer Luminollösung.

Wie STEIGMANN zeigte, läßt sich die durch Cyanid angeregte Luminescenz von Luminol (3-Aminophthalhydrazid) in Gegenwart von H_2O_2 zum Nachweis von Cyanid anwenden. Ein Gemisch von 0,5 ml Luminollösung, 4 ml Wasser und 0,5 ml 3%igem Wasserstoffperoxid wird in einem kleinen Glas mit der Probelösung versetzt. Bei Anwesenheit von Cyanid tritt kurzes Aufleuchten ein.

Empfindlichkeit. 0,8 μg Cyanid.

Grenzkonzentration. 1:250000.

Störung. Cu^{2+} und Fe^{3+}-Ionen verursachen unter den gleichen Bedingungen ebenfalls eine Luminescenz.

VIII. Nachweis durch Oxydation zu Cyanat.

DEHN und BALLARD empfehlen die Oxydation von Cyanid mit alkalischer Kaliumpersulfatlösung zu Cyanat, welches dann bei der Hydrolyse Ammoniak entwickelt und dadurch nachgewiesen wird.

Ausführung. Die Probe wird mit einer Lösung von Kaliumpersulfat in Kalilauge versetzt und zum Sieden erhitzt. Hierauf wird mit Salzsäure angesäuert, nach einiger Zeit erneut alkalisch gemacht und das entstehende Ammoniak mit feuchtem Lackmuspapier nachgewiesen.

IX. Elektroanalytische Nachweise.

1. Polarographischer Nachweis.

Cyanide geben nach KOLTHOFF und MILLER an der tropfenden Quecksilberelektrode eine anodische Welle, der folgender Vorgang zugrunde liegt:

$$Hg + 2CN^- = Hg(CN)_2 + 2e.$$

Bestimmung und Nachweis werden am besten in von Luftsauerstoff befreiter Natriumhydroxidlösung vorgenommen. 5 m Mol Cyanid in 0,1 ml NaOH geben bei etwa —0,45 V (gegen die ges. Kalomel-Elektrode) eine anodische Welle mit einem gut ausgebildeten Diffusionsstrom.

2. Oszillationspolarographischer Nachweis.

HEYROVSKY empfiehlt für den Nachweis von Cyanwasserstoff in Gasen die oszillationspolarographische Analyse. Man leitet das zu prüfende Gas während einiger Miuuten durch 1 m-Lithiumhydroxid oder eine Acetatpufferlösung, die sich in einer elektrolytischen Zelle befinden und nimmt hierauf oszillographisch ein dV/dt-V-Diagramm auf. Cyanwasserstoff gibt sich durch einen Einschnitt bei positiven Potentialen am kathodischen Zweig der Kurve zu erkennen.

3. Potentiometrischer Nachweis.

Beim Einbringen von Cyanid in eine elektrolytische Zelle, die einen Silberdraht als Anode, eine Platinspirale als Kathode und verdünnte Alkalilauge (z. B. 0,1 n-NaOH) als Elektrolyt enthält, entsteht in einem angeschlossenen Leiterkreis ein Strom, der mit einem Mikroamperemeter gemessen werden kann. In einer solchen, von BAKER und MORRISON geschaffenen Apparatur mit 10 ml Flüssigkeitsvolumen erzeugen z. B. 2,6 μg CN^- einen Strom von 17 μA. Anzeige von mehr als 1 μA bedeutet Anwesenheit von CN^-. Auf HCN zu prüfende Luft kann direkt durch die Zelle geleitet werden. Man hat so eine sehr empfindliche kontinuierliche Überwachungsanlage für HCN verarbeitende Industriewerke. Eine derartige Einrichtung wird ausführlich von STRANGE beschrieben.

Störung. Kommensurable Mengen H_2S und größere Mengen von Cl_2 und SO_2 fälschen die Anzeige.

X. Nachweis durch Ultrarotspektrometrie

Cyanwasserstoff weist in seinem Absorptionsspektrum eine starke charakteristische Bande bei 14,1 μ auf. PIERSON und Mitarb. geben Diagramme, die das deutlich zeigen. Aus einem von ihnen gebrachten Analysenbeispiel geht hervor, daß 0,03% HCN in einem Gasgemisch mit 8 weiteren Komponenten sehr deutlich erkennbar sind.

XI. Nachweis von Cyanwasserstoff in einigen besonderen Fällen.

1. Nachweis in pflanzlichem Material und in Lebensmitteln.

Zum Austreiben des Cyanwasserstoffs aus pflanzlichem Material und Lebensmitteln, die HCN-haltigen Schädlingsbekämpfungsmittel ausgesetzt waren, zwecks Nachweises wird das Material gewöhnlich zerkleinert, mit etwa der gleichen Menge Wasser verrührt und im Kolben mit Weinsäure auf Temperaturen von 50—100° erwärmt (vgl. MOUCKA, ROGERS und FRYKOLM sowie GOLDSTONE). Der Nachweis wird in dem Kolben selbst mit Reagenspapier ausgeführt, oder der Cyanwasserstoff wird überdestilliert oder durch einen Luftstrom in eine Vorlage übergetrieben, die meistens salpetersaure oder ammoniakalische Silbernitratlösung enthält.

Als Nachweisreaktionen sind in der Praxis außer der Silbernitratfällung offenbar die Pikrat- und die Berlinerblau-Methode am gebräuchlichsten.

2. Nachweis in tierischem Material (z. B. in Organteilen).

Bei peroraler Cyankalivergiftung wird nach den Untersuchungen von SEIFERT die höchste Cyanidkonzentration im Magen und seinem Inhalt gefunden, und zwar innerhalb 15 Stunden nach der Vergiftung etwa 50% der inkorporierten Menge. Die Konzentration im Blut betrug im gleichen Falle nur 0,1 mg-%. Schon SENSI hatte darauf hingewiesen, daß die Konzentration im Blut selbst bei Einnahme des Mehrfachen der tödlichen Dosis sehr gering bleibt, so daß der spektralanalytische Nachweis auf Grund des Cyanhämoglobin-Spektrums — dessen Erfassungsgrenze er zu 0,03% angibt — versagt. Chemische Methoden sind empfindlicher, so daß mit ihnen der Nachweis auch im Blut möglich ist.

Nach SENSI bleibt das Gift nicht länger als 20 Tage in den Organen erhalten. CHELLE erklärte das Verschwinden des HCN beim Fäulnisvorgang durch dessen Umsatz mit gleichzeitig entstehendem H_2S zu Rhodanwasserstoff. Er konnte in solchen Fällen durch Behandeln der Organteile mit Schwefelsäure und Dichromat (Oxydation des Rhodanids zu Cyanid) vor bzw. während der Destillation eine positive

HCN-Reaktion erzielen. ORELLA stellte fest, daß im normalen, nicht vergifteten Gewebe durch Einwirkung von Chromschwefelsäure kein HCN entsteht. Auch entsteht bei der Fäulnis von HCN-freien Gewebeteilen kein Rhodanwasserstoff.

MAGNIN bestätigte die Befunde von CHELLE, stellte allerdings fest, daß die Umwandlung des Cyanwasserstoffs in Rhodanwasserstoff nicht quantitativ erfolgt; ein Teil des HCN geht auf andere Weise verloren. Diese Feststellung wurde durch Untersuchungen von RATHENASINKAM erhärtet.

Durch chemische Reaktionen läßt sich bei tödlich verlaufenen Vergiftungen in allen Fällen die — sei es durch den Magen oder durch Einatmung — aufgenommene Blausäure nachweisen (ORELLA; ELSDON und STUBBS), bei Beachtung der Hinweise von CHELLE auch in nach Wochen oder sogar Jahren exhumierten Leichen.

Die Methoden zum Freimachen der Blausäure aus Organteilen sind im Grunde die gleichen wie bei pflanzlichen Produkten. Man arbeitet gewöhnlich mit verdünnter Schwefelsäure, Phosphorsäure oder auch Oxalsäure (CHELLE; MAGNIN; RATHENASINKAM; MARTINI und BERISSO) als Mazerationsmittel und weist den Cyanwasserstoff unmittelbar im Gasraum des gleichen Gefäßes durch Reagenstropfen (BRUNSWIK und NEUREITER; MARTINI und BERISSO; MAGNIN) oder Reagenspapier (RATHENASINKAM) oder in einer Vorlage nach Übertreiben durch Wasserdampfdestillation (WEHRLI; JANSCH und MAYER; ELSDON und STUBBS) oder Durchleiten von Luft (MAGNIN; CHELLE), wobei sich in der Vorlage Silbernitratlösung, Alkalilösung oder Reagenspapier befindet, nach.

Zum Nachweis wird weitaus am meisten die Berlinerblau-Reaktion (als absolut spezifisch) empfohlen (MAGNIN; WEHRLI; RATHENASINKAM; SEIFERT). Der letztgenannte Autor hebt die Zweckmäßigkeit der Nachbehandlung des nach GETTLER und GOLDBAUM erhaltenen Reaktionsflecks mit HCl zur Beseitigung der Störung, die durch H_2S verursacht wird, hervor. Schwefelwasserstoff entsteht besonders aus in Verwesung befindlichen Organteilen. Auch die Oxaluramid- und die Benzidin/Cu-Methode sind empfohlen worden (MARTINI und BERISSO sowie JANSCH und MAYER).

Literatur.

ALDRIDGE, W. N.: Analyst **69**, 262 (1944); Ref.: Chem. Abstr. **39**, 40 (1945); C. **1945**, I, 1039. — ALMEN, G.: Fr. **11**, 361 (1872). — ANDERSON, G.: Fr. **55**, 459 (1916).

BAKER, B. B., u. J. D. MORRISON: Anal. Chem. **27**, 1306 (1955). — BARNEBEY, O. L.: Am. Soc. **36**, 1092 (1914) Fr. **62**, 148 (1923). — BECKURTS, H., u. P. SCHÖNFELDT: Ar. **221**, 576; Ref.: Fr. **23**, 116 (1884). — BEILSTEIN: Handbuch, 3. Aufl. Bd. 1, 1399. — BISCHOFF: Biochem. J. **21**, 1162 (1927); Ref.: C. **1928**, I, 1985. — BRAUN, C. D., u. HLASTZIWE: Fr. **3**, 465 (1864). — BRUNSWIK, H., u. F. NEUREITER: Wien. Akad., Math. naturw. Klasse **130**, I, 383 (1921); Ref.: C. **93**, IV, 740 (1922). — BOCKE, J.: Philips Tech. Rev. **8**, 341 (1946); Ref.: Chem. Abstr. **41**, 4014a (1947). — BOYE, E.: Pharmazie **6**, 473 (1951); Ref.: Chem. Abstr. **46**, 4426b (1952). — BOHSELMANN, H.: Z. Lebensm. **47**, 209 (1924); Fr. **68**, 474 (1926) — BUCHANAN, G. H.: Ind. Chem. **15**, 637 (1923); Ref.: Fr. **74**, 259 (1928). — BROWN, F., u. J. GRAHAM: Anal. Chem. **24**, 1032 (1952).

CASTIGLIONI, A.: Fr. **91**, 346 (1933). — CHELLE, L.: C. r. **169**, 726, 852, 973 (1919); Fr. **67**, 319 (1925). — CULLINANE, N., u. S. J. CHARD: Analyst **73**, 95 (1948); Ref.: Chem. Abstr. **42**, 3278g (1948). — CURTMAN, L. J., u. S. M. EDMONDS: Chem. News **142**, 337 (1931); Ref.: Fr. **87**, 294 (1932). — ČUTA, F., u. M. ŠEVELA: Collect. czechoslov. chem. Comm. **13**, 267 (1948) (engl.); Ref.: Chem. Abstr. **42**, 7653d (1948). Chem. Listy **37**, 1/22 (1943); Ref.: Chem. Abstr. **38**, 3922[4] (1944).

DANKCKWORTT, P. W.: Apoth.- Z. **42**, 1262 (1927); Ref.: C. **1928**, I, 949. — DANKCKWORTT P., u. E. PFAU: Arch. Pharm. **262**, 442 (1924); Ref.: Fr. **67**, 319 (1925). — DEHN, W. M. BALLARD, D. A.: Am. Soc. **54**, 3264 (1932). — DENIGÈS, G.: a) C. r. Soc. Biol. **84**, 309 (1922); b) Mikrochim. **4**, 149 (1926); C. A. **21**, 2628 (1927). — DIJKSTRA u. PATOU: Chem. Weekbl. **34**, 351 (1937); Ref.: C. **1937**, II, 910. — DILTHEY, W., u. P. SCHEIDT: J. pr. **142**, 125 (1935); Ref.: C. **1935**, I, 3416.

ELSDON, G. D., u. J. R. STUBBS: Analyst **62**, 540 (1937); Ref.: C. **1937**, II, 2565.

FALKOF, M. M., B. WITTEN u. B. GEHAUF: Chem. Abstr. **48**, 9280a (1954). Ausführl. Ref. — FEDOTOW, W. P.: Ž. anal. Chim. **11**, 250 (1956) (russ.); Ref.: Fr. **155**, 133 (1957); Ref.: C. **1957**, 10578. — FEIGL, F., u. H. E. FEIGL: Anal. chim. **3**, 300 (1949); Ref.: Fr. **130**, 443 (1949/50). — FEIGL, F., u. A. CALDAS: Mikrochim. A. **1955**, 992; Ref.: C. **1957**, 3917. — FEIGL, F., u. G. B. HEISIG: Anal. chim. Acta **3**, 561 (1949); Ref.: Chem. Abstr. **44**, 6332c (1950). — FEIGL, F., u. J. V. TAMCHYNA: B. **62**, 1897 (1929). — FENTON, P. F.: J. chem. Educat. **21**, 92 (1944); Ref.: Chem. Abstr. **38**, 1811[4] (1944). J. chem. Educat. **21**, 448 (1944); Ref.: Chem. Abstr. **39**, 135[8] (1945). — FOX, D. L.: Science **79**, 37 (1934); Ref.: C. **1934** I, 1529. — FRÖHDE, A.: pogg. Ann. **119**, 317; Fr. **2**, 362 (1863).

GETTLER, A. O., u. L. GOLDBAUM: Anal. Chem. **19**, 270 (1947); Ref.: Chem. Abstr. **41**, 3713b (1947). — GOLDSTONE, N. I.: Anal. Chem. **21**, 781 (1949); Ref.: Chem. Abstr. **43**, 9273gh (1949). — GOUDSWAARD, A.: Pharmac. Tijdschr. Nederl.-Indië **9**, 285 (1932); Ref.: C. **1933**, II, 1404. — GUIGNARD: Bl. Sci. pharmacol. **5**, 415 (1906); C. r. **142**, 545 (1906). — GUTZEIT, G.: Helv. **12**, 713, 829 (1929); Ref.: Fr. **82**, 177 (1930).

HANKER, J. S., R. M. GAMSON u. H. KLAPPER: Anal. Chem. **29**, 879—81 (1957). — HEYROVSKY: Anal. chim. Acta **8**, 283 (1953); Ref.: Chem. Abstr. **47**, 12094h (1953). — HICKINBOTHAM, A. R.: The Analyst **75**, 502 (1950); Ref.: C. **1951**, I, 2935. — HLASIWETZ, H.: A. **110**, 289 (1859). — HOFMANN, K. A. u. H. KIRMREUTER: B. **41**, 314 (1908). — HOVORKA, V. u. MORAVEK, J.: Bull. Int. Acad. Tchéque Sci. Cl. Math. Natur. et Med. **51**, 301 (1953); Ref.: Anal. Abstr. **2**, Ref.: 1782 (1955).

JACQUEMIN: Ann. Chim. et Phys. **4**, 135. Fr. **41**, 366 (1902). — JANDER, G., u. H. WENDT: Lehrbuch der analytischen und präparativen Chemie. Hirzel-Verlag, Stuttgart: 1952. — JANSCH, H., u. F. MAYER: Dtsch. Z. ges. gerichtl. Med. **19**, 64 (1952); Ref.: Fr. **139**, 80 (1953).

KARAOGLANOW, G.: Fr. **62**, 221, 217 (1923). — KARAOGLANOV, Z., u. M. DIMITROV: Fr. **63**, 1 (1924). — KLOCKMANN, R.: Pharm. Ztg. **84**, 356 (1948); Ref.: Chem. Abstr. **43**, 5539b (1949). — KOLTHOFF, J. M.: a) Fr. **57**, 1 (1918); b) Fr. **63**, 188 (1923). — KOLTHOFF, J. M., u. C. S. MILLER: Am. Soc. **63**, 1405 (1941). — KORENMAN I. M., u. A. A. BELJAKOV: J. anal. Chem. **8**, 168 (1953) (russ.); Ref.: Chem. Abstr. **47**, 10408c (1953). — KORENMAN, I. M., u. A. P. MAKSAKOWA: Z. Arb. Kommiss. Anal. Chem. Akad. Wissensch. (russ.) **3**, 200 (1951); Ref.: Chem. Abstr. **47**, 2640 i (1953). — KOSLOWSKY, M. T., u. A. J. PENNER: Ar., Ber. dtsch. pharm. Ges. **272**, 792 (1934); Ref.: C. **1935**, I, 603. Mikrochemie **21**, 82 (1936); Ref.: C. **1937**, I, 2831. — KUNZ-KRAUSE: J. f. Gasbel. u. Wasserversorg. **1901**, 726. — KURTENACKER, A., u. A. FRITSCH: Z. anorg. Ch. **117**, 202, 262 (1921).

LAVIALLE, P., u. L. VARENNE: J. Pharm. Chim. [7] **17**, 97 (1918); C. **89**, I, 1074 (1918). — LECOQ, H.: Bl. Soc. chim. Belg. **54**, 186 (1945); Ref.: Chem. Abstr. **41**, 2347 (1947). — LINK, A., u. R. MÖCKEL: Fr. **17**, 455 (1878). — LOCKEMANN, G.: B. **43**, 2127 (1910).

MAGNIN, G.: J. Pharm. Chim. **117**, 336 (1925); dch. Analyst **50**, 300 (1925); Ref.: Fr. **70**, 95 (1927). — MARTINI, A., u. B. BERISSO: Mikrochemie **26**, 241 (1939); Ref.: C. **1939**, II, 4041. — MOUCKA, V., ROYERS u. FRYKOLM: Z. Lebensm. **71**, 166 (1936); Fr. **108**, 437 (1937).

NICHOLSON, R.: Analyst **66**, 189 (1941); Ref.: Fr. **126**, 279 (1943).

ODEKERKEN, J. M.: Fr. **131**, 175, 165—187 (1950). — ORELLA, P. R.: An. Farm. Bioquim. **6**, 1 (1935); Ref.: C. **1935**, II, 3804.

PATOU, W. B.: Canad. Mining J. **59**, 135 (1938); Ref.: C. **1938**, II, 1445. — PERTUSI, C., u. E. GASTALDI: Ch. Z. **37**, 609 (1913); Ref.: Chem. Abstr. **7**, 3292 (1913). — PIERSON, R. H. u. Mitarbeiter: Anal. Chem. **28**, 1218—39 (1956). — PLUGGE, P. C.: Fr. **18**, 408 (1879).

RATHENASINKAM, E.: Analyst **394**, 73 (1948); Ref.: Chem. Abstr. **41**, 4737h; Ref.: Chem. Abstr. **42**, 8239g (1948). — ROGERS, CH. F., u. O. C. FRYKOLM: J. agric. Res. **55**, 533 (1937); Ref.: C. **1938**, I, 1627. — ROZENDAAL, N. A.: Pharmac. Tijdschr. Nederl.-Indië **4**, 110; Ref.: C. **1927**, II, 143; Ref.: Chem. Abstr. **22**, 3603 (1928). — ROSENTHALER, L.: Pharmac. Acta Helvetiae **14**, 218 (1939); Ref.: C. **1940**, I, 2993. — ROSING, A., u. S. SCHISCHKOW: A. **106**, 255 (1955) (1858). — ROSSI, L., J. A. SOZZI u. A. TRONCOSO: Quím. e Ind. **15**, 358 (1938); Ref.: Chem. Abstr. **33**, 84 (1939).

SCHAPOWALENKO, A.: Fr. **100**, 343 (1935). — SENSI, G.: Ann. Chim. appl. **16**, 612 (1926); Fr. **73**, 127 (1928). — SCHÖNBEIN u. PAGENSTECHER; durch J. PESET u. J. AGUILAN: Arch. med. legal **1**, 18 (1922); Ref.: C. **1923**, II, 223. — SCHWEISSINGER, E.: Apoth.-Z. **52**, 953 (1937); Ref.: C. **1937**, II, 3493. — SHERARD, G.: Publ. Health. Rep. **43**, 1016 (1928); Ref.: Chem. Abstr. **22**, 2339 (1928). — SEIFERT, P.: Dtsch. Z. ges. gerichtl. Med. **41**, 441 (1952); Ref.: Chem. Abstr. **47**, 4940b (1953) — SIEVERTS, A., u. K. REHM: Angew. Ch. **50**, 88—89 (1937); Ref.: C. **1937**, I, 2639. — SIEVERTS, A., u. A. HERMSDORF: C. **1921**, II, 432. — STAMM, J.: Apoth.-Z. **39**, 525; C. **1924**, II, 515. — STEIGMANN, A.: J. Soc. chim. Ind. **61**, 36 (1942); Ref.: C. **1943**, I, 2117. — STRANGE, J. P.: Anal. Chem. **29**, 1878 (1957). — STRECKER, A.: A. **113**, 48/53 (1860). — STEYN, D. G.: J. S. African Vet. Med. Assoc. **10**, 65 (1939); Ref.: Chem. Abstr. **34**, 50 (1940). — SUNDBERG, TH.: Svensk Kem. Tids. **33**, 112 (1921); Chem. Abstr. **15**, 3431 (1921).

TALON, R.: Chim. Ind. **57**, 331 (1947); Ref.: C. **1948**, II, 1360. — TANANAEFF, N. A., u. A. M. SCHAPOWALENKO: Fr. **100**. 343 (1935). — THIÉRY, A.: J. Pharm. Chim. [6] **2[illegible]**, 51; Ref.,

C. **78**, **I**, 994 (1907). — TREADWELL, F. P.: Kurzes Lehrbuch der analytischen Chemie, 22. Aufl., I. Bd. Verlag Franz Deuticke, Wien: 1948.

VIZERN, u. GUILLOT: Ann. Chim. anal. [4] **24**, 106 (1942); Ref.: C. **1942**, II, 2747. — VORTMANN, G.: M. **7**; 416; Fr. **26**, 643 (1887).

WAGENAAR, G. H.: Pharm. Weekbl. **77**, 465 (1940); Ref.: C. **1940**, II, 377. — WASTENON: Svensk. farmac. Tidskr. **29**, 109 (1925); Chem. Abstr. **19**, 1674 (1925). — WECHNIZEN, F.: Pharm. Z. **282** (1905); Pharm. Weekbl. **42**, 272 (1905); Fr. **47**, 319 (1908). — WEHRLI, S.: Helv. **25**, 1432 (1942); Ref.: Chem. Abstr. **37**, 4330[6] (1943). — WITTEN, B., u. A. PROSTAK: Anal. Chem. **29**, 885 (1957).

Cyan (Dicyan).

$(CN)_2$

Mol.-Gew. 52,038 Dichte 1,797 (Luft = 1) Schmp. —34,4° Kp. —20,7°.

Cyan ist ein farbloses, in Wasser, Alkohol und Äther lösliches Gas mit an bittere Mandeln erinnerndem Geruch. In alkalischen Lösungen bildet es Alkalicyanid und -cyanat:

$$NC{-}CN + 2NaOH \rightarrow NaCN + NaCNO + H_2O.$$

Die Verbindung gibt im großen und ganzen die gleichen Reaktionen wie Cyanwasserstoff und kann daher mit den gleichen Methoden nachgewiesen werden. Im Gegensatz zu HCN erzeugt sie aber aus salpetersaurer Silbernitratlösung keinen Niederschlag. Hierdurch lassen sich die beiden Stoffe in gasförmigen Gemischen leicht unterscheiden und in einfacher Weise trennen.

1. Nachweis in Gegenwart von Cyanwasserstoff unter Trennung durch die Silbernitratreaktion des HCN.

Ausführung. Nach RHODES leitet man das Gas in schwachem Strom durch drei hintereinandergeschaltete Waschflaschen, von denen die erste und zweite je 5 ml 0,1 n-$AgNO_3$-Lösung, die mit 1 Tropfen 6 n-Salpetersäure versetzt sind, enthalten. Die dritte Flasche enthält 2 n-KOH-Lösung. HCN wird zum größten Teil in der ersten Flasche, ein kleiner restlicher Teil noch in der zweiten Flasche unter Niederschlagsbildung absorbiert. In der dritten Flasche setzt sich evtl. vorhandenes $(CN)_2$ mit dem Alkali gemäß obiger Gleichung um. Der positive Ausfall irgendeiner Cyanidreaktion (s. Kap. Cyanwasserstoffsäure) mit dem Inhalt dieser Flasche zeigt das Vorhandensein von Cyan in dem Gas an.

2. Mikronachweis mit Oxin und Kaliumcyanid.

Zum Mikronachweis von Cyan in festen Substanzen kann die folgende von FEIGL und HAINBERGER auf der Grundlage einer von KOMAROWSKY und POLUEKTOW gefundenen Reaktion entwickelte Methode dienen.

KOMAROWSKY und POLUEKTOW hatten beobachtet, daß zwischen 8-Hydroxychinolin (Oxin) und Cyan, das in der Oxinlösung erzeugt wird, eine Reaktion stattfindet, die eine rote Färbung verursacht. FEIGL und HAINBERGER fanden, daß die gleiche Reaktion auch stattfindet, wenn gasförmiges $(CN)_2$ mit konzentrierter KCN-Lösung, die Oxin enthält, in Berührung kommt und gründeten hierauf einen spezifischen und empfindlichen Nachweis für Cyan, insbesondere solches, das aus festen Verbindungen durch Pyrolyse abgespalten wird.

Ausführung. Eine kleine Menge der festen Substanz, die auf Entwicklung von Cyan bei der thermischen Zersetzung geprüft werden soll, wird in ein Mikroreagensglas gegeben. Die Öffnung des Glases wird mit einem Filtrierpapierscheibchen bedeckt, das mit Oxin imprägniert und unmittelbar vor dem Versuch mit einem Tropfen

25%iger KCN-Lösung befeuchtet wurde. Der untere Teil des Gläschens wird dann mit einem Mikrobrenner erhitzt. Je nach der Menge des entwickelten Cyans entsteht in höchstens 1 Minute ein roter oder rosafarbener, runder Fleck auf dem gelben Papier. Die Imprägnierung des Papiers wird durch Eintauchen in eine 10%ige ätherische Oxin-Lösung und Trocknenlassen an der Luft vorgenommen.

Erfassungsgrenze. Etwa 1 μg (CN_2).

Mit dieser Reaktion können auch komplexe Eisencyanide und Rhodanide nachgewiesen werden. Die Alkali-Eisen(II)- und Eisen(III)-Cyanide (Cyanoferrate) und andere erst bei hoher Temperatur zersetzliche komplexe Cyanide entwickeln im Gegensatz zu den entsprechenden Edelmetall-, Hg- und Cu-Verbindungen beim Erhitzen nur wenig $(CN)_2$, ein Teil desselben geht noch dazu in Paracyan und Eisencarbid über. Dampft man aber die Probe mit einer 0,5%igen alkoholischen Lösung von $HgCl_2$ ein und führt dann die obige Methode aus, so entweicht auch aus den Alkaliverbindungen ein erheblicher Teil des Cyanids als Cyan, entsprechend der Gleichung:

$$K_4Fe(CN)_6 + 6\,HgCl_2 \rightarrow 4\,KCl + FeCl_2 + 3\,Hg_2Cl_2 + 3\,(CN)_2.$$

(Ein Teil des Cyans setzt sich ebenfalls zu Paracyan um.) So können noch 5 μg Kaliumcyanoferrat(III) und 10 μg Kaliumcyanoferrat(II) nachgewiesen werden, ohne $HgCl_2$ nur 200 bzw. 3000 μg.

Literatur.

FEIGL, F., u. L. HAINBERGER: Analyst **80**, 807 (1955); Ref.: Fr. **152**, 304 (1956).
KOMAROWSKY, A. S., u. N. S. POLUEKTOW: Fr. **96**, 23 (1934).
RHODES, F. H.: Ind. eng. Chem. **4**, 652 (1912); Fr. **53**, 199 (1914).

Cyansäure.

HOCN

Inhaltsübersicht.

I. Allgemeines.

Die freie Cyansäure, eine farblose Flüssigkeit, besitzt einen charakteristischen Geruch, der zugleich an schwefelige Säure und Essigsäure erinnert. Sie ist eine schwache Säure (pK = 3,8) und wird daher durch verdünnte Mineralsäuren aus ihren Salzen ausgetrieben; durch Kohlensäure kann sie nicht freigesetzt werden. In wäßriger Lösung zerfällt sie sofort in Kohlensäure und Ammoniak:

$$HOCN + H_2O = CO_2 + NH_3.$$

Die Reaktionsprodukte vereinigen sich unter Bildung von Ammoniumhydrogencarbonat.

Die Cyanate der Alkalien sind in trockenem Zustand recht beständig, zerfließen aber an der Luft und gehen unter Mitwirkung von Wasser allmählich in Alkalihydrogencarbonat und Ammoniak über:

$$KOCN + 2H_2O = KHCO_3 + NH_3.$$

Wäßrige Lösungen der Cyanate zersetzen sich ebenfalls mit der Zeit unter Bildung von Hydrogencarbonat und Ammoniumhydroxid; bei Einwirkung von Säure auf Cyanatlösungen entwickelt sich Kohlendioxid, während das Ammoniumsalz der betreffenden Säure in der Lösung zurückbleibt.

Die Cyanate der Alkalien und alkalischen Erden sind in Wasser löslich. Unlöslich in Wasser sind Silber-, Quecksilber(I)-, Blei- und Kupfercyanat. In Salpetersäure sind alle Cyanate unter Entwicklung von Kohlendioxid löslich.

Infolge der leichten Löslichkeit der Cyanate geht die Cyansäure bei dem Anionentrennungsgang von JANDER und WENDT in die 6. und letzte, die „lösliche Gruppe". Wegen Einzelheiten dieser und anderer Trennungsgänge s. Teil 2, Band IX dieses Handbuches.

II. Nachweisverfahren.

1. Nachweis als Tetracyanatokobaltat(II).

Cyanathaltige Lösungen färben sich nach Zufügen einer konzentrierten Kobaltacetatlösung (evtl. Zugabe eines Tropfens konz. Essigsäure) intensiv blau. Es bildet sich hierbei Kalium-Tetracyanatokobaltat(II), $K_2Co(OCN)_4$. Beim Verdünnen mit Wasser verschwindet die blaue Farbe, weil das Komplexion in seine Bestandteile dissoziiert. Die Dissoziation läßt sich durch Zugabe von Alkohol oder Aceton zurückdrängen, wodurch der Nachweis empfindlicher wird. Die blaue Verbindung kann, im Gegensatz zum analogen Rhodanidkomplex mit Amylalkohol bzw. mit Amylalkohol/Äther nicht ausgeschüttelt werden. Eine weitere Unterscheidungsmöglichkeit bietet die Beständigkeit des Rhodanidkomplexes gegen verdünnte Mineralsäure, da die Cyanatverbindung durch Säuren unter Entfärbung vollständig zerstört wird (Zersetzung der Cyanate).

Störung. Cyanide stören, indem sie das Kobalt als komplexes Cyanokobaltat binden, und müssen daher vor dem Cyanatnachweis, z. B. durch Einleiten von Kohlendioxid, aus der Probelösung entfernt werden. Die Bildung der Cyanatverbindung wird ferner durch viele reduzierende Verbindungen gestört. Rhodanid gibt eine analoge Reaktion, ist aber wie oben gezeigt zu unterscheiden.

Empfindlichkeit. In Lösungen, die 90—95% Alkohol enthalten, tritt noch bei Konzentrationen von 1:30000 eine wahrnehmbare Färbung auf.

a) Nachweis einer Cyanatverunreinigung in Kaliumcyanid.

Man löst etwa 3—5 g des zu prüfenden Kaliumcyanids in 30 bzw. 50 ml kaltem Wasser und leitet 1—$1^1/_2$ Stunden Kohlendioxid durch die Lösung, wobei die Blausäure vertrieben, Kaliumcyanat aber nicht merklich angegriffen wird. Nun versetzt man, um Kaliumcarbonat auszufällen, nur 1 ml der Flüssigkeit mit 25 ml absolutem Alkohol und filtriert. Das alkoholische Filtrat wird mit einigen Tropfen alkoholischer Kobaltacetatlösung versetzt. Enthält das angewandte Kaliumcyanid 0,5% Cyanat, so ist die Blaufärbung deutlich zu erkennen (SCHNEIDER).

b) Nachweis von Cyanat in festen Substanzen auf der Tüpfelplatte.

Wenig Cyanat in festen Substanzen weist man am besten auf der Tüpfelplatte durch Verreiben mit Kobaltacetat nach (TREADWELL). Um die Blaufärbung auch im Falle der Gegenwart von Nitrit zu erhalten, bringt man zuerst 2—3 Tropfen Aceton auf die Platte, dann die zu prüfende feste Substanz sowie festes Kobaltacetat und verreibt mit einem Spatel. Ist Cyanat und gleichzeitig viel Nitrit vorhanden, so verschwindet die anfänglich gebildete blaue Farbe allmählich wieder.

Silbercyanat gibt ebenfalls die Blaufärbung, wenn man das Silbersalz mit Kobaltacetat und Natriumchlorid auf der Tüpfelplatte verreibt. Mit Silberrhodanid erhält man unter diesen Umständen die Blaufärbung erst auf Zusatz von Aceton.

2. Nachweis durch Fällung als Silbercyanat.

Silbernitrat erzeugt in neutralen, cyanathaltigen Lösungen eine weiße, käsige Fällung von Silbercyanat. Aus heißen gesättigten Lösungen scheidet es sich beim Erkalten in charakteristischen Kristallen aus, welche bei starker Vergrößerung unter dem Mikroskop als parallel laufende, bisweilen sägeförmig gezähnte Fasern erscheinen (FOSSE a). Silbercyanat ist in verdünnter Salpetersäure und in Ammoniak im Gegensatz zu Silbercyanid leicht löslich. Da jedoch viele andere Silbersalze das gleiche Löslichkeitsverhalten zeigen, ist es dadurch nur wenig charakterisiert. Silbercyanat dient deshalb vor allem zur Abscheidung von Cyanat aus kompliziert zusammengesetzten oder gefärbten Lösungen und wird anschließend durch eine spezifischere Reaktion identifiziert.

a) Identifizierung durch Bildung von Jodcyclohexylisocyanat bzw. von Jodcyclohexylharnstoff.

Das von LINHARD und STEPHAN stammende Verfahren beruht darauf, daß sich Silbercyanat mit einer ätherischen Jodlösung zu Jodoxycyan umsetzt: $AgOCN + J_2 = AgJ + JOCN$, welches sich leicht an ungesättigte organische Verbindungen anlagert, wobei beständige, durch ihren charakteristischen Geruch ausgezeichnete Jodisocyanate entstehen. Als geeignetestes Olefin erwies sich Cyclohexen, welches am besten von vornherein zur ätherischen Reaktionslösung zugefügt wird, um die sonst zuletzt nur mehr langsam fortschreitende Reaktion zwischen Silbercyanat und Jod in kurzer Zeit zu Ende zu führen.

Ausführung. Man fällt die schwer löslichen Silbersalze aus der Probelösung mit Silbernitrat aus, suspendiert den abfiltrierten und getrockneten Niederschlag in Äther, versetzt mit etwas Cyclohexen und darauf mit so viel Jod, wie entfärbt wird. In der ursprünglichen Lösung enthaltenes Cyanat erkennt man dann an dem stechenden Geruch des gebildeten β-Jodcyclohexylharnstoffs, der in kleinen, farblosen Nadeln auskristallisiert. Helles Tageslicht ist wegen der Lichtempfindlichkeit von Jodoxycyan zu vermeiden.

Die **Empfindlichkeit** der Methode ist im wesentlichen durch die Löslichkeit des Silbercyanats bestimmt. So erhält man bei 3 mg Kaliumcyanat in 100 ml Probelösung nur noch eine Trübung von Silbercyanat, doch läßt sich dieses bereits in eine gut erkennbare Menge von 2-Jodcyclohexylharnstoff überführen. Das Sammeln und Weiterverarbeiten solch kleiner Niederschlagsmengen wird durch Zugabe eines Ions, welches mit Silbernitrat einen Niederschlag gibt, ganz wesentlich erleichtert. Es empfiehlt sich daher eine Zugabe von Alkalichlorid zur Probelösung. Bei Verwendung von 100 ml Probelösung gelingt die Reaktion dann noch bei einer Cyanat-Konzentration von 1:33000.

Störung. Der Nachweis wird nur durch Rhodanid gestört. Bei Gegenwart von Cyanwasserstoffsäure bildet sich Jodcyan, das ebenfalls einen stechenden Geruch besitzt, die Ausfällung von Jodcyclohexylharnstoff aber nicht beeinträchtigt. Das Verfahren eignet sich besonders zum Nachweis von Cyanat neben Chlorid, Bromid oder Jodid.

Ausführung als Prüfung von Kaliumcyanid auf einen etwaigen Cyanatgehalt. Man löst 1 g Kaliumcyanid in 20 ml Wasser, fällt mit 16 ml 1 n-Silbernitratlösung unter Kühlen, wäscht den Niederschlag mit Wasser, Alkohol und Äther und trocknet im Vakuumexsikkator. Der getrocknete Niederschlag wird in 10 ml Äther suspendiert; es wird 1 ml Cyclohexen und 1 g Jod zugefügt und so lange geschüttelt, bis die Jodfarbe verschwindet. Hierauf wird abfiltriert und in das Filtrat Ammoniak eingeleitet. Bei Gegenwart von Cyanat scheiden sich sofort oder nach wenigen Minuten die feinen Nadeln von β-Jodcyclohexylharnstoff ab, der in Wasser und Äther unlöslich ist.

b) Identifizierung durch Überführung in Oxyharnstoff.

Silbercyanat geht beim Verreiben mit salzsaurem Hydroxylamin in Oxyharnstoff über (vgl. FOSSE a), der durch die mit Eisen(III)-chlorid entstehende blauviolette Färbung nachgewiesen wird.

c) Identifizierung durch Überführung in Tetracyanatokobaltat(II).

FOSSE (a) empfiehlt zur Identifizierung der Cyansäure die Überführung in den blauen Cyanatokobaltatkomplex durch Verreiben von ausgefälltem Silbercyanat mit Kobaltacetat bei Gegenwart von Kaliumchlorid (vgl. auch Abschn. II 1 b).

d) Identifizierung durch Überführung in Xanthylharnstoff (s. Abschn. 6).

3 a) Nachweis durch Bildung eines Kupfercyanat-Pyridinkomplexes.

Kupfersulfat und Pyridin geben mit Cyanatlösungen einen violettblauen Niederschlag, der beim Trocknen ultramarinfarben wird. Die entstandene Verbindung hat die Zusammensetzung $CuPy_2(OCN)_2$ und löst sich in Chloroform mit saphirblauer Farbe. Die Reaktion wurde von WERNER zu einem Cyanat-Nachweis ausgebildet.

Ausführung. Ungefähr 10 ml Wasser werden mit 2—3 Tropfen einer 1%igen Kupfersulfatlösung und einigen Tropfen Pyridin versetzt. Zur so bereiteten Reagenslösung gibt man nun 2 ml Chloroform sowie die zu prüfende Lösung und schüttelt kräftig. Bei Anwesenheit von Cyanat färbt sich die Chloroformschicht saphirblau. Enthält die Probelösung nur wenig Cyanat, so ist ein Überschuß an Kupfersulfat zu vermeiden; hingegen wirkt ein kleiner Überschuß von Pyridin günstig.

Empfindlichkeit. Die Reaktion kann in wäßriger Lösung bis zu einer Verdünnung von 1:2000 ausgeführt werden.

b) Modifikationen des Nachweises mit analogen Reagentien.

Nach den Untersuchungen von RIPAN geben Eisen(II)-, Nickel-, Kobalt- und Zinksalze mit Cyanat und Pyridin analoge Komplexe, die sich gleichfalls zum Cyanatnachweis eignen, und ferner kann man statt Pyridin auch α-Picolin oder Dibenzylamin verwenden.

4. Nachweis mit Benzidin und Kupferacetat.

Beim Versetzen einer neutralen oder schwach sauren Cyanatlösung mit 2—5 Tropfen einer 6%igen alkoholischen Benzidinlösung und einigen Tropfen Kupferacetatlösung nimmt die Mischung eine rote Farbe an, die bald braun wird. Die Reaktion wurde von FEARON für den Nachweis von Cyanat verwendet.

5. Nachweis durch Fällung mit ammoniakalischem Quecksilbersulfat.

Ammoniakalisches Quecksilber(II)-sulfat eignet sich nach DENIGÈS als Reagens für den mikrochemischen Nachweis von Cyanat.

Reagens. 5 g rotes Quecksilberoxid werden in einer noch warmen Mischung von 100 ml Wasser und 20 ml konz. Schwefelsäure gelöst, und die erhaltene Lösung wird mit einem gleichen Volumen Ammoniak versetzt.

Ausführung. Man überschichtet am Deckglas einen Tropfen der ammoniakalischen Probelösung mit einem Tropfen Reagens. Ist Cyanat anwesend, so sieht man unter dem Mikroskop bei einer mindestens 600fachen Vergrößerung kleine oktaedrische Kristalle.

Störung. Halogenide und Halogenate stören.

6. Nachweis durch Bildung von Xanthylharnstoff.

FOSSE (b) beschreibt ein Nachweisverfahren, das auf der Umwandlung von Cyanat in Harnstoff beruht und besonders für kleine Mengen geeignet erscheint. Die Umwandlung erfolgt a) entweder direkt in der Probelösung oder b) nach vorhergehender Isolierung als Silbercyanat durch Erhitzen mit Ammoniumchlorid. In beiden Fällen empfiehlt sich die Ausführung einer Blindprobe. Der gebildete Harnstoff wird durch Umsetzung mit Xanthydrol in den gut kristallisierenden Xanthylharnstoff übergeführt.

Als Reagenslösung dient eine 10%ige Lösung von Xanthydrol in Methylalkohol.

Ausführung a). 2 ml der zu untersuchenden Flüssigkeit werden mit 4 ml Eisessig und 0,3 ml Xanthydrollösung versetzt und erwärmt. Ein zweiter Teil der Probelösung wird zunächst eine Stunde mit Ammoniumchlorid erhitzt und dann bei Anwendung der gleichen Mengenverhältnisse ebenfalls mit Xanthydrol in Reaktion gebracht. Ist das Gewicht der Xanthylharnstoffmenge aus dem zweiten Ansatz größer als aus dem ersten, nicht mit Ammoniumchlorid behandelten Ansatz, so liegt wahrscheinlich Cyanat vor.

Ausführung b). Etwa 2 mg mit Silbernitrat ausgefälltes Silbercyanat werden mit 0,01 g Ammoniumchlorid und 0,25 ml Wasser 15 Minuten am Wasserbad erhitzt und dann zentrifugiert. Versetzt man die Lösung hierauf mit 0,5 ml Eisessig und etwas Xanthydrol, so fällt beim Erhitzen Xanthylharnstoff kristallinisch aus. Zum Vergleich wird in einem zweiten Teil des Silberniederschlages das Cyanat durch Erhitzen mit Salpetersäure zerstört und hierauf mit Ammoniak zur Trockene gedampft. Der Trockenrückstand wird wie oben mit Ammoniumchlorid erhitzt und dann mit Eisessig und Xanthydrol behandelt. Nun bleibt die Xanthylharnstoffreaktion aus, falls der Silberniederschlag aus Silbercyanat bestand.

7. Nachweis durch Fällung als Hydrazodicarbamid.

Beim Versetzen von Cyanatlösungen mit einer Lösung von salzsaurem Semicarbazid entsteht ein Niederschlag von Hydrazodicarbamid NH_2–CO–NH–NH–CO–NH_2. Die Reaktion läßt sich nach LEBOUCQ zur Analyse technischer Produkte verwenden, u. a. zum Nachweis von Cyanat in Cyanid. Cyanwasserstoff wird vor der Zugabe des Semicarbazids gebunden, indem man die Probelösung mit wenigen Tropfen Eisessig ansäuert und dann mit Glucose versetzt.

Ausführung. 20 ml Probelösung mit einem Cyansäuregehalt, der 0,2—0,5 g Kaliumcyanat entspricht, werden mit 1 g 98%igem salzsaurem Semicarbazid versetzt und 24 Stunden stehen gelassen.

Empfindlichkeit. Die Empfindlichkeit ist naturgemäß durch die Löslichkeit von Hydrazodicarbamid begrenzt. Letztere beträgt in Wasser 1:6000. Es soll möglich sein, weniger als 1% Cyanat in Cyanid nachzuweisen.

8. Nachweis durch Bildung von Ammoniak.

Durch Einwirkung von verdünnter Schwefelsäure auf cyanathaltige Lösungen wird Cyansäure freigesetzt; diese zerfällt aber sofort in Kohlensäure und Ammoniak. Das entweichende Kohlendioxid reißt stets kleine Mengen unzersetzter Cyansäure mit sich, die an ihrem äußerst stechenden Geruch erkennbar ist. Nach der Zersetzung enthält die Lösung Ammoniumsulfat und entwickelt beim Erwärmen mit Natronlauge Ammoniak. Diese Bildung von Ammoniak wird gelegentlich für den Nachweis von Cyanat herangezogen (DEHN und BALLARD); die Reaktion ist aber, besonders in Gegenwart stickstoffhaltiger organischer Substanzen, häufig nicht eindeutig.

Literatur.

DEHN, M. W., u. B. A. BALLARD: Am. Soc. **54**, 3264 (1932).
FEARON, W. R.: J. biol. Chem. **70**, 785 (1926); C. **98**, I, 1623 (1927). — FOSSE, R.: a) C. r. **171**, 722 (1920); b) **171**, 635 (1920).
JANDER, G., u. WENDT: Dieses Handbuch, Teil II, Bd. 9.
LEBOUCQ, J.: J. Pharm. Chim. **5**, 521 (1927); Ref.: Chem. Abstr. **21**, 3174 (1927); Ann. Falsific. **21**, 595 (1928); Ref.: Fr. **88**, 77 (1932). — LINHARD, M., u. M. STEPHAN: Fr. **88**, 16 (1932).
RIPAN, R.: Bl. Soc. Stiinte Cluij **4**, 144 (1928); Ref.: C. **1929**, I, 2905.
SCHNEIDER, E. A.: B. **28**, 1540 (1895).
TREADWELL, W. D.: Tabellen zur qualitativen Analyse, 17. Aufl., 1946, S. 69.
WERNER, E. A.: Soc. **123**, 2577 (1923).

Rhodanwasserstoffsäure.

HSCN

Inhaltsübersicht.

I. Allgemeines.

1. Die wichtigsten Eigenschaften der Rhodanwasserstoffsäure.

Die Rhodanwasserstoffsäure ist eine farblose, stechend riechende, wenig beständige Flüssigkeit. In wäßriger Lösung hält sie sich besser als im wasserfreien Zustand. Sie ist eine relativ starke Säure ($K = 0{,}85$) und kann daher aus ihren Salzen, die wesentlich beständiger sind als die freie Säure, durch verdünnte Mineralsäuren (z.B. 2n-H_2SO_4) nicht freigesetzt werden. Die freie Säure läßt sich durch Ausschütteln mit Äther extrahieren.

Das Rhodanidion ist farblos und ähnelt in seinen Eigenschaften ebenso wie die Anionen der Cyansäure und der Cyanwasserstoffsäure den Halogeniden. Die meisten Rhodanide sind wasserlöslich; unlöslich sind Silber-, Quecksilber-, Kupfer- und Bleirhodanid. Konzentrierte Salpetersäure, Permanganat, Jodat und Wasserstoffperoxid oxydieren Rhodanwasserstoff in saurer Lösung, und elementares Jod oxydiert ihn in alkalischer Lösung zu Sulfat und Cyanwasserstoff. Beim Behandeln mit Schwefelsäure entstehen je nach der Säurekonzentration verschiedene Zersetzungsprodukte (Ammoniumsulfat, COS, CO, CO_2, HCOOH, SO_2 und freier Schwefel).

In den verschiedenen Trennungsgängen der Anionen (z. B. von Bunsen, Jander und Wendt, Birulja, Dobbins und Ljung, Pozna und Migray sowie von Umblia wird das Rhodanidion aus mäßig saurer Lösung mit Silbernitrat bzw. -sulfat als weißer, käsiger Niederschlag ausgefällt, nachdem eine Reihe anderer Anionen vorher gruppenweise (nach Jander und Wendt mit Calcium-, Barium- und Zinknitrat) abgeschieden worden sind. Das entstehende Silberrhodanid ist in verdünnter Salpetersäure unlöslich, in Ammoniak löslich. (Näheres zu den Trennungsgängen s. Teil 2 Bd IX S. 305 dieses Handbuches.)

2. Beseitigung des Rhodanids beim Nachweis der Halogenidionen.

Der Nachweis der Halogenide wird durch die Gegenwart von Rhodanid gestört, weshalb letzteres entfernt werden muß. Dies kann entweder durch Zerstören (Oxydation) oder nach MANN durch Abtrennen als Kupfer(I)-rhodanid geschehen (siehe auch Abschn. II 1). Die Halogenide und das Rhodanidion lassen sich nach LEDERER auch auf papierchromatographischem Wege trennen.

Die Zerstörung von Rhodanid erfolgt, indem man den Silberniederschlag 45 Min. am Wasserbad mit konzentrierter Salpetersäure behandelt, wobei sich Silberrhodanid gemäß der Gleichung

$$AgSCN + 4HNO_3 = Ag^+ + NH_4^+ + SO_4^{2-} + CO_2 + 2NO + 2NO_2$$

zersetzt, während die Silberhalogenide nicht angegriffen werden. Schneller kommt man zum Ziel, wenn man die gewaschenen Silbersalze statt mit Salpetersäure mit Schwefelsäure (1 + 1; etwa 9m) zum Sieden erhitzt, bis sich der Niederschlag, der dann aus Silberhalogenid und Silbersulfid besteht, schwärzt und zusammenballt.

3. Übersicht über die wichtigsten Methoden zum Nachweis von Rhodanid.

Die bei weitem wichtigste Reaktion auf Rhodanid ist der Nachweis mit Eisen(III)-salz (s. Abschn. III 1), der rasch und bequem auszuführen und sehr empfindlich ist. Auf andere Reaktionen greift man im allgemeinen nur bei Vorliegen besonderer Bedingungen zurück, z. B. wenn der Nachweis mit Eisen(III)-salz wegen des Vorhandenseins störender Verbindungen, z. B. organischer Oxysäuren, ungeeignet ist. In diesen Fällen erfolgt der Rhodanidnachweis häufig mit Kobalt(II)-salz (Farbreaktion nach VOGEL), durch Katalyse der Reaktion von Jod mit Natriumazid, durch Oxydation zu Cyanwasserstoffsäure oder durch Fällung als komplexes Kupfer- bzw. Nickeldipyridinorhodanid.

II. Fällungsreaktionen.

1. Fällung als Komplexverbindung mit einem 2-wertigen Metallion und einer organischen Base.

a) Fällung mit Kupfer- (bzw. Nickel)-Salz und Pyridin.

Rhodanid gibt in Anwesenheit von Pyridin mit Kupfer(II)- bzw. Nickel(II)-salz einen Niederschlag der Formel $[MePy_2](SCN)_2$, der sowohl zum qualitativen Nachweis als auch zur quantitativen Bestimmung verwendet werden kann. Mit Kupfersulfat bzw. -acetat entsteht ein hellgrüner Niederschlag und mit Nickelsulfat eine himmelblaue Fällung. Die Reaktion stammt von SPACU (vgl. auch WAGENAAR, ROSENTHALER und VAN NIEUWENBURG) und kann auch zur mikroskopischen Identifizierung von Rhodanid dienen. Das Pyridin kann durch zahlreiche andere organische Basen ersetzt werden.

Ausführung. Die neutrale Probelösung wird bei Zimmertemperatur unter Rühren mit 8—10 Tropfen Pyridin und einer 10%igen Lösung von Kupfersulfat im Überschuß versetzt. Rhodanid fällt quantitativ als Kupferdipyridinorhodanid, $[CuPy_2](SCN)_2$, aus. Pyridin wird vor der Kupfersulfatlösung zugegeben, da sonst in konzentrierten Lösungen ein schwarzer Niederschlag von Kupfer(II)-rhodanid, entsteht. Andererseits darf nur ein geringer Überschuß an Pyridin verwendet werden, weil die Komplexverbindung darin löslich ist. Die Reaktion kann ferner zur Abtrennung des Rhodanids von den Halogeniden dienen, die im Filtrat des Rhodanidniederschlages in üblicher Weise nachgewiesen werden.

Grenzkonzentration. 1:50000.

b) Fällung mit Benzidin, o-Tolidin oder anderen Aminen an Stelle von Pyridin.

α) *Benzidin- bzw. Guajakharzlösung.*

Ausführung. Versetzt man eine verdünnte Kupfer(II)-salzlösung mit einigen Tropfen einer 1%igen alkoholischen Benzidinlösung und 3—4 Tropfen der rhodanidhaltigen Probelösung, so erhält man einen tiefblauen, in allen üblichen organischen Lösungsmitteln unlöslichen Niederschlag (vgl. FLEMING sowie SPACU und MACAROVICI).

Grenzkonzentration. 1:13000.

Nach FLEMING ist die Reaktion bei Verwendung einer 0,5%igen alkoholischen Guajakharzlösung etwa 10mal empfindlicher.

β) *o-Tolidin.*

o-Tolidin gibt in annähernd neutralen wäßrigen Lösungen in Gegenwart von Kupfer(II)-Ionen mit Rhodanid einen blauen Niederschlag von der Zusammensetzung: $[CuTld](SCN)_2$ (SPACU). Die Fällung ist quantitativ. Ein Überschuß an alkoholischer Tolidinlösung ist zu vermeiden, da der Niederschlag in Alkohol etwas löslich ist.

Ausführung. Man versetzt eine sehr verdünnte Kupfersalzlösung mit einigen Tropfen der auf Alkalirhodanid zu prüfenden Lösung und fügt höchstens 2 Tropfen einer frisch bereiteten, 2%igen alkoholischen Tolidinlösung zu. Nach kurzem Umschütteln entsteht bei Gegenwart von NCS^- ein blauer, flockiger und sehr charakteristischer Niederschlag, der in der Farbe dem Berlinerblau ähnelt.

γ) *Dianisidin, Diaminofluoren.*

Nach FOLCINI kann o-Tolidin bzw. Benzidin durch Dianisidin oder Diaminofluoren ersetzt werden.

c) Fällung mit Kupferanilino-acetat.

KRESCHKOW und Mitarbeiter empfehlen zum SCN^--Nachweis — besonders in Gegenwart von Acetat und Jodid — die Fällung aus neutraler Lösung mit dem komplexen Kupferanilinokation $[Cu(C_6H_5NH_2)\cdot 5\,H_2O]^{2+}$, wobei ein charakteristischer gelbbrauner, kristalliner Niederschlag der Zusammensetzung $[Cu(C_6H_5NH_2)\cdot 5\,H_2O](SCN)_2$ entsteht.

Reagenslösung. 5 g frisch destilliertes Anilin werden unter Erwärmen in 95 ml 5%iger Essigsäure gelöst. Die erhaltene klare Lösung wird erst unmittelbar vor Gebrauch mit einer 0,1 n-Kupferacetatlösung im Verhältnis 1:1 vermischt. Das fertige Reagens zersetzt sich bei längerem Aufbewahren.

Ausführung. Die Reaktion kann im Reagensglas, auf der Tüpfelplatte, auf Filtrierpapier oder unter dem Mikroskop durchgeführt werden. In allen Fällen vermischt man die neutrale Probelösung mit einem gleichen Volumen des Reagens (im Reagensglas je 1 ml, auf Tüpfelplatte oder Filtrierpapier je 1 Tropfen Reagens- und Analysenlösung).

Empfindlichkeit. Im Reagensglasversuch fällt der Niederschlag aus verdünnten Lösungen erst nach 1—2 Minuten; es können noch 0,5 mg Rhodanidion je ml nachgewiesen werden.

Grenzkonzentration. Etwa 1:4000.

Auf der Tüpfelplatte oder dem Filtrierpapier (gelbbrauner Fleck) beträgt die Erfassungsgrenze 20 μg. Bei verdünnten Lösungen ist die Reaktion undeutlich und es empfiehlt sich dann, das Filtrierpapier auszuwaschen und mit Eisen(III)-chlorid zu betupfen; der entstehende rote Fleck ist wesentlich besser zu erkennen.

Bei der mikroskopischen Untersuchung entstehen die charakteristischen goldfarbenen Kristalle bei Rhodanidionenkonzentrationen von 1 mg/ml sofort, von 0,1 mg/ml nach 10 Minuten und von 0,03 mg/ml nach 15 Minuten.

Erfassungsgrenze. 1 μg.

Störungen. Hexacyanoferrate und Sulfide müssen vor Ausführung des Nachweises durch Fällung mit Zinkacetat abgetrennt und Nitritionen mit Sulfaminsäure zerstört werden. Acetate und Halogenide stören nicht.

d) Fällung mit Kupfer- (bzw. Kobalt-)salz und Chinolin bzw. Acridin.

MARTINI untersuchte die Reaktion von SPACU auf ihre Eignung für den mikrochemischen Nachweis, wobei er aber statt Pyridin als komplexbildende organische Base Chinolin bzw. Acridin verwendete.

Herstellung der Basenlösung. 1 ml Chinolin bzw. Acridin wird in 49 ml Salpetersäure (1 + 5; etwa 2,3 m) gelöst.

Ausführung. Die Probelösung wird auf einem Objektträger über einer kleinen Flamme zur Trockene gedampft. Auf den Rückstand gibt man nach erfolgter Abkühlung einen kleinen Tropfen flüssiger Vaseline und dann je einen Mikrotropfen der Metallsalz- und der Acridin- bzw. Chinolinlösung. Bei Durchführung der Fällung mit Chinoliniumnitrat verwendet man als Metallsalzlösung 1%iges Eisen(III)-chlorid oder 5%iges Kobaltchlorid und bei Verwendung von Acridiniumnitrat 1%iges Kobalt(II)- oder Kupfer(II)-chlorid. Der Reaktionstropfen wird nach Auflegen des Deckglases unter dem Mikroskop betrachtet, worauf man bei Anwesenheit von Rhodanid charakteristische Kristallbüschel beobachtet.

Empfindlichkeit. Die Erfassungsgrenze beträgt 0,5 μg Rhodanion für den Kobalt-Chinolinkomplex (blaue Kristalle), 0,1 μg für den Kobalt-Acridinkomplex (grünlichblaue Kristalle) und 1 μg für den Kupfer-Acridinkomplex.

e) Fällung mit Kobalt(II)-salz und Diantipyrylmethan bzw. Antipyrin.

α) Diantipyrylmethan gibt nach SHIWOPISZEW mit Kobalt(II)-ion und Rhodanid in saurer Lösung eine schwer lösliche, blaue Komplexverbindung, wahrscheinlich entsprechend folgender Gleichung:

$$2C_{23}H_{24}O_2N_4 + 2H^+ + Co^{2+} + 4SCN^- = (C_{23}H_{24}O_2N_4)_2H_2[Co(SCN)_4],$$

die mit Chloroform (vgl. auch SCHAROWSKY) extrahiert werden kann.

Ausführung als Tüpfelreaktion. Ein Stück aschefreies Filtrierpapier wird mit einer 5%igen Lösung von Diantipyrylmethan in 2n-Salzsäure und mit einer 5%igen Kobaltsulfat- oder -chloridlösung befeuchtet und getrocknet. Nun wird die Probelösung angesäuert und mit einer Kapillare auf das Reagenspapier gebracht. Bei Anwesenheit von SCN^- entsteht ein blauer Fleck.

Erfassungsgrenze. 1 μg Rhodanid.

Störungen. Tartrat-, Oxalat-, Phosphat- und Jodidionen stören nicht. Hingegen versagt die Reaktion bei gleichzeitiger Anwesenheit von Jodid und Nitrit. Hexacyanoferrate werden durch vorherige Fällung mit einigen Tropfen 5%iger Kobaltsulfatlösung entfernt und Anionen, die mit Kobalt(II) Komplexe bilden, durch das Ansäuern unschädlich gemacht.

β) Nach den Untersuchungen von SCHAROWSKY kann auch *Antipyrin* verwendet werden. Man gibt zu der mit 5%iger $CoSO_4$-Lösung versetzten Probelösung 1 ml einer 5%igen Lösung von Antipyrin in Chloroform. Vorhandene HSCN erzeugt

Blaufärbung der Chloroformschicht. NO_2^- stört infolge Entstehung von grünem Nitrosoantipyrin; in seiner Gegenwart kann man aber in analoger Weise mit Diantipyrylmethan arbeiten. Beide Reagentien sind wahlweise auch bei gleichzeitiger Anwesenheit von J^- und NO_2^- anwendbar, wenn man vorher die Hauptmenge des NO_2^- durch Reaktion mit NH_4Cl entfernt und das beim Ansäuern mit H_2SO_4 entstehende Jod mehrmals mit kleinen $CHCl_3$-Mengen bis zur Entfärbung extrahiert.

f) Fällung mit dem Eisen(II)-dipyridylkomplex.

Das Kation des Eisen(II)-dipyridylkomplexes, $[Fe(Dipyridyl)_3]^{2+}$, gibt in wäßriger Lösung mit Rhodanid einen charakteristischen kristallinen Niederschlag, was von Poluektow und Nasarenko für den mikrochemischen Nachweis genutzt wird. Mit Jodid, Vanadat, Permanganat, Hexacyanoferrat, Nitroprussid, Chloroplatinat und Fluorotantalat erhält man ebenfalls charakteristische Kristalle, die sich jedoch in Form oder Farbe vom Rhodanidniederschlag unterscheiden.

Herstellung des Reagenses. 0,196 g Mohrsches Salz, $Fe(NH_4)_2(SO_4)_2 \cdot 6H_2O$ und 0,234 g 2,2'-Dipyridyl werden in 5 ml Wasser aufgelöst.

Grenzkonzentration. 1:5000.

2. Fällung mit organischen Quecksilberverbindungen.

Korenman und Maksakowa untersuchten die Brauchbarkeit einiger organischer Quecksilberverbindungen für den mikrochemischen Nachweis von Rhodanid. Als geeignet erwiesen sich $(C_2H_5Hg)_3PO_4$ und C_6H_5HgOH, die in Form gesättigter Lösungen verwendet wurden.

Ausführung. Ein Tropfen Probelösung wird auf einem Objektträger mit einem Tropfen Reagens versetzt und das Reaktionsprodukt unter dem Mikroskop betrachtet; es unterscheidet sich in seiner Kristallform von den Niederschlägen mit Chlorid, Bromid, Cyanid, Hexacyanoferrat, Chromat und Jodat.

3. Fällung mit Antipyrin.

Pérez-Rouva verwendet Antipyrin in salzsaurer Lösung für den mikrochechemischen Nachweis von Rhodanid. Ein Tropfen einer 5%igen Lösung von Antipyrin gibt mit einem Tropfen konzentrierter Salzsäure und einem Tropfen der rhodanidhaltigen Probelösung einen weißen Niederschlag, der sich in kalter Essigsäure löst. Hexacyanoferrat(II) gibt unter den gleichen Bedingungen in kalter Essigsäure unlösliche Nadeln.

4. Fällung von Gold aus Gold(III)-chlorid.

Die Reaktion mit Gold(III)-salz beruht auf dem Reduktionsvermögen von Rhodanid (vgl. Colasanti (a)). Eine Lösung von Gold(III)-chlorid 1:100 oder 1:10000 wird mit Sodalösung alkalisch gemacht und hierauf mit der Probelösung versetzt. Bei Anwesenheit von Rhodanverbindungen (bei verdünnten Lösungen erst nach Erwärmen) erfolgt Abscheidung von metallischem Gold. Der Nachweis wird durch andere reduzierende Substanzen gestört.

5. Fällung mit Quecksilber(II)-sulfat.

Bei Einwirkung von Rhodanid auf Quecksilber(II)-sulfat in der Hitze entstehen charakteristische Kristalle von Dithiotrimercurisulfat $S_2Hg_3SO_4$ (vgl. Rosenthaler sowie Denigès). Die Fällung eignet sich auch zum mikrochemischen Nachweis.

Ausführung. Man versetzt einige Milliliter Probelösung mit der gleichen bis doppelten Menge Quecksilber(II)-sulfat, schüttelt, filtriert und erhitzt mindestens

1 Minute zum schwachen Sieden (bei stärkerer Verdünnung 4—5 Minuten am siedenden Wasserbad). Bei Anwesenheit von Rhodanid entstehen strahlig gruppierte Prismen, bei starker Verdünnung auch rautenförmige Gebilde, ähnlich gekreuzten Streitäxten.

6. Fällung mit Quecksilber(II)-chlorid und Kobaltnitrat.

Rhodanid gibt mit Quecksilber(II)-chlorid und Kobaltnitrat tiefblaue Kristalle von Quecksilber(II)-kobalt(II)-rhodanid $CoHg(SCN)_4$, die sich ebenfalls zum mikrochemischen Rhodanidnachweis eignen (vgl. ROSENTHALER).

7. Fällung mit Kupfer(II)-salz.

Mit Kupfer(II)-salz entsteht dunkelgrünes bis schwarzes Kupfer(II)-rhodanid, das nach Hinzufügen von Reduktionsmitteln wie schwefelige Säure oder Hydroxylammoniumsulfat in weißes Kupfer(I)-rhodanid übergeht; letzteres ist in verdünnter Salz- oder Schwefelsäure unlöslich (vgl. u. a. JANDER-WENDT, VAN NIEUWENBURG sowie TREADWELL S. 327).

8. Fällung mit Silbernitrat.

Die unter I erwähnte Fällung mit Silbernitrat dient nicht als eigentliche Nachweisreaktion; sie wird entweder zur Abtrennung des Rhodanids (meist gemeinsam mit den Halogeniden) von den übrigen Anionen verwendet oder zu einer quantitativen Bestimmung von Rhodanid.

III. Nachweis durch Farbreaktionen.

1. Nachweis mit Eisen(III)-salz.

Die wichtigste und am häufigsten gebrauchte Reaktion auf Rhodanid ist der Nachweis mit Eisen(III)-salz, welcher in bezug auf Empfindlichkeit, Selektivität und Einfachheit der Ausführung die anderen Nachweisverfahren übertrifft. Eisen(III)-ion erzeugt in Rhodansalzlösungen eine Reihe blutrot gefärbter Eisenrhodanverbindungen, welche vom Eisenmonorhodanidion $Fe(SCN)^{2+}$ über das Eisenrhodanid $Fe(SCN)_3$ zum Eisenhexarhodanokomplex $Fe(SCN)_6^{3-}$ reichen und deren Mengenverhältnisse je nach den eingehaltenen Versuchsbedingungen variieren. Diese Verbindungen lassen sich mit organischen Flüssigkeiten wie Äther, Amylalkohol oder Benzylalkohol ausschütteln. (Ausnahme: Der Hexarhodankomplex ist nach ROSENHEIM in Äther unlöslich.) Zwischen Äther und Wasser erfolgt die Verteilung etwa im Konzentrationsverhältnis 7:1.

Bei Anwesenheit organischer Oxyverbindungen, wie Tartrat, Citrat, Lactat usw., welche das Eisen(III)-ion komplex binden, tritt die Reaktion in neutraler Lösung nicht ein, wohl aber nach dem Ansäuern mit Salzsäure. Auf Zugabe von Quecksilber(II)-chlorid verschwindet die rote Farbe, wobei sich ein farbloses, lösliches Quecksilberdoppelsalz bildet, in dem sowohl Rhodan als auch Chlor nichtionogen gebunden sind:

$$2Fe(SCN)_3 + 6HgCl_2 = 2Fe^{3+} + 6Cl^- + 3[Hg(SCN)_2 \cdot HgCl_2].$$

a) Einfache Ausführung in wäßriger Phase.

Ausführung. Die Probelösung wird mit Salzsäure angesäuert, aufgekocht und mit etwa 10%iger Eisen(III)-chloridlösung versetzt. Bei Anwesenheit reduzierender Verbindungen ist ein Überschuß von Eisenreagens erforderlich. Eine mit Äther ausschüttelbare Rotfärbung zeigt Rhodanid an (vgl. TREADWELL S. 143, CHARLOT, VAN NIEUWENBURG, ROSENTHALER, ODEKERKEN).

Grenzkonzentration. Etwa 1:100000.

Störungen. Acetate geben mit Eisen(III)-chlorid eine ähnliche Rotfärbung, die aber durch organische Flüssigkeiten nicht ausgeschüttelt und mit Quecksilber(II)-chlorid nicht entfärbt werden kann. Sulfid, Sulfit, Thiosulfat, Cyanid und Nitrit stören und werden vor Ausführung der Reaktion durch Kochen der angesäuerten Probelösung entfernt. Bei Anwesenheit reduzierender Verbindungen, wie auch von Oxalat, Phosphat oder Fluorid, welche Eisen(III)-ion komplex binden, muß ein Überschuß an Reagens angewendet werden. Durch starke Oxydationsmittel, wie z. B. Bromat, wird Rhodanid in saurer Lösung langsam oxydiert, so daß die Rotfärbung allmählich wieder verschwindet. Wichtige störende Anionen sind Jodid, Chromat und Hexacyanoferrat(II), welche meist durch Ausfällen mit Bleinitrat entfernt werden, sowie Hexacyanoferrat(III), welches durch Ausfällen mit Cadmiumnitrat beseitigt wird (vgl. auch HART und MEYROWITZ).

b) Ausführung in ätherischer Phase.

Der Nachweis wird nach MENUCCI spezifisch, wenn man die Rhodanwasserstoffsäure zuerst mit Äther extrahiert und die Reaktion dann in der ätherischen Phase ausführt. Die Extrahierbarkeit der Rhodanwasserstoffsäure ist abhängig von der Acidität der wäßrigen Phase und erreicht in 4,5—5,5 n-Salzsäure ihr Maximum.

Ausführung. 1—2 Mikrotropfen (0,03—0,05 ml) der neutralen oder alkalischen Probelösung werden in einem kleinen Proberöhrchen mit 10—15 Mikrotropfen (etwa 0,3 ml) frisch bereiteter gesättigter Natriumsulfitlösung versetzt. Man gibt ein Stück Indikatorpapier hinzu, überschichtet 1—1,5 cm hoch mit Äther und fügt konzentrierte Salzsäure bis zur sauren Reaktion (3—4 Tropfen über den Neutralpunkt) tropfenweise zu. Die Mischung wird nun geschüttelt, und nach der Trennung der beiden Phasen wird die Ätherschicht abdekantiert und mit 1—2 Tropfen Eisen-Aluminiumchlorid-Reagens (2 g $FeCl_3 \cdot 6H_2O$ und 10 g $AlCl_3 \cdot 6H_2O$ in 100 ml verdünnter Salzsäure) versetzt.

Die Gegenwart nur geringer Mengen von Rhodanid (weniger als 2,5 μg) läßt sich an einer Orangefärbung der vom Reagens stammenden wässrigen Phase erkennen; größere Rhodanidmengen verursachen eine Rotfärbung in beiden Phasen.

Erfassungsgrenze. Auch in Gegenwart größerer Mengen anderer Ionen lassen sich noch 2,3 μg Rhodanid je Tropfen Probelösung nachweisen.

c) Ausführung nach Abtrennung als Silbersalz.

Vielfach trennt man nach der Entfernung von Sulfid und der Hexacyanoferrate Rhodanid gemeinsam mit den Halogeniden durch Ausfällen mit Silbernitrat aus salpetersaurer Lösung von den übrigen Anionen ab. Der Silberniederschlag wird nun nach PORTER mit 7,5 n-Ammoniak behandelt (wobei Silberjodid ungelöst zurückbleibt) und durch Versetzen der ammoniakalischen Lösung mit verdünnter Salpetersäure erneut ausgefällt. Der so erhaltene jodidfreie Niederschlag der übrigen Silbersalze wird hierauf mit 1 ml Wasser, 5 Tropfen 6 n-Salzsäure und 2 Tropfen 2 n-Eisen(III)-chlorid geschüttelt; bei Anwesenheit von Silberrhodanid färbt sich die überstehende Lösung rot.

Nach WEISZ hingegen setzt man die Halogenide und das Rhodanid zuerst frei, indem man den Silberniederschlag zentrifugiert, wäscht, mit einigen Tropfen Essigsäure (1 + 1) und einem Stückchen metallischem Zink versetzt und einige Minuten zur Abscheidung des Silbers als Metall schwach erwärmt. Hierauf wird, wenn nötig, abermals zentrifugiert und die nunmehr klare, essigsaure Lösung zur Durchführung der Nachweisreaktion herangezogen. Der Nachweis als Eisen(III)-rhodanid wird bei Gegenwart von viel Jodid unter Zusatz von Eisen(II)-salz ausgeführt.

d) Der Nachweis unter Zusatz von Eisen(II)-salz bei Anwesenheit von Jodid.

Bei Anwesenheit von Jodid ist, wie WEISZ ausführt, der Nachweis mit Eisen(III)-chlorid nicht anwendbar, weil das gemäß der Gleichung

$$2Fe^{3+} + 2J^- = 2Fe^{2+} + J_2$$

freigemachte Jod die Erkennung des Eisen(III)-rhodanidkomplexes sehr erschwert, bei großem Überschuß von Jodid sogar unmöglich macht. Verwendet man hingegen ein Gemisch von Eisen(II)- und Eisen(III)-salz, so wird nur so wenig freies Jod gebildet (es stellt sich offenbar ein Gleichgewicht zwischen J^-, J_2, Fe(II)- und Fe(III)-Ion ein), daß die Erkennung des Eisen(III)-rhodanids selbst in Gegenwart eines großen Überschusses von Jodid nicht beeinträchtigt wird, besonders wenn man die Reaktion auf Filtrierpapier durchführt. Die dem Gleichgewicht entsprechende Menge an freiem Jod ist so gering, daß sie auf dem Papier kaum sichtbar ist. Erst nach einiger Zeit, offenbar wenn durch den Luftsauerstoff das Eisen(II)-ion zu Eisen-(III)-ion oxydiert wurde, tritt die Störung durch das nunmehr infolge Oxydation gebildete Jod wieder auf.

Ausführung. Der schwach essigsaure Probetropfen wird auf Filtrierpapier gebracht und mit einer Lösung von Eisen(II)-sulfat und Eisen(III)-chlorid (1 g $FeCl_3$ und 1 g $FeSO_4$ in 100 ml Wasser gelöst und mit einigen Tropfen HCl angesäuert) angetüpfelt. Ein rotbrauner Fleck oder Ring zeigt Thiocyanat an.

Erfassungsgrenze. 0,3 μg Rhodanid.

e) Abtrennung der Hexacyanoferrate.

Die Hexacyanoferrate müssen sowohl vor Durchführung des direkten Eisen(III)-rhodanidnachweises als auch vor dem Ausfällen des Rhodanids als Silbersalz entfernt werden; dazu stehen verschiedene Fällungsreaktionen zur Verfügung. Eine Methode zum Nachweis und zur Abtrennung der Hexacyanoferrate (II) und (III) von Rhodanid, die von BROWNING und PALMER stammt, beruht auf der Fällung dieser Verbindungen mit Thorium- bzw. Cadmiumsalz. Die so erhaltenen Niederschläge von Thoriumhexacyanoferrat(II) und Cadmiumhexacyanoferrat(III) sind jedoch schlecht zu filtrieren. Diese Schwierigkeit wird nach BANERJEE bei Ersatz des Thoriumnitrats durch Cer(III)-nitrat und des Cadmiumchlorids durch Nickelnitrat vermieden.

Ausführung (nach BANERJEE). Die schwach saure Probelösung wird mit Cer(III)-nitrat versetzt, wobei Cer(III)-hexacyanoferrat(II), das in Wasser nur wenig löslich ist (100 g Wasser lösen bei 21° 0,0017 g), in körniger und gut waschbarer Form ausfällt. Der Niederschlag wird abfiltriert und aus dem Filtrat wird dann durch Zusatz von Nickelnitrat Nickelhexacyanoferrat(III) abgeschieden. Letzteres ist in Wasser fast unlöslich und ist trotz seiner gelatinösen Form gut filtrierbar.

Die Hexacyanoferrate können ferner durch Zugabe von Zink- (ABEGG und HERZ) oder Co(II)-salz (HART und MEYROWITZ) abgeschieden werden.

f) Tüpfelmethode zum Nachweis von Rhodanid neben Hexacyanoferrat(II) und (III).

Das gleichzeitige Vorhandensein von Rhodanid, Hexacyanoferrat(II) und (III) kann nach SCHAPOWALENKO folgendermaßen nachgewiesen werden: Man befeuchtet ein Stück Filtrierpapier mit einer gesättigten Lösung von Bleinitrat und trägt einen Tropfen der Probelösung auf; Hexacyanoferrat(II) wird hierbei als unlösliches Bleisalz fixiert. Das Rhodanid- und das Hexacyanoferrat(III)-ion werden durch Zugabe eines Tropfens destillierten Wassers mobilisiert und wandern kapillar an den Rand des Fleckes. Der Tüpfelfleck wird nun mit einer Kapillare, die einmal mit Eisen(III)-

salzlösung und das andere Mal mit Eisen(II)-salzlösung gefüllt ist, überkreuz durchstrichen. Man erhält hierbei in der Mitte des Fleckes Berlinerblau und an den Außenrändern Turnbullsblau bzw. rotes Eisen(III)-rhodanid. Die Farben lassen sich durch Zugabe von Salzsäure verstärken.

Störungen. Die Methode versagt bei Anwesenheit eines Überschusses oxydierender oder reduzierender Verbindungen.

g) Tüpfelmethode zur Trennung und zum Nachweis von Rhodanid, Hexacyanoferrat(II) und Thiosulfat nebeneinander.

Ein ähnliches Verfahren empfiehlt GUTZEIT zur Trennung und zum Nachweis von Rhodanid, Hexacyanoferrat(II) und Thiosulfat (vgl. auch PAWLINOWA und BACH). Man gibt auf einen Filtrierpapierstreifen einen großen Tropfen Eisen(III)-chlorid und läßt beinahe eintrocknen. Hierauf fügt man einen Tropfen verdünnter Salzsäure und einen Tropfen der Probelösung (z. B. den mit Essigsäure neutralisierten Sodaauszug) zu. Nach kurzer Zeit ist in der Mitte des Reaktionsfleckes das vom Hexacyanoferrat(II) stammende Berlinerblau zu sehen; nach außen zu folgt ein vom Thiosulfat herrührender weißer Ring und ganz außen ein roter Ring, der Rhodanid anzeigt.

Eine weitere Tüpfelmethode zum Nachweis von Rhodanid neben Hexacyanoferrat(II) und (III) sowie neben Jodid und Bromid wird von DJATSCHKOWSKI und ISSAJENKO beschrieben. Bei diesem Verfahren wird der Probetropfen auf einen mit destilliertem Wasser befeuchteten Filtrierpapierstreifen aufgebracht, der zwischen den Elektroden eines Gleichstromkreises eingeklemmt ist. Die mit verschiedener Geschwindigkeit zur Anode wandernden Ionen werden auf ihrem Wege mit geeigneten Reagentien (Rhodanid mit Eisen(III)-salz) getrennt nachgewiesen.

2. Nachweis mit Kobalt(II)-salz.

Rhodanid läßt sich mit Kobalt(II)-salz auf Grund der Reaktion von VOGEL durch Bildung des blau gefärbten Kobalt-Thiocyanatkomplexes $[Co(SCN)_4]^{2+}$ nachweisen. In rein wäßriger Lösung dissoziiert der Komplex und kann dann nur bei Anwendung sehr großer Rhodanid- bzw. Kobaltkonzentrationen erhalten werden. Die Reaktion wird deshalb in äthylalkoholischer oder besser in acetonischer Lösung durchgeführt. Die Farbtiefe erreicht nach TOMULA in einem Medium, welches 50% Aceton enthält, ihr Maximum und bleibt bei weiterer Acetonzugabe konstant. Das blaue Komplexion kann ferner mit einem Gemisch aus Amylalkohol und Äther ausgeschüttelt werden. Die blaue Lösung zeigt überdies ein charakteristisches Absorptionsspektrum. KOLTHOFF empfiehlt, den Nachweis als Mikroreaktion auszuführen.

Ausführung. Ein Tropfen Probelösung wird in einem Mikrotiegel mit einem Tröpfchen (etwa 20 ml) 1%iger Kobaltsulfatlösung versetzt und zur Trockene verdampft. Große Mengen von Rhodanid geben einen blaugrünen Rückstand. Bei Abwesenheit von Rhodanidion ist der Rückstand rotviolett gefärbt; diese Färbung verschwindet aber auf Zusatz einiger Tropfen Aceton, während bei Anwesenheit von Rhodanidion das Aceton eine blaugrüne bis grüne Färbung annimmt. Thiosulfat und Aceton verursachen beim Eindampfen mit Kobaltsulfat ebenfalls eine Grünfärbung, welche aber im Gegensatz zu der durch Rhodanide bewirkten nicht in das Aceton übergeht.

Erfassungsgrenze. 1 μg Rhodanidion.

Grenzkonzentration. 1:50000.

Störungen. Jodid, Chlorid, Bromid, Thiosulfat und Acetat in sehr großem Überschuß stören; es können aber noch 6 μg Rhodanid neben der 1000fachen Menge der genannten Ionen nachgewiesen werden. Schwermetalle und alkalische Erden müssen vor Ausführung des Nachweises durch Kochen mit Soda und Abfiltrieren des Niederschlages entfernt werden. Starke Mineralsäuren setzen die Empfindlichkeit der Reaktion herab. Nitrit stört.

3. Nachweis mit einer Lösung von Benzidin in Pyridin nach Umsetzung zu Bromcyan.

Nach einem von ALDRIDGE vorgeschlagenen Verfahren wird Rhodanid mittels Bromwassers in Bromcyan umgewandelt und der Überschuß an Brom mit Natriumarsenit entfernt. Die bromcyanhaltige Probelösung wird dann mit einer Lösung von Benzidin in verdünntem Pyridin versetzt, wobei sie sich orangerot färbt.

Störungen. Cyanide geben die gleiche Reaktion (Kap. Cyanwasserstoffsäure III 12 a,) und müssen vor Ausführung des Nachweises durch Erhitzen mit verdünnter Säure entfernt werden.

4. Nachweis mit Naphthochinonsulfonsäure nach Umsetzung zu Rhodanin.

Ammoniumrhodanid reagiert mit Chloressigsäure zu Rhodanin:

$$ClCH_2COOH + 2NH_4SCN + H_2O \rightarrow \begin{matrix} HN\text{---}CO \\ SC\quad CH_2 \\ S \end{matrix} + NH_4Cl + CO_2 + 2NH_3.$$

Andererseits läßt sich Rhodanin mit 1,2-Naphthochinon-4-sulfonsäure (Reagens von EHRLICH und HERTER) zu einer wasserlöslichen p-chinoiden Verbindung von intensiv violetter Farbe umsetzen:

$$\begin{matrix} HN\text{---}CO \\ SC\quad CH_2 \\ S \end{matrix} + NaO_3S\text{—}C_{10}H_5(=O)\text{=}O + 2NaOH \rightarrow \begin{matrix} HN\text{---}CO \\ SC\quad C= \\ S \end{matrix}C_{10}H_5(ONa)\text{=}O + Na_2SO_3 + 2H_2O.$$

FEIGL und GENTIL benutzen diese Reaktionsfolge zu einem keiner Störung durch Fluorid und Phosphat unterworfenen Nachweis von Ammonium- oder Alkalirhodanid, dessen Empfindlichkeit allerdings nicht ganz so groß ist wie die der Fe(III)-rhodanid-Methode.

Ausführung. Ein Tropfen der neutralen oder ganz schwach sauren Probelösung wird in einem Mikroreagensglas mit einem Tropfen 0,5%iger wäßriger Lösung von Monochloressigsäure zusammengebracht. Das Gemisch wird bei 120 °C zur Trockene gedampft. Nach dem Abkühlen gibt man einen Tropfen des Reagenses (frisch bereitete 0,05%ige wäßrige Lösung des Natriumsalzes der 1,2-Napthochinon-4-sulfonsäure) hinzu. Je nach der Rhodanidmenge entsteht eine mehr oder weniger intensive rotviolette Färbung.

Erfassungsgrenze. 10 μg NH_4SCN.

5. Nachweis durch Oxydation mit Kaliumchlorat.

Rhodanid läßt sich nach KRESCHKOW und WILBORG durch den gelbgefärbten Rückstand nachweisen, der beim Eindampfen mit einer gesättigten Kaliumchloratlösung und anschließendem Erhitzen entsteht. Das Reaktionsprodukt besteht aus einem Gemisch von Canarin-($C_4H_4ON_8S_7$), Isoperthiocyan-($C_2H_2N_2S$), Hydroperthiocyan-($C_3H_3ON_3S_2$) und Pseudothiocyansäure-($HC_3N_3S_3$).

Ausführung. 1 ml Probelösung wird mit 1 ml gesättigter Kaliumchloratlösung versetzt und zur Trockene eingedampft. Hierauf wird 5—10 Minuten auf 110—140 °C erhitzt. Der Trockenrückstand färbt sich dabei je nach der Rhodanidkonzentration hellgelb bis orange.

Empfindlichkeit. 0,4 mg Rhodanidion je ml.

Grenzkonzentration. 1:2500.

6. Nachweis mit Ammoniummolybdat.

Die Reaktion mit Ammoniummolybdat wurde ebenfalls von KRESCHKOW und WILBORG gefunden und wird folgendermaßen ausgeführt:

Zu 1 ml Probelösung fügt man 1 ml gesättigte Ammoniummolybdatlösung in 2,5 n-Salpetersäure, 2—5 Tropfen eines Reduktionsmittels [Zinn(II)-chlorid oder 1 n-Natriumthiosulfat] und 1—2 ml Äther oder Amylalkohol. Nach kräftigem Umschütteln färbt sich die Äther- bzw. Amylalkoholschicht gelb, bei Anwesenheit größerer Rhodanidkonzentrationen orange.

Die Reaktion kann auch ohne Reduktionsmittelzusatz ausgeführt werden, ist dann jedoch etwas weniger empfindlich (1 mg Rhodanid/ml).

Empfindlichkeit. 0,3 mg Rhodanion je ml.

Grenzkonzentration. 1:3500.

Störungen. Die Reaktion wird gestört durch die Anwesenheit großer Mengen reduzierender Stoffe (Bildung von Molybdänblau), ferner durch Verbindungen, die Molybdat ausfällen (z. B. Kaliumhexacyanoferrat) oder mit ihm stabile Komplexe bilden (z. B. Oxalate). Hingegen wird der Nachweis durch Jodid oder Acetat nicht gestört.

7. Nachweis durch Umsetzung mit Quecksilber(II)-oxid.

KORENMAN beschreibt einen Mikronachweis von Rhodanion, welcher auf der Löslichkeit von Quecksilber(II)-oxid in neutralen, rhodanidhaltigen Probelösungen und der damit verbundenen Freisetzung von Hydroxylionen beruht. Die hierbei auftretende alkalische Reaktion wird durch die Rotfärbung mit Phenolphthalein angezeigt. Auf diese Weise lassen sich noch 0,02 mg Rhodanion nachweisen. Halogenide und Thiosulfat stören.

8. Nachweis mit Naphthol bzw. Thymol und konzentrierter Schwefelsäure.

Nach COLASANTI läßt sich Rhodanid in sehr verdünnter Lösung folgendermaßen nachweisen: Die Probelösung wird mit einigen Tropfen einer 20%igen alkoholischen Lösung von Naphthol versetzt und mit dem doppelten Volumen konzentrierter Schwefelsäure unterschichtet, wobei sich an der Berührungsstelle ein smaragdgrüner Ring bildet. Beim Umschütteln färbt sich die Flüssigkeit violett und nach dem Erkalten scheidet sich eine kristalline Masse von Naphtholsulfonsäure aus. Die Reaktion tritt auch mit Isothiocyansäure ein und wurde von COLASANTI (b) zum Nachweis dieser Säure in Urin verwendet.

Die auf gleiche Weise auszuführende Reaktion mit Thymol und konzentrierter Schwefelsäure ergibt mit HSCN eine Rotfärbung und spricht auf Isothiocyansäure nicht an.

9. Nachweis mit Kupfersulfat.

Rhodanidhaltige Lösungen geben beim Versetzen mit wenigen Tropfen Kupfersulfatlösung eine smaragdgrüne Färbung (COLASANTI), was von KELLING zum Nachweis von Rhodanid im Mageninhalt verwendet wurde (vgl. Abschn. VII 2).

Grenzkonzentration. 1:4000.

10. Nachweis mit Vanadium(III)-chlorid.

Vanadium(III)-chlorid und andere Vanadium(III)-verbindungen geben mit rhodanidhaltigen Lösungen eine Rotfärbung (vgl. Bongiovanni), die beim Verdünnen mit Wasser durch Hydrolyse in grün übergeht.

IV. Nachweis durch Katalyse der Reaktion von Jod mit Natriumazid.

Eine wichtige, erstmals von Raschig beobachtete Reaktion auf Rhodanid ist die katalytische Beschleunigung der für sich allein nicht oder nur unmeßbar langsam verlaufenden Umsetzung von Jod mit Natriumazid. Letzteres wird bei Anwesenheit einiger sowohl löslicher als auch unlöslicher schwefelhaltiger Verbindungen, wie von Sulfiden, Thiosulfaten oder Rhodaniden (Sulfate, Sulfite und freier Schwefel geben keine Reaktion) gemäß der Gleichung:

$$2\,NaN_3 + J_2 = 2\,NaJ + 3\,N_2$$

quantitativ oxydiert. Durch die hierbei auftretende stürmische Stickstoffentwicklung lassen sich lösliche und unlösliche Rhodanide mit großer Empfindlichkeit nachweisen. Die Reaktion wird vor allem bei Anwesenheit von Oxalsäure, Weinsäure oder anderen organischen Oxysäuren verwendet, da bei Gegenwart der genannten Säuren der Nachweis mit Eisen(III)-salz versagt, während die Jod/Azid-Reaktion nicht beeinträchtigt wird.

Reagenslösung. Nach Senise wird 1 ml einer 0,3 n-Jodlösung, die 60 g Kaliumjodid im Liter enthält, mit einer Mischung aus gleichen Teilen 0,2 n-Essigsäure und 0,2 m-Natriumacetatlösung auf 3 ml verdünnt, und es wird in dieser Lösung 90 mg reines Natriumazid aufgelöst; das so erhaltene Reagens ist auf pH 5,8 gepuffert. Die von Feigl verwendete Reagenslösung enthält 1,3 g Natriumazid in 100 ml 0,1 n Jodlösung; sie ist nicht abgepuffert (pH = etwa 7,9), und ihre Nachweisempfindlichkeit ist geringer.

Ausführung a). Die Reaktion wird durch Vermischen gleicher Teile Probe- und Reagenslösung durchgeführt. Dies kann in einem Reagensglas, auf einer Tüpfelplatte, in einem auf einer schwarzen Unterlage stehenden Uhrglas oder in einem Kapillarröhrchen erfolgen.

Ausführung b). Nach Feigl bringt man in ein Emichsches Spitzröhrchen einen Tropfen Jod-Azid-Lösung und fügt zu dem hängenden Tropfen mit der Spitze eines Platindrahtes ein Stäubchen oder ein Mikrotröpfchen der zu untersuchenden Substanz. Bei Anwesenheit von Rhodanid steigen in der Kapillare Gasblasen auf, die mit freiem Auge oder einer Lupe betrachtet werden können. Die Empfindlichkeit hängt in erster Linie von der Geschwindigkeit der Stickstoffentwicklung ab; diese steigt nach den Untersuchungen von Senise mit der Azid- und Jodkonzentration und sinkt mit der Jodidkonzentration und mit steigender Temperatur. Ferner erreicht sie bei einem pH von 5,7—5,9 ein Maximum.

Erfassungsgrenze. 0,035 μg Kaliumrhodanid.

Grenzkonzentration. 1:1000000.

Störungen. Durch Chlorid, Bromid, Oxalat, Tartrat und durch organische Oxysäuren wird die Empfindlichkeit nicht beeinträchtigt, wohl aber durch Phosphat infolge Erhöhung des pH-Wertes. Hexacyanoferrat(II) reagiert mit Jod unter Jodidbildung und verringert dadurch die Nachweisempfindlichkeit. So liegt nach Feigl (nicht abgepufferte Reagenslösung) die Grenze der Nachweisbarkeit in 2 ml einer reinen Kaliumrhodanidlösung bei 0,019 mg Kaliumrhodanid; im gleichen Volumen sinkt bei Anwesenheit von 1 mg Natriumphosphat oder 30 mg Kaliumhexacyanoferrat(II) die Erfassungsgrenze auf 0,03 mg Kaliumrhodanid.

In Gegenwart eines sehr großen Jodidüberschusses sind kleine Mengen von Rhodanid nur nach Entfernung der Jodidionen durch Zusatz von Quecksilber(II)-chlorid nachweisbar. Ferner stören Sulfide, Thiosulfate und viele organische schwefelhaltige Verbindungen; sie müssen vor Ausführung der Jod-Azidreaktion entfernt werden.

1. Nachweis von Spuren Kaliumrhodanid in Kaliumjodid.

Bei der Maskierung von Jodion nach FEIGL durch Zusatz von Quecksilber(II)-chlorid wird gemäß $Hg^{2+} + 4J^- = [HgJ_4]^{2-}$ komplexes Mercuri-tetrajodidion gebildet, das die Katalyse der Jodazidreaktion nicht behindert.

Ausführung. Zur Probelösung wird tropfenweise eine kaltgesättigte wäßrige Lösung von Quecksilber(II)-chlorid zugesetzt, bis ein geringer bleibender Niederschlag von rotem Quecksilberjodid entsteht. Hierauf fügt man die Reagenslösung zu. Eine Entwicklung von Stickstoffbläschen zeigt Rhodanid an. Der Nachweis kann in analoger Weise auch als Tüpfelreaktion auf einem Uhrglas durchgeführt werden.

Empfindlichkeit. Auf diese Weise konnten noch 0,019 mg Kaliumrhodanid neben 95 mg Kaliumjodid nachgewiesen werden, was einem Gewichtsverhältnis KSCN : KJ = rund 1 : 5 000 entspricht.

2. Nachweis von Rhodanid neben Sulfid und Thiosulfat.

Sulfid und Thiosulfat reagieren mit der Jodazidlösung in gleicher Weise wie Rhodanid und müssen deshalb vor Ausführung des Nachweises entfernt werden. Dies kann durch Fällung mit Quecksilber(II)-chlorid erfolgen, das sich mit Sulfiden und Thiosulfaten folgendermaßen umsetzt:

$$S^{2-} + Hg^{2+} = HgS,$$
$$S_2O_3^{2-} + Hg^{2+} + H_2O = HgS + 2H^+ + SO_4^{2-}.$$

Bei Verwendung von überschüssigem Quecksilberchlorid entsteht die weiße Verbindung $2HgS \cdot HgCl_2$. Der Rhodanidnachweis wird dann nach dem Filtrieren oder Zentrifugieren des Niederschlages im klaren Filtrat mittels der Jodazidlösung vorgenommen.

Empfindlichkeit. Obgleich durch Adsorption von Rhodanid am HgS-Niederschlag und durch Vergrößerung des Flüssigkeitsvolumens beim Waschen die Rhodanidkonzentration im Filtrat herabgesetzt wird, konnten FEIGL, HIRSCH und TAMCHYNA mit dieser Methode in 2 ml Probelösung nach erfolgter Fällung und zweimaligem Waschen mit je 2 ml Wasser noch 0,037 mg Kaliumrhodanid neben 15,8 mg Natriumthiosulfat nachweisen.

V. Nachweis nach Überführung in Cyanwasserstoffsäure.

Rhodanid läßt sich unter geeigneten Bedingungen durch Oxydation in Cyanid überführen, das dann mittels einer der im Kap. Cyanwasserstoffsäure angegebenen Reaktionen identifiziert wird. Die Überführung in Cyanid kann in saurer Lösung durch Zusatz von Kaliumpermanganat erfolgen, bei Zimmertemperatur verläuft sie momentan gemäß folgender Gleichung:

$$5SCN^- + 6MnO_4^- + 8H^+ = 6Mn^{2+} + 5SO_4^{2-} + 5CN^- + 4H_2O.$$

Ist in der ursprünglichen Probelösung Cyanid zugegen, so muß dieses zuvor durch Erhitzen mit verdünnter Säure vertrieben werden.

a) Ausführung nach FEIGL.

In einem Gasentwicklungsapparat mit Trichteraufsatz wie von FEIGL angegeben wird ein Tropfen der zu prüfenden Lösung mit 1—3 Tropfen einer schwefelsauren Kaliumpermanganatlösung zusammengebracht und bei kleinen Rhodanidmengen gelinde erwärmt. Der bei Anwesenheit von Rhodaniden entstehende Cyanwasserstoff kann durch die Blaufärbung eines auf dem Trichter aufliegenden Kupfer-Acetat-Benzidinpapiers oder durch eine andere Blausäurereaktion erkannt werden.

Erfassungsgrenze. 1 μg Kaliumrhodanid.

Grenzkonzentration. 1:50000.

Störungen. Der Nachweis wird durch die Bildung oxydierender oder reduzierender Gase gestört. Ferner dürfen Chlorid, Bromid oder Jodid nicht zugegen sein, da diese durch Kaliumpermanganat in die entsprechenden freien Halogene umgewandelt werden, die Benzidin unter Bildung von Benzidinblau zu oxydieren vermögen.

b) Ausführung nach ROSENTHALER.

In eine Gaskammer gibt man einen Tropfen der zu untersuchenden Lösung, einige Tropfen verdünnter Schwefelsäure oder Essigsäure (letztere bei Gegenwart von Chlorid wie im Speichel) und etwas Kaliumpermanganat. Bedeckt man nun mit einem Deckglas, das an der Unterseite einen Tropfen Silbernitrat-Methylenblaulösung trägt, so entstehen je nach der Konzentration der Rhodanidlösung in längerer oder kürzerer Zeit die blaugefärbten Kristalle des Silbercyanids.

Grenzkonzentration. Etwa 1:100000.

VI. Nachweis durch Oxydation zu Cyanat.

DEHN und BALLARD empfehlen die Oxydation von Rhodanid mit einer alkalischen Kaliumpersulfatlösung zu Cyanat, das bei der Hydrolyse Ammoniak entwickelt und dadurch nachgewiesen wird (vgl. Cyansäure, Abschn. II 8).

VII. Nachweis von Rhodanid in einigen besonderen Fällen.

1. In Urin.

Isothiocyansäure wurde von COLASANTI in Urin mittels der in Abschn. III 8 beschriebenen Reaktion mit Naphthol und konzentrierter Schwefelsäure nachgewiesen.

2. In Magensaft.

KELLING verwendete zum Nachweis von Rhodanid im Magensaft die Reaktion von COLASANTI mit verdünnter Kupfersulfatlösung (Abschn. III 9) und die Reaktion mit Eisen(III)-salz (Abschn. III 1).

a) Der Mageninhalt wird mit Alkohol gefällt, es wird filtriert, das Filtrat eingedampft und der Rückstand in Wasser gelöst. Bei Anwesenheit von Rhodanid gibt die Lösung mit nur wenigen Tropfen Kupfersulfatlösung eine smaragdgrüne Färbung.

b) Etwa 10 ml Magenfiltrat werden mit einem Tropfen 10%iger Eisen(III)-chloridlösung versetzt und mit 1—3 Tropfen verdünnter Salzsäure angesäuert. Eine rotbraune Färbung, die auf Zusatz von Quecksilber(II)-chlorid wieder verschwindet, zeigt Rhodanid an.

Literatur.

ALDRIDGE, W. N.: Analyst **69**, 262 (1944); Ref.: Chem. Abstr. **39**, 40 (1945).

BANERJEE, P. C.: J. Indian chem. Soc. **6**, 259 (1929); C. **100**, II, 1185 (1929). — BIRULJA: Chem. J. Ser. A. (russ.) **3**, 544 (1933); Ref.: C. **1934**, II, 286. — BONGIOVANNI: C.: Boll. chim. farm. **49**, 789; Ref.: C. **1910**, II, 1890. — BROWNING, P. E., u. H. E. PALMER: Z. anorg. Ch. **54**, 315 (1907); Fr. **50**, 771 (1911).

CHARLOT, G.: Qual. inorg. Analysis 1954, S. 312. — COLASANTI, G.: a) Bl. Soc. chim. Paris **10**, 330; Ref.: Fr. **34**, 96 (1895). b) G. **18**, 397; Ref.: Fr. **29**, 206 (1890).

DEHN, W. M., u. D. A. BALLARD: Am. Soc. **54**, 3264 (1932). — DENIGÈS, G.: Bl. [4] **17**, 380 (1915); Ref.: C. **1916**, I, 363. — DJATSCHKOWSKI, S. I., u. I. I. ISSAJENKO: Chem. J. Ser. A (russ.) **1**, (63) 81 (1931); Ref.: C. **1931**, II, 1165. — DOBBINS, J. T., u. H. A. LJUNG: J. chem. Educat. **12**, 586 (1935); Ref.: C. **1936**, I, 4040.

EHRLICH, P., u. G. A. HERTER: H. **41**, 279 (1904).

FEIGL, F.: Qualitative Analyse mit Hilfe von Tüpfelreaktionen, 3. Aufl. Leipzig 1935; Spot Tests in Organic Analysis, 5. Aufl., S. 303. Elsevier New York 1956. — FEIGL, F., u. R. STERN: Fr. **60**, 1 (1921). — FEIGL, F., u. V. GENTIL: Anal. Chem. **29**, 1715—16 (1957). — FEIGL, F., G. HIRSCH u. J. TAMCHYNA: Mikrochemie **7**, 10 (1929); Fr. **99**, 204 (1934). — FLEMING, R.: Analyst **49**, 275; Ref.: C. **1924**, II, 1613. — FOLCINI, A. J.: Rev. Centro Estud. Farm. Bioquim. **17**, 305 (1928); Ref.: Chem. Abstr. **24**, 2689 (1930).

GUTZEIT, G.: Helv. **12**, 846 (1929).

HART, D., u. R. MEYROWITZ: Ind. eng. Chem. Anal. Edit. **12**, 318 (1940); Ref.: Fr. **122**, 424 (1941).

JANDER, G., u. WENDT: Lehrbuch d. analyt. u. präparat. Chemie. Stuttgart: Hirzel, 1952.

KELLING, G.: H. **18**, 397; Ref.: Fr. **33**, 498 (1894). — KOLTHOFF, I. M.: Pharm. Weekbl. **60**, 1285 (1923). Mikrochemie **8**, 176 (1930); Ref.: C. **1930**, II, 2016. Mikrochemie N. S. **2**, 176 (1930); Ref.: Chem. Abstr. **24**, 4235 (1930). — KORENMAN, I. M.: Chem. J. Ser. B (russ.) **19**, 445 (1946); Ref.: Chem. Abstr. **41**, 1172 de (1947). — KORENMAN, I. M., u. T. P. MAKSAKOVA: Arbeiten d. Komm. analyt. Chem., Akademie d. Wiss. (russ.) **3**, 200 (1951); Ref.: Chem. Abstr. **47**, 2640 i (1953). — KRESCHKOW, A. O., S. S. WILBORG, u. K. I. FILIPPOVA: J. anal. Chim. (russ.) **8**, 225 (1953); Ref.: Fr. **144**, 36 (1955).

LEDERER, M.: Science [Lancaster] Pa. **110**, 115 (1949); Ref.: Fr. **131**, 286 (1950).

MANN: Fr. **28**, 668 (1889). — MARTINI, A.: Mikrochemie **29**, 173 (1941); Ref.: C. **1942**, I, 2685. — MENUCCI, L. A.: Chem. Abstr. **42**, 5801 f (1948).

NIEUWENBURG, VAN, C. J.: Kwalitatieve Chemische Analyse, Den Helder 1956.

ODEKERKEN, J. M.: Fr. **131**, 175 (1950).

PAWLINOWA, A. W., u. T. N. BACH: Ukrain. Chem. J. **5**, 235 (1930); Ref.: C. **1931**, I, 1796. — PÉREZ u. ROURA: Rev. Asoc. bioquím. argent. **18**, 48 (1954); Ref.: Chem. Abstr. **48**, 8123g (1954). — POLUEKTOW, N. S., u. W. A. NASARENKO: J. Chem. J. Ser. B (russ.) **10**, 2105 (1937) russ.; Ref.: C. **1938**, II, 897. — PORTER, L. E.: J. chem. Educat. **1946**, 23, 402; Ref.: C. A. **40**, 6365[3] (1946). — POSNA F. u. E. MIGRAY: Ann. Chim. appl. **26**, 78 (1936); Ref.: C. **1936**, II, 138.

RASCHIG, F.: B. **48**, 2088 (1915). — ROSENHEIM, A., u. R. COHN: Z. anorg. Ch. **27**, 298 (1901). — ROSENTHALER, L.: Mikrochemie **13**, 83, 317 (1933); Nachweis organischer Verbindungen 1923.

SCHAPOWALENKO, A. M.: Ukrain. ch. J. **4**, 303 (1929); Ref.: C. **1930**, II, 588; s. auch FEIGL 1954, 274. — SHAROWSKIJ: Ukrain. chem. J. **22**, 232 (1956); Ref.: C. **1957**, 10578. — SHIWOPISSZEW, W. P.: Ber. Akad. Wiss. UdSSR **73**, 1193 (1950); Ref.: C. **1951**, I, 1920. — SENISE, P.: Mikrochemie, **36/37**, 206 (1951); Ref.: Fr. **137**, 457 (1952/53). — SPACU, G.: Bull. Soc. Stiinte Cluj **1**, 302, 314 (1922); Ref.: C. **1922**, IV, 735; C. **1923**, II, 380. — SPACU, G., u. MACAROVICI: Fr. **102**, 350 (1935).

TANANAJEW, N. A., u. A. M. SHAPOWALENKO: Fr. **100**, 350 (1935). — TOMULA, E. S.: Fr. **83**, 6 (1931). — TREADWELL, F. P.: Kurzes Lehrbuch der analytischen Chemie, 32. Aufl., I. Bd. Franz Deuticke, Wien: 1948.

UMBLIA, E.: Keem. Teated **2**, 79 (1935); Ref.: C. **1935**, II, 2408.

VOGEL, H. W.: B. **12**, 2313 (1879).

WAGENAAR: Siehe ROSENTHALER, Nachweis organ. Verbb. 1923, und VAN NIEUWENBURG, Kwalitatieve Chemische Analyse, Den Helder 1956. — WEISZ, H.: Mikrochim. A. (Wien) **1956**, 1225; Ref.: C. **1957**, 11108; Fr. **154**, 288 (1957).

Ameisensäure.

HCOOH

Mol.-Gew. 46,027 Schmp. 8,3° Kp. 101° Dichte d_{18} 1,226.

Inhaltsübersicht.

Allgemeines.

(Eigenschaften und Verhalten von Ameisensäure und ihren Salzen.)

Die im Tier- und Pflanzenreich vorkommende Ameisensäure ist eine stechend riechende Flüssigkeit, welche bei 101° siedet und mit Wasser in allen Verhältnissen mischbar ist. Mit einem pK von 3,7 zählt sie zu den schwachen Säuren.

Die Formiate sind in Wasser fast alle gut löslich. Schwerlöslich sind Cer(III)-, Quecksilber(I)- und Silber-formiat. Beim Erhitzen spalten Formiate unter leichtem Verkohlen hauptsächlich Kohlenoxid ab. Durch wasserentziehende Mittel wird Ameisensäure glatt in CO und H_2O zerlegt. Die konzentrierte Säure und ihre Salze können daher durch Erhitzen mit etwas konzentrierter Schwefelsäure im Reagensglas und Entzünden des entweichenden Gases auf Grund der blaßblauen Flamme erkannt werden. Hierbei ist aber zu beachten, daß auch Oxalate CO entwickeln. Wenn man Ameisensäure mit Alkohol und Schwefelsäure behandelt, entsteht ein Ester mit fruchtartigem Geruch. Ameisensäure und Formiate lassen sich leicht unter Bildung von Kohlensäure bzw. Carbonat oxydieren. Sie wirken deshalb auf eine Anzahl von Substanzen reduzierend. Während Permanganat nur langsam angegriffen wird, wird Silbernitrat zu metallischem Silber, Quecksilber(II)-chlorid (Sublimat) zu Quecksilber(I)-chlorid (Kalomel), bisweilen auch zu metallischem Quecksilber, und werden Gold- und Platinlösungen zu den Metallen reduziert. Die Reaktionen verlaufen langsam in der Kälte, schneller in der Wärme. In Gegenwart von Katalysatoren wie feinverteiltem Palladium tritt Aktivierung ein.

Durch naszierenden Wasserstoff wird Ameisensäure zu Formaldehyd reduziert.

Mit Eisen(III)-salzen erhält man bei pH = 7 Rotfärbung, welche in der Hitze verschwindet.

I. Oxydations-Reaktionen.

A. Nachweis durch Überführung in Kohlendioxid bzw. Carbonat.

1a) Oxydation mit Brom.

Die in der Analyse zum Entfernen von Bromüberschüssen häufig verwendete quantitative Umsetzung zwischen Ameisensäure und Brom nach der Gleichung:

$$HCOOH + Br_2 \rightarrow 2HBr + CO_2$$

bildet die Grundlage der von FREHDEN und FÜRST beschriebenen Methode zum Nachweis von Ameisensäure. Entstehendes Kohlendioxid wird durch Auffangen in Barytlauge an der auftretenden weißen Trübung von Bariumcarbonat erkannt. Gleichzeitig übergehende, geringe Mengen an Bromwasserstoff und Brom stören nicht. Die Methode kann als weitgehend selektiv bezeichnet werden und ist auch als Mikronachweis ausführbar (s. Kap. Kohlendioxid).

Ausführung (nach FREHDEN und FÜRST): Man versetzt einige Tropfen der zu untersuchenden Lösung in einem Reagensglas tropfenweise mit gesättigtem Bromwasser, bis die gelbe Farbe bestehen bleibt, erhitzt nach Zugabe eines Quarzsplitters (zum Verhindern von Siedeverzug) über dem Mikrobrenner und fängt das sich entwickelnde Gas in gesättigter Barytlauge auf. Letztere wird, um den Einfluß des Kohlendioxid-Gehaltes der Luft zu vermeiden, mit flüssigem Paraffin überschichtet. Bei sehr kleinen Mengen Ameisensäure empfiehlt sich die Ausführung eines Blindversuches.

Erfassungsgrenze. 2,5 μg Ameisensäure.

Störung. Formaldehyd, das durch Einwirkung von Brom in Ameisensäure übergeführt und weiter umgesetzt wird, stört.

b) Oxydation mit Hypobromid.

Nach ROSENTHALER (a) setzt sich Natriumformiat mit Brom weitaus energischer als freie Ameisensäure um, d. h. im Falle von alkalisch reagierendem Natriumformiat stellt offenbar Hypobromit das oxydierende Agens dar. Da Formiat durch Hypobromit zu Carbonat oxydiert wird, lassen sich Oxydation und Nachweis gleichzeitig ausführen, wenn man als Reagens Bariumhypobromit verwendet.

Ausführung. Man versetzt die zu untersuchende Probe mit einem Gemisch von Brom und Barytwasser. Nach längerem Stehen in der Kälte, schneller bei leichtem Erwärmen im Wasserbad, trübt sich in Anwesenheit von Formiat die Flüssigkeit infolge Bildung von Bariumcarbonat. Den Inhalt des Reagensglases schützt man durch Aufsetzen eines Ätzkalirohres gegen Luftkohlensäure. Da auch andere Bariumsalze ausfallen können, identifiziert man das Bariumcarbonat durch Zusatz von Essigsäure, welche die Trübung unter Gasentwicklung beseitigen muß.

2. Oxydation mit Quecksilber(II)-chlorid.

Bei der Oxydation von Ameisensäure durch Quecksilber(II)-salz (s. Abschn. I B) entsteht neben unlöslichem Quecksilber(I)-salz Kohlendioxid, welches aufgefangen und nachgewiesen werden kann (PAECH und TRACEY).

B. Nachweis durch Fällung von Kalomel.

Beim Erwärmen von Ameisensäure oder Alkaliformiaten mit Quecksilber(II)-chlorid tritt in acetatgepufferten Lösungen Fällung von weißem, kristallinem Quecksilber(I)-chlorid (Kalomel) ein:

$$2HgCl_2 + HCOO^- \rightarrow Hg_2Cl_2 + CO_2 + 2Cl^- + H^+.$$

VON FELLENBERG und KRAUZE verwenden diese Reaktion zum Nachweis von Ameisensäure in Lebens- und Konservierungsmitteln. Da eine direkte Destillation solcher Materialien möglicherweise zur Bildung von Ameisensäure führen könnte, werden die zu untersuchenden Flüssigkeiten zur Abtrennung der vorhandenen Ameisensäure mit Äther ausgeschüttelt.

Ausführung. Man schüttelt 10 ml Probelösung mit 20 ml Äther aus. Liegen alkoholhaltige Lösungen vor, so neutralisiert man 20 ml mit Natronlauge gegen Azolithminpapier, destilliert auf $^1/_3$ des Volumens ab, gibt zum Rückstand eine der zugefügten Menge Lauge entsprechende Menge Schwefelsäure und extrahiert 10 ml dieser Lösung mit 20 ml Äther. Den Ätherextrakt alkalisiert man mit 2—3 ml 0,1 n-Lauge unter Umschütteln gegen Phenolphthalein, trennt die wäßrige Schicht ab, gibt die der Lauge entsprechende Menge 0,1 n-Schwefelsäure und einen weiteren Tropfen davon hinzu und destilliert bis auf einen kleinen Rest ab. Zum Destillat fügt man einige Kriställchen $HgCl_2$ und erhitzt 15 Minuten im siedenden Wasserbad.

Grenzkonzentration. 3 mg, entsprechend 0,3 g Ameisensäure im Liter.

Nachweis des entstandenen Kalomels mittels Ammoniak.

FEIGL und GOLDSTEIN führen den Nachweis mikrochemisch durch, wobei gefälltes Kalomel durch Schwarzfärbung mittels Ammoniak sichtbar gemacht wird:

$$Hg_2Cl_2 + 2NH_3 \rightarrow HgNH_2Cl + NH_4Cl + Hg.$$

Die Schwarzfärbung ist auf Bildung von fein verteiltem elementarem Quecksilber zurückzuführen. Der Test wird für die Identifizierung von Ameisensäure oder Formiaten in Mischungen mit Carboxyl- und Sulfonsäuren oder deren Alkalisalzen empfohlen.

Ausführung. Man versetzt 1 Tropfen saure, neutrale oder schwach alkalische Probelösung in einem Mikrotiegel mit einem Tropfen 10%iger $HgCl_2$-Lösung und einem Tropfen Pufferlösung (1 ml Eisessig und 1 g Natriumacetat in 100 ml Wasser), dampft unter Lichtausschluß bei 100 °C zur Trockene ein, nimmt den Rückstand mit einem Tropfen Wasser auf und fügt einen Tropfen 0,1 n-Ammoniak hinzu. Je nach Formiatgehalt entsteht eine mehr oder weniger intensive schwarze bis graue Färbung.

Empfindlichkeit. Noch 5 μg Formiat sind in einem Tropfen gesättigter Natriumoxalatlösung nachweisbar. Dies entspricht einem Verhältnis von 1:370.

Grenzkonzentration. 1:10000.

C. Nachweis durch Bildung von dithioniger Säure.

Ameisensäure und Natriumhydrogensulfit reagieren nach der Gleichung

$$HCOOH + 2NaHSO_3 \rightarrow H_2S_2O_4 + Na_2CO_3 + H_2O$$

unter Bildung von dithioniger Säure. COMMANDUCCI (a) verwendet die dabei auftretende gelbrote Färbung zum Nachweis von Ameisensäure in Formalin, Methanol, Glycerin und Essigsäure.

Ausführung. Man verdünnt 2,5 ml Probe auf das Doppelte, fügt 15 Tropfen konzentrierte $NaHSO_3$-Lösung (5 g in 5 ml Wasser) hinzu, schüttelt um und erwärmt ein wenig.

Empfindlichkeit. 1% Ameisensäure in den angeführten Verbindungen.

1. Identifizierung mit Nitroprussidnatrium.

COMANDUCCI (b) ergänzte später das oben beschriebene Verfahren durch zusätzliche Anwendungen von Nitroprussidnatrium. Je nach der Menge der vorhandenen Ameisensäure entsteht — unter gleichzeitiger Bildung von Cyanwasserstoff — eine grüne bis blaue Färbung und schließlich ein blauer Niederschlag. So ist der Nachweis von HCOOH auch in gefärbten Lösungen ohne vorhergehende Destillation möglich.

Ausführung. Man erwärmt die Probelösung mit $NaHSO_3$ im Wasserbad bis zur Entwicklung von Gasblasen, kühlt ab und fügt eine frisch bereitete Lösung von Nitroprussidnatrium hinzu.

2. Identifizierung mit Methylenblau.

Die in oben angeführter Reaktion gebildete dithionige Säure hat die Eigenschaft, Indigo, Methylenblau u. a. zu entfärben. Auf dieser Reaktion, die zwar nicht spezifisch ist, aber mit Acetaten, Oxalaten und Tartraten nicht eintritt, beruht eine von DENIGÈS ausgearbeitete Methode zum Nachweis von Ameisensäure.

Ausführung. Zu einigen Millilitern schwach saurer Probelösung (alkalische Lösungen sind mit verdünnter Salz- oder Schwefelsäure anzusäuern) gibt man ebenso viele Tropfen Methylenblaulösung (1/5000), wie ml Probelösung verwendet werden, erhitzt zum Sieden und versetzt mit dem gleichen Volumen $NaHSO_3$-Lösung (36—40 °Bé). Beim Umschütteln entfärbt sich die Lösung und zwar um so schneller, je mehr Ameisensäure zugegen ist. Aus sehr verdünnten Lösungen destilliert man Ameisensäure ab (vgl. Abschn. VIII), engt das Destillat alkalisch ein und prüft wie beschrieben.

Erfassungsgrenze. 1 mg Ameisensäure.

Die *Empfindlichkeit* kann durch Anwendung von Methylenblaulösung 1:10000 und Ausführung eines Blindversuches erhöht werden. Ist die Färbung beider Lösungen gleich, so ist auf einen Gehalt von weniger als 0,2 g/Liter zu schließen.

3. Arbeitsweise mit trockener Destillation der festen Substanz.

VAN NIEUWENBURG destilliert die Probe als festen Stoff in einem kleinen Reagensglas mit festem Kaliumhydrogensulfat in der Weise, daß einige Tropfen des so nicht unnötig verdünnten Destillats sich oben im Gläschen sammeln. Davon wird ein Teil mit einer feinen Pipette auf eine Tüpfelplatte gebracht. Zunächst achtet man auf den Geruch von Ameisensäure, dann prüft man, ob Quecksilber(II)-chlorid oder Kaliumpermanganat reduziert werden. Fallen diese Voruntersuchungen positiv aus, so wird die Anwesenheit von Ameisensäure, gegebenenfalls in einer neuen Portion Destillat, durch Reaktion mit Methylenblau und Bisulfit bestätigt. Sind Sulfit oder Thiosulfat vorhanden, so oxydiert man vorher mit so viel Jod, wie gerade verbraucht wird.

D. Nachweis durch Fällung von metallischem Silber.

Ameisensäure erzeugt mit ammoniakalischer Silbernitratlösung Braunfärbung oder einen Silberspiegel.

Ausführung (nach HOUBEN-WEYL). Man tropft in 5%ige Silbernitratlösung so viel 10%ige Ammoniaklösung, bis die entstandene braune Trübung sich eben wieder farblos und klar gelöst hat, gibt dann die neutrale Probelösung hinzu und erwärmt gleichzeitig mit einem Blindversuch im Dunkeln auf 50—60°. Die Proben dürfen nicht aufbewahrt werden, da sich Knallsilber bilden kann, das sehr brisant zerfällt.

Bei Gegenwart von Salzsäure versagt die Reaktion mit Silbernitrat. Man fällt dann mit einem Überschuß von Silberacetatlösung und filtriert gebildetes Silberchlorid ab. Das Filtrat scheidet beim Erhitzen metallisches Silber ab (ROSENTHALER).

E. Nachweis durch Reduktion von Chrom(VI) zu Chrom(III).

SULZER wies Ameisensäure in Gemischen mit Salzsäure (vgl. Abschn. D, letzter Absatz) mittels Kaliumdichromat nach, wobei Farbumschlag von orange nach grün eintritt.

Ausführung. Man versetzt eine Lösung von Kaliumdichromat mit konzentrierter Schwefelsäure und fügt einige Tropfen des Probegemisches hinzu. Die Reaktion ist natürlich nicht spezifisch, insbesondere wird sie auch von Aldehyden gegeben.

II. Reduktion mit naszierendem Wasserstoff und Nachweis als Formaldehyd (Farbreaktionen).

Ameisensäure läßt sich durch naszierenden Wasserstoff, welcher mit Magnesiummetall und verdünnter Säure erzeugt wird, leicht zu Formaldehyd zu reduzieren:

$$HCOOH + 2H \rightarrow CH_2O + H_2O.$$

Die Reaktion erfolgt auch in verdünnten, wäßrigen Lösungen in der Kälte, im Unterschied zu Essigsäure und den höheren Homologen, die nur in konzentrierter Lösung unter Erwärmen reduzierbar sind. Den entstandenen Formaldehyd identifiziert man in der Reaktionslösung direkt oder nach Abdestillieren mittels einer der im folgenden beschriebenen Farbreaktionen. Die Methode hat gegenüber dem direkten Nachweis als HCOOH den Vorteil, daß die Reaktionen auf Formaldehyd empfindlicher sind.

Ausführung der Reduktion. Die Bedingungen der von FENTON und SISSON beschriebenen Reaktion lassen sich in weiten Grenzen variieren. Magnesium wird in Form von Pulver, Spänen oder Band verwendet. Verd. HCl oder H_2SO_4 dienen als Säure. Die Wasserstoffentwicklung muß je nach dem Gehalt an Ameisensäure 2 Minuten bis 1 Stunde dauern.

Bei der von FINKE (s. den folgenden Absatz) angegebenen Ausführung der Reduktion erfolgt die Wasserstoffentwicklung in der ganzen Flüssigkeit. Das hat den Vorteil, daß die Reaktionsdauer verkürzt wird.

1. Identifizierung mit Schiffs Reagens.

FINKE weist den Formaldehyd mit fuchsinschwefliger Säure nach. Je nach dem Gehalt färbt sich die Lösung sofort oder nach einiger Zeit blauviolett.

Ausführung. In 10 ml neutrale oder schwach saure Lösung gibt man 0,5 g Mg-Band in Form einer Spirale oder eines klein zusammengewickelten Bündels, beschwert mit einem Glasstab, setzt nach und nach unter Kühlen im Laufe von 15 Minuten 6 ml 25%ige Salzsäure zu, läßt noch einige Minuten stehen und prüft dann die salzsaure klare Lösung mit SCHIFFS Reagens.

2. Identifizierung mit Chromotropsäure.

Nach EEGRIWE gibt Formaldehyd mit Chromotropsäure (1,8-dioxynaphthalin-3,6-disulfonsäure) eine violettrosa Färbung.

Ausführung. Zu einem Tropfen Probelösung fügt man einen Tropfen 2 n-Salzsäure und nach und nach unter Umschwenken bis zum Aufhören der Gasentwicklung Magnesiumpulver hinzu. Dann versetzt man mit 3 ml 72%iger Schwefelsäure sowie etwas fester Chromotropsäure und erwärmt 10 Minuten auf 60°

Empfindlichkeit. In einem Tropfen Probelösung sind 1,4 μg Ameisensäure nachweisbar.

Grenzkonzentration. 1:20000.

Störungen. Traubenzucker stört, da er unter den angewendeten Bedingungen geringe Mengen Ameisensäure abspaltet. Oxalsäure stört nicht.

3. Identifizierung mit Morphin.

Die von MARQUIS angegebene Farbreaktion zwischen Morphin und Formaldehyd in konzentriert schwefelsaurer Lösung kann zum Nachweis des Formaldehyds dienen (ROSENTHALER).

Ausführung. Man versetzt die nach FENTON und SISSON reduzierte Probe mit einer 0,1%igen Lösung von Morphin in konzentrierter Schwefelsäure. Bei Vorhandensein von Formaldehyd tritt Violettfärbung auf.

Empfindlichkeit. 10 μg Formaldehyd in einer Verdünnung von 1:100000.

4. Identifizierung mit Milch (Tryptophan) und Eisen(III)-chlorid.

Überschichtet man konzentrierte Schwefelsäure mit Milch, so wird Anwesenheit von Formaldehyd in der Säure nach HEHNER an einer blauen bis violetten Färbung erkannt. LEONHARD weist darauf hin, daß nur Eisenchlorid enthaltende Schwefelsäure diese Reaktion gibt, die durch den Tryptophangehalt der Milcheiweißstoffe bedingt wird. Die Methode ist zum Nachweis von Formaldehyd geeignet (ROSENTHALER, S. 118, 283).

Ausführung. Man versetzt 5 ml mit Mg reduzierte Lösung (s. oben) mit 2 ml frischer, formaldehydfreier (Kontrollversuch!) Milch und 7 ml 25%iger Salzsäure, die auf 100 ml 0,2 ml 10%ige Eisenchloridlösung enthält, und erhitzt $^1/_2$ Minute zu schwachem Sieden. Formaldehyd gibt sich durch eine mehr oder weniger starke Violettfärbung der Lösung und des gebildeten Koagulums zu erkennen.

Empfindlichkeit. Die Reaktion verläuft am besten bei Formaldehydkonzentrationen von 1:300 bis 1:20000.

5. Weitere Identifizierungsreaktionen.

a) Nach LEBBIN gibt Formaldehyd mit Resorcin in alkalischer Lösung eine Rotfärbung. Die Reaktion ist für Formaldehyd nahezu spezifisch.

Ausführung. Man erhitzt die Probelösung, die frei von Farbstoffen und Eiweißkörpern sein muß, im Reagensglas mit dem gleichen Volumen 0,5%iger Resorcinlösung in 40—50%iger Natronlauge zum Sieden und kocht $^1/_2$ Minute lang.

Empfindlichkeit. In wäßrigen, reinen Lösungen bewirkt Formaldehyd noch bei einer Verdünnung von 1:10000000 deutliche Rotfärbung.

Störungen. Chloroform oder Verbindungen, die mit Lauge Chloroform abspalten, geben eine ähnliche rötliche Färbung, doch liegt die Grenzkonzentration bei 1:5000. Außerdem ist wegen des Geruches eine Verwechslung kaum möglich.

b) NIERENSTEIN änderte die LEBBINsche Reaktion (s. oben) in der Weise ab, daß er an Stelle von Resorcin Phloroglucin benützt, das mit Formaldehyd Braunrotfärbung gibt.

Ausführung. Man versetzt die formaldehydhaltige Lösung mit 2—3 ml 0,5%iger Phloroglucinlösung und 5—10 Tropfen Alkalilauge und kocht schnell (um Oxydationsfärbungen zu verhindern) auf.

III. Nachweis durch Fällung als Metallformiat, insbesondere als Cer(III)-formiat.

Cer(III)-nitrat wird vielfach als das beste Reagens für Ameisensäure bezeichnet. Es erlaubt jedenfalls ihre völlig eindeutige Identifizierung neben anderen aliphatischen Säuren. Je nach den Bedingungen fällt aus schwach sauren Lösungen Cer(III)-formiat in Form regelmäßiger Pentagondodekaeder, radialfaseriger Rosetten oder quadratischer, geradlinig abgeschnittener, langer Prismen. Bei höheren Konzentrationen (1:25 bis 1:200) sowie bei schnellem Auskristallisieren herrschen prismatische Formen vor, während bei Konzentrationen von 1:200 bis 1:1000 und darüber Pentagondodekaeder und radialfaserige Rosetten auftreten. Cer(III)-formiat ist bei gewöhnlicher Temperatur weder in Wasser noch in Alkohol löslich.

Die **Erfassungsgrenze** beträgt unter optimalen Bedingungen 6—7 μg in einem Tropfen (etwa 0,04 ml) Probelösung, das entspricht einer Verdünnung von 1:6000; sicher nachweisbar sind 13—14 μg.

Ähnlich wie Cer reagieren Lanthan und „Didym", die, ebenfalls als Nitrate angewendet, mit Ameisensäure charakteristische Pentagondodekaeder geben. Die Empfindlichkeit des Nachweises ist allerdings etwas geringer.

Sehr charakteristisch ist — bei allerdings nur geringer Empfindlichkeit (300μg) — das Quecksilber(I)-salz, das in Form von dünnen, meist rechteckigen Einzelkristallen anfällt, die sich in zwei aufeinander senkrecht stehenden Richtungen aneinander lagern. Etwas empfindlicher ist der Nachweis als Silbersalz, dessen Kristallformen aber nicht besonders charakteristisch sind. Beide Identifikationen versagen bei Anwesenheit schon geringerer Mengen anderer Säuren. Die freie Säure wird durch Zusatz von Magnesiumoxid abgestumpft; vorhandene freie Mineralsäuren puffert man mittels Natriumacetat.

Angaben über die Verwendung von Salzen zur mikrochemischen Identifizierung flüchtiger Fettsäuren finden sich auch bei BEHRENS-KLEY. Ausführliche Untersuchungen haben KLEIN und WENZL angestellt.

Die nachstehend angegebene Vorschrift für den Nachweis von Formiat als Cer(III)-formiat ist dem Buch von VAN NIEUWENBURG entnommen.

Ausführung. Man verdampft einen oder mehrere Tropfen Probelösung auf einem Objektträger, nimmt den Rückstand in einem Tropfen 1%iger Cer(III)-nitratlösung auf, erwärmt leicht und kühlt dann schnell ab. Nach kurzer Zeit bilden sich farblose Pentagondodekaeder von Cer(III)-formiat.

IV. Nachweis durch Fällung als organische Verbindung.

Eine Reihe von organischen Körpern kann mit Ameisensäure und teilweise mit anderen Fettsäuren zu Derivaten umgesetzt werden, worauf entweder deren Entstehung selbst (Anilinformiat) oder der Schmelzpunkt der entstehenden gut kristallisierten Verbindung die Identifizierung der Säure ermöglicht.

1. Nachweis durch Fällung mit Anilin.

Versetzt man eine ätherische Lösung von Ameisensäure mit Anilin, so fällt, wie MASRIERA fand, weißes kristallines Anilinformiat aus, das sich im Verlauf von einigen Stunden in rötliches Formanilid umwandelt.

Ausführung. Man löst die zu prüfende Substanz in möglichst wenig Äther oder Chloroform, fügt dann das doppelte Volumen Petroläther und Anilin im Überschuß hinzu. Bei Anwesenheit von Ameisensäure fallen feine Kristallnadeln von Anilinformiat aus, die bei 64° schmelzen. Liegt eine wäßrige Lösung vor, so wird diese mit Äther ausgeschüttelt. Essigsäure und andere organische Säuren geben unter diesen Bedingungen die Reaktion nicht.

Empfindlichkeit. In absolutem Äther 1%, in einem Gemisch aus absolutem Chloroform und Petroläther 0,1% HCOOH.

2. Nachweis durch Fällung mit Benzylisothioharnstoff.

Nach DONLEAVY sowie VEIBEL und LILLELUND kann man die Salzbildung zwischen Benzylisothioharnstoff und organischen Säuren zur Identifizierung von Ameisensäure, Essigsäure und Oxalsäure verwenden. Die Vorteile bestehen in der leichten Herstellbarkeit des Reagens, der Schnelligkeit der Ausführung und den wohldefinierten physikalisch-chemischen Eigenschaften der gebildeten Salze. Von Nachteil sind die geringen Unterschiede der Schmelzpunkte (s. unten) sowie die bei unsachgemäßem Arbeiten eintretende Hydrolyse. Letztere, bei der sich die freie Base schnell unter Bildung von übelriechendem Benzylmercaptan zersetzt, wird durch Anwendung von möglichst wasserfreien Lösungen vermieden.

Darstellung des Reagenses. Man kocht 126 g Benzylchlorid, 76 g Thioharnstoff und 200 ml Alkohol gelinde am Rückfluß und kristallisiert das beim Abkühlen erhaltene Rohprodukt aus Alkohol oder einem Gemisch aus konzentrierter Salzsäure und Wasser (1 + 1; etwa 6 m) um. Der Schmelzpunkt beträgt 172—174°. Zuweilen wird eine tieferschmelzende Form erhalten (147—148°), welche sich durch Lösen in Alkohol und Impfen mit der höherschmelzenden Form in diese überführen läßt. Beide Formen geben mit organischen Säuren identische Salze.

Ausführung (nach VEIBEL und LILLELUND). Man löst 0,01 Äquivalent Säure in 10 ml Wasser, neutralisiert mit 1 n-Natronlauge gegen Methylrot, fügt 1—2 Tropfen 1 n-Salzsäure und 2 g Benzylisothioharnstoffhydrochlorid in 10 ml Wasser hinzu. Das erhaltene Salz wird aus möglichst wenig Alkohol umkristallisiert. Für die untersuchten Säuren werden folgende Schmelzpunkte der Salze gefunden: Ameisensäure 150—151°, Essigsäure (Monohydrat) 135—136° und Oxalsäure (neutrales Salz) 195—196°. DONLEAVY hatte für das Formiat einen Schmelzpunkt von 146° festgestellt.

DEWEY und SPERRY haben versucht, durch Anwendung des p-Chlorderivates des Benzylisothioharnstoffs weiter auseinanderliegende Schmelzpunkte zu erhalten, aber ohne Erfolg.

3. Nachweis durch Fällung mit p-Phenylazophenacylbromid.

p-Phenylazophenacylbromid gibt mit organischen Säuren orange bis orangerote Derivate, welche von SUGIYAMA und Mitarbeitern unter anderem zur Identifizierung von Ameisensäure und Essigsäure verwendet werden (Schmelzpunkte 155—156° bzw. 125—125,5°, die Derivate der weiteren Homologen haben bei und unter 100° liegende Schmelzpunkte).

Herstellung des Reagenses. Man läßt 3,5 g Brom in 25 ml Chloroform auf 5 g p-Phenylazoacetophenon in 50 ml Chloroform bei Zimmertemperatur einwirken. Die 5 g betragende Ausbeute besteht aus langen orangeroten Prismen.

Ausführung. Man löst 0,5 mMol Carboxylsäure in 4 ml Wasser, fügt 10 ml 95%igen Alkohol und 0,15 g Reagens hinzu, bringt mit Alkali auf pH 6,5 und kocht eine Stunde lang.

4. Nachweis durch Fällung mit o-Phenylendiamin.

o-Phenylendiamin setzt sich mit gesättigten Fettsäuren nach

$$RCOOH + C_6H_4(NH_2)_2 \rightarrow C_6H_4\langle{}^{NH}_{N}\rangle CR + 2\,H_2O$$

zu gut kristallierenden 2-Alkylbenzimidazolen um. Nach dem von Seka und Müller aufgefundenen und von Pool, Harwood und Ralston verbesserten Verfahren lassen sich Ameisen- und Essigsäure nachweisen. Die Schmelzpunkte (172—173 °C bzw. 177—177,5 °C) liegen allerdings recht nahe beieinander.

Ausführung. Man erhitzt 1—3 g Säure mit der äquivalenten Menge o-Phenylendiamin 30 Minuten zum Sieden, löst die Mischung in heißem Alkohol und neutralisiert die nicht umgesetzte Säure mit Kalilauge gegen Phenolphthalein. Nach dem Abkühlen fügt man Äther hinzu, wäscht mehrere Male mit Wasser und verdampft den Äther. Die erhaltenen Produkte werden durch Umkristallisieren aus Alkohol, verdünntem Alkohol oder Wasser, evtl. unter Zusatz von Aktivkohle zum Entfärben, gereinigt.

5. Nachweis durch Fällung mit Phenylhydrazin.

Zahlreiche Carbonsäuren bilden mit Phenylhydrazin weiße kristalline Derivate mit definiertem Schmelzpunkt, die zur Charakterisierung der betreffenden Säuren geeignet sind. Stempel und Schaffel haben u. a. die Phenylhydrazide von Ameisensäure und Essigsäure dargestellt (Schmelzpunkte: 143 bzw. 129°).

Ausführung. Man kocht ein Gramm Säure 30 Minuten mit 2 ml Phenylhydrazin. Das nach Abkühlen sich abscheidende, feste Produkt (gelegentlich ist Fällen mit Benzol erforderlich) wird aus Benzol umkristallisiert.

V. Farbreaktionen, die nicht auf vorheriger Formaldehydbildung beruhen.

1. Nachweis durch Überführung in Formhydroxamsäure und Identifizierung mit Eisen(III)-chlorid.

Ameisensäure läßt sich nach Feigl und Frehden dadurch nachweisen, daß man sie durch alkoholische Hydroxylaminlösung in Formhydroxamsäure und diese durch Eisen(III)-chlorid in ein violettgefärbtes Eisen(III)-Innerkomplexsalz überführt. Die Reaktion ist für HCOOH in Gegenwart sämtlicher Carbonsäuren spezifisch.

Ausführung. Man versetzt einen Tropfen Probelösung in einem Mikrotiegel mit gesättigter alkoholischer Natronlauge bis zur Lackmusalkalität, fügt einen Tropfen gesättigte alkoholische Lösung von Hydroxylammoniumchlorid zu und leitet die Reaktion durch Erwärmen ein. Nach Erkalten säuert man mit 10%iger alkoholischer Salzsäure an und setzt einen Tropfen wäßrige Eisen(III)-chloridlösung zu.

Erfassungsgrenze: 15 μg Ameisensäure.

Grenzkonzentration: 1:3000.

2. Nachweis von Ameisen-, Oxal- und Weinsäure nebeneinander mit Resorcin.

Ameisensäure gibt mit Resorcin und Schwefelsäure eine Orangefärbung. Krauss und Tampke weisen Ameisen-, Oxal- und Weinsäure nebeneinander nach, indem sie die schwach schwefelsaure Probelösung nach Zusatz von Resorcin mit konzentrierter Schwefelsäure unterschichten. Bei Anwesenheit der genannten Säuren erscheint unter gleichzeitiger Entwicklung von Kohlenoxid ein orangefarbenes, sich verbreiterndes Band (Ameisensäure), darunter ein schmaler blauer Ring (Oxalsäure) und bei vorsichtigem Erwärmen der konzentrierten Schwefelsäure unter beiden ein tiefroter Ring (Weinsäure).

Ausführung. Man löst in einem Reagensglas 0,2 g Resorcin in 5 ml schwach schwefelsaurer Lösung der zu untersuchenden Substanz und unterschichtet mit 10 ml konzentrierter Schwefelsäure.

Empfindlichkeit. Der Nachweis von Ameisen- und Oxalsäure ist weniger empfindlich als derjenige der Weinsäure. In einer Lösung, die in 100 ml 0,1 g Ameisensäure, 0,2 g Oxalsäure und 0,02 g Weinsäure enthielt, konnten die drei Säuren sicher identifiziert werden.

Störung. Vor Ausführung der Reaktion sind Carbonat, Sulfid, Jodid und Bromid zu entfernen und Oxydationsmittel durch Kochen mit schwefliger Säure oder durch Wasserstoff zu reduzieren.

3. Nachweis mit Glycerin und Resorcin.

Sortie und Rivest modifizieren den Ameisensäurenachweis mit Resorcin in der Weise, daß sie die feste Probe mit 1—2 Tropfen Glycerin und einigen Kristallen Resorcin überschichten. Nach Zugabe einiger Tropfen konzentrierter Schwefelsäure tritt eine himbeerrote Farbe auf. Acetate, Tartrate, Citrate und Benzoate geben keine oder nur eine ganz schwache Rosafärbung. Etwa vorhandenes Oxalat soll als Calciumoxalat entfernt werden.

VI. Nachweis durch Überführung in Cyanwasserstoffsäure.

Nach Rosenthaler (b) geben Formiate beim Erhitzen mit sekundärem Ammoniumphosphat und Phosphorpentoxid Cyanwasserstoff, welcher als solcher nachgewiesen werden kann (s. Kapitel Cyanwasserstoffsäure).

VII. Nachweis von Formiat in einigen besonderen Fällen.

1. Nachweis in tierischen Produkten und bei Vergiftungen.

Zur Identifizierung von Ameisensäure in Fleischextrakten trennt Waser erstere durch Destillation (s. Abschn. VIII) ab, reduziert mit Magnesium und Salzsäure und weist den entsprechenden Formaldehyd nach Hehner (s. Abschn. II, 4) durch die Violettfärbung nach, die bei Zugabe von Milch und Eisen(III)-chlorid in salzsaurer Lösung auftritt.

a) Für den toxikologischen Nachweis von Ameisensäure in Fleisch zieht Ballotta das fein zerriebene Fleisch mit kaltem Wasser aus, erhitzt das Filtrat mit überschüssigem Magnesium unter Rückfluß, destilliert gebildeten Formaldehyd ab und weist diesen an der Violettfärbung nach, die entsteht, wenn man einige Tropfen Destillat zu einer schwefelsauren Morphinlösung hinzufügt (s. Abschn. II, 3).

b) Zum Nachweis geringer Mengen Ameisensäure im Blut und Geweben, insbesondere in der Haut, reduziert Droller die eiweiß- und zuckerfreien Filtrate (s. Abschn. II) in Gegenwart von fuchsinschwefliger Säure mit Magnesiumband und Salzsäure. Der aus Ameisensäure entstehende Formaldehyd gibt mit fuchsinschwefliger Säure eine blauviolette Färbung.

Ausführung. Man schüttelt 5 ml Blut nach Zusatz von 5 ml 5%iger Metaphosphorsäure 5—10 Minuten (für die Bestimmung in Haut werden 0,6—1,5 g der fein zerschnittenen Probe mit 5 ml 10%iger Metaphosphorsäure auf einer Schüttelmaschine behandelt) und zentrifugiert anschließend 30 Minuten. Zum Entfernen störender Stoffe versetzt man 5 ml proteinfreies Zentrifugat mit 1 ml Kupfer(II)-sulfatlösung und 1 g Calciumhydroxid, schüttelt eine Stunde und zentrifugiert. Zu einem aliquoten Teil des Zentrifugates fügt man 0,12 g Magnesiumband, 1 ml fuchsinschweflige Säure und nach Abkühlen im Eisbad tropfenweise 25%ige Salzsäure hinzu, bis alles Magnesium gelöst ist.

c) Bei Vergiftungen läßt sich Ameisensäure nach KARUNAKARAN und PILLAI wie folgt erkennen: Die gut zerkleinerten Eingeweide werden nach Zusatz von Phosphorsäure der Destillation unterworfen (s. Abschn. VIII). Aus dem alkalisch gemachten und zur Trockene eingedampften Destillat wird Formaldehyd in der mehrfach beschriebenen Weise entwickelt und mit Phloroglucin oder Resorcin nachgewiesen (s. Abschn. V).

2. Nachweis in Lebensmitteln.

Nach einer Vorschrift von BECKER trennt man flüchtige Säuren in Lebensmitteln als Ammoniumsalze papierchromatographisch, wobei Alkali- und Erdalkalimetalle zuvor mittels Ionenaustauscher entfernt werden. Als Lösungsmittel dient n-Butanol/1,5 n-Ammoniak (1:1). Der Nachweis von Ameisensäure erfolgt auf Streifen, die mit einer Mischung von 0,1 n-Silbernitratlösung und 5 n-Ammoniak (1:1) getränkt sind und 15—20 Minuten in einen warmen Luftstrom gehängt werden (vgl. Kapitel Essigsäure).

3. Nachweis von Ameisensäure in Pflanzenhydrolysaten.

HARPER verwendet die Reduktion von Sublimat zu Kalomel (s. Abschn. B) zum Nachweis von Ameisensäure in Pflanzenhydrolysaten. Der nach Wasserdampfdestillation und Eindampfen des alkalisch gemachten Destillates erhaltene Rückstand (s. Abschn. VIII) wird mit 0,5 ml 10%iger Essigsäure angesäuert und mit einer gesättigten Lösung von Quecksilber(II)-chlorid in 2%iger Essigsäure 2 Stunden im Wasserbad behandelt.

VIII. Abtrennen von Ameisensäure durch Destillation.

a) Einfache Destillation.

Für den Nachweis von Ameisensäure in pflanzlichen und tierischen Produkten sowie bei Vergiftungen wird diese in den meisten Fällen vorher durch Wasserdampfdestillation abgetrennt. Hierzu versetzt man das zu prüfende Gut mit 10—25%iger Phosphorsäure, destilliert die flüchtigen Säuren ab, macht das Destillat durch Zusatz von in Wasser suspendiertem Calciumcarbonat oder mittels Natriumcarbonat alkalisch und engt zur Trockene ein (vgl. WASER, HARPER sowie KARUNAKARAN und PILLAI).

Im Rückstand wird nach einer der in den vorausgegangenen Abschnitten beschriebenen Methoden auf Ameisensäure geprüft. Auf die Möglichkeit der Bildung von Ameisensäure während der Destillation weisen v. FELLENBERG und KRAUZE hin, welche die zu untersuchende Probe mit Äther extrahieren (s. Abschn. I B).

b) Azeotropische Destillation.

WARNER und RAPTIS fanden, daß die Ameisensäure als einzige der Reihe der homologen Säuren mit Chloroform ein azeotropisch siedendes Gemisch (15% HCOOH, 85% $CHCl_3$, Kp. 59,15°) bildet und dadurch leicht von ihnen, insbesondere auch der Essigsäure, getrennt werden kann. Da $CHCl_3$ auch mit Wasser azeotrop siedet, ist es zweckmäßig, dieses zuerst zu entfernen.

Ausführung. Man neutralisiert mit 0,1 n-Natronlauge, setzt überschüssiges $CHCl_3$ hinzu und destilliert das Wasser mit einem Teil des $CHCl_3$ ab. Dann säuert man mit Salicylsäure an und destilliert nun die Ameisensäure zusammen mit $CHCl_3$ in eine neue Vorlage über. Für die Destillation wird z. B. eine 1 m hohe, mit Glasperlen gefüllte Fraktioniersäule von 20 mm ∅ verwendet.

IX. Nachweis von Ameisensäure neben Formaldhyd.

Hierfür kann man unter anderem die Reaktion mit Sublimat oder die mit Eisen(III)-chlorid verwenden. Im übrigen besteht immer die Möglichkeit, eine Lösung, die beide Substanzen enthält, alkalisch einzudampfen und im Rückstand neben dem Formiat möglicherweise noch enthaltenen Formaldehyd durch etwa einstündiges Erhitzen auf 130 °C zu entfernen (vgl. z. B. ROSENTHALER S. 284).

X. Nachweis von Ameisensäure neben anderen flüchtigen Säuren.

Da die Oxydationsreaktionen selten ganz eindeutig sind und die Eisen(III)-chloridreaktion auch von Essigsäure und Propionsäure gegeben wird, verwendet man zweckmäßig die Reduktion zu Formaldehyd, nachdem man sich (am besten mit Chromotropsäure) von dessen Abwesenheit überzeugt hat, oder einen beliebigen Nachweis nach Trennung durch azeotropische Destillation.

XI. Nachweis durch Chromatographie, Massenspektrometrie und Gaschromatographie.

Wegen weiterer Nachweise, insbesondere neben Essigsäure und Homologen durch Chromatographie, Massenspektrometrie und Gaschromatographie wird auf die entsprechenden Abschnitte im Kapitel Essigsäure verwiesen.

Literatur.

BALLOTTA, F.: Boll. chim. farm. **75**, 577 (1936); Fr. **115**, 304 (1938/39). — BECKER, E.: Z. Lebensm. **98**, 249 (1954); Ref.: Fr. **145**, 115 (1955). — BEHRENS-KLEY: Mikrochem. Analyse, 1. Teil. Leipzig: Leopold Voss, 1921.

COMANDIUCCI, E.: a) Rend. Accad. Sci. fisiche mat., Napoli **1904**, 2/7; Ref.: C. **1904**, II, 1168. b) Boll. Chim. Farm. **57**, 101; Ref.: Fr. **60**, 424 (1921).

DENIGÈS: Bl. Soc. Pharm. Bordeaux **51**, 151 (1911); Ref.: Fr. **51**, 685 (1912). — DEWEY, B. T., u. R. B. SPERRY: Am. Soc. **61**, 3251 (1939). — DONLEAVY, J. J.: Am. Soc. **58**, 1004 (1936); C. **1936**, II, 1907. — DROLLER, H.: H. **211**, 57 (1932); Ref.: C. **1932**, II, 3446.

EEGRIWE, E.: Fr. **110**, 22 (1937).

FEIGL, F., u. O. FREHDEN: FEIGL, „Tüpfelreaktionen", 3. Aufl., **1935**, 405; Ref.: Fr. **106**, 124 (1936). — FEIGL, F., u. D. GOLDSTEIN: An. Asoc. quim. Brasil. **11**, 133 (1952); Ref.: Chem. Abstr. (1956) **50**, 15325. — v. FELLENBERG, TH., u. ST. KRAUZE: Mitt. Geb. Lebensmiteluntersuch. Hyg. **23**, 111 (1932); Ref.: Fr. **92**, 132 (1933). — FENTON, H. J. H., u. H. A. SISSON: Pr. Soc. Cambridge **14**, 385 (1908); Ref.: C. **1908**, I, 1379. — FINCKE, H.: Z. Lebensm. **25**, 389 (1913). — FREHDEN, O., u. K. FÜRST: Mikrochemie **25**, 256 (1938); Ref.: C. **1939**, II, 2444.

HARPER, ST. H.: Soc. **1942**, 595. — HOUBEN-WEYL: Methoden der organischen Chemie, Bd. **2**, 944 Stuttgart, Georg Thieme 1953.

KARUNAKARAN, R. C. O., u. K. K. N. PILLAI: Indian med. Gaz. **79**, 598 (1944); Ref.: Chem. Abstr. **39**, 3760[3] (1945). — KLEIN, G., u. H. WENZL: Mikrochemie **11**, 73 (1932); Ref.: C. **1932**, II, 1047. — KRAUSS, F. u. H. TAMPKE: Ch. Z. **45**, 521 (1921); Ref.: Fr. **63**, 60 (1923).

LEBBIN: Siehe ROSENTHALER, S. 119. — LEONARD, N.: Analyst **21**, 157; Ref.: Fr. **36**, 714 (1897).

MARQUIS, ED.: Pharmaz. J. (russ.) **35**, 549; Ref.: Fr. **38**, 466 (1899). — MASRIERA, M.: An-Esp. **28**, 916 (1930); dch. Ref.: Fr. **85**, 469 (1931).

van Nieuwenburg: Tüpfelreaktionen, 1956. — Nierenstein: Siehe Rosenthaler: Nachweis organischer Verbb., II. Aufl., S. 119.

Paech, K., u. M. V. Tracey: Modern Methods of Plant Analysis, Bd. II, S. 473. — Pool, Harwood u. Ralston: Am. Soc. **59**, 178 (1937).

Rosenthaler, L.: a) Nachweis organischer Verbb., II. Aufl. Pharmac. Acta Helv. **19**, 209/211 (1944); Chem. Abstr. **39**, 885[2] (1945). — b) Pharm. Acta Helv. **21**, 217 (1946); Ref.: Chem. Abstr. **43**, 521[e]; Ref.: Chem. Abstr. **43**, 1289b (1949).

Seka, R., u. R. H. Müller M. 57, 97, (1931); C. **1931**, I, 2058. — Sortie, L., u. M. Rivest: l'Acfas **7**, 83 (1941); Ref.: Chem. Abstr. **40**, 1117[7] (1946). — Stempel, G. H., u. G. S. Schaffel: Am. Soc. **64**, 470 (1942). — Sugiyama, N. u. Mitarb.: J. chem. Soc. Japan Pure chem. Sect. **72**, 152 (1951); Ref.: Chem. Abstr. **46**, 3447 i (1952). — Sulzer, H.: Angew. Ch. **25**, I, 1273 (1912).

Veibel, St., u. H. Lillelund: Bl. **5**, 1153 (1938); Ref.: C. **1939**, I, 2411.

Warner B. R., u. L. Z. Raptis: Anal. Chem. **27**, 1783 (1955). — Waser, E.: H. **99**, 67 (1917).

Essigsäure.

CH_3COOH

Schmp. 16,6° Kp. 118° Dichte = 1,0492 Dissoz.-Konstante: $1{,}76 \cdot 10^{-5}$.

Inhaltsübersicht.

Die Essigsäure ist mit Wasser, Alkohol und Äther in jedem Verhältnis mischbar.

Die meisten Acetate sind leicht löslich in Wasser. Ziemlich schwer löslich sind das Silber- und das Quecksilber(I)-salz. Die Löslichkeit des letzteren in Wasser beträgt 1:300.

Die Essigsäure ist recht beständig gegen mäßig starke Oxydationsmittel und wird auch von stärkeren wie Kaliumpermanganat und Chromsäure im Gegensatz zur Ameisensäure nur langsam angegriffen. Diesen Unterschied macht sich die Vorschrift des DAB VI zur Prüfung von Ameisensäure auf Essigsäure zunutze. Als oxydierende

Substanz wird Quecksilberoxid verwendet. Oxydiert in der Wärme die Ameisensäure rasch und vollständig zu CO_2 und H_2O, während Essigsäure erhalten bleibt, und zwar zum Teil als freie Säure, da sie weder mit Hg(II) noch mit dem entstehenden Hg(I) stöchiometrisch Acetate bildet Demnach ist Nachweis von Säure nach der HgO-Behandlung gleichbedeutend mit Essigsäurenachweis.

VIEBÖCK hat die Arbeitsweise des DAB VI wie folgt verbessert: 1 ml der zu prüfenden Ameisensäure wird mit 1,5—2 g HgO und etwas Wasser im Wasserbad erhitzt. Nach Beendigung der Gasentwicklung filtriert man und zieht den Rückstand noch 1- bis 2mal mit heißem Wasser aus. Die vereinigten Filtrate versetzt man mit Phenolphthalein und 0,1 ml 0,1 n-Lauge. Nur wenn dabei deutliche Rotfärbung auftritt, kann die Ameisensäure als praktisch frei von Essigsäure angesprochen werden.

Mit zahlreichen Kationen bildet Essigsäure Komplexionen. Beim Erhitzen von Acetaten tritt teilweise Verkohlung auf und entstehen gasförmige Zersetzungsprodukte, darunter Aceton.

I. Nachweis durch Umsetzen zu Estern mit charakteristischem Geruch.

1. Umsatz zum Äthylester.

Beim Erhitzen mit Äthylalkohol und Schwefelsäure tritt der fruchtartige Geruch von Äthylacetat auf.

Ausführung. Man macht 1 ml der Lösung mit Natronlauge schwach alkalisch und verdampft zur Trockene. Den Rückstand löst man mit 0,5 ml konz. H_2SO_4, und durch schwaches Erwärmen vertreibt man gegebenenfalls entstehende leicht flüchtige Gase wie SO_2 und HCN. Nun fügt man 0,1 ml Alkohol hinzu und erwärmt auf dem Wasserbad.

Grenzkonzentration. 1 mg Essigsäure pro Liter.

2. Umsatz zum Amylester.

Diese von ROSENTHALER empfohlene Reaktion, die auch auf die Acetylgruppe z. B. in der Acetylsalicylsäure oder im Acetamid anspricht, führt zur Bildung von Amylacetat. Dieser Ester (sog. Birnenäther) hat einen besonders charakteristischen Geruch.

Ausführung. Man erwärmt die Probe mit einigen Körnchen p-Toluolsulfonsäure und einem Tropfen Amylalkohol. Der bei Anwesenheit von Essigsäure auftretende Birnenäther-Geruch wird besonders deutlich, wenn man das Reaktionsgemisch in Wasser eingießt.

II. Nachweis durch Umsetzung zu kristallisierten organischen Derivaten.

1. Umsatz zum Alkylimidazol.

Nach SEKA und MÜLLER lassen sich die homologen Säuren der Fettsäurereihe durch Umsetzung mit o-Phenylendiamin in gut kristallisierende 2-Alkylimidazole überführen und durch die Schmelzpunkte charakterisieren bzw. bis zu einem gewissen Grade unterscheiden.

$$RCOOH + C_6H_4(NH_2)_2 \rightarrow C_6H_4\langle{}^{NH}_{N}\rangle CR.$$

Die Arbeitsweise wurde von POOL, HARWOOD und RALSTON verbessert. Die Schmelzpunkte der Derivate der Säuren unterscheiden sich nicht sehr; der Schmelzpunkt des Essigsäurederivats beträgt 172—173°, derjenige des Ameisensäurederivats 177—177,5° (Mischschmelzpunkt 130—132°).

Arbeitsweise. Die Säuren werden mit 1 Äquivalent o-Phenylendiamin 30 Minuten zum Sieden erhitzt. Die Mischung wird dann in heißem Alkohol gelöst und nicht umgesetzte Säure mit Kalilauge gegen Phenolphthalein neutralisiert. Im Gegensatz zu den Imidazolen der höheren Säuren der Reihe, die beim Abkühlen des Alkohols bereits auskristallisieren, scheiden sich die der niederen Säuren, von der Caprinsäure abwärts, erst durch Zufügen von Äther ab. Nach mehrmaligem Waschen mit Wasser, Abdampfen der Ätherreste und Umkristallisieren aus verdünntem Alkohol oder Wasser unter Zusatz von Entfärbungskohle kann die Bestimmung des Schmelzpunktes erfolgen.

2. Umsatz zum p-Phenylacylester-2,4-dinitrohydrazon.

Die p-Phenylacylester der Fettsäuren können auf Grund ihrer Schmelzpunkte zur Identifizierung der Komponenten in Fettsäuregemischen dienen. Besser geeignet sind nach Angabe von HAWKINS, WEBB und KEPNER die 2,4-Dinitrophenylhydrazone der Ester. Es treten ziemlich große Unterschiede in den Schmelzpunkten auf. Während z. B. im Falle von Essigsäure und Propionsäure die Schmelzpunkte der Ester 110,5—111,8 bzw. 103,5—104° betragen, wurde als Schmelzpunkt von deren Hydrazonen 183,5—184,0 bzw. 139° gefunden.

Die Autoren empfehlen, zur Herstellung der Ester nach der Vorschrift von SHRINER und FUSON und zu ihrer Reinigung nach der Methode von PRATER und SMIT zu arbeiten. Der Umsatz der Ester zu den Hydrazonen erfolgt durch Zusatz einer alkoholischen Lösung von 2,4-Dinitrophenylhydrazin zu der alkoholischen Lösung der Ester (95%iger Alkohol).

Beim Vorliegen von Gemischen der Derivate verschiedener Fettsäuren kann man nach HAWKINS, WEBB und KEPNER zu ihrer Trennung und Identifizierung die Säulenchromatographie an Kieselgel anwenden. Infolge der starken Orangefärbung der Derivate ist die Empfindlichkeit groß. Als relative R_f-Werte wurde für die Essigsäure 0,23, für Propionsäure 0,38, für Buttersäure 0,5 (Hexansäure = 1) gefunden. (Wegen des direkten chromatographischen Nachweises von Essigsäure s. Abschn. VI.)

III. Mikroskopische Nachweise.

1. Fällung als Natriumuranylacetat.

Die Essigsäure bildet mit Uranylsalzen und Natriumionen charakteristische, tetraedrische Kristalle des Doppelsalzes $CH_3COONa \cdot UO_2(CH_3COO)_2$. Dieser Nachweis ist von allen Fällungsreaktionen der beste. Er ist für Essigsäure spezifisch, die homologen Säuren stören nicht. Als Uranylsalz ist das Formiat am besten geeignet, das Nitrat nicht, da NO_3-Ionen die Kristallisation erheblich stören. Wenn kein Formiat zur Verfügung steht, kann man es nach KRÜGER und TSCHIRCH, von denen auch die nachstehenden *Vorschriften* zur Reaktionsausführung stammen, wie folgt aus dem Nitrat herstellen.

Man löst 10 g Uranylnitrat (krist. z. Anal.) in etwa 500 ml destilliertem Wasser und fällt mit einem geringen Überschuß von Ammoniaklösung. Der Niederschlag wird filtriert und mit heißem Wasser kurz gewaschen. Nun wird er durch Aufgießen von reiner Ameisensäure gelöst und das in einer Prozellanschale aufgefangene Filtrat auf dem Wasserbad eingedampft, wobei man das Reagens als ein leicht gelb gefärbtes, feinkristallines Pulver erhält.

Ausführung a (bei Vorliegen der freien Säure). Ein Tropfen der zu untersuchenden Lösung wird auf einen Objektträger gegeben, von der einen Seite wird ein Kriställchen Natriumformiat und von der anderen ein solches von Uranylformiat an den Rand des Tropfens gebracht. Je nach der Essigsäurekonzentration tritt sofort oder spätestens nach einer Minute Kristallbildung auf. Die Kristalle müssen die typische Tetraederform haben.

Ausführung b (bei Vorliegen von Acetaten). Man dampft einen Tropfen der Lösung auf dem Objektträger zur Trockene. Nach dem völligen Erkalten gibt man einen Tropfen Reagenslösung (hergestellt durch Lösen von 1 g Uranylformiat und 1 g Natriumformiat in 8 ml Wasser und 1 ml 50%iger Ameisensäure und Filtrieren) hinzu.

Erfassungsgrenze. 0,5 mg Essigsäure oder 0,09 mg Acetat-Ion.

Störungen. Bei sehr kleinen Acetatkonzentrationen stören schon geringe Mengen von Chlor- und Nitrat-Ion. Bei deren Anwesenheit extrahiert man am besten das Acetat mit absolutem Alkohol. Sulfat stört wenig, Phosphat jedoch stark und ist daher vor der Reaktion zu entfernen.

2. Fällung als Kupfer(II)-acetat.

Klein und Wenzl haben eine große Anzahl von Metallverbindungen auf ihre Eignung als Reagentien für den mikroskopischen Nachweis und die Unterscheidung von flüchtigen Fettsäuren in Destillaten untersucht. Für den Essigsäurenachweis, auch im Gemisch mit Ameisensäure einerseits und höheren Homologen andererseits, fanden sie Kupfersalz als am geeignetsten und empfindlichsten, obwohl Kupferacetat ziemlich wasserlöslich ist (1:16). Für die freie Säure ist als Reagens Kupferoxid zu verwenden, für Alkaliacetate gesättigte Kupfercarbonatlösung.

Ausführung. Die Reaktion wird auf einem Objektträger ohne Deckglas ausgeführt. Man gibt zu 0,01 ml der zu untersuchenden Lösung 0,004 ml gesättigte Kupfercarbonatlösung. Beim Verdunsten des Wassers scheiden sich tiefblaue Kristalle von Kupfer(II)-acetat hauptsächlich in Form von monoklinen Prismen und rhombischen Tafeln ab. Formiat gibt keine Fällung. Von den Kupfersalzen der Propionsäure und der höheren Homologen sind die Kristalle nach ihrer Form deutlich zu unterscheiden. Noch eindeutiger ist die Unterscheidung auf Grund der Löslichkeitsverhältnisse in Alkohol. Beim Einwirkenlassen von aufgetropftem Alkohol bleiben die Kristalle des Kupferacetats unverändert, während diejenigen des Propionats usw. sich rasch auflösen.

Erfassungsgrenze. 16 μg Acetat.

Grenzkonzentration. 1:2500.

IV. Nachweis durch die Kakodyl-Reaktion.

Diese zum Nachweis von Arsen gebräuchliche Reaktion, die auf der Bildung des an seinem charakteristischen, widerlichen Geruch erkennbaren Kakodyloxids $(CH_3)_2As \cdot O \cdot As(CH_3)_2$ beruht, kann auch zum Nachweis von Essigsäure dienen. Allerdings ist der Nachweis nicht spezifisch; alle homologen Säuren reagieren ebenso.

Ausführung. Man fügt zu einigen Milligrammen fester Substanz, die gegebenenfalls durch Eindampfen einer Lösung erhalten wurde, 1 mg As_2O_3 hinzu und erhitzt.

Erfassungsgrenze. 0,1 mg Acetat.

Störungen. Eine ganze Reihe von Ionen stören. Nach Brantley, Cromwell und Mead können die hauptsächlich störenden Ionen wie folgt entfernt werden: Tartrat durch Fällung mit $Ca(OH)_2$- oder $Ba(OH)_2$-Lösung; Sulfid und Rhodanid durch Fällung mit $HgCl_2$; Chlorat, Nitrat und Nitrit durch Zufügen von einigen mg Zinkstaub und einigen ml konz. HCl, einige Minuten währendes Kochen, Abkühlen und Neutralisieren mit NaOH.

V. Farbreaktionen.

1. Nachweis durch Umsetzen zu Aceton und Farbreaktion.

Bei der trockenen Destillation von Calciumacetat entsteht Aceton. Dieses kann am besten durch Reaktion mit o-Nitrobenzaldehyd über intermediäres o-Nitrophenylmilchsäurelacton zu Indigo nachgewiesen werden (Feigl, Sanchez und Zappert). Die Reaktion ist spezifisch für Essigsäure; die homologen Säuren stören nicht, beeinträchtigen nur die Empfindlichkeit; große Mengen von Kupfersalz verhindern jedoch das Eintreten der Reaktion.

Das Überführen des Acetats in Calciumacetat kann durch Eindämpfen der sauren Probelösung in Gegenwart von $CaCO_3$ erfolgen, oder man vermischt die feste Probe mit $CaCO_3$ oder CaO und läßt den Umsatz im Reaktionsrohr selbst vor sich gehen.

Ausführung (nach Feigl). Man gibt das mit Calciumcarbonat vermischte Probenpulver in ein Reagensglas oder Glühröhrchen und legt über dessen Öffnung einen Streifen von mit o-Nitrobenzaldehyd getränktem Filtrierpapier. Erhitzt man das Gemisch, am besten, nachdem das Röhrchen in eine durchlochte Asbestplatte gesteckt wurde, so wird bei Anwesenheit von Acetat das Papier durch entstehendes Indigo blau gefärbt. Bei kleinen Mengen Acetat empfiehlt es sich, die Färbung durch Befeuchten mit einem Tropfen verd. HCl deutlicher zu machen.

Erfassungsgrenze. 50 μg Essigsäure.

2. Nachweis durch Reaktion zu Acetaldehyd und Farbreaktion.

Bei trockener Destillation eines Gemisches von Acetat mit Calciumhydroxid und Calciumformiat entsteht Acetaldehyd. Dieser kann z. B. durch Reaktion mit Nitroprussidnatrium und Piperidin nachgewiesen werden (Sanchez).

Ausführung. Die Durchführung der Reaktion erfolgt entsprechend der vorstehenden, außer daß das aufgelegte Filtrierpapier in diesem Falle mit einem frisch bereiteten Gemisch aus je einem Tropfen 1%iger Nitroprussidnatrium- und Piperidinlösung befeuchtet wird. Bei Vorhandensein von Acetat in der Probe entsteht eine tiefblaue Färbung.

Erfassungsgrenze. 10—15 μg Essigsäure.

3. Nachweis durch Farbreaktion mit Lanthansalz und Jod.

Wie Damour entdeckte, entsteht bei in geeigneter Weise erfolgendem Zusammenbringen von Essigsäure oder Acetat mit Jod und Ammoniak ein dunkelblauer Niederschlag oder eine blaue Lösung. Wahrscheinlich handelt es sich um eine Adsorption von Jod an basisches Lanthanacetat, das aber in bestimmter Ausbildungsform vorliegen muß. Gelingen der Reaktion ist daher offenbar etwas dem Zufall unterworfen, so daß van Nieuwenburg sie geradezu als wertlos bezeichnete. Propionsäure reagiert in gleicher Weise.

Krüger und Tschirch haben Makro- und Mikroausführungen der an und für sich sehr empfindlichen Reaktion beschrieben. Nachfolgend wird die Variante als *Tüpfelreaktion* nach Krüger und Tschirch wiedergegeben.

Ausführung. 1 Tropfen der neutralen Probelösung wird auf eine Tüpfelplatte aus Porzellan gebracht und mit einem Tropfen einer 5%igen Lösung von $La(NO_3)_3 \cdot 6H_2O$ und einem Tropfen einer alkoholischen 0,01 n-Jodlösung vermischt. Fügt man einen Tropfen 1 n-Ammoniaklösung hinzu, so entsteht bei Gegenwart von Essigsäure innerhalb einiger Minuten ein blauer bis blaubrauner Ring um den Ammoniaktropfen.

Führt man die Reaktion mit etwas größeren Mengen im Reagensglas aus, so kann man ihr Eintreten durch langsames Erhitzen bis nahe zum Sieden begünstigen, falls sie in der Kälte nicht eintritt.

Erfassungsgrenze. Etwa 50 μg Essigsäure.

Störungen. Propionsäure und in höheren Konzentrationen die höheren Homologen, ebenso Milchsäure. Sulfat- und Phosphat-Ionen müssen vorher durch Fällung mit $Ba(NO_3)_2$ entfernt werden. Auch Kationen, die mit NH_3 Fällungen geben, sollten nicht anwesend sein. Nitrate, Chloride, Bromide und Jodide schwächen die Färbung etwas.

4. Nachweis durch die Reaktion mit Eisen(III)-chlorid.

Beim Zusammentreten von Acetat in neutraler Lösung mit Eisen(III)-salz entsteht eine blutrote Färbung, die beim Erhitzen unter Abscheidung von basischem Salz verschwindet. WEINLAND und GUSSMANN führen die Färbung auf Bildung von Hexaacetatodihydroxyeisen(III)-acetat zurück. Nach FEIGL und SEBOTH (FEIGL S. 433) wird die erforderliche genaue Neutralisation bei sauren Lösungen durch Erwärmen mit $CaCO_3$, bei alkalischen Lösungen durch Erwärmen mit $Zn(NO_3)_2$ im Überschuß erreicht Dann können in 1 Tropfen der Lösung durch Zusatz von $FeCl_3$ 10 μg Essigsäure erfaßt werden.

MATHERS bemängelt die Notwendigkeit, bei Anwendung von Fe(III)-salz die Acidität einzustellen, und weist darauf hin, daß die Verwendung der Fällung basischen Aluminiumacetats zum Essigsäurenachweis (Reagens: Kalialaun) diesen Nachteil vermeiden lasse. Die sicherer eintretende Fällung bedeutet allerdings kaum eine Erhöhung der Empfindlichkeit, da das basische Aluminiumacetat weiß und daher in kleiner Menge schwer zu erkennen ist.

VI. Chromatographischer Nachweis.

Diese Nachweisart kommt ebenso wie die weiter unten beschriebenen physikalischen Methoden besonders dann in Betracht, wenn in komplizierten Gemischen der homologen und anderer organischer Säuren diese gleichzeitig mit der Essigsäure nachgewiesen werden sollen. Die Chromatographie dient dann zur Trennung vor dem dadurch sicherer möglichen Nachweis einzelner Komponenten mit geeigneten Reagentien. Die Identifizierung kann aber bei entsprechender Eichung mit Testsubstanzen auch direkt auf Grund der verschiedenen Retentionszeiten bzw. Wanderungsgeschwindigkeiten oder -strecken geführt werden.

1. Säulenchromatographie.

Für die Chromatographie von organischen Säuren wird meist wasserhaltiges Kieselgel als Säulenfüllung benutzt. Das adsorbierte Wasser dient dabei als stationäre Phase. Chloroform—n-Butanol-Gemisch, stufenweise durch steigende Zusätze von n-Butanol zunehmend polar gemacht, wird gewöhnlich als bewegliche Phase verwendet. So verwenden RICE und PEDERSON für den Nachweis (und die Bestimmung) von Essigsäure und Ameisensäure neben Zitronen- und Äpfelsäure in Pflanzensäften 20 g Kieselgel, 11,5 ml 0,1 n-H_2SO_4 und 80 ml $CHCl_3$ als Säulenfüllung. Sie bringen 0,85 ml des auf pH 1,0 eingestellten und mit 1,5 g Kieselgel gemischten Saftes mittels $CHCl_3$ auf die Säule und eluieren nacheinander mit je 100 ml n-Butanol-Chloroformgemisch von 5, 15 und 25% Butanolgehalt und zuletzt mit 30 ml eines Gemisches, das 45% Butanol enthält. Das Eluat wird in 100-ml-Fraktionen abgenommen.

Bei ähnlicher Arbeitsweise hatten RAMSEY und PATTERSON Ameisen-, Essig-, Propion- und Buttersäure vollständig voneinander trennen und durch Mikromethoden nachweisen können.

BAUMANN und BLAEDEL zeigen, wie man Säuregemische chromatographisch (ebenfalls mit wasserhaltigem Kieselgel und Chloroform-Butanol) auf Grund der Retentionsvolumina identifizieren kann, an dem Beispiel eines Gemisches von je 0,1 Milliäquivalent Salicyl-, Mandel-, Essig- und Ameisensäure. Die Säuren mit der größeren Wasserlöslichkeit zeigen — da die stationäre Phase Wasser ist — naturgemäß das größte Retentionsvolumen. So erfolgt die Elution in der oben genannten Reihenfolge, und zwar waren die Retentionszeiten wie folgt: Salicylsäure 30, Mandelsäure 140, Essigsäure 180, Ameisensäure 280 Minuten. Die Autoren verwendeten übrigens eine Hochfrequenzmethode mit außen an die Säule angelegten Elektroden zur Detektion der Substanzzonen und erhielten auf diese Weise Konzentrations-Zeit-Diagramme, in denen die Flächen der Chromatogramm-Peaks den Konzentrationen der einzelnen Säuren in grober Annäherung proportional sind.

2. Papierchromatographie.

Diese Methode dient mit Vorteil zur Trennung der Essigsäure aus komplizierten Säuregemischen bzw. zum Nachweis der Homologen nebeneinander.

Alle Techniken der Papierchromatographie, aufsteigende (BECKER), absteigende (MANGANELLI und BROFAZI) und horizontale (ROBERTS und BUCEK), können für die Trennung und den Nachweis der Fettsäuren verwendet werden. Eine sehr einfache, allgemein anwendbare Apparatur für die absteigende Arbeitsweise, die aus üblichen, leicht beschaffbaren Laborgeräten zusammengestellt ist, wird von YAMAGUCHI und HOWARD beschrieben. Als Hauptkomponente der Chromatographierflüssigkeit dient gewöhnlich Butanol. Ameisensäure und Essigsäure werden im allgemeinen nicht voneinander getrennt.

So verwendet BECKER ein Gemisch aus 5 Teilen n-Butanol und 1 Teil 1,5 n-Ammoniak. Der Autor entfernt die Alkali- und Erdalkali-Ionen durch Schütteln mit einem Kationenaustauscher aus dem Substrat und neutralisiert die Säuren mit Ammoniak. Die Probelösung wird auf einen Papierstreifen getüpfelt und dieser mit dem unteren Rand in die Flüssigkeit eintauchend aufgehängt. Es sind zwei Tage Laufzeit erforderlich. Testsubstanzen laufen wie üblich gleichzeitig mit. Nichtflüchtige Säuren außer Milchsäure bleiben am Startfleck zurück, die flüchtigen wandern langsam aufwärts. Der Nachweis erfolgt durch Besprühen des getrockneten Streifens mit Chlorphenolrot (40 mg auf 100 ml Wasser + 0,1 n-NaOH bis zum Farbumschlag): Essigsäure und, wenn vorhanden, höhere Säuren geben einen gelben Fleck auf rotem Grund. Nachweis der Ameisensäure erfolgt durch Besprühen mit einem Gemisch von 1 Teil 0,1 n-$AgNO_3$ und 1 Teil 5 n-NH_3.

HISCOX und BERRIDGE empfehlen ebenfalls die Trennung der Säuren als Ammoniumsalze oder — noch günstiger — als Äthylendiammoniumsalze; die freien Säuren und die Alkalisalze seien jedenfalls nicht geeignet. Als optimale Menge geben sie $4 \cdot 10^{-5}$ Millimol an; Flecke von $4 \cdot 10^{-6}$ Millimol sind aber noch zu erkennen. Als Anfärbungsmittel verwenden sie Bromkresolgrün.

KALBE empfiehlt ein Gemisch von 4 Teilen Tetrahydrofuran mit 1 Teil 3 n-Ammoniaklösung (Volumenteile) als Chromatographierflüssigkeit und eine 0,03%ige Lösung von Methylrot in 0,05 m-Boratpuffer von pH 8 als Entwicklungsmittel für die Farbflecke. Die Laufzeit beträgt 7—10 Stunden.

Die **Empfindlichkeit** wird zu etwa 2 μg Säure angegeben.

MANGANELLI und BROFAZI chromatographieren absteigend und wenden die Säuren in Form ihrer Äthylammoniumsalze an. Bewegliche Phase ist wassergesättigtes n-Butanol.

Eine Arbeitsweise mit den gleichen Agentien aber horizontaler Lagerung des Papiers (auf einem Rost von Glasstäben) in einer speziellen flachen Kammer mit besonderem Vorratsgefäß für die bewegliche Phase und bei auf 50° erhöhter Temperatur wird ausführlich von ROBERTS und BUCEK beschrieben. Bei dieser Temperatur ist die Trennung der Säuren von C_1 bis C_6 bereits in 1—2 Stunden ausreichend erfolgt. Ameisen- und Essigsäure bilden allerdings einen gemeinsamen Fleck, da ihre R_f-Werte (0,20 und 0,24) zu nahe beieinander liegen. Propionsäure (0,35), Buttersäure (0,45), Valeriansäure (0,54), Capronsäure (0,59) sind jedoch deutlich von ihnen und untereinander getrennt. Die Autoren empfehlen Anfärbung durch Eintauchen in eine Lösung von 0,2% Chlorphenolrot in 95%igem Alkohol, Trocknen und nachfolgendes Übersprühen mit einer Lösung von durchsichtigem Kunststoff, wenn die Streifen für Vergleichszwecke aufgehoben werden sollen.

VII. Ultrarotspektroskopischer Nachweis.

Die Identifizierung von organischen Säuren in Mehrkomponenten-Gemischen durch Ultrarotabsorption wird wenig angewendet und ist schwierig, da solche Gemische in dem üblicherweise benutzten Gebiet von 2—15 μ eine hohe Allgemeinabsorption aufweisen. Diese wird hauptsächlich auf Molekülassoziation infolge Wasserstoffbrücken-Bindungen zurückgeführt (SCHMIDT).

Wesentlich besser, allerdings etwas umständlicher ist es, die Säuren zu verestern und die Ester der Ultrarotspektroskopie zu unterwerfen. Noch vorteilhafter ist, wie CHILDERS und STRUTHERS beschreiben, die Umsetzung der Säuren zu den Natriumsalzen. Das Spektrum wird dann durch die Art des Anions und durch die Kristallstruktur des Salzes bedingt, das Kation selbst hat wenig Einfluß. Die genannten Autoren untersuchten die Natriumsalze der einfachen einbasischen (Essig- bis Kapron-) und zweibasischen (Oxal- bis Pimelin-) Säuren. Sie fanden, daß fast alle Säuren zwischen 7 und 15 μ mehrere ausgeprägte und spezifische, zur analytischen Auswertung geeignete Banden zeigen und zwar auch in den Fällen, in denen die Spektren der Säuren selbst nahezu identisch sind. Aus den zahlreichen abgebildeten Spektren ist ersichtlich, daß z. B. das Acetat bei etwa 9,4, 9,9 und 10,8, das Propionat bei 11,3 und 12,2 μ charakteristische Banden besitzt.

Ausführung. Etwa 3 g der Säuren werden mit 20 ml Wasser versetzt (völliges Auflösen nicht erforderlich) und mit 25%iger NaOH-Lösung gegen Phenolphthalein neutralisiert. Die wäßrige Lösung wird auf der Heizplatte langsam zu einem dicken Salzbrei eingedampft. Nach Abkühlen werden unter Rühren 125 ml Aceton hinzugefügt. Das Salz wird dann auf einem Glasfrittentiegel mittlerer Frittenkörnung filtriert, mit 150 ml Aceton gewaschen und bei 110° 3 Stunden lang getrocknet. Die so gewonnenen Salze sind frei von Hydrat. Von dem Salz werden 0,40 g in einem Achatmörser zu feinem Pulver zerrieben. Unter weiterem Reiben werden aus einer Bürette langsam 2 ml helles Mineralöl zugegeben, und es wird weiter verrieben, bis eine homogene Paste entstanden ist. Von dieser Paste gibt man einen Teil in die NaCl-Küvette eines registrierenden UR-Spektrophotometers und fährt das Spektrum von 7—15 μ ab. Entsprechend hergestellte Standardpräparate aus reinen Säuren werden zum Vergleich herangezogen.

VIII. Massenspektrometrischer Nachweis.

Auch bei der massenspektrometrischen Analyse ist das Arbeiten mit den Estern günstiger als mit den freien Säuren. SHARKEY, SHULTZ und FRIEDEL haben die Spektren einer großen Zahl von Estern, angefangen beim Methylformiat, in Tabellenform mit Angabe der relativen Intensitäten zusammengestellt. Wegen der allgemeinen Methodik wird auf die einschlägigen Werke hingewiesen (z. B. EWALD und HINTENBERGER). Die den Molekülbruchstücken $R_1 \cdot CO$—(Säurerest) entsprechenden Ionen mit den Massen 29, 43, 57 usw. (Ameisen-, Essig-, Propionsäure usw.) bilden starke Peaks; bei den Essigsäureestern ist 43 der Hauptpeak. Die den Alkoholresten —$O \cdot R_2$ mit den Massen 31, 45 usw. (Methyl-, Äthyl usw.) entsprechenden Ionen bilden ebenfalls charakteristische, wenn auch im allgemeinen schwächere Peaks; bei den Ameisensäureestern sind sie jedoch die Hauptpeaks.

Auch der analytisch sonst (s. aber Abs. IX) schwierige Fall des Nachweises von wenig Essigsäure neben viel Ameisensäure ist, wie DAHMEN hervorhebt, massenspektrometrisch sehr gut zu meistern. Der Peak $m/e = 60$ wird allein durch Essigsäure (als Molekülion) erzeugt. Bei Vorhandensein höherer Homologe wird die Auswertung des Spektrogramms etwas schwieriger.

Die Analyse von komplizierten Säuregemischen (einschl. ungesättigter Säuren) wird auch von HALLGREEN, STENHAGEN und RYHAGE beschrieben. Die Autoren empfehlen die Anwendung von Vergleichssubstanzen in Form reiner Präparate zur Erleichterung der Auswertung.

IX. Gaschromatographischer Nachweis.

Das Arbeiten mit freien Säuren in den üblicherweise aus Metall bestehenden Gaschromatographie-Geräten ist wegen der Korrosion schlecht möglich. Deshalb verwendet man auch hier die Säuren in Form ihrer Ester, gewöhnlich der Methylester. Der Nachweis von Essigsäure oder Ameisensäure bzw. beider nebeneinander ist dann äußerst einfach und leicht auszuführen.

Für die bequeme Veresterung mit Methanol und Phosphorsäure als Katalysator haben KOKES, TOBIN und EMMEN einen kleinen Katalyseofen beschrieben. VAN BAWEL und KWANTES verwenden nach Mitteilung von DAHMEN einfach einen aus einem gewöhnlichen Stück bleiernem Wasserleitungsrohr von 15 cm Länge bestehenden Veresterungsteil. Dieser enthält 2,5% 85%ige Phosphorsäure auf einem inerten Träger und ist vor die kupferne Säule eines üblichen Gaschromatographen geschaltet. Man gibt die Probe gemeinsam mit einem Überschuß von Methylalkohol in den aufgeheizten Veresterungsteil und erhält innerhalb von 15 Minuten das Chromatogramm, d.h. die Peaks für Methylformiat, Methylacetat und das überschüssige Methanol.

Von anderen Veresterungsagentien ist Diazomethan-Äther-Gemisch zu nennen, das relativ schnell wirkt, aber jedesmal frisch hergestellt werden muß und außerdem giftig und explosiv ist. Günstiger und sehr schnell arbeitet man dagegen nach den Erfahrungen von METCALFE und SCHMITZ mit Borfluorid, das auch schon von MITCHELL und SMITH vorgeschlagen wurde. Man leitet in einen Liter reinen Methylalkohols, der sich in einem mit Eiswasser umgebenen 2-l-Kolben befindet, langsam — es sollen keine Nebel entweichen — BF_3 aus einer Stahlflasche durch ein Glasrohr ein, bis 125 g des Gases aufgenommen sind. Man arbeitet dabei unter einem Abzug. Um Zurücksteigen der Lösung zu vermeiden, ist der Gasstrom vor Eintauchen des Glasrohres in die Flüssigkeit anzustellen und erst nach dem Herausnehmen wieder abzustellen. Die Lösung ist mehrere Monate haltbar.

Zur Veresterung erwärmt man 100—200 mg der Fettsäuren mit 3 ml BF_3-Lösung 2 Minuten lang auf dem Wasserbad, überführt mit 20 ml Wasser in einen Scheidetrichter und trennt die obere, die Ester enthaltende Schicht von der wäßrigen Schicht ab.

Literatur.

BAUMANN, F., u. W. J. BLAEDEL: Anal. Chem. **28**, 2—4 (1956). — VAN BAWEL, T. H., u. A. KWANTES: Nicht veröffentlichte Arbeit; Hinweis durch DAHMEN. — BECKER, E.: Z. Lebensm. **98**, 249 (1954); Ref.: Fr. **145**, 115 (1955). — BRANTLEY, L. R., T. M. CROMWELL u. J. F. MEAD: Analyst **73**, 292 (1948); Ref.: Chem. Ed. **24**, 353, 1947; Chem. Abstr. **41**, 6494c (1947).

CHILDERS, E., u. G. W. STRUTHERS: Anal. Chem. **27**, 737—41 (1955).

DAHMEN, E. A. M. F.: Chimie analytique **40**, 430—34 (1958). — DAMOUR, A.: C. r. **43**, 976 (1857); vgl. KRÜGER u. TSCHIRCH, Mikrochemie **8**, 337 (1930).

EWALD H., u. H. HINTERBERGER: Methoden und Anwendungen der Massenspektroskopie. Verlag Chemie, Weinheim Bergstr.: 1953.

FEIGL, F.: Chem. Ind. **57**, 1161 (1938); Ref.: Fr. **121**, 134 (1941). — FEIGL, F., u. STARK: Chemist-Analyst **45**, 46 (1956); Ref.: C. **1957**, 7454; Chemist-Analyst **45**, 39 (1956); C. **1957**, 5668. — FEIGL, F., u. SEBOTH: Qualitative Analyse mit Hilfe von Tüpfelreaktionen, III. Aufl. Akad. Verlagsges., Leipzig: 1938. — FEIGL, F., J. V., R. ZAPPERT u. S. VÁSQUEZ: Mikrochemie **17**, 165 (1935).

HALLGREEN, B., F. STENHAGEN u. R. RYHAGE: Acta chem. scand. **11**, 1064—5 (1957). — HAWKINS, N., A. D. WEBB u. R. E. KEPNER: Anal. Chem. **28**, 1975 (1956); Ref.: C. **1957**, 13144. — HISCOX, E. R., u. N. J. BERRIDGE: Nature **166**, 522 (1950); Ref.: Fr. **135**, 204 (1952).

KALBE, H.: H. **297**, 19—44 (1954). — KIRCHNER, J. G., A. N. PRATER u. A. J. HAAGEN-SMIT: Ind. eng. Chem. Anal. Edit. **18**, 31 (1946). — KLEIN, G., u. H. WENZL: Mikrochemie **11**, 120 (1932). — KOKES, R. I., u. H. TOBIN jr.: Am. Soc. **77**, 5860 (1955). — KRÜGER, D., u. E. TSCHIRCH: a) B. **62**, 2776 (1929); b) Mikrochemie **8**, 337 (1930); Ref.: Fr. **91**, 56 (1933).

MANGANELLI, R. M., u. F. R. BROFAZI: Anal. Chem. **29**, 1441—3 (1957). — MATHERS, F. C.: Pr. Indian Acad. Sci. **66**, 98 (1956); Publ. 1957; Ref.: Chem. Abstr. **52**, 10806 g (1958). — METCALFE, L. D., u. A. A. SCHMITZ: Anal. Chem. **33**, 363—4 (1961).

NIEUWENBURG, VAN, C. J.: Kwalitatieve Chemische Analyse, Den Helder (1956).

POOL, W. O., H. J. HARWOOD u. A. W. RALSTON: Am. Soc. **59**, 178 (1937); Ref.: C. **1937**, I, 2970.

RAMSEY, L., u. N. J. PATTERSON: J. Assoc. offic. agric. Chem. **28**, 644 (1945); Ref.: Chem. Abstr. **40**, 812[1,2] (1946). — RICE, C., u. C. S. PEDERSON: Food Res. **19**, 106 (1954); Ref.: Fr. **144**, 296 (1955). — ROBERTS, R., u. W. BUCEK: Anal. Chem. **29**, 1447—49 (1957). — ROSENTHALER, L.: Nachweis organischer Verbb., II. Aufl., S. 283 (1923). P. C. H. **74**, 288 (1933). Pharmac. Acta Helvetiae **26**, 101—5 (1951); Ref.: Chem. Abstr. **45**, 6970a (1951).

SANCHEZ, J. V.: An. Españ. **34**, 198—201 (1936); Ref.: Chem. Abstr. **30**, 4432[5] (1936). — SCHIEDT, U., u. H. REICHNEIN: Z. Naturforschg. **7b**, 270 (1952). — SEKA, R., u. R. H. MÜLLER: M. **57**, 97 (1931); C. **1931**, I, 2058. — SHARKEY, A. G., L. SHULTZ, u. R. A. FRIEDEL: Anal. Chem. **31**, 87—94 (1959). — SHRINER, R. L., u. R. C. FUSON: Systematic Identific. of Organic Compounds, Wiley, New York 1948.

VIEBÖCK, F.: Pharm. Presse **37**, 17 (1932); Fr. **97**, 363 (1934).

WEBB, A. D., u. R. E. KEPNER: Anal. Chem. **28**, 1975 (1956). — WEINLAND, R. F., u. E. GUSSMANN: Z. anorg. Ch. **66**, 157 (1910).

YAMAGUCHI, L., u. F. D. HOWARD: Anal. Chem. **27**, 332—3 (1955).

Oxalsäure.

HOOC · COOH

Inhaltsübersicht.

I. Allgemeines.

1. Die wichtigsten Eigenschaften der Oxalsäure.

Oxalsäure, $H_2C_2O_4 \cdot 2H_2O$, ist hauptsächlich in Salzform im Pflanzenreich weit verbreitet, kommt aber auch in tierischen Sekreten vor. Der Schmelzpunkt der kristallisierten wasserhaltigen Verbindung beträgt 101,5°, die wasserfreie Säure sublimiert bei 150° und schmilzt bei 180°. Oxalsäure ist eine zweibasische Säure; mit den pK-Werten $pK_1 = 1{,}2$ und $pK_2 = 4{,}1$ ist sie in der ersten Dissoziationsstufe eine starke Säure und in der zweiten stärker als Essigsäure.

Oxalsäure löst sich in 10 Teilen Wasser von 15°, in 2,5 Teilen Äthanol von 15°; in Äther ist sie schwer löslich (etwa 1:100), leichter in Gegenwart freier Mineralsäuren (Armand und Flint).

Bei starkem Erhitzen erfolgt Zerfall, zuerst in Kohlendioxid und Ameisensäure; dann statt letzterer in Kohlenoxid und Wasser. Oxalate geben beim Erhitzen Carbonat und Kohlenoxid; das Ca-Salz gibt Carbonat, CO_2 und Acetaldehyd. Mit konzentrierter Schwefelsäure erwärmt, zerfällt Oxalsäure unter Farblosbleiben der Flüssigkeit in Kohlenoxid, Kohlendioxid und Wasser

$$H_2C_2O_4 \rightarrow CO + CO_2 + H_2O.$$

Kaliumpermanganat wird in heißer, saurer Lösung reduziert, indem es Oxalsäure zu Kohlendioxid und Wasser oxydiert:

$$5C_2O_4^{2-} + 2MnO_4^- + 16H^+ \rightarrow 2Mn^{2+} + 8H_2O + 10CO_2.$$

Auch Jodsäure (Rosenthaler) und Goldchlorid werden in der Hitze rasch reduziert.

Von den Salzen sind nur die Alkalisalze in Wasser löslich (schwer löslich ist saures Kaliumoxalat $KHC_2O_4 \cdot H_2O$); alle, mit Ausnahme jener der seltenen Erden, sind in Säuren löslich.

Das Oxalat bildet zahlreiche Komplexe z. B. mit Zinn(IV), Molybdän(VI), Vanadium(IV), Wolfram(VI), Eisen(III), Aluminium(III), Chrom(III).

Analytisch wichtig ist besonders das Calciumoxalat, $CaC_2O_4 \cdot H_2O$, das in monoklinen Tafeln, quadratischen Oktaedern (besonders aus verdünnten Lösungen) und in der charakteristischen Briefumschlagform ausfällt. Die Löslichkeit dieses Salzes beträgt in Wasser 1:180000; es ist löslich in Salz- und Salpetersäure, unlöslich jedoch in Essigsäure, Oxalsäure, Ammoniak und Natronlauge.

2. Trennung der Oxalsäure von anderen Verbindungen; Fällung mit Calciumsalz.

Man trennt als Calciumsalz ab, welches aus essigsaurer Lösung (in Anwesenheit von Mineralsäuren nach Zusatz von Natriumacetat) mit Calciumchloridlösung oder aus neutraler Lösung mit Gipswasser (nach Böttger) gefällt wird. Der sorgfältig gewaschene Niederschlag muß die für Calciumoxalat angegebenen Löslichkeiten zeigen; er muß sich ferner beim Erwärmen mit konzentrierter Schwefelsäure ohne Schwärzung unter Bildung von Kohlendioxid und Kohlenoxid zersetzen und, auf dem Platinblech erhitzt, ohne Verkohlung Calciumcarbonat hinterlassen. Man löst den Niederschlag in verdünnter Salzsäure und stellt mit der Lösung die im folgenden beschriebenen Identifizierungsreaktionen an.

Die Trennung kann auch als Tüpfelreaktion auf Filtrierpapier ausgeführt werden (Kreschkow, Wilborg und Fillipowa): Man bringt einen Tropfen der Probelösung auf ein Filtrierpaier, betüpfelt mit einem Tropfen n-Essigsäure und 1—2 Tropfen 0,5 n-Ca-Acetatlösung. Dann trocknet man ein wenig und wäscht anschließend mit Wasser aus. Nun können Tüpfelreaktionen mit dem entstandenen Ca-Oxalat angestellt werden, z.B. die der genannten Autoren (s. Abschn. III 7).

II. Reduktion mit naszierendem Wasserstoff.

A. Nachweis durch Überführung in Glycolsäure und Identifizierung derselben mit 2,7-Dihydroxynaphthalin und konzentrierter Schwefelsäure.

Oxalsäure wird durch naszierenden Wasserstoff, welcher mittels Magnesiumpulver und verdünnter Säure erzeugt wird, nach der Gleichung

$$\begin{matrix} COOH \\ | \\ COOH \end{matrix} + 4H \rightarrow \begin{matrix} CH_2OH \\ | \\ COOH \end{matrix} + H_2O$$

zu Glykolsäure reduziert, die mit 2,7-Dioxynaphthalin und konzentrierter Schwefelsäure je nach vorhandener Menge eine hellrosa bis dunkelviolette Färbung gibt. Nach EEGRIWE reagiert vermutlich der aus Glykolsäure und konzentrierter Schwefelsäure sich bildende Formaldehyd mit dem Reagens zu 2,7, 2′,7′-Tetraoxy(dinaphthyl-1-methan). Unter der Einwirkung von Luftsauerstoff entstehen dann rote Oxydationsprodukte. Der Nachweis ist für Oxalsäure spezifisch, wenn man letztere zuvor als Calciumoxalat abtrennt.

Ausführung. Man fällt das Calciumsalz der Oxalsäure aus neutraler Lösung mittels einer gesättigten Lösung von Calciumsulfat in Wasser nach BÖTTGER. Der gut ausgewaschene Niederschlag wird auf dem Filter mit warmer 2 n-Schwefelsäure behandelt. Einen Tropfen des Filtrates bringt man in ein trockenes Reagensglas, fügt ein wenig Magnesiumpulver und, wenn das Metall sich gelöst hat, 2 ml Reagens hinzu und erwärmt im Wasserbad 15—20 Minuten. Das Reagens bereitet man durch Auflösen von 0,01 g 2,7-Dioxynaphthalin in 100 ml konzentrierter Schwefelsäure; nach VAN NIEUWENBURG ist es nicht haltbar.

Erfassungsgrenze. 1 μg Oxalsäure.

Grenzkonzentration. 1:50000.

B. Nachweis durch Überführung in Glyoxylsäure und Identifizierung derselben durch Farbreaktion.

1. Identifizierung mit Phenylhydrazin und Kaliumhexacyanoferrat(III).

Die Reduktion von Oxalsäure durch naszierenden Wasserstoff, der mittels metallischem Magnesium oder Zink und verdünnter Säure erzeugt wird, verläuft in zwei Stufen. Das erste Produkt ist Glyoxylsäure

$$(COOH)_2 + 2H \rightarrow OHCCOOH + H_2O,$$

die dann nach:

$$\begin{matrix} CHO \\ | \\ COOH \end{matrix} + 2H \rightarrow \begin{matrix} CH_2OH \\ | \\ COOH \end{matrix}$$

zu Glykolsäure weiterreduziert wird. Bei kurzer Behandlung mit dem reduzierenden Agens bleibt ein Teil der Glyoxylsäure erhalten, und außerdem wird wahrscheinlich ein Teil der aus ihr bereits entstandenen Glykolsäure durch das bei nachstehendem Test benutzte Oxydationsmittel wieder zu Glyoxylsäure oxydiert. Nach PAGET und BERGER gibt Glyoxylsäure mit Phenylhydrazin und Kaliumhexacyanoferrat(III) als Oxydationsmittel eine hellrote Färbung.

Ausführung. Man fügt zu 5 ml Probelösung, die etwa 0,01% Oxalsäure enthält, 0,5 ml konzentrierte Salzsäure und einen Streifen reines Zink hinzu, erhitzt kurz zum Sieden und läßt ungefähr 3 Minuten stehen. Dann dekantiert man die Lösung in ein anderes Reagensglas, gibt 5 Tropfen einer 1%igen Lösung von Phenylhydrazinhydrochlorid hinzu, erhitzt bis nahe zum Sieden und versetzt nach Abkühlen mit einem gleichen Volumen konzentrierter Salzsäure und 5 Tropfen 5%igem Kaliumhexacyanoferrat(III). Bei ursprünglicher Anwesenheit von Oxalsäure färbt sich die Lösung innerhalb weniger Sekunden rot.

Störungen. In Anwesenheit von Eisen, das stört, wird an Stelle von Kaliumhexacyanoferrat(III) verdünntes Wasserstoffperoxid oder ein anderes Oxydationsmittel, wie Persulfat, Perborat, Peroxid oder Chlorat verwendet. Ursprünglich vorhandene Glyoxylsäure und Glykolsäure (die durch Oxydationsmittel zu Glyoxylsäure reoxydiert wird) würden natürlich stören. Da die beiden Säuren aber durch Calciumsalzlösung nicht gefällt werden, wird man zweckmäßig vor dem Nachweis Oxalsäure als Calciumoxalat abtrennen, und so ist er absolut spezifisch.

2. Identifizierung mit Phenylhydrazin und Wasserstoffperoxyd.

FEIGL und GOLDSTEIN führen eine Abwandlung der oben angegebenen Reaktion als Mikronachweis aus.

Ausführung. In die Vertiefung einer Tüpfelplatte gibt man zu einem Tropfen Probelösung einen Tropfen Salzsäure (1:1) und eine Zinkgranalie (etwa 0,4 g). Nach 5 Minuten entfernt man unverbrauchtes Zink, fügt einen Tropfen frisch bereitete 1%ige Phenylhydrazinhydrochloridlösung zu und stellt für 5 Minuten in einen Trockenschrank bei 110°. Nach Abkühlen versetzt man mit einem Tropfen konzentrierter Salzsäure und einem Tropfen 3%igem Wasserstoffperoxid. Je nach dem Oxalsäuregehalt tritt sofort Rotfärbung oder nach 3—4 Minuten Rosafärbung auf. Bei kleinen Mengen empfiehlt sich die Ausführung eines Blindversuches.

Erfassungsgrenze. 1 μg Oxalsäure.

Grenzkonzentration. 1:50000.

3. Identifizierung mit Pyrogallolcarbonsäure und Schwefelsäure.

Wie EEGRIWE a) fand, gibt Glyoxylsäure mit Pyrogallolcarbonsäure und konzentrierter Schwefelsäure eine Blaufärbung, die beim Stehen zunimmt und ebenfalls zum Nachweis von Oxalsäure nach deren Reduktion dienen kann.

Ausführung. Man versetzt in einem Reagensglas einen Tropfen der Oxalsäurelösung in verdünnter Schwefelsäure bzw. einen Tropfen einer Lösung der im Gang der Analyse mit Gipswasser erhaltenen Calciumoxalatfällung in verdünnter Schwefelsäure mit einer kleinen Menge Magnesiumpulver und nach dessen Auflösung mit etwas fester Pyrogallocarbonsäure (1,2,3-Trioxybenzol-4-carbonsäure). Nun läßt man 1—2 Tropfen konzentrierte Schwefelsäure an der Glaswand hinzurinnen, kühlt unter der Wasserleitung und gibt unter Kühlen weitere konzentrierte Schwefelsäure tropfenweise hinzu bis zu einer Gesamtmenge von 0,5—0,75 ml. Dann erwärmt man für 30 Minuten im Wasserbad auf 40°.

Störung. Mesoxalsäure und, wenn auch in geringem Maße, Dioxyweinsäure geben mit konzentrierter Schwefelsäure Glyoxylsäure. Die Störung wird vermieden, wenn man von der Calciumoxalatfällung ausgeht.

Erfassungsgrenze. 20 μg wasserfreie Oxalsäure.

Grenzkonzentration. 1:2500.

4. Identifizierung mit Resorcin und Schwefelsäure.

Die Identifizierung nach Reduktion zu Glyoxylsäure kann auch mit Resorcin und Schwefelsäure vorgenommen werden (PESEZ (a)). Der Oxalsäurenachweis ist dann empfindlicher, als wenn er direkt — ohne Reduktion (s. Abschn. III 2) — ausgeführt wird.

5. Identifizierung mit Brenzcatechin und Schwefelsäure.

Versetzt man Glyoxylsäure mit Brenzcatechin und konzentrierter Schwefelsäure, so färbt sich beim Erhitzen die Lösung rot mit einem Stich ins Violette. Nach

EEGRIWE b) kann man diese sehr empfindliche Reaktion zum Nachweis von Oxalsäure nach ihrer Reduktion verwenden.

Ausführung. Zu einem Tropfen reduzierter Probelösung (Reduktion s. oben) gibt man etwas Brenzcatechin und 3 ml Schwefelsäure (d = 1,84) und erhitzt über kleiner Flamme auf 110—120°. Rotfärbung zeigt Oxalsäure an. 3 μg wasserfreie Oxalsäure in einem Tropfen bewirken Rosafärbung, 1 μg Orangefärbung. In Abwesenheit von Oxalsäure weist die Lösung eine hellgelbe Farbe auf.

Erfassungsgrenze. 1 μg in einem Tropfen.

III. Direkte Farbreaktionen.

1. Nachweis mit Manganverbindungen.

SACHER empfahl folgende einfache Methode, die auf der Bildung des roten Trioxalatomanganat-Ions beruht.

Ausführung. Man gibt ein möglichst kleines Kriställchen — wenige mg — reines Mangansulfat in ein Reagensglas, löst in einigen Tropfen Wasser, setzt einen Tropfen Natronlauge zu, erwärmt und läßt erkalten. Nun fügt man tropfenweise die schwach saure Probelösung hinzu. Wenn freie Mineralsäure vorhanden ist, neutralisiert man zuerst mit Alkali und säuert mit Schwefelsäure gegen Lackmus ganz schwach an. Enthielt die Lösung Oxalsäure, so entsteht eine deutliche Rotfärbung.

Grenzkonzentration. 1:2000.

Geringe Mengen von Essig-, Weinsäure und anderen organischen Säuren stören nicht. Gerbsäure und reduzierende Substanzen dürfen nicht anwesend sein.

LOCKMANN weist darauf hin, daß das entstehende Komplexion lichtempfindlich ist, also Sonnenlicht vermieden werden muß. Er empfiehlt außerdem, die Lösung gegen Methylorangepapier auf braunrot einzustellen und statt von $MnSO_4$ auszugehen, fertiges Mn_2O_3 (Herstellung nach MEYER und NERLICH) anzuwenden. Auch PESEZ (b) untersuchte die Reaktion näher.

2. Nachweis mit Resorcin und Schwefelsäure.

Die charakteristische Blaufärbung von Oxalsäure mit Resorcin in Gegenwart von konzentrierter Schwefelsäure wurde wohl erstmals von ARNOLD erwähnt. Die Empfindlichkeit der Reaktion wurde von EEGRIWE bei folgender Arbeitsweise ermittelt:

Ausführung. Man versetzt einen Tropfen (0,05 ml) Oxalsäurelösung in 2n-Schwefelsäure mit Resorcin, läßt unter Kühlen einige Tropfen konzentrierte Schwefelsäure an der Reagensglaswand zulaufen und unterschichtet mit 96%iger Schwefelsäure, bis das Endvolumen des Flüssigkeitsgemisches 0,75—1,0 ml beträgt. Bei Anwesenheit von Oxalsäure bildet sich ein zunächst grünblauer Ring, der bald eine rein blaue Farbe annimmt. Die Reaktion ist recht spezifisch. Weinsäure gibt einen roten Ring, der aber die Erkennung des blauen Ringes nicht verhindert (CHERNOFF).

Erfassungsgrenze. 90 μg Oxalsäure.

Grenzkonzentration. 1:555.

Die Empfindlichkeit der an sich sehr häufig zum Nachweis von Oxalsäure verwendeten Reaktion ist somit nicht sehr groß. Sie kann erhöht werden, indem man die Oxalsäure zu Glyoxylsäure reduziert, welche sehr viel schneller mit Resorcin reagiert (vgl. Abschn. II B 4).

3. Nachweis durch Aktivierung der Farbreaktion zwischen Vanadat und Anilin.

Oxalation beschleunigt die bei der Oxydation organischer Verbindungen mit Chromat oder Vanadat auftretenden Farbreaktionen. Von diesen ist die Reaktion von Vanadat mit Anilin die empfindlichste. ALMASSY und DESZÖ verwenden sie zum Mikronachweis von Oxalat.

Ausführung. Man versetzt 1 ml Probelösung von pH 1—2 mit einigen Tropfen Anilinhydrochlorid und 0,1 n-Natriumvanadat. Je nach Konzentration wird die Lösung sofort oder nach einigen Minuten blaugrün, die Blindprobe wird grünlichgelb. Durch Fluor und Phosphat wird die Reaktion verzögert.

Erfassungsgrenze. 1 μg Oxalsäure.

Grenzkonzentration. 1:1000000.

4. Nachweis mit Eisen(II)-phosphat.

Versetzt man eine reine eisen(III)-freie Lösung von Eisen(II)-phosphat mit Oxalsäure, so nimmt diese eine zitronengelbe Farbe an. GUNN verwendet die Reaktion zum Nachweis kleiner Mengen von Oxalsäure, z. B. in alten Weinsäurelösungen. Durch Mineralsäure wird die Färbung zerstört; von der Temperatur ist sie offenbar unabhängig.

Störung. Antipyrin gibt eine ähnliche Reaktion, doch spielt die dabei auftretende Farbe mehr ins Rötliche.

5. Nachweis mit Sulfosalicylsäure und Lanthannitrat.

ERÄMETSÄ beschreibt eine Farbreaktion auf Oxalsäure, bei der nach Zusatz von Sulfosalicylsäure, Eisen(III)-chlorid und Lanthan(III)-nitrat eine Rotfärbung auftritt.

Ausführung. Man bringt die saure Probelösung auf pH 1—2,5. Zu einem Teil der Lösung fügt man tropfenweise Reagenslösung, bestehend aus gleichen Teilen 2 n-Sulfosalicylsäure und 2 n-Eisen(III)-chlorid, bis zur dauernden Rotfärbung hinzu. Dann beseitigt man die Färbung eben durch Zusatz einer kleinen weiteren Menge abgestumpfter Probelösung und versetzt mit einer konzentrierten Lösung von Lanthan(III)-nitrat. Rotfärbung zeigt Oxalsäure an.

6. Nachweis von Oxalsäure in fester Form durch Reaktion mit Diphenylamin zu Anilinblau (Diphenylaminblau).

Wenn man feste kristallwasserhaltige oder wasserfreie Oxalsäure mit Diphenylamin auf 240—250° erhitzt, so findet Kondensation nach:

$$\begin{array}{l}COOH\\|\\COOH\end{array} + 3\,C_6H_5{-}NH{-}C_6H_5 \rightarrow C_6H_5{-}NH{-}C_6H_4{-}CH\begin{array}{l}\diagup C_6H_4{-}NH{-}C_6H_5\\ \diagdown C_6H_4{-}NH{-}C_6H_5\end{array}$$

$$+\ 2\,H_2O + CO_2$$

zu Leuko-Anilinblau statt, das durch Luftsauerstoff in Anilinblau übergeführt wird. Denselben Farbstoff erhält man beim Erhitzen unlöslicher Oxalate mit Diphenylamin und sirupöser Phosphorsäure. Zusatz von letzterer ist erforderlich, um Oxalsäure in Freiheit zu setzen. Die von FEIGL und FREHDEN aufgefundene Reaktion ist sehr spezifisch für Oxalsäure. Ameisensäure, Essigsäure, Weinsäure, Glykolsäure, Glyoxylsäure und eine Reihe weiterer Säuren geben die Reaktion nicht.

Ausführung. Man schmilzt ein wenig Probe mit etwas Diphenylamin in einem Mikroreagensglas über freier Flamme. Nach dem Erkalten wird die Schmelze mit einem Tropfen Alkohol aufgenommen. Blaufärbung zeigt Anwesenheit von Oxalsäure an.

Erfassungsgrenze. 5 μg Oxalsäure.

Grenzkonzentration. 1:10000.

Hat man eine Lösung vorliegen, so muß diese zuvor zur Trockene eingedampft werden. Ist Oxalsäure in einem Gemisch mit anderen Anionen zu bestimmen, welche mit Calciumchlorid ausfallen (Sulfat, Sulfit, Fluorid, Tartrat u. a.), so verfährt man folgendermaßen: Man behandelt die essigsaure Lösung mit Calciumchlorid, sammelt die Fällung auf einem Filter oder durch Zentrifugieren und befreit von Wasser entweder durch Trocknen oder durch Waschen mit Alkohol und Äther. Nun mischt man ein wenig Niederschlag mit Diphenylamin in einem trockenen Reagensglas, fügt sirupöse Phosphorsäure zu und erhitzt das Reagensglas über freier Flamme. Die Flüssigkeit färbt sich blau, aber die Farbe verschwindet beim Abkühlen. Nimmt man die Schmelze in Alkohol auf, so erhält man eine prächtige Blaufärbung. Nimmt man mit Wasser auf, so fällt überschüssiges Diphenylamin aus und färbt sich infolge Adsorption des Farbstoffes lichtblau. Ein in der gleichen Weise ausgeführter Blindversuch gibt eine rein weiße Fällung von Diphenylamin. Der Farbstoff läßt sich mittels Äther aus der wäßrigen Lösung extrahieren, wodurch die Empfindlichkeit der Reaktion erhöht wird. Bleibt die ätherische Lösung längere Zeit stehen, so bilden sich zwei Schichten, wobei sich das blauviolette Produkt an der Grenzfläche Wasser—Äther anreichert.

Störung. Oxydierende Stoffe anorganischer oder organischer Natur dürfen nicht anwesend sein.

Anwendung für den Nachweis in Leder. Oxalsäure wird sehr oft zum Bleichen vegetabilisch gegerbten Leders verwendet. Aus diesem Grunde ist es bisweilen wichtig, Oxalsäure in fertigen Lederprodukten nachzuweisen. Nach KLANFER und LUFT ist hierfür die Bildung von Anilinblau sehr geeignet. Die Reaktion kann direkt auf einem kleinen Stück Leder ausgeführt werden, z. B. an der Sohle eines fertigen Schuhs. Die Intensität der Farbe zeigt an, ob es sich um Spuren oder um beachtliche Mengen von Oxalsäure handelt, die anwesend sind.

Ausführung. Man gibt ein wenig Diphenylamin (ungefähr 0,02 g) auf das zu prüfende Lederstück und preßt es mit einem dicken Glasstab fest. Nun bringt man mit sehr kleiner Flamme von oben das Reagens zum Schmelzen und erhält eine Minute lang vorsichtig im Schmelzen. Dann fügt man 2—3 Tropfen Alkohol zu und läßt das Lederstück an einem möglichst hellen Ort liegen. Das Auftreten einer Blaufärbung zeigt Oxalsäure an. Auf dem Leder benötigt die Entwicklung der Farbe einige Zeit. Sind beträchtliche Mengen von Oxalsäure anwesend, so tritt die Blaufärbung nach 1—2 Stunden auf; für sehr kleine Mengen sind 10 Stunden nötig. Die Blaufärbung wird durch Licht beschleunigt, Proben, die im Dunkeln aufbewahrt werden, bleiben tagelang unverändert.

7. Nachweis mit Benzidin und Kupferacetat.

Wie KRESCHKOW, WILBORG und FILLIPOWA fanden, nimmt der von Oxalsäure mit Benzidin erzeugte Niederschlag beim Hinzutreten von Kupfer(II)-Ionen eine braune Färbung an. Diese Reaktion kann im Reagensglas, auf der Tüpfelplatte oder auf Papier zum Nachweis der Oxalsäure dienen. Es ist auch möglich, Fällung und Farbreaktion gleichzeitig mit kombiniertem Reagens vorzunehmen.

Ausführung als Tüpfelreaktion. Man gibt auf Filtrierpapier einen Tropfen einer Lösung von 1% Benzidin in 5%iger Essigsäure, darauf einen Tropfen der Probelösung und einen Tropfen 0,2 n-Kupferacetatlösung. Bei Anwesenheit von Oxalat entsteht ein brauner Fleck.

Nachweisgrenze. 20 μg.

Störungen. Essig-, Wein-, Bernstein- und andere organische Säuren stören nicht, wohl aber Sulfit und verschiedene andere Stoffe, die Benzidin oxydieren oder mit Kupferlösung ausfallen. Um alle Störungen zu vermeiden, fällt man zuerst Calciumoxalat wie oben (Abschn. I 2) beschrieben, tüpfelt dann auf den ausgewaschenen Niederschlagsfleck je 1—2 Tropfen der beiden Reagentien und erwärmt leicht.

IV. Nachweis durch Auslöschung der Fluorescenz von Morinverbindungen.

Nach Angabe von BISHOP löschen bzw. schwächen Spuren einiger Anionen, darunter Oxalsäure, die Fluorescenz der Aluminium- und der Galliumverbindungen des Morins, so daß hierauf ein an und für sich nicht spezifischer, aber sehr empfindlicher Oxalsäurenachweis gegründet werden kann. Die Galliumverbindung wird auch von Fluorid, Cyanoferrat(II und III), Bromat, Permanganat und Tellurit beeinflußt, die Aluminiumverbindung noch durch einige weitere Anionen, darunter Phosphat, Molybdat, Citrat, Tartrat. Das Oxalat ist aber eines der am empfindlichsten reagierenden von diesen Anionen.

Ausführung. Man streicht auf einen Filtrierpapierstreifen Morinlösung (0,2% Morin in 0,01 n-NaOH), und tupft auf die Mitte des Striches einen Tropfen einer neutralen oder schwach sauren Al- oder Ga-Lösung. Weiter tupft man auf ein Ende des Reagensstriches einen Tropfen der Probelösung und auf die Mitte dieses Tropfens einen Tropfen der Metallösung, auf das andere Ende des Striches die beiden gleichen Lösungen, aber in umgekehrter Reihenfolge. Schließlich befeuchtet man den Strich mit 2 Tropfen 2 n-HCl und vergleicht im Tages- sowie im UV-Licht die Fluorescenz an den Enden und in der Mitte des Striches.

Nachweisgrenze. 0,1 μg Oxalsäure.

Grenzkonzentration. 1:500000.

V. Fällungsreaktionen.

Als solche kommt für den mikroskopischen Nachweis diejenige von Calciumoxalat nicht so sehr in Betracht. Dieses fällt außer aus sehr verdünnten Lösungen oder bei Hemmung der Ausscheidung durch Zusatz von Salpetersäure in äußerst kleinen Kristallen. Besser geeignet zum Nachweis sind das Strontium- und das Silberoxalat (SCHMIDT, S. 414).

1. Nachweis als Strontiumoxalat (mikroskopischer Nachweis).

Strontiumoxalat 3-hydrat ist sehr charakteristisch für die Oxalsäure. Der Niederschlag ist in kaltem Wasser fast unlöslich. Er besteht aus kleinen pyramidalen und prismatischen Kristallen von 20—40 μ Größe. Im Polarisationsmikroskop bleibt bei gekreuzten Nicols die erstere Art stets dunkel, während die zweite lebhaft polarisiert (SCHMIDT).

2. Nachweis als Silberoxalat u. a. direkt im pflanzlichen Gewebe.

Silberoxalat ist wenig löslich in Wasser und in verdünnter Salpetersäure, im Gegensatz zu Wein-, Zitronen- und Äpfelsäure. Man kann die Löslichkeit durch Zusatz von Alkohol noch vermindern, was sich bei sehr verdünnter Lösung empfiehlt.

Unter dem Mikroskop erscheint der Niederschlag als farblose, 6-seitige Stäbchen und Plättchen, sowie als Rauten von 12—40 μ Größe mit einem Winkel von 58°. Die Kristalle polarisieren stark. Für den Nachweis direkt im Gewebe von Pflanzen reinigt man nach PFAHL den Schnitt durch Einlegen in Wasser, dann in Alkohol und wieder in Wasser von störenden anderen Zellinhaltstoffen. Man läßt eine 20%ige $AgNO_3$-Lösung, die 15% freie HNO_3 enthält, längere Zeit — am besten über Nacht — einwirken, worauf man das evtl. auf dem Schnitt gebildete Ag-Oxalat unter dem Mikroskop im ausfallenden Licht als weiß erscheinende Kristalle erkennt.

3. Nachweis der Säure als Natriumoxalat (Unterscheidung von anderen Carbonsäuren).

Natriumoxalat ist verhältnismäßig wenig löslich in Wasser, worauf CALEY einen Vorschlag zur Unterscheidung der Oxalsäure von anderen Carbonsäuren, bzw. eine

Identifizierung der freien Säure gründet. Die normalen Natriumsalze aller gewöhnlich in Betracht kommenden Säuren wie Zitronensäure, Wein-, Bernstein-, Äpfel-, Malon-, Malein-, Mandel-, Croton- und Glykolsäure sind viel leichter löslich.

Ausführung. Man löst 0,10 g der festen Säure in 2,0 ml kaltem Wasser, fügt 1,0 ml etwa 6 n-Natriumhydroxid-Lösung hinzu und schüttelt 1—2 Minuten lang kräftig. Wenn ein weißer kristalliner Niederschlag erscheint, hat es sich um Oxalsäure gehandelt. Die angewendeten Gewichte und Volumina können verringert werden, die Mengenverhältnisse sollen aber möglichst wie angegeben sein.

VI. Nachweis durch Ultrarotspektroskopie.

Die UR-Spektren der ein- und zweibasischen Säuren im üblicherweise untersuchten Gebiet von 2—15 μ sind teilweise sehr ähnlich und zur Identifizierung wenig geeignet. Viel besser kann man dazu die Natriumsalze in fester Form anwenden (CHILDERS und STRUTHERS). Natriumoxalat zeigt eine breite, charakteristische Absorptionsbande bei 12—14 μ mit Maximum bei 12,9 μ. (Näheres zur Ausführung s. Kap. Essigsäure.)

VII. Nachweis durch Chromatographie.

1. Säulenchromatographie.

Die Säulenchromatographie, z. B. mit Kieselgel als Säulenfüllung, wird zwar auch für qualitative Zwecke, vorwiegend aber für quantitative Trennungen von Gemischen organischer Säuren verwendet. Dabei wird meist mit alkoholhaltigen (Butanol u. a.) Lösungsmitteln gearbeitet. SCOTT beschreibt die Verwendung eines Gemisches von 4-Methyl-2-Pentanon und 75% Methylenchlorid als Lösungsmittel und von weniger Methylenchlorid enthaltenden Gemischen bzw. zuletzt von reinem Keton als Eluierungsmittel für die Trennung komplizierter Säuregemische, die neben Oxalsäure Fumar-, Bernstein-, Glykol-, Äpfel-, Zitronen-, Isozitronen-, Milch-, Lactylmilch-, Glutar-, α-Ketoglutar-, Malon-, cis-Aconit- und trans-Aconitsäure enthalten. Das Eluat wird in zahlreichen Fraktionen, in einem Beispiel 100 Fraktionen je 1 ml, abgenommen. Die verwendeten Lösungsmittel haben gegenüber alkoholischen den Vorteil, daß sie nicht veresternd wirken, also durch einfaches Abdestillieren aus den Säuren zu entfernen sind. Die Oxalsäure erscheint in einer der Fraktionen recht gut getrennt von allen anderen Säuren, lediglich die Trennung von der Glykolsäure befriedigt nicht ganz. RESNIK, LEE und POWELL benutzen ein n-Amylalkohol-Wasser-Ameisensäure-Gemisch (20:12:1) als Lösungsmittel.

2. Papierchromatographie.

Für die qualitative Unterscheidung von Säuren im Gemisch wird die Papierchromatographie bevorzugt angewendet. Sie kann auch mit einfachen apparativen Mitteln ausgeführt werden. So beschreiben u. a. YAMAGUCHI und HOWARD einen Apparat für absteigende Papierchromatographie, der aus üblichen leicht beschaffbaren Laborgeräten zusammengestellt ist. Zum Nachweis einer bestimmten Säure oder mehrerer Säuren nebeneinander ist es üblich, einen Tropfen einer Lösung der nachzuweisenden Substanz neben die der zu identifizierenden Substanzen zu tüpfeln und gleichzeitig zu chromatographieren.

DENISON und PHARES haben eine Arbeitsweise untersucht, bei der Oxal-, Wein-, Zitronen-, Äpfel-, Ketoglutar-, Glykol-, Malon-, Brenztrauben-, Milch-, Bernstein-, Fumar- und Oxalessigsäure nebeneinander nachgewiesen werden können. Sie fanden, daß von den probierten alkoholfreien Lösungsmitteln (keine Veresterung!) ein Gemisch von 13 Teilen Äther. 3 Teilen Eisessig und 1 Teil Wasser das günstigste war. Die Säuren wurden in freiem Zustand, in Wasser oder organischem Lösungsmittel gelöst, angewendet oder als Lösung der Natriumsalze, die mit Schwefelsäure bis auf pH 1 angesäuert wurde.

Ausführung. Etwa 0,0002 g-Äquiv. der gelösten Säuren werden auf einen Bogen Filtrierpapier (Whatman Nr. 1) in 3 cm Entfernung vom Rande aufgetragen. Das geschieht in mehreren Portionen von weniger als 5 μl nacheinander, so daß die einzelnen Flecke kleiner als 1 cm im Durchmesser bleiben. Nun wird getrocknet, was durch einen „Fön" beschleunigt werden kann, und das Papier in Form eines Zylinders in einen Glasstutzen gebracht, dessen Boden etwa 1 cm hoch mit der oben genannten Chromatographierflüssigkeit bedeckt ist. Der Stutzen wird an seinem oberen Rand mit einer Manschette aus Neoprene versehen und durch eine darauf gelegte, beschwerte Glasplatte luftdicht verschlossen.

Die Lösungsmittelfront wandert bei 22° in 1,5 Stunden bis an den oberen Rand des Papierzylinders. Dieser wird nun herausgenommen, auseinandergebogen und in einem Abzug aufgehängt. Die Essigsäure des Lösungsmittels wird in 5—10 Minuten aus dem Papier entfernt, in dem man es mittels eines vielfach gelochten Rohres aus etwa 25 cm Entfernung mit Wasserdampf beaufschlagt und gleichzeitig von der anderen Seite her mit etwa 40 cm entfernt aufgestellten Ultrarotlampen bestrahlt. Darauf besprüht man mit einer neutralen oder schwach alkalischen Lösung von Bromkresolgrün (400 mg in 1 Liter 95%igem Alkohol, zur Erzeugung der Farbflecke der verschiedenen Säuren; die Flecke erscheinen gelb auf blauem Untergrund.

Die Oxalsäure wandert nur wenig aufwärts, Zitronensäure fast überhaupt nicht, die übrigen Säuren wandern mehr oder weniger lange Strecken, wesentlich weiter als die Oxalsäure.

Scott verwendet ein Gemisch von 75% n-Butanol und 25% Chloroform, das mit $^1/_{10}$ seines Volumens 10%iger Ameisensäure bis zur Einstellung des Lösungsgleichgewichtes geschüttelt wird, als Chromatographierflüssigkeit und arbeitet mit Rundfiltern mit angeschnittenem, in die Flüssigkeit eintauchendem „Docht". Die Flüssigkeit befindet sich in einer Petrischale, das Rundfilter in waagerechter Lage darüber. Das Ganze ist in einem Exsikkatorgefäß untergebracht. Nach beendeter Chromatographierung wird das Papier 20—30 Minuten bei 170—180° getrocknet und werden die Flecke wie üblich mit alkoholischer Bromkresolgrünlösung sichtbar gemacht. Bei dieser Arbeitsweise wandert die Oxalsäure von allen den oben (Abschn. VII 1) genannten Säuren, zu denen noch Maleinsäure hinzugenommen werden kann, am wenigsten. Die R_f-Werte der Oxalsäure und der am nächsten bei ihr verbleibenden Säuren sind folgende: Oxalsäure 0,10, cis-Aconitsäure 0,18, Weinsäure 0,19, Zitronensäure 0,26.

Nachweisgrenze. 1 μg Oxalsäure.

Resnik, Lee und Powell beschreiben die Papierchromatographie von Oxalsäure neben anderen Säuren, die in getrocknetem Tabak enthalten sind, mit verschiedenen Fließmittel-Systemen.

Jordan, Korte und von Sengbusch benutzen für die Identifizierung und grob quantitative Bestimmung der Säuren einschließlich Oxalsäure in Preßsäften von Früchten und Gemüsen Butanol-Eisessig-Wasser (8:1:5) als Fließmittel. Sie tragen 0,002 ml der Säfte (entsprechend 20 μg Substanz bei 1%iger Lösung) auf Schleicher & Schüll-Papier Nr. 2043b auf und chromatographieren aufsteigend bei 25—26° mindestens 24 Stunden lang. Die Autoren machen darauf aufmerksam, daß die R_f-Werte der Säuren von ihrer Konzentration und von den anderen anwesenden Säuren abhängig sind.

VIII. Nachweis durch Ultrarotspektroskopie.

Wegen des ultrarotspektroskopischen Nachweises von Oxalsäure insbesondere auch neben anderen (1- und 2-basischen) Säuren wird auf den entsprechenden Abschnitt im Kapitel Essigsäure verwiesen.

Literatur.

ALMASSY, G., u. J. DESZÖ: Acta Chim. Acad. Sci. Hung. **11**, 7—13 (1957) (engl.); Ref. Fr. **149**, 315 (1956). — ARMAND, F. W. u. FLINT, J. W.: Analyst **55**, 501 (1930); Ref. Fr. **83**, 308 (1931). — ARNOLD, C.: Kurze Anleitung zur qual. Analyse anorg. und org. Körper, 4. Aufl., S. 59/117 (1898).

BISHOP, E.: Anal. chim. Acta **4**, 6 (1950); Ref.: Fr. **132**, 279 (1951). — BÖTTGER, W: Qualit. Analyse organ. Verbb. 4.—7. Aufl., S. 485—488 (1925).

CALEY, E. R.: Ind. eng. Chem. Anal. Edit. **4**, 445 (1932); Ref.: Fr. **106**, 306 (1936). — CHERNOFF, L. H.: Am. Soc. **42**, 1784 (1920); Ref.: C. **1921**, II, 57. — CHILDERS u. STRUTHERS: Anal. Chem. **27**, 737 (1955).

DENISON, F. W., u. E. F. PHARES: Anal. Chem. **24**, 1628 (1952).

EEGRIWE: a) Fr. **100**, 35 (1935); b) **126**, 134 (1943); Handbuch d. Lebensmittelchemie II. (1935), S. 1092. — ERÄMETSÄ: Suomen Kemistilehi **15**, Abt. B 2 (1942); Ref. C **1942** II, 204.

FEIGL, F.: Qualitative Analyse mit Hilfe von Tüpfelreaktionen, 3. Aufl. Leipzig 1935. — FEIGL, F., u. D. GOLDSTEIN: Zit. in „FEIGL" 1954 S. 256 — FEIGL, F., u. O. FREHDEN: Mikrochemie **18**, 272 (1935); Ref.: Fr. **110**, 287 (1937).

GUNN, A.: Pharm. J. and Trans. **21**, 408; Ref. Fr. **34**, 622 (1895).

JORDAN, C., F. KORTE u. R. VON SENGBUSCH: Züchter **27**, 69 (1957); Fr. **158**, 297 (1957).

KLANFER, K.: Mikrochim. Acta **1**, 142 (1937); s. a. FEIGL 1954 S. 347. — KRESCHKOW, A. P., S. S. VILBORG u. K. I. FILIPOWA: Z. anal. Chim. **8**, 306 (1953) (russ.); Ref.: Fr. **144**, 47 (1955).

LOCKMANN, G.: Ch. Z. **57**, 214 (1933); vgl. auch SACHER, J. F.: Ch. Z. **39**, 319, 458, (1915).

MEYER, J., u. R. NERLICH: Z. anorg. Ch. **116**, 125 (1921); Ch. Z. **57**, 215 (1933).

NIEUWENBURG, VAN, C. J.: Kwalitatieve Chem. Analyse, Den Helder (1956).

PAGET, M., u. R. BERGER: Bl. Biol. pharm. **1938**, 70; Ref.: Chem. Abstr. **32**, 4908 (1938). — PESEZ, M.: Bl. [5] **3**, 2072 (1936); Ref.: Chem. Abstr. **30**, 4475[3]. b) J. Pharm. Chim. [9] **2**, 325 (1942); Ref.: Chem. Abstr. **38**, 3218[8] (1944).

RESNIK, F. E., LEE u. L. A. POWELL: Anal. Chem. **27**, 928 (1955). — ROSENTHALER, L.: Nachweis org. Verbb., II. Aufl., S. 328 (1923). Ar. **241**, 479 (1903); Ref.: Fr. **61**, 219 (1922).

ROSENTHALER, L., u. SIEBECK: Ar. **246**, 51 (1908).

SACHER, J. F.: Ch. Z. **39**, 319 (1915); Ref.: Fr. **77**, 366 (1929). — SCHMIDT, J.: Handbuch f. Pflanzenanalyse II, S. 414/15 (1932). — SCOTT, R. W.: Anal. Chem. **27**, 367—9 (1955); Ref.: Fr. **149**, 312 (1956).

YAMAGUCHI, L. M. u. F. D. HOWARD: Anal. Chem. **27**, 332—3 (1955).

Silicium.

Si Atomgewicht 28,09 Ordnungszahl 14.

Mit 4 Abbildungen.

Inhaltsübersicht.

Vorkommen des Siliciums.

Silicium steht in der Reihenfolge der Verbreitung der Elemente an 2. Stelle. Es hat mit rd. 26% den gleichen Anteil am Aufbau der Erdrinde (einschließlich Atmosphäre und Hydrosphäre) wie die übrigen Elemente außer Sauerstoff zusammen.

In der Natur findet sich Silicium nirgends in freiem Zustand — was wegen seiner großen Affinität zum Sauerstoff erklärlich ist — sondern stets in Form von Verbindungen, und zwar sind diese fast ausschließlich Derivate des Siliciumdioxids, SiO_2, und letzteres selbst. Aus solchen Verbindungen bestehen die verbreitetsten Minerale: Feldspäte, Augite, Hornblenden, Glimmer und viele andere, aus denen sich die meisten Gesteine zusammensetzen, sowie deren Verwitterungsprodukte, Sande und Tone. In den tieferen Zonen des Erdkörpers tritt das Silicium mehr und mehr zurück. Auch in den Meteoriten, abgesehen von den selteneren Steinmeteoriten, finden sich nur Siliciumgehalte in der Größenordnung von 1%, und zwar ist das Silicium in Form von Siliciden, vorwiegend als Siliciumeisen und Siliciumcarbid, darin vorhanden. Im pflanzlichen und tierischen Organismus ist Silicium in verhältnismäßig geringer Konzentration, ausschließlich als Kieselsäure, in Stützorganen und Bindegeweben anzutreffen. Immerhin hat die organogene Anreicherung und Ablagerung von Kieselsäure in den Skeletten der Diatomeen zur Bildung nennenswerter Lagerstätten von Kieselgur geführt.

In der Technik haben neben den silicatischen Natursteinen und den als Rohstoffe dienenden Naturprodukten wie Ton, Quarzsand, Kaolin, Feldspat und Kieselgur die Zemente, die keramischen Massen und die Gläser als Vertreter der Silicatgruppe große

Bedeutung, und auf der anderen Seite sind die Eisen-, Leichtmetall- und Kohlenstoff-Silicide, hauptsächlich vertreten durch Ferrosilicium, Silumin und Carborundum, wichtig. Elementares Silicium hat eine gewisse Bedeutung als Reduktionsmittel in der Metallurgie. Von technischer Wichtigkeit sind auch die Fluorverbindungen des Siliciums, insbesondere die Salze der Fluorkieselsäure H_2SiF_6. In neuer Zeit haben auch organische Siliciumverbindungen (Silicone) Eingang in die Technik gefunden.

Die Rolle der Kieselsäure in der Analyse des Siliciums.

In der Analyse des Siliciums nimmt die Kieselsäure in Form des Anhydrids, des Hydrats oder des Anions eines löslichen Silicats als Endstufe oder als Zwischenstufe des Analysenganges eine überragende Stellung ein. Das beruht einmal auf der großen Häufigkeit des Vorliegens des Siliciums als Kieselsäureverbindung, weiter auf der Leichtigkeit, mit der die übrigen Verbindungen infolge der großen Affinität des Siliciums zum Sauerstoff in Kieselsäure übergeführt werden können, und schließlich auf der aus demselben Grunde so hohen Stabilität der Kieselsäure. Die Temperaturbeständigkeit des Kieselsäureanhydrids ist maßgebend für seine große Bedeutung in der quantitativen chemischen Analyse. Die qualitativen Nachweisverfahren bedienen sich meist der hydratischen Kieselsäure als End- oder Zwischenstufe des Nachweises.

Löslichkeitsverhältnisse bei den Siliciumverbindungen.

Die meisten Silicate und viele Silicide sind ebenso wie das freie Silicium in Wasser und in Säuren praktisch unlöslich. Eine Ausnahme macht als Lösungsmittel in gewissem Grade die Fluorwasserstoffsäure, die aber kristallines Silicium und Quarz auch nur langsam und Siliciumcarbid gar nicht angreift und die außerdem als Lösungsmittel nur dann in Betracht kommt, wenn die gleichzeitige Überführung des Siliciums in den flüchtigen Zustand (gasförmiges Siliciumtetrafluorid) erwünscht ist. Mittels alkalischer Agentien dagegen, besonders bei erhöhter Temperatur, können alle Siliciumverbindungen zu löslichen Silicaten umgesetzt werden. Diese besonderen Löslichkeitsverhältnisse erklären die wichtige Rolle, welche die zur Überführung der zu untersuchenden Materialien in lösliche Form dienenden Aufschluß-Verfahren in der Analyse der Siliciumverbindungen spielen. Diese Verfahren sind gleich wichtig für die Analyse auf das Silicium selbst wie für die Analyse auf die in seinen Verbindungen enthaltenen anderen Elemente. Sie werden deshalb in dem Abschnitt über Nachweise auf nassem Wege gesondert und ausführlich behandelt.

Stellung der Kieselsäure im Trennungsgang der Anionen.

Die Prüfung auf Kieselsäure wird auch bei der Untersuchung von Gemischen verwickelterer Zusammensetzung zweckmäßig immer gesondert als Vorprobe ausgeführt. Ihr Nachweis im systematischen Analysengang zur Erkennung und Trennung der Anionen ist weniger sicher. Beiläufig sei aber das Verhalten der Kieselsäure bei der Durchführung eines solchen Analysenganges (nach Karaoglanov) beschrieben: Der von Schwermetallen freie Anionen-Auszug wird zur Entfernung der flüchtigen Säuren mit überschüssiger Essigsäure gekocht. Danach wird verdünnt und nacheinander portionsweise mit Bariumacetat und Calciumacetat versetzt, bis jeweils kein weiterer Niederschlag mehr entsteht. Nach 2stündigem Stehen unter öfterem Schütteln und Reiben mit dem Glasstab wird der Niederschlag, der SO_4'', SiF_6'', JO_3', F', CrO_4'', C_2O_4'' gebunden enthalten kann, abfiltiert. Das Filtrat, das nicht sehr verdünnt sein darf, wird schwach ammoniakalisch gemacht und mit Bariumacetat gefällt. Der entstandene Niederschlag, der die Kieselsäure gegebenenfalls neben AsO_3''' und PO_4''' enthält, wird abfiltriert, mit Bariumacetat enthaltendem Wasser gewaschen und in eine Porzellanschale gebracht. Er wird mit Salzsäure abgeraucht und der Rückstand nach Filtrieren und Auswaschen mittels eines der weiter unten beschriebenen Verfahren identifiziert.

Nachweismethoden

§ 1. Nachweis auf spektralanalytischem Wege.

I. Optische Spektralanalyse.

1. Allgemeines.

Silicium gehört als Metalloid zu den verhältnismäßig schwer zur Emission seiner Spektrallinien anregbaren Elementen, nimmt aber mit B, C, As und Te in dieser Beziehung noch eine Mittelstellung ein. Seine relative Flüchtigkeit, die für das Verhalten am Lichtbogen im Gemisch mit anderen Stoffen Bedeutung hat, ist ebenfalls von mittlerer Größe. In Silikaten erreicht die Verdampfung des Si ihr Maximum, nachdem die Alkalimetalle abdestilliert sind und bevor das Aluminium sich intensiv zu verflüchtigen beginnt (AHRENS). Es hat auch bei Anregung mit dem Lichtbogen für die Spektroskopie gut brauchbare Linien. Die Hauptlinien, 2516,1 und 2881,6 Å, Anregungspotential 5,1 bzw. 4,9 Volt, sind so empfindlich, daß sie, von dem Si-Gehalt der Elektrodenkohle herrührend, häufig in Spektrogrammen siliciumfreier Substanzen zu finden sind. Bei Anregung mittels *Funken* soll für die Untersuchung auf Metalloide wie Silicium die Selbstinduktion des Funkenkreises nicht sehr hoch gewählt werden, da sonst die Emission zurückgedrängt wird. Energiereiche Entladung („hochkondensierter Funke"), wie sie durch Anwendung von Kondensatoren hoher Kapazität im Sekundärkreis erzielt wird, ist günstig. Selbstumkehrung (Schwächung der Linien durch Absorption der Strahlung beim Durchgang durch den den Funken umgebenden Dampf des Elements) tritt nach SCHEIBE bei den Hauptlinien des Siliciums von etwa 2,5% Si an auf; sie wirkt bei qualitativen Untersuchungen wohl kaum störend.

Ihre Hauptanwendung findet die spektralanalytische Prüfung auf Silicium in der Untersuchung der Metall-Legierungen. Wenn silicatische Materialien der Spektralanalyse unterworfen werden, dann handelt es sich seltener um den Nachweis oder die Bestimmung des Siliciumgehalts als um die der übrigen Elemente. Bei geeigneter Arbeitsweise können auch silicatische Mineralien unmittelbar, d. h. ohne vorangehenden Aufschluß, spektroskopiert werden.

2. Nachweislinien.

Als ausgewählte Analysenlinien für Silicium bei Anwendung des Tauchfunkens werden von LUNDEGÅRDH die folgenden angegeben:

2435,2 I	2506,9 I	2514,3 I
2516,1 I	2519,2 I	2524,1 I
2528,5 I	2631,3 I	2881,6 I
2987,6 I	3905,5 I	6346,7 II.

GERLACH und RIEDL haben die weiter unten (S. 175) wiedergegebene Tabelle der für die qualitative Analyse bestgeeigneten Linien aufgestellt. Sie geben zu den einzelnen Linien auch die störenden Elemente an, die koinzidierende Linien erzeugen. Die unteren Reihen beziehen sich auf das Arbeiten mit dem großen Quarzspektrographen von Zeiss, Q 24, unter Berücksichtigung sämtlicher Elemente als Störungsquellen, die oberen auf das Arbeiten mit dem kleineren, Q 18, ohne Berücksichtigung der linienreichen Elemente der 6. bis 8. Gruppe des periodischen Systems. Die Wellenlängen weiterer u. U. störender Linien sind in der 3. Spalte aufgeführt. Die 4. Spalte gibt „Kontroll-Linien" an. Diese können in folgender Weise zur Ausschaltung der Störungslinien benutzt werden: Besteht beispielsweise bei der Anwesenheit von Iridium ein Zweifel darüber, ob eine bestimmte Linie, z. B. bei 2882 Å, die des gesuchten Elementes, in diesem Falle also Si I 2881,6 oder nur die des Iridiums Ir 2882,6 ist, so wird mit der nicht weitab gelegenen Iridiumlinie 2943,2 verglichen. Diese ist an und für sich ein wenig stärker ($\geqq$) als die vorgenannte Iridiumlinie. Zeigt sich nun aber, daß die Linie bei 2882,6 stärker ist als die Kontroll-Linie Ir 2943,2, so ist daraus zu schließen, daß sie durch die Linie Si 2881,6 verstärkt wird, daß also Silicium anwesend ist.

Neuerdings werden noch weiter im kurzwelligeren Ultraviolett liegende Linien zur Analyse auf Silicium benutzt. So nennt ZEUNER in seiner Arbeit über Erfahrungen mit selbstregistrierenden Spektralgeräten im Gießereilaboratorium die Linie 2124,2 Å. In diesem „Schumanngebiet" ist die photographische Aufnahme nicht mehr ohne weiteres möglich und wird daher am besten die photoelektrische Detektion angewendet.

Für den mit der Glasoptik zugänglichen, mittleren und langwelligen Spektralbereich hat W. KRAEMER die empfindlichen Linien herausgestellt, die in verschiedenen, geringe Mengen Silicium enthaltenden Eisenlegierungen bei *Funkenanregung* auftraten. In allen Fällen wurden die Linien 3590 und 3905, die den Linien Si III 3590,46 und Si I 3905,52 des Tabellenwerkes von KAYSER entsprechen, gefunden. Der dabei benutzte Spektrograph hatte eine Dispersion von 10 Å/mm bei $\lambda = 3800$.

3. Untersuchung von Mineralien.

Die direkte Untersuchung von silicatischen Mineralien wurde von GOLDSCHMIDT und PETERS im Lichtbogen bei etwa 12 Amp. Stromstärke durchgeführt. Dabei wurde eine kleine Menge der gepulverten Substanz in eine etwa 1 mm weite und einige Millimeter tiefe Ausbohrung der unteren, als Kathode geschalteten Kohleelektrode gegeben. In ähnlicher Weise kann beim Arbeiten mit dem Funken verfahren werden.

Mit dem kondensierten Funken kann man nach dem Vorgang von DE GRAMONT Silicate als Schmelzflüsse, hergestellt mit der mehrfachen Menge Natriumcarbonat, untersuchen. Zu diesem Zweck wird der Funke in einem die Schmelze enthaltenden und als untere Elektrode dienenden Platintiegelchen erzeugt, unterhalb dessen zur Beheizung ein Mekerbrenner angebracht ist. In dem Tiegel steht aufrecht eine kleine Bürste aus Platindraht, deren oberes Ende ein wenig aus der Schmelze herausragt. An diesem Drahtbündel steigt die Schmelze infolge Kapillarwirkung ständig hoch bis zur Spitze, von wo der Funke zu dem in 1 mm Entfernung befindlichen, als 2. Elektrode dienenden Platindraht überspringt.

Beim Arbeiten mit dem Tauchfunken gibt Silicium in saurer Lösung keine Linien, wohl aber in alkalischer, durch Auflösen des Silicats in Natronlauge erhaltener Lösung (POLLOK, LUNDEGÅRDH).

Das Arbeiten mit Aufschlußlösungen sichert zwar eine Homogenisierung des Probenmaterials, bedingt aber eine Verringerung der Nachweisempfindlichkeit und ist daher für qualitative Untersuchungen nachteilig. Man wird im allgemeinen die Spektralanalyse auf Silicium dann anwenden, wenn es auf den Nachweis kleiner Gehalte ankommt. Außerdem wird man den Vorteil der Spektralanalyse, grundsätzlich ohne nasse Behandlung der Probe auskommen zu können, nach Möglichkeit nützen. Daher wendet man heute bei der Analyse von Mineralien wohl ganz überwiegend das unmittelbare „Abbrennen" des feingemahlenen Probenpulvers in einer Ausbohrung der unteren Elektrode im Lichtbogen an.

Die Empfindlichkeit beträgt dabei 0,001% Si und kann u. U. noch beträchtlich gesteigert werden.

Für den Nachweis sehr geringer Siliciummengen ist es natürlich von ausschlaggebender Wichtigkeit, ganz Si-freie Elektrodenkohle zu verwenden. Handelsübliche Kohlen selbst bester Qualität enthalten oft noch Bor und daneben Spuren von Silicium. Letzteres kann nach HEYNE durch Glühen in Gegenwart von Chlor oder einem Gemisch von Kohlenstofftetrachlorid und Stickstoff bei 2000° vollständig beseitigt werden.

Quarz und andere Formen der Kieselsäure in größerer Menge enthaltende Substanzen erzeugen ein Bandenspektrum des SiO. Dieses kann die Bestimmung kleiner Mengen bestimmter Metalle, z. B. Wolfram und Gold, durch Überlagerung stören (AHRENS, dort weitere Literatur).

4. Nachweis in Metall-Legierungen.

a) Spektrographischer Nachweis.

Bei der Spektralanalyse von Legierungen werden gewöhnlich passend geformte Stücke des zu untersuchenden Materials selbst als Elektroden verwendet. Spektren von Eisenlegierungen sind wegen der sehr großen Zahl von Linien des Grundmetalls für den Nichtspezialisten schwierig zu deuten. Die dieses Gebiet behandelnde Arbeit von KRAEMER wurde bereits erwähnt.

Hinweise für die Untersuchung von Stählen gibt auch HOLZMÜLLER. Er empfiehlt Anregung durch Funken bei ziemlich hoher Selbstinduktion (Funkenerzeuger nach FEUSSNER mit Spule von der Induktivität 700000 cm), weil damit zwar geringere Nachweisempfindlichkeit, aber bessere Reproduzierbarkeit als bei Anregung durch Bogen erzielt wird. Für qualitative Aufnahmen sensibilisierte HOLZMÜLLER die Platten durch Überstreichen mit Paraffinöl. Zur Ausdeutung der Aufnahmen werden die Spektren projiziert und dabei mit einer von der Firma Zeiss hergestellten Abbildung des Fe-Spektrums, in das sämtliche charakteristischen Linien der in Betracht kommenden Legierungselemente eingezeichnet sind, zur Deckung gebracht. Die gesamte qualitative Auswertung eines Legierungs-Spektrums dauerte so nur 10 Minuten. Für die Deutung der Spektren etwa 0,1—2,0% Silicium enthaltender Stähle gibt HOLZMÜLLER die nachstehende Tabelle an, die auch die praktisch auftretenden Störungsmöglichkeiten und Vergleichsmaßstäbe zur halbquantitativen Abschätzung der Siliciumkonzentration in Form von Fe-Linien verschiedener Intensität enhält:

Si-Linie	Intensität		Störende Linien	Auch bei hohen Gehalten stören nicht	Intensitätsvergleich
	Bogen	Funke			
2506,9	10 R	6	Co 2506,5	Cr, Mn, Ni, V, W	Bei 0,8% Si = Fe 2507,6 Bei 2,0% Si = Fe 2504,2
2516,1	10 R	10	Mo 2516,1 Ti 2516,0 ab 0,3% Ti	Co, Cr, Mn, V, W	Bei 0,5% Si = Fe 2516,8 Bei 0,7% Si = Fe 2517,7 Bei 1,7% Si = Fe 2522,9
2881,6	10 R	10	Fe 2580,8 V 2582,5	Cr, Mn, Ni, W	Bei 0,1% Si = Fe 2575,3 Bei 0,2% Si = Fe 2583,7 Bei 0,4% Si = Fe 2580,8

Über die **Empfindlichkeit** des Nachweises von Silicium in Eisenlegierungen macht SCHEIBE Angaben. Im sichtbaren Spektralgebiet bei Verwendung eines „Kleinstspektrographen", d. h. eines durch Ansetzen einer Kamera ergänzten Handspektroskops, und einer Funkenapparatur mit 5000—9000 cm Kapazität und 300—600 W Leistung stellte er 0,2% Si als ungefähre untere Grenze für den Nachweis mittels der durch Eisenlinien nicht gestörten Linien Si II 6346,7 und 6370,9 Å fest. Im Ultraviolett ist die Empfindlichkeit viel größer. Für die durch die üblichen Legierungselemente in normalen Konzentrationen wenig gestörten Linien Si I 2516,1, 2528,5 und 2881,6 beträgt die Nachweisgrenze bei Verwendung eines mittelgroßen Quarzspektrographen wie des von FUESS mit 600 mm Brennweite und 24 cm Plattenlänge nach SCHEIBE etwa 0,01% Si. SCHLIESSMANN (b) nennt als Nachweisgrenze bei Benutzung des Funkens 0,01—0,05, des Abreißbogens 0,005—0,02% Si, je nach der Dispersion des Spektrographen. Für das Arbeiten in Lösung gibt er als Erfassungsgrenze bei vorheriger Abtrennung des Eisens $5 \cdot 10^{-5}$, bei Anwesenheit von Eisen $5 \cdot 10^{-6}$ g/ml an.

Nach einem Vorschlag von PATERSON und GRIMES kann man für Sonderzwecke die untere Grenze der Bestimmung und des Nachweises von Silicium (und Bor) in niedriglegierten Stählen auf mindestens 0,001% herunter senken, indem man eine bevorzugte Verflüchtigung dieser Elemente durch Einwirkung von Kupferchlorid herbeiführt. Dazu werden 20 mg aus Kupfersulfat und Ammoniumfluorid dargestelltes Kupferfluorid und danach 20 mg des aus dem Stahl durch Lösen in Salpetersäure, Abdampfen, Glühen bei 600° und Zerreiben hergestellten Oxidgemisches in die Ausbohrung der als Anode geschalteten Trägerelektrode gefüllt und festgedrückt. Dann wird mit verhältnismäßig geringer Stromstärke (etwa 5 Amp. Gleichstrom) angeregt und 20 Sekunden lang belichtet. Die übrigen vorhandenen Elemente werden dabei nur schwach angeregt, so daß das Si-(B-)Spektrum sehr ungestört auftritt. Das Verfahren dürfte sich auch für die Analyse anderer Materialien eignen.

Für den Nachweis von Silicium in Aluminium- und Magnesium-Legierungen mit Bogen oder Funken verwendet BALZ die Linie 2881,6, für die Gehaltsbestimmung in Aluminium die Vergleichslinie Al 3082. Er empfiehlt, auch bei solchen Aufnahmen das von LUNDEGÅRDH (b) für die Flammenanalyse von Lösungen vorgeschlagene Verfahren zur besseren Ausnutzung der Platten anwenden. Bei Aufnahmen mit dem Q 24 von Zeiss z. B. liegt die Plattenmitte bei 2670 Å, nur alles in der Wellenlänge darüberliegende interessiert; die andere Hälfte der Platte kann mit einem Stück Blech abgedeckt und später nach Drehen um 180° in der Plattenebene für eine weitere Aufnahmenserie verwendet werden.

Der Nachweis von Silicium als verunreinigendes Element („Platinschädling") neben anderen derartigen Elementen in Platin-Rhodium-Legierungen wird von KOEHLER (a) beschrieben. Als ungestörte empfindlichste Nachweislinie für Si wird auch hier die Linie 2881,58 verwendet.

Derselbe Autor (KOEHLER (b)) weist darauf hin, daß in fast allen Spektralaufnahmen von Edelmetallen die „letzten" Linien des Si (2881), des Ca und des Mg auftreten und zwar häufig auf Grund äußerer Verunreinigungen. Meist handelt es sich um Staub. Nur wenn bei mehrmaligem Abfunken die Intensität nicht weiter abnimmt, kann geschlossen werden, daß es sich um echte Verunreinigungen des Metalls handelt.

Wie bereits angedeutet, werden neuerdings noch weiter im Ultraviolett liegende Linien des Siliciums für die Analyse verwendet. ZEUNER beschreibt die Bestimmung einer Reihe von Elementen, darunter des Siliciums, in Stahl- und Temperguß, wobei für Silicium die Linie 2124,2 Å benutzt wird. Die Messungen werden mit einem modernen Quarzprismen-Spektrometer mit mehreren „Kanälen" und direkter Registrierung der Linienintensität durch Photozelle, Sekundärelektronenvervielfachern und Linienschreiber ausgeführt, wobei 12—13 Elemente gleichzeitig angezeigt werden können.

b) Visueller Nachweis.

Für die Schnelluntersuchung auf Legierungsbestandteile hat in den Industrielaboratorien das visuelle Verfahren Eingang gefunden. Hierbei wird das im Spektroskop mit Glasoptik erzeugte Spektrum unmittelbar beobachtet. Die qualitative Vorprüfung einschließlich halbquantitativer Abschätzung der Konzentrationen der Haupt-Legierungsbestandteile kann von geübten Beobachtern so in 5—10 Minuten ausgeführt werden. Die Apparatur für dieses in der Industriepraxis bedeutsame Verfahren wird vielfach als „Steeloskop“ (von engl. steel) bezeichnet.

Am bequemsten und in bezug auf die Apparatur am billigsten arbeitet man im Lichtbogen mit einem Kohlestab als Gegenelektrode, mit Netzstrom und passendem Vorschaltwiderstand. SCHLIESSMANN (a) beschreibt eine Einrichtung, bei der auch mit einem Spektroskop ohne Wellenlängenskala sehr schnell gearbeitet werden kann. Dabei wird ein zweiter Lichtbogen mit Carbonyleisen gleichzeitig betrieben und dessen Licht über Spiegel und Reflexionsprisma ebenfalls in das Spektroskop geworfen, und zwar so, daß beide Spektren übereinander zu liegen kommen und bequem visuell verglichen werden können. Für Silicium, das von den untersuchten Legierungsbestandteilen am schwersten anregbar ist, muß eine sehr hohe Stromstärke (ungefähr 50 statt sonst 5—6 Amp.) angewendet werden. Dann ist ein Siliciumgehalt von 1% mittels der Linie Si I 3905,5, die nahe der Grenze zum Ultraviolett liegt, noch festzustellen. Bei diesem Gehalt ist die Intensität der genannten Linie gleich derjenigen der Eisenlinie 3903,9. Auch die Funkenlinie Si II 6346,7 kann man für die visuelle Analyse gut benutzen und auch die Linie II 6371,4, für welche die Nachweisgrenze 0,2—0,5% je nach Art des Spektroskops beträgt (SCHLIESSMANN (b)). Natürlich ist zur Erzeugung der beiden letztgenannten Linien Anregung durch Funken erforderlich. SCHLIESSMANN weist auf die für den qualitativen Nachweis wohl belanglose Ungenauigkeit hin (Zusammensetzung des Dampfes nicht gleich Zusammensetzung der festen Probe), die bei Verwendung des Bogens durch ungleichmäßige Verdampfung der Legierungsbestandteile verursacht wird.

Zur schnellen halbquantitativen Ermittlung des Siliciumgehalts von Eisen hat SCHEIBE eine interessante visuelle Arbeitsweise vorgeschlagen. Er macht Gebrauch von der Erscheinung, daß die bei Funkenanregung auftretenden, dem Siliciumion zugehörigen Si II-Linien durch Erhöhung der Selbstinduktion des Sekundärkreises geschwächt werden, während die gleichzeitig angeregten Atom-Linien des Eisens unverändert bleiben. Es wird also ein Funkenerzeuger mit veränderlicher Selbstinduktion verwendet und letztere so lange erhöht, bis Intensitätsgleichheit mit einer an und für sich schwächeren Fe I-Linie erreicht ist. Diesen Zustand kann das Auge verhältnismäßig gut erkennen. Je mehr Silicium vorhanden ist, desto mehr Selbstinduktion muß eingeschaltet werden, und deren Größe ist ein Maß für den Si-Gehalt. Die Eichung der Apparatur erfolgt mit Proben, deren bekannte Gehalte an Silicium für genauere Bestimmungen möglichst nahe bei dem der zu untersuchenden Probe liegen sollen.

5. Nachweis in nichtmetallischen Einschlüssen.

Bei der metallographischen Untersuchung von Stahl im Schliffbild mikroskopisch festgestellte nichtmetallische Einschlüsse, die häufig Kieselsäure enthalten, können nach der Arbeitsweise von HEYES spektralanalytisch weiter untersucht werden. Die Schwierigkeit solcher Untersuchungen besteht darin, daß man den Funken nicht ohne weiteres auf die bestimmte, winzig kleine und mit bloßem Auge kaum erkennbare Stelle, an der der Einschluß sich befindet, richten kann, und weiter darin, daß der Funke bevorzugt auf die rein metallische, besser leitende Grundmasse in der Umgebung des Einschlusses überspringt. Um den Einschluß trotzdem auf die zur Anregung der Linien des Siliciums nötige, hohe Temperatur zu bringen, wird mit großer Kapazität (mindestens 2400 cm) des Funkenkreises gearbeitet und außerdem die Umgebung des Einschlusses möglichst vollständig abgeschirmt. Dies geschieht durch Aufbringen eines mit einem kleinen Loch versehenen, durchsichtigen Gipsplättchens. Das Plättchen wird an seinen Rändern mit Paraffin auf den vorher erwärmten Schliff aufgeklebt. Um sicher zu sein, daß die Temperatur nicht so hoch ist, daß das Plättchen infolge Dehydratisierung des Gipses undurchsichtig werden würde, macht man einen Vorversuch an einfachen Gipsstückchen. Etwa in das Loch der Gipsplättchen-

Blende gelaufenes Paraffin wird mit Benzol entfernt. Infolge der Durchsichtigkeit des Plättchens kann die richtige Lage der Blende unter dem Mikroskop kontrolliert werden. Die Anregung der Linien des Siliciums erfolgt auch hier schwerer als die der Linien anderer Bestandteile, beispielsweise des Aluminiums in gleichzeitig vorhandener Tonerde.

6. Spektralanalyse von Reinstsilicium.

In diesem Falle handelt es sich nicht um den Nachweis von Silicium selbst. Da aber die Spektralanalyse von hochreinem Silicium auf metallische Verunreinigungen eine in der Technik wichtige und infolge der Eigenschaften des Siliciums besondere Maßnahmen erfordernde Aufgabe ist, sei ein Beitrag dazu hier kurz behandelt.

Der unmittelbare Nachweis der Verunreinigungen — hauptsächlich Al, Ca, Cu, Mg, Ti und Zn — ist selbst bei Betreiben des Lichtbogens in inerter Atmosphäre zu unempfindlich. Durch Destillation eines Teiles der Probe im Vakuum kann aber eine Anreicherung im Destillat erzielt werden, so daß die Nachweisgrenze der genannten Metalle, auf das Ausgangsmaterial bezogen, auf ein Zehntel, d. h. auf etwa 0,01 ppm für die ersten vier und 0,1 ppm für die letzten beiden Metalle heruntergedrückt wird (KECK, MACDONALD und MELLICHAMP).

Die genannten Autoren beschreiben eine geeignete Vorrichtung. Das Silicium wird in einem Quarzrohr durch Induktionsheizung zum Schmelzen gebracht. Da es bei Zimmertemperatur einen äußerst hohen Widerstand hat, dient zunächst ein Band aus Tantal zum Aufheizen. Nach wenigen Minuten unterliegt das Silicium selbst der Induktionsheizung, schmilzt teilweise, und bald destillieren einige mg an den kälteren Teil des Quarzrohres, von wo das Material dann abgeschabt werden kann. Wegen Einzelheiten wird auf die Originalarbeit verwiesen.

7. Nachweis in organischen Siliciumverbindungen.

Den unmittelbaren Nachweis des Siliciums haben RADELL und Mitarbeiter beschrieben. Bei ihrer Arbeitsweise erfolgt die gleichzeitige Zersetzung der Substanz und Anregung der Emission des Siliciums durch Funkenentladung zwischen Platinelektroden in einer Suspension der Probe in verdünnter Säure oder einer Lösung in Tetrachlorkohlenstoff. Die Anregungsenergie muß hoch sein, um die Zersetzung zu erreichen. Von den genannten Autoren werden dazu keine absoluten Angaben gemacht, sie nennen nur Intensitätsstufen eines bestimmten Funkenerzeugers (Spectranal D).

Von den vier stärksten Si-Linien, 5056, 5041, 6347 und 6371 Å werden die beiden letzten verwendet. Diese sind genügend störungsfrei, wenn nur dafür gesorgt wird, daß die Probenlösungen frei von Zink sind. Die Linienintensitäten sind nicht nur von der Si-Konzentration, sondern auch von der Struktur des siliciumorganischen Moleküls, d. h. von der Bindungsart, abhängig. Danach lassen sich die Verbindungen in drei Klassen einteilen. Die erste Klasse gibt positiven Test schon in 10%iger Salpetersäure, die zweite nur bei gleichzeitiger Anwesenheit von CCl_4, die dritte überhaupt keinen.

Zu Klasse 1 gehören die meisten gewöhnlich vorkommenden Verbindungen, besonders die Alkylsilane und Alkoxysilane, zu Klasse 2 die Triarylsilanole, die meisten Tetraarylsilane und die Peraryldisilane, zu Klasse 3 die Tetraarylsilane mit 4 gleichen Arylgruppen.

a) Ausführung bei Verbindungen der Klasse 1.

Man löst 1 g Kaliumnitrat p. a. und 10 ml Salpetersäure p. a. in 90 ml destilliertem Wasser. In einem 3×18-cm-Reagensglas aus Borsilicatglas suspendiert man 2 bis 4 Tropfen der flüssigen oder etwa 30 mg der festen Probe in 2,0 ml der salpetersauren Lösung. Die Anregungselektrode wird etwa 2 mm tief in die Lösung eingetaucht und die Gegenelektrode fast bis auf den Boden des Glases. Nun stellt man die Anregungsintensität auf Stufe 6 (des „Spectranal") oder kurze Zeit auf Stufe 10 und dann auf 6.

Deutliches Auftreten der Linie 6347 und (schwächeres) der Linie 6371 Å zeigt das Vorhandensein von Silicium an.

b) Ausführung bei Verbindungen der Klasse 2.

Wenn die Prüfung nach a) negativ ausfällt, löst man etwa 30 mg Probe in dem Reagensglas in 1,0 ml Tetrachlorkohlenstoff und fügt 2,0 ml der oben angegebenen Lösung hinzu. Die Gegenelektrode wird wie oben eingeführt. Die Anregungselektrode taucht zunächst bis in die organische (untere) Schicht. Nach Einschalten des Stromes wird sie bei anhaltendem Stromdurchgang hochgezogen, bis ihre Spitze sich etwa 2 mm unterhalb der Oberfläche der wäßrigen Lösung befindet. Während der ganzen Messung wird mit maximaler Intensität angeregt. Als Nachweislinien werden die gleichen benutzt wie bei Ausführung a).

Tabelle zur qualitativen Emissionsspektralanalyse des Siliciums
(nach Gerlach und Riedl)

Analysen-Linien	Störende Elemente	Störungslinien	Kontrollinien
2881,6 I	Cd (Mg_{fd}) [Mo]	Ir 2882,6	Ir I 2943,2
		Sb I 2877,9	Sb I 2598,1
		Ti II 2884,1	Ti II 2877,4
		Ti II 2877,4	Ti II 2884,1
		V II 2880,0	V II 2884,8
		W 2879,4 } W 2879,1 }	W 2896,4
2528,5 I	(Au_v) Ba Pb_s Sb Co (Ir) Mo V W	Co I 2529,0	Co I 2521,4
		Co II 2528,6	Co II 2564,0
		Fe I 2529,1	Fe I 2510,8
		Fe I 2527,4	Fe I 2522,9
		Sb I 2528,5	Sb I 2598,1
		V 2528,9	V 2527,9
		V 2527,9	V 2672,0
2524,1 I	Bi Pb_s Sn Fe [Ir] [Mo] Ni Pt V [W_f]	Co II 2525,0	Co II 2519,8
		Fe II 2525,4	
		Fe I 2524,3	Fe I 2541,0
		Fe I 2522,9	Fe I 2488,2
		Ti II 2525,6	
2516,1 I	Bi Zn [Fe_{bv}] Mo [Ti_b] Ti_f (V_f) (W)	Pt I 2515,6	Pt I 2498,5
2514,3 I	Sb Fe Mn_f (Mo_f) Pd Pt (V)	Ir 2516,6 {	Ir 2533,1 b Ir 2481,2 f
		Os I 2513,3	Os 2498,4
2506,9 I	Ag Cu_{fs} Co [Cr] [Fe_f] Ru V	Co II 2506,5	Co II 2587,2

Relative Intensität: 2881,6 $\approx$ 2516,1 $>$ 2506,9 $\geqq$ 2528,5 $\geqq$ 2514,3 $\approx$ 2524,1.

Zeichenerklärung:
I = Bogenlinie
II = Funkenlinie
() = schwache Linie
[] = sehr schwache Linie
f = bei Funkenanregung
b = Bogenanregung
d = diffuse Linie
v = störende Linie verbreitert die Analysen-Linie
s = das störende Element erzeugt einen „Untergrund"

Bei den Kontrollinien bedeutet: $\geqq$ wenig stärker, $>$ etwas stärker als die Störlinie.

Bei den störenden Elementen: Obere / Untere } Zeile gilt für Zeiss { Q 18 / Q 14 (vgl. S. 169).

II. Röntgenspektralanalyse.

1. Allgemeines.

Nachdem in den letzten Jahren fabrikmäßig Geräte für die Röntgenspektralanalyse gebaut werden, die sehr zuverlässig arbeiten und einfach zu bedienen sind, findet dieses Verfahren trotz des relativ hohen Anschaffungspreises für die Apparatur eine zunehmend schnelle Verbreitung. Bei den modernen Geräten wird die Probe nicht mehr als Teil der Antikathode in das Röntgenrohr selbst eingeführt und dieses danach evakuiert, sondern sie wird einfach in einen Probebehälter gegeben — als Pulver, gepreßte Tablette od. dgl. — und von unten schräg durch ein Fenster des Behälters mit einem Bündel starker und sehr konstanter Röntgenstrahlung beaufschlagt. Dabei entsteht in der Probensubstanz eine ebenfalls im Röntgenbereich liegende Fluorescenzstrahlung als ein Gemisch der charakteristischen Strahlung der in der Probe vorhandenen Elemente. Dieses Strahlengemisch wird durch einen Analysatorkristall gebeugt. Dabei treten Beugungswinkel auf, welche nach der Gleichung von BRAGG mit den Wellenlängen der Fluorescenzstrahlung in folgender Beziehung stehen:

$$n \cdot \lambda = 2\, d \sin \Theta.$$

Hierbei ist d der Gitterabstand des beugenden Kristalls und n eine ganze Zahl, welche die Ordnung der Strahlung angibt. Am intensivsten ist die Strahlung erster Ordnung ($n = 1$); die Strahlung der weiteren Ordnungen wird mit zunehmendem n immer schwächer. Diese höheren Ordnungen spielen in der Analyse nur als Störungsquelle, und zwar insofern eine Rolle, als die Strahlung eines Elementes N mit niedriger Atomnummer (der Ausdruck „Ordnungszahl" könnte hier mißverstanden werden) unter Umständen von einer Strahlung höherer Ordnung eines Elementes M mit höherer Atomnummer überlagert wird. Dann ist $n \cdot \lambda_M = \lambda_N$ und $\Theta_M = \Theta_N$. Die Strahlungsenergien sind aber entsprechend den verschiedenen Werten der Wellenlängen verschieden, und daher lassen sich solche Koinzidenzen durch Impulshöhendiskrimination beseitigen. Ein solcher Fall beim Nachweis von Silicium wird weiter unten behandelt.

Der beugende Kristall und ein Detektor, der die abgebeugte Strahlung aufnimmt, sind drehbar angeordnet, wobei der Detektor den Winkel $2\,\Theta$ beschreibt, während der Kristall um den Winkel Θ gedreht wird. So kann ein ganzes Spektrum abgefahren werden (den Antrieb bewirkt ein Motor) oder es kann zwecks Aufnahme einer sehr geringen Konzentration bei dem für das betreffende Element charakteristischen Winkel längere Zeit über verhalten werden. Als Detektor wird ein Proportionalzählrohr oder Szintillationszähler mit Linearverstärker verwendet, und die „Aufnahme" erfolgt durch Impulszählung oder in Form einer Kurve, die von einem Schreiber erzeugt wird. In dem Registrogramm erscheinen die einzelnen Fluorescenz-„Linien" als Peaks, deren Höhe eine Funktion der Elementkonzentration ist.

Die Röntgenspektren der Elemente sind sehr viel einfacher als die optischen Spektren und daher leichter und sicherer zu identifizieren. Auch die Analyse kompliziert zusammengesetzter Materialien läßt sich im allgemeinen unvergleichlich schnell und bequem durchführen. Nur ist sie für die Elemente, die im Periodensystem vor Na stehen, bisher nicht möglich, weil deren Strahlung zu energiearm ist. Auch ist sie für den Spurennachweis weniger geeignet als im allgemeinen die optische Spektralanalyse.

Für die Analyse auf die Elemente von Na bis hin zum Ca, also auch auf Silicium, ist ein zusätzlicher, apparativer Aufwand erforderlich. Wegen der Weichheit ihrer Fluorescenzstrahlung muß der ganze Strahlengang evakuierbar konstruiert sein und muß als Detektor für einen Teil von ihnen, wiederum einschließlich des Siliciums, ein Gasdurchfluß-Proportionalzählrohr mit z. B. 90% Argon und 10% Methan als Spülgas benutzt werden. Solche Zählrohre wurden zuerst von HENDEE, FINE und BROWN entwickelt. Außerdem ist die Verwendung eines Impulshöhen-Diskriminators zweckmäßig. Dieser eliminiert die überlagernde Strahlung höherer Ordnungen schwererer Elemente und sonstige „Untergrund"-Strahlung auf Grund der unterschiedlichen Energie der Photonen und der entsprechend unterschiedlich hohen Spannungsimpulse. So wird der Nachweis koinzidenzsicher und die Nachweisempfindlichkeit um ein Mehrfaches erhöht. Die Handhabung der Apparatur wird durch die zusätzlichen Einrichtungen kaum erschwert.

Für Silicium sind folgende Daten charakteristisch:

Linien der K-Serie

Emissionsenergie in keV		Wellenlängen in Å	2 Θ für EDDT-Kristall
K_{β_1}	1,832	6,769	100,44°
K_{α_1}	1,740	7,125	107,98°
K_{α_2}	1,739	7,127	108,03°

Die Linien der L-Serie des Siliciums haben nur noch Energien um 0,1 keV, so daß sie nicht erfaßbar sind. Für die daher zur Analyse des Si einzig in Betracht kommenden K-Linien ist als Beugungskristall ein solcher aus Äthylendiamin-d-tartrat (EDDT) mit der Gitterkonstante d = 4,404 Å, wobei 2 d = 8,808 Å, am besten geeignet; aber auch Ammoniumdihydrogenphosphat (ADP) mit 2 d = 10,65 Å ist brauchbar.

In den nachfolgenden Anwendungsbeispielen wird im allgemeinen die quantitative Bestimmung angestrebt und erreicht; der qualitative Nachweis ist mit der gleichen Methodik noch einfacher auszuführen.

2. Nachweis in Metallen.

Die Bestimmung von Silicium in Eisenlegierungen und in Beryllium — neben Ca, Al und Mg — beschreibt ein ungenannter Autor im „Norelco-Reporter" 1956, S. 78 bis 79. Es wird in beiden Fällen mit 50 kV, 45 mA Röhrenbelastung, EDDT-Kristall, Durchflußzählrohr, Heliumspülung und Impulshöhendiskriminator gearbeitet. In der Eisenlegierung verursachen 3% Si 80 mm und 0,24% Si 8 mm Peakhöhe. Ein Gehalt von 0,1% Si müßte noch ganz sicher nachweisbar sein. In Berylliummetall ergeben 0,04% Si 27 mm Ausschlag. In diesem Falle müßten 0,005% Si noch sicher erkannt werden können. Die hierbei viel größere Empfindlichkeit beruht auf der gegenüber Eisen wesentlich leichteren und die Strahlung weniger absorbierenden Grundsubstanz.

Unter den gleichen Versuchsbedingungen erzielt LUBLIN bei der Siliciumbestimmung in Stahl bei 0,57% Si 12 mm Peakhöhe. Er demonstriert sehr anschaulich, daß die Messung einer solchen Si-Konzentration in Eisen bzw. Stahl ohne Diskriminator nicht möglich wäre.

3. Nachweis in silicatischen Substanzen und in Erzen.

Die Arbeiten, die sich mit der Röntgenspektralanalyse von silikatischem Material befassen, sind naturgemäß ganz auf die quantitative Bestimmung der Kieselsäure ausgerichtet. Grundsätzlich stellen die dabei benutzten Arbeitsweisen aber immer auch Nachweisverfahren dar. Als Beispiel sei der die Analyse von Zementen und Schlacken betreffende Teil der oben zitierten Arbeit von LUBLIN erwähnt.

Über die Identifizierung von Silicium in Eisenerz hat VOGEL Versuche angestellt. Er benutzte die übliche Anordnung mit Vakuumspektrometer, Durchflußzählrohr und Diskriminator. Die erhaltenen Registrogramme zeigen sehr eindrucksvoll die durch das Einschalten des Diskriminators bewirkte Herabsetzung des Untergrundes. Die Erze, die wenige Prozente SiO_2 enthalten, geben recht starke Peaks für die Linie Si $K_{\alpha\,1,2}$, und Gehalte in der Größenordnung von 0,1% SiO_2 dürften demnach noch sicher nachgewiesen werden können.

III. Ultrarotabsorptionsspektralanalyse.

Neuerdings gewinnt die Analyse auch von anorganischen Stoffen durch Ultrarotabsorptionsmessung an Bedeutung und wird teilweise schon routinemäßig angewendet. Die Grundlagen der Methode sind u. a. von WILLIAMS ausführlich beschrieben worden. Moderne Absorptionsspektralphotometer liefern automatisch Spektrogramme in Form von Kurvenzügen, in denen die Absorptionsbanden als Peaks erscheinen.

Gewöhnlich wird in dem Wellenlängenbereich von 2 bis 16 μ gearbeitet, in dem Steinsalz als Material für das Dispersionsprisma geeignet ist. Die von SCHIEDT eingeführte Methode der Probenvorbereitung gilt als die beste. Dabei wird die sehr fein gepulverte Substanz mit einem großen Überschuß von Kaliumbromid — das in diesem Wellenbereich nicht absorbiert — unter einigen kg/cm^2 Druck bei gleichzeitiger Anwendung von Vakuum zu dichten Tabletten verpreßt. Der Gehalt der Tabletten an Probensubstanz braucht nur 1% oder weniger zu betragen; man kann also mit sehr wenig Untersuchungsmaterial auskommen. Etwas nähere Ausführungen über die Methodik finden sich bei MOENKE.

Die Ultrarotspektralanalyse ist wesentlich schneller auszuführen als die Differentialthermoanalyse, und sie ist empfindlicher als die Röntgenbeugungsanalyse. In schwierigen Fällen der Mineralidentifizierung verspricht die kombinierte Anwendung dieser drei Methoden die beste Aussicht auf Erfolg.

Über den Nachweis von Quarz und verschiedenen Silicaten in industriellen Rohstoffen berichten TUDDENHAM und ZIMMERLEY. Quarz kann z. B. in Kalkstein oder Hüttenstaub noch bei einem Gehalt von 1% identifiziert werden. Von häufig vorkommenden Silicaten sind Kaolinit, Dickit, Montmorillonit, Halloysit, Feldspäte, Muscovit und Talk leicht zu identifizieren.

Quarz zeigt charakteristische Absorptionsbanden bei etwa 12,5 bis 13,0 und 14,0 bis 14,5 μ. Kaolinit hat eine sehr scharf ausgeprägte Bande bei etwa 2,7 μ und eine weitere, in nicht silicatischer Grundmasse auswertbare bei 9,3 μ.

MOENKE hat die UR-Spektren einer großen Zahl von Silicaten der verschiedenen Strukturtypen mit dem Gerät UR 10 von Zeiss-Jena ermittelt. Er gibt außerdem ein umfangreiches Verzeichnis der dieses Gebiet behandelnden Literatur.

§ 2. Nachweis auf trockenem Wege.

Die Verfahren zum Nachweis von Silicium auf trockenem Wege haben verhältnismäßig geringe praktische Bedeutung, da sie nicht sehr verläßlich oder nicht sehr charakteristisch sind. Die Trennung von Siliciumdioxyd von Silicid-Silicium in Metallen auf trockenem Wege und zwar durch Erhitzen im Chlorgasstrom zwecks Einzelnachweises oder getrennter Bestimmung dagegen wird vielfach angewendet.

I. Nachweis von Kieselsäure und Silicaten.

1. Nachweis mittels der Phosphorsalzperle („Kieselskelett“).

Werden mineralische Silicate als grobes Pulver oder besser als kleine Splitter in der Phosphorsalzperle, d. h. dem durch Glühen von Natriumammoniumhydrogenphosphat am Ende eines Platindrahtes erzeugten Schmelztropfens von Natriummetaphosphat erhitzt, so löst sich, wie zuerst BERZELIUS fand, alles außer der Kieselsäure. Diese bleibt als trübe, oft die Form des Silicatstückchens annähernd bewahrende Masse erhalten und bildet unregelmäßige Figuren, die häufig wie ein Stück Wirbelsäure mit Rippen daran, also skelettartig, aussehen. Magnesiastäbchen sind bei dieser Probe als Ersatz für den Platindraht nicht geeignet.

Die Perlprobe fällt bei manchen Silicaten sehr charakteristisch aus, aber ihr Ausbleiben beweist nicht unbedingt die Abwesenheit von Kieselsäure. Dies beruht nach den Untersuchungen von HIRSCHWALD auf der Tatsache, daß die Silicate alle mehr oder weniger in dem heißen Metaphosphat löslich sind. Alkalisilicate und andere durch Säuren zersetzbare Silicate lösen sich besonders leicht. Als Pulver (schon bei grobem Korn) lösen sich sehr leicht zu klarem Glase auch Silicate, die Chlor oder Schwefelsäure gebunden enthalten. Als feines Pulver lösen sich leicht Silicate mit Hydratwasser oder mit höherem Fluorgehalt sowie die wasserfreien Calciumaluminiumsilicate einschließlich der analogen Verbindungen, in denen Al durch Fe(III), Mn(III) oder Cr(III) und Ca durch Mg, Fe(II) oder Mn(II) vertreten ist, und ferner wasserfreies Calciumsilicat, Calciumsilicat-Titanat und Aluminiumberylliumsilicat. Alle übrigen Silicate sind als sehr feine Pulver ebenfalls im glühenden Metaphosphat löslich, wenn auch bei ihnen die Auflösung langsamer vor sich geht. Andererseits gibt es kieselsäurefreie Minerale, die sich in der Phosphorsalzperle sehr ähnlich wie die schwerlöslichen Silicate verhalten. Es gehören dazu Wavellit, Monazit, Apatit, Diaspor, Chrysoberyll, Spinell, Aeschynit, Ytterspat und andere (HIRSCHWALD).

2. Nachweis durch Glühen mit Kobaltnitrat.

Befeuchtet man Kieselsäure- oder Silicatpulver mit Kobaltnitratlösung (1 + 10), bringt ein wenig von dem entstandenen Brei in das Grübchen einer Lötrohrkohle und glüht stark in der oxydierenden Flamme, so entsteht hell- bis dunkelblaues Kobaltsilicat, das meist zum Schmelzen gebracht werden kann. Tonerde verhält sich sehr ähnlich; der mit ihr entstehende Farbton ist ganz der gleiche; nur ist das Kobaltaluminat stets unschmelzbar und es fehlt ihm daher auch der Glanz, den das Kobaltsilicat aufweist. Bei dieser Probe ist es wichtig, nicht zuviel Kobaltnitrat anzuwenden, da das über die zur Silicatbildung erforderliche Menge hinaus zugegebene Nitrat schwarzes Kobaltoxid bildet und dadurch die Farbreaktion stört oder vollständig überdeckt.

Die Unterscheidung von Kieselsäurehydrat und Aluminiumhydroxid in einem Niederschlag, der beide Stoffe enthalten könnte, ist eine Aufgabe, die im Gange der qualitativen Analyse häufig auftritt, wenn nämlich der Verdacht besteht, daß infolge mangelhaften Unlöslichmachens der Kieselsäure bei der Herstellung der zur Untersuchung auf die Metalle bestimmten Lösung in letzterer Kieselsäure verblieben war. Zweckmäßig benutzt man dann zur Schnellprüfung die Farbreaktion auf nassem Wege (s. § 3 B I). Aber auch durch die Kobaltnitratmethode ist nach OTTO eine Unterscheidung möglich, wenn man die von ihm angegebene, abgeänderte Ausführungsform benutzt.

Ausführung. Der Niederschlag wird mit Salpetersäure behandelt, nach Zusatz von wenig Kobaltnitrat wieder ausgefällt und ein Teil des Niederschlags an den Platindraht gebracht. Dort wird die Masse mit konzentrierter Schwefelsäure mittels Glasstabes angefeuchtet. Hierdurch wird das Dekrepitieren beim nachfolgenden Erhitzen verhindert, und gleichzeitig ist an der mehr oder weniger weitgehenden Auflösung der Masse schon erkennbar, ob außer Kieselsäurehydrat auch Aluminiumhydroxid anwesend ist. Erhitzt man nun, anfangs bis zur Verdampfung der Säure vorsichtig, dann stark, so bildet etwa vorhandene Kieselsäure am Ende des Drahts eine Perle von schmelzendem, glänzend blauem Kobaltsilicat, und im Falle der gleichzeitigen Anwesenheit von Aluminium ist ein weiterer Teil des Drahts mit stumpf blauem Kobaltaluminat überzogen.

3. Nachweis von Kieselsäure durch Bildung von Magnesiumsilicid und Siliciumwasserstoff.

Dieser Methode kann man sich nach KNOEVENAGEL zur Identifizierung von gefällter, geglühter Kieselsäure bedienen.

Ausführung. Man mischt eine kleine Menge der Kieselsäure mit der nach der Gleichung: $SiO_2 + 4Mg = 2MgO + SiMg_2$ ungefähr berechneten Menge Magnesiumpulver, füllt die Mischung in ein kleines Rohr aus Kupfer (z. B. Zündkapsel) und erhitzt einen Teil des Röhrchens in der Flamme. Bei genügend hohem Erhitzen findet unter lebhaftem Aufglühen der ganzen Masse die oben formulierte Reaktion statt. Übergießt man die Reaktionsmasse nach dem Erkalten in einer kleinen Porzellanschale mit etwas konzentrierter Salzsäure, so entwickelt sich Siliciumwasserstoff, der sich unter Knistern und Knattern und unter mindestens in der Dunkelheit erkennbarem Aufblitzen an der Luft von selbst entzündet.

II. Aufschlüsse mit Chlorgas.

1. Nachweis von Siliciumdioxid neben Silicium in Ferrosilicium durch Glühen im Chlorstrom.

Dieses Verfahren ist zumeist, besonders von STADELER, für die quantitative Bestimmung des unreduziert gebliebenen Siliciumdioxids in Ferrosilicium durchgebildet worden. Natürlich ist es auch für den qualitativen Nachweis anwendbar und wird deshalb hier behandelt. Es beruht darauf, daß Eisen und Silicium durch Erhitzen in wasserdampf- und sauerstofffreiem Chlor als Chloride verflüchtigt werden, während Siliciumdioxid unangegriffen zurückbleibt, falls die Temperatur nicht über etwa 600° gesteigert wird. Es ist zu beachten, daß ein kleiner Rest von Metallchlorid bei dem Rückstand verbleibt und durch Ausziehen mit konzentrierter Salzsäure entfernt werden muß. Ferner bleibt Siliciumcarbid gewöhnlich im Rückstand bei dem Oxid. Die Trennung und der gesonderte Nachweis bzw. die Bestimmung dieser beiden Stoffe geschieht im Anschluß an das nachbeschriebene Verfahren am besten durch Abrauchen des Dioxids mittels Flußsäure (s. § 3 B II) und nachfolgendes Aufschließen des Carbids mittels alkalischer Schmelze (§ 3 A IV 6).

Ausführung. Die Apparatur nach STADELER besteht aus folgenden Teilen, die in der Reihenfolge ihrer Aufzählung angeordnet sind:

1. Chlorbombe.
2. 2 Waschflaschen mit konzentrierter Schwefelsäure.
3. Einrichtung zur Reinigung des Chlors von Sauerstoff, bestehend aus einem Verbrennungsrohr aus Quarz oder Porzellan von 600 mm Länge und mindestens 17 mm lichter Weite. Das Rohr ist auf einer Länge von 250 bis 300 mm mit erbsengroßen Holzkohlestücken beschickt, die durch mehrflammige Gasbrenner auf 800° erhitzt werden.
4. Waschflasche mit konzentrierter Schwefelsäure.
5. Trockenturm mit Chlorcalcium.
6. Verbrennungsrohr mit Reaktionsrohr aus Quarz oder schwer schmelzbarem Sonderglas zur Aufnahme des Schiffchens mit der Probe.
7. Waschflasche mit konzentrierter Schwefelsäure.
8. Waschflasche mit Kalilauge zur Absorption des überschüssigen Chlors.

Der eigentliche Reaktionsofen ist ein gas- oder elektrisch beheizter Röhrenofen von etwa 300 mm Länge. Bei elektrischer Beheizung genügt Widerstandswicklung aus Chromnickeldraht, bei Gasbeheizung ein gewöhnlicher Bunsenbrenner, der bis in den Glühraum hineinragt. Zur Beobachtung des Glühens und der Verflüchtigung der

Chloride hat der Ofen ein schlitzartiges Schauloch mit Deckel. Das Verbrennungsrohr ist aus Quarz- oder Supremaxglas gefertigt. Es ist unmittelbar hinter dem Ofen zu einer Kugel aufgeblasen, die zur Aufnahme der übergetriebenen Chloride dient und das Arbeiten mit größeren Einwaagen (10 g) gestattet. Die Glühschiffchen aus Quarz oder innen und außen glasiertem Porzellan sind möglichst groß und breit zu wählen. Zur Temperaturmessung dient ein Platin-Platinrhodium-Thermoelement, möglichst mit Schutzrohr aus Quarz. Die Meßstelle liegt im Reaktionsrohr ungefähr 2 mm über Schiffchenmitte. Es ist darauf zu achten, daß der Ofen nicht zu lang ist, damit sich keine kalte Zone bilden kann. Wegen weiterer Einzelheiten und Abmessungen wird auf die Abbildungen in der Originalarbeit verwiesen.

Zur Versuchsausführung wird zunächst die Holzkohle unter ständigem Durchleiten von Chlor $^1/_2$ Std. auf 800° erhitzt. Hierauf werden 10 g der gepulverten Ferrosiliciumprobe im Schiffchen in das kalte Reaktionsrohr eingesetzt, worauf man mit dem allmählichen Erhitzen beginnt. Die Erhitzung muß ganz gleichmäßig geregelt werden etwa in der Weise, daß nach Verlauf von $^1/_2$ Std. eine Temperatur von 300°, nach $1^1/_2$ Std. von 400°, nach $2^1/_2$ Std. von 500° und nach etwa 3 Std. die gewünschte Reaktionstemperatur von 550° erreicht wird. Diese ist 3 Std. lang einzuhalten; jede Überschreitung ist zu vermeiden. Das Überleiten des Chlors ist mit einer mittleren Geschwindigkeit von 10 l/h vorzunehmen. Die sublimierten Chloride werden durch Fächeln mit einem Bunsenbrenner vom Rohrende in die Quarzkugel übergetrieben, um eine Verstopfung des Reaktionsrohres zu vermeiden. Nach vollendeter Chlorierung läßt man im Chlorstrom innerhalb von 1 bis $1^1/_2$ Std. bis auf 50° abkühlen. Zur Feststellung des Glührückstandes läßt man den Chlorierungsrückstand über Nacht in einem mit Chlorcalcium beschickten Exsikkator stehen, pinselt den Schiffcheninhalt dann in einen Platintiegel und glüht in der Muffel auf 800 bis 900°. Den Nachweis der Kieselsäure führt man durch Aufschluß des Glührückstandes nach einem der üblichen Verfahren aus (siehe die folgenden Abschnitte).

2. Zersetzung von Siliciumcarbid durch Chlor.

Bei der vorbeschriebenen Methode bleibt das Siliciumcarbid größtenteils unangegriffen im Rückstand. Wird die Temperatur aber auf etwa 1200° erhöht, so setzt es sich vollständig nach der Gleichung:

$$SiC + 2Cl_2 \rightarrow SiCl_4 + C$$

um.

Diese Reaktion gibt die Möglichkeit, Karborundum unter starker Anreicherung der in ihm enthaltenen Spurenmetalle zu deren Bestimmung zu zersetzen. Die Analyse auf sehr geringe Mengen metallischer Verunreinigungen ist für die Verwendung von SiC als Halbleiter von großer Bedeutung (vgl. § 12); sie wird am besten durch Neutronenaktivierung ausgeführt. Schmelzaufschlüsse würden Feinvermahlung des Siliciumcarbids erfordern, wobei selbst unter Verwendung eines Mörsers aus Bornitrid Verunreinigungen in untragbarer Höhe (Fe, Mn, Ni, Co, Cu im ppm-Bereich) in die Probe hineingetragen würden.

Lowe, Thompson und Cali beschreiben eine Apparatur und Methode des Aufschlusses. Sie behandeln die Probe, die als kompaktes Stück angewendet werden kann, unter Erhitzen mittels Hochfrequenz-Induktion bei 1200° 1 bis 2 Stunden lang mit Chlor. Dann wird mit Stickstoff ausgespült und bei dunkler Rotglut der zurückgebliebene Kohlenstoff mit Sauerstoff innerhalb weniger Minuten zu CO_2 oxydiert. Die Metallchloride sind nun als Sublimate frei von Silicium und Kohlenstoff abgeschieden.

§ 3. Nachweis auf nassem Wege.

A. Abscheidungs-, Lösungs- und Aufschluß-Methoden zur Überführung von Siliciumverbindungen in hydratische Kieselsäure oder wasserlösliche Silicate.

Zur Ausführung der meisten Methoden zum Nachweis des Siliciums auf nassem Wege ist es erforderlich, daß das Silicium als lösliches Silicat oder als gefällte, hydratische und daher reaktionsfähige Kieselsäure vorliegt. In Mineralsäuren lösliche Silicate und viele Silicium in freiem Zustand oder als Metallsilicid enthaltende Legierungen lassen sich unmittelbar auf nassem Wege so zersetzen, daß sich das Silicium als hydratische Kieselsäure abscheidet und die Metalloxide gelöst werden.

Diese Abscheidung von Kieselsäurehydrat, die sich in dem Auftreten von Flocken oder gallertigen Massen zeigt, kann an und für sich schon als Nachweis von Silicium betrachtet werden; weitere Identifizierung ist jedoch meistens wünschenswert.

Dieser rasche Kieselsäure-Nachweis, der sich natürlich auch an Alkalisilicatlösungen durchführen läßt, die durch Aufschluß säureunlöslicher Silicate erhalten werden, wird durch Gelatinezusatz nach Weiss und Sieger (Abs. I b) noch deutlicher. Er wird aber durch Anwesenheit von Zirkonium, Thorium und viel Titan in Gegenwart von Phosphorsäure sowie von Niob und Tantal gestört. In solchen Fällen wendet man den wäßrigen Auszug einer Sodaschmelze der Substanz für den Nachweis an (Chemiker-Fachausschuß).

An dieser Stelle sei auf eine Erscheinung hingewiesen, die beim Glühen von gefällter Kieselsäure auftreten kann. Wird der aus Silicataufschlüssen gefällte Niederschlag in feuchtem Zustand zusammen mit dem Papierfilter im bedeckten Tiegel über dem Meker-Brenner von Anfang an stark geglüht, so entsteht eine schwarze Substanz, die sich auch bei sehr starkem und langem Glühen kaum noch verändert. Krieger und Lukens haben diesen Stoff näher untersucht und ihn polarisationsmikroskopisch als SiC identifiziert. Sie führen seine Entstehung auf Einwirkung von CO oder Kohlenwasserstoffen zurück, die aus dem Filterpapier entstehen.

In Mineralsäuren nicht oder schwer lösliche Silicate und Quarz sowie Kohlenstoffsilicid und gewisse Schwermetallsilicide werden stets zunächst durch Schmelz- oder Sinteraufschlüsse mittels alkalischer Agentien in lösliche Silicate übergeführt (siehe § 3 A III).

Zum Aufschluß von schwer löslichen Silicaten zwecks Nachweises anderer Elemente, insbesondere der Alkalien, wird neben dem Sinterverfahren bisweilen auch der nasse Aufschluß mit Fluorwasserstoffsäure und Schwefelsäure angewendet, durch den im Endeffekt kein fremder Bestandteil in die Analyse hineingebracht wird.

I. Abscheidung von Kieselsäure aus wasserlöslichen Silicaten.

Aus den Lösungen der Alkalisilicate, zu denen auch die analytisch besonders wichtigen Lösungen von den alkalischen Aufschlüssen unlöslicher Silicate zu zählen sind, wird Kieselsäure abgeschieden durch eine Reihe von Agentien.

1a) Abscheidung durch Salzsäure.

Die Abscheidung des Kieselsäurehydrats geht vollständig vor sich erst in der Hitze und, ausgenommen bei Anwendung ganz konzentrierter Salzsäure (D 1,19) oder Überchlorsäure oder zusätzlicher Fällungsmittel (s. weiter unten), nach mehrfachem Eindampfen. Restlose Abscheidung ist nicht nur bei quantitativen Bestimmungen der Kieselsäure, sondern häufig auch bei qualitativen Untersuchungen im Hinblick auf die sonst auftretende Gefahr einer Störung des weiteren Analysenganges erforderlich. Nachstehend werden daher einige Arbeitsweisen beschrieben, wie sie für das quantitative Arbeiten üblich sind, und zwar zunächst das wohl noch am meisten gebräuchliche Eindampfen aus verdünnt salzsaurer Lösung.

α) Abscheidung aus Lösungen

Ausführung. Die alkalische Silicatlösung wird mit einem Überschuß von Salzsäure versetzt und abgedampft. Die zur möglichst vollständigen Trockene (Verschwinden des Geruchs nach Chlorwasserstoff) auf dem Dampfbade eingedampfte und wieder erkaltete Masse wird mit wenig halbkonzentrierter Salzsäure zu einem Brei durchfeuchtet, nach viertelstündigem Stehen (während dessen sich die beim Eindampfen entstandenen basischen Salze lösen) mit einer größeren Menge heißen Wassers aufgenommen, und dann wird filtriert. Das Filtrat wird nochmals eingedampft und der Eindampfrückstand diesmal etwas stärker, aber nicht wesentlich über 100° erhitzt. Beim Aufnehmen und Filtrieren wie vorher erhält man eine kleine Menge weiterer Kieselsäure als Rückstand. Die Rückstände auf den Filtern werden mehrmals mit heißer 10%iger Salzsäure und zum Schluß kurz mit heißem Wasser gewaschen.

Nach den Untersuchungen von HILLEBRAND, der die Befunde älterer Autoren nachprüfte, bleiben beim ersten Aufnehmen gelöst oder lösen sich wieder 1—3% der gesamten vorhandenen Kieselsäure, beim zweiten Aufnehmen bleibt wiederum nur ein kleiner Prozentsatz der noch gelöst gewesenen Menge, und zwar etwa 0,01—0,04% von der Gesamtmenge gelöst. Dabei ist Voraussetzung, daß die zuerst abgeschiedene (Haupt-)Menge durch Abfiltrieren entfernt wird; bloßes wiederholtes Aufnehmen mit Säure und Wiedereindampfen ist zwecklos. Nach MEIER und FLEISCHMANN läßt sich der Anteil der Kieselsäure schon im ersten Filtrat auf weniger als 1% herabdrücken, wenn man beim Aufnehmen nicht zu starke Säure verwendet, mit optimal (auf 10%) verdünnter Säure wäscht und mit *wenig* reinem Wasser nachwäscht.

Das Trocknen des Eindampfrückstandes darf nicht bei zu hoher Temperatur vorgenommen werden, da sonst die Möglichkeit besteht, daß Kieselsäure mit den vorhandenen Alkali- und Erdalkalichloriden zu löslichen Silicaten reagiert, und so das Gegenteil des gewünschten Effekts erreicht wird. DITTLER macht darauf aufmerksam, daß größere Mengen von Calcium- und Magnesiumsalzen infolge ihrer Eigenschaft, hartnäckig Feuchtigkeit zurückzuhalten, ein teilweises Löslichbleiben von Kieselsäure bewirken. Nun neigen aber, wie schon GILBERT festgestellt hat, bei erhöhter Temperatur gerade die Magnesiumsalze besonders zur Bildung von löslichen, sich in verdünnter Salzsäure langsam zersetzenden Silicaten, die ein Verschleppen von Kieselsäure in den weiteren Analysengang verursachen können. Man warnt daher vor dem vielfach üblichen Erhitzen des Eindampfrückstandes auf 120° oder noch höhere Temperaturen.

Bei Anwesenheit von Titan, Zirkon, Zinn oder Thorium entstehen bei höherer Temperatur schwer lösliche Verbindungen dieser Elemente, zu deren Auflösung längeres Kochen mit konz. HCl erforderlich ist.

Auch VAN TONGEREN trocknet nur auf dem stark siedenden Wasserbad. Zur Erleichterung und Beschleunigung des Trockendampfens verreibt er den noch feuchten Rückstand in der Schale mit 5—10 ml reinen Alkohols und dampft dann auf dem siedenden Wasserbad weiter bis zur völligen Trockene ein, was so wesentlich weniger Zeit erfordert. Zur weiteren Beschleunigung der ganzen Prozedur hält er die nach dem 1. Filtrieren anfallende Waschflüssigkeit von dem Filtrat, das inzwischen schon eingedampft wird, getrennt und verwendet sie beim Aufnehmen des bei diesem 2. Abdampfen entstehenden Rückstandes an Stelle von frischem Wasser, so daß die insgesamt abzudampfende Flüssigkeitsmenge um soviel geringer wird.

VAN DER WEEL schlägt vor, die von STEOPOE bei der Zersetzung von Zementen angewendete Arbeitsweise, d. h. Behandeln der trockenen Substanz mit konzentrierter Salzsäure (D 1,19), auf die beim Schmelzaufschluß säureunlöslicher Silicate erhaltenen Aufschlußprodukte zu übertragen.

β) Abscheidung aus festen Substanzen

Ausführung. Die wie üblich hergestellte Schmelze wird mit möglichst wenig Wasser aus dem Tiegel gelöst, die alkalische Lösung in einem flacheren Gefäß zur Trockene eingedampft (bei Glas oder Porzellan Gefahr des Angriffs!) und die nun eine größere Oberfläche darbietende Masse vorsichtig mit 25 ml konz. HCl versetzt und verrieben. Nun wird 30 Minuten im bedeckten Gefäß auf dem Dampfbad erhitzt. Danach werden die ausgefallenen Salze durch Zusatz von Wasser gelöst, und schließlich wird die Kieselsäure abfiltriert und mit 5%iger Salzsäure gewaschen.

Bei einer Variante dieser Methode wird die Schmelze direkt mit konz. HCl versetzt, über Nacht bei Zimmertemperatur stehen gelassen, wobei ebenfalls eine vollständige, nicht durch Bildung von Häuten aus teilweise dehydratisierter und undurchlässiger Kieselsäure behinderte Zersetzung des Alkalisilicats stattfindet, dann wird noch 30 Minuten erwärmt und danach wie vorher beschrieben weiter gearbeitet.

Nach den Versuchsergebnissen von VAN DER WEEL ist die Kieselsäureabscheidung bei beiden Varianten ebenso quantitativ wie beim „klassischen“ mehrfachen Eindampfen mit Salzsäure; der Einschluß von Begleitstoffen, ausgedrückt durch den nach dem Abrauchen mit Flußsäure und Schwefelsäure verbleibenden Rückstand, ist allerdings wesentlich größer.

1b) Abscheidung durch Salzsäure und Gelatine.

Eine erhebliche Beschleunigung der Abscheidung der Kieselsäure aus der sauren Lösung wird durch Anwendung von Kolloidstoffen wie Hausenblase (GRAHAM), Leim (KÜHNE) und Gelatine bewirkt, wobei das Eindampfen zur Trockene ganz wegfällt und trotzdem restlose Abscheidung erreicht werden kann. Hierüber haben WEISS und SIEGER eingehende Untersuchungen angestellt, auf welche die nachstehende Arbeitsvorschrift zurückgeht.

Ausführung. Die saure Lösung, die mindestens 20%ig an Salzsäure sein muß, wird 10—15 Minuten lang unter dauerndem Rühren gekocht. Nach Abkühlung auf 70° oder etwas tiefer fügt man tropfenweise in dünnem Strahl warme, etwa 5%ige, frisch bereitete Gelatinelösung, und zwar 1 ml auf 0,2 g SiO_2, unter kräftigem Umrühren hinzu. Nach etwa 5 Minuten erkennt man die vollständige, gut filtrierbare Fällung an einem klaren Spiegel der Flüssigkeit. Gelatineüberschuß verursacht Trübung des Filtrats, schadet aber in bezug auf die Abscheidung der Kieselsäure nicht. Die Menge der mit hineingebrachten Fremdstoffe ist gering. Bei Verwendung nicht weiter gereinigter Gelatine des Handels sind es in der oben benutzten Menge von 1 ml 5%igem Fällungsmittel 0,3 mg CaO und 0,025 mg P_2O_5. Gewaschen wird mit warmem, etwas Salzsäure und Gelatine enthaltendem Wasser.

Um die Kieselsäure wirklich vollständig abzuscheiden, ist es erforderlich, nach dem 15 Minuten dauernden Sieden nochmals konzentrierte Salzsäure zur Wiederherstellung der Konzentration von 20% zuzusetzen und danach noch einmal bis zum beginnenden Sieden zu erhitzen.

Die erhaltene Kieselsäure ist gut filtrierbar und gewöhnlich sehr rein. Bei Anwesenheit von Zirkonium und Phosphorsäure in der Substanz wird allerdings auch aus der stark sauren Lösung Zirkoniumphosphat mit abgeschieden (Chemiker-Fachausschuß).

1c) Abscheidung durch Salzsäure und Essigsäureanhydrid.

Von LAMURE und HENRIET wird neuerdings die Abscheidung mittels Salzsäure und Essigsäureanhydrid empfohlen. Diese soll in ihrer Wirksamkeit derjenigen der Perchlorsäuremethode gleichkommen.

1d) Abscheidung durch Perchlorsäure.

Starke Perchlorsäure fällt nach den Versuchen einer ganzen Reihe von Autoren Kieselsäure aus ihren Lösungen in der Wärme rasch und vollständig und wie GIBSON feststellte, besonders rein aus.

Diese Säure soll also die quantitative Abscheidung der Kieselsäure ohne mehrfaches Abdampfen und sogar gänzlich ohne Trockendampfen überhaupt gestatten. Die Schnelligkeit des Verfahrens läßt diese Art der Abscheidung gerade auch für das qualitative Arbeiten geeignet erscheinen. Dabei fällt übrigens ein Nachteil weniger ins Gewicht, der bei der Anwendung in der serienmäßigen quantitativen Analyse schwerwiegend ist, nämlich die verhältnismäßig großen Kosten der Verwendung von Perchlorsäure. Es ist aber zu beachten, daß diese Säure etwa vorhandenes Kalium ausfällt, und daß das Kaliumperchlorat sich wohl in viel heißem Wasser löst, sich aber beim Filtrieren infolge der Abkühlung teilweise wieder abscheidet und dann nicht mehr vollständig aus dem Kieselsäure-Niederschlag herauszuwaschen ist (MEIER und STUCKERT). Auch dieser Nachteil dürfte für das qualitative Arbeiten weniger störend sein als für das quantitative. Für letzteres wird von MEIER und STUCKERT empfohlen, nicht wie sonst üblich die durch Alkalicarbonat-Aufschluß von Silicaten erhaltenen Alkalisilicatlösungen zu benutzen, sondern, insbesondere bei Kalium enthaltenden Silicaten, den Aufschluß nach LAWRENCE SMITH anzuwenden und nach Auswaschen der Alkalien aus dem dabei erhaltenen Sinter den Rückstand zwecks Abscheidung der Kieselsäure mittels Perchlorsäure zu zersetzen. Näheres siehe unter Aufschluß säureunlöslicher Silicate (§ 3 A III 3 und 3 A II 5). Beim Arbeiten mit $HClO_4$ müssen zur Vermeidung der Verpuffungsgefahr organische Substanzen vorher zerstört werden und ist ein Glühen der perchlorathaltigen Masse zu vermeiden.

2. Abscheidung durch Ammoniumsalze.

Die Fällung der Kieselsäure aus nicht saurer Lösung durch Ammoniumsalze findet beim *Nachweis* und der Bestimmung von *Halogeniden in Silicaten* praktische Anwendung.

Ausführung. Die Probe wird mit Alkalicarbonat aufgeschlossen (siehe § 3 A III 3), die Schmelze mit destilliertem Wasser ausgelaugt, filtriert und das Filtrat mit Salpetersäure schwach angesäuert. Neigt die Lösung nun zur Ausscheidung von Kieselsäure, so neutralisiert man mit Ammoniak, fügt Ammoniumcarbonat hinzu und kocht auf, wobei sich die Kieselsäure abscheidet, so daß man filtrieren und im klaren Filtrat nach Ansäuern mit Salpetersäure mittels Silbernitrat auf Chlor prüfen kann. Die Abscheidung der Kieselsäure durch Ammoniumsalze verläuft vollständiger als durch Säuren in der Kälte, aber ebenfalls nicht quantitativ. TREADWELL verwendet daher auch für den Nachweis von Chlor in Silicaten zur Abscheidung der Kieselsäure zusätzlich Zinkoxidammoniak.

Auf der fällenden Wirkung von Ammoniumsalz beruht auch ein von ISNARD angegebener *Nachweis von Kieselsäure* in mit Wasserglas gestreckter *Seife*.

Ausführung. Die Seife wird in Wasser gelöst und mit überschüssiger Säure, z. B. Salzsäure, zersetzt. Nun wird filtriert und das fettsäurefreie Filtrat mit einem geringen Überschuß von Ammoniakwasser versetzt. Wenn Wasserglas in größerer Menge vorhanden war, fällt alsbald Kieselsäure aus, besonders dann, wenn das Filtrat vorher auf dem Wasserbad eingeengt worden war. Die Empfindlichkeit gegen Ammoniak wird durch Zusatz von gesättigter Natriumchloridlösung weiter erhöht. Der Nachweis von Silicat kann nicht durch Zusatz von Ammoniak zu einer Lösung, aus der die Reinseife durch Aussalzen mittels Natriumchlorid entfernt wurde, geführt werden, da bei dem Aussalzen auch die Kieselsäure schon fast vollständig in gelatinöser Form mit der Seife zusammen ausfällt.

3. Abscheidung durch Hexamminzinkhydroxid.

Ammoniakalische Zinkoxidlösung (hergestellt am besten durch Lösen von chemisch reinem Zink in Salzsäure, Fällen mit Kalilauge gegen Phenolphthalein, Filtrieren und Waschen des Hydroxid-Niederschlags und Lösen desselben in konzentriertem Ammoniakwasser) fällt Kieselsäure vollständig als Zinksilicat. TREADWELL empfiehlt für den Nachweis von Chlor in Silicaten, das gemäß der weiter oben stehenden Vorschrift erhaltene Filtrat von der Fällung mit Ammoniumcarbonat wie folgt weiter zu behandeln:

Ausführung. Man versetzt mit etwas Zinkoxidammoniak-Lösung, kocht, bis die Flüssigkeit nicht mehr nach Ammoniak riecht, filtriert den aus Zinksilicat und Zinkoxid bestehenden Niederschlag ab, säuert mit Salpetersäure an und prüft wie üblich auf Chlor. Bei der Bestimmung von Fluor in Silicaten wird grundsätzlich ähnlich verfahren. Die Kieselsäure muß dabei ebenfalls in alkalischer Lösung abgeschieden werden, da aus saurer Lösung Fluor als Fluorwasserstoff verlorengehen würde, und die erforderliche Prozedur ist ziemlich umständlich (vgl. z. B. DITTLER S. 68—72). Für die qualitative **Prüfung auf Fluor in Silicaten** empfiehlt sich das indirekte Verfahren: Verflüchtigung des Fluors gemeinsam mit Kieselsäure, erforderlichenfalls nach Zusatz von reiner gefällter Kieselsäure, als Siliciumtetrafluorid, Zersetzung desselben am Wassertropfen und Nachweis der dabei gebildeten Kieselsäure, wie es in der Umkehrung als Siliciumnachweis (§ 3 B II 1) näher beschrieben wird.

4. Abscheidung durch Cadmium- und Quecksilberoxid.

Cadmiumhydroxid fällt nach Versuchen von GISIGER Kieselsäure aus alkalischer Lösung vollständig, und zwar auch in Gegenwart von Fluor, das dabei quantitativ in Lösung bleibt. Dazu wird frisch mittels Ammoniak gefälltes Cadmiumhydroxyd mit Wasser gut ausgewaschen, aufgeschlämmt und zu der deutlich gegen Phenolphthalein alkalischen Silicatlösung im Überschuß zugegeben. Nach Erhitzen bis zum Sieden wird einige Stunden stehen gelassen und dann kalt filtriert. Quecksilberoxid, in Ammoniumchloridlösung suspendiert, fällt nach SEEMANN ebenfalls Kieselsäure aus alkalischer Lösung.

5. Abscheidung durch Aceton und Aluminat (Nachweis in Seife).

Nach LEITACH können Alkalisilicate in Seifen nach Abscheidung der Fettsäuren durch Ausfällung der Kieselsäure aus alkalischer Lösung mittels aluminathaltigen Acetons nachgewiesen werden.

Ausführung. 1 g Seife wird in 25 ml Wasser gelöst. Zu der Lösung wird Salzsäure bis zur Neutralisation gegen Methylorange und dann noch weitere 5 ml n-Salzsäure gegeben. Hierauf wird auf dem Wasserbad bis zur klaren Abscheidung der Fettsäuren erwärmt und danach filtriert. Nach Zusatz von Natronlauge zum Filtrat bis zur schwach alkalischen Reaktion wird ein 0,3 g Seife entsprechender Teil der Lösung mit 5 ml n-Kalilauge versetzt und auf dem Wasserbad auf 10 ml eingeengt. Die an und für sich klare oder aber nochmals filtrierte Lösung wird nun in ein Reagensglas eingegossen, das ein Gemisch von 10 ml Aceton und 1 ml einer Lösung von 10 g Natriumaluminat und 2 g Natriumchlorid in 1 Liter Wasser enthält. Enthielt die Seife Wasserglas, so entsteht ein flockiger Niederschlag. Dextrin und Stärke würden hier ebenfalls ausfallen, so daß durch eine Vorprobe mittels Jodlösung auf ihre Anwesenheit zu prüfen ist. Fällt die Probe positiv aus, so müssen diese Stoffe vor Ausführung des Kieselsäure-Nachweises durch Zusatz eines geeigneten Fermentpräparats (z. B. 2 g „Diastafor") und Stehenlassen bei 35° zerstört werden.

II. Abscheidung von Kieselsäure aus nicht wasserlöslichen, aber durch Säuren zersetzbaren Silicaten.

1. Allgemeines.

Für die Zersetzung kommen alle starken Säuren, in erster Linie Salzsäure und Perchlorsäure, in Betracht. Bei den zersetzlichen Silicaten handelt es sich um künstliche, z. B. Zemente aller Art und manche Gläser, sowie um eine große Zahl von natürlichen. Manche Minerale lösen sich schon in verdünnter Salzsäure zu anfangs klaren Lösungen. Dazu gehören Sodalith, Cancrinit, Nosean, Hauyn, Lasurstein. Andere bilden bei der Zersetzung sofort eine Kieselsäure-Gallerte; so verhalten sich „Mesotyp" (= Natrolith, Mesolith und Skolezit) und die meisten anderen Zeolithe, ferner Wollastonit, Nephelin, Eläolith, Gadolinit. Starke Säurekonzentration zur Zersetzung verlangen Stilbit, Epistilbit, Desmin, Harmotom, Brewsterit, Phillipsit, Apophillit, Analcim, Leucit, Anorthit u. a. Aus der starken Säure scheidet sich in diesem Falle die Kieselsäure als Pulver ab. Im allgemeinen erfolgt die Zersetzung um so leichter, je wasserreicher die Minerale sind, je weniger die Kieselsäure in ihnen vorwaltet und ein je stärker basisches Oxid sie enthalten. Manche Silicate werden durch Glühen säurelöslich. Durch Erhitzen mit Salzsäure auf Temperaturen oberhalb deren auf Normaldruck bezogenen Siedepunkts lassen sich viele weitere Silicate zersetzen, z. B. basische Feldspäte, Granat, Hornblende. Die meisten Silicate werden durch heiße konzentrierte Salzsäure schon bei gewöhnlichem Druck zerlegt, wenn sie sehr fein gepulvert sind (JACOBY und HLAWATSCH). Von der unterschiedlichen Zersetzbarkeit der Silicatminerale durch Salzsäure, Schwefelsäure oder Phosphorsäure wird Gebrauch gemacht, um in Tonen die Feldspat- (und Quarz-) Anteile analytisch von der eigentlichen Tonsubstanz zu trennen (siehe § 7).

2. Prüfung auf Zersetzbarkeit.

Da man in vielen Fällen nicht von vornherein sagen kann, ob die Zersetzung mit Salzsäure möglich ist oder ob ein Schmelzaufschluß mit Soda und, wenn auch auf Alkalien geprüft werden soll, womöglich noch ein weiterer Aufschluß notwendig ist, so empfielt sich zur Vermeidung unnötiger Maßnahmen eine Vorprobe. Dabei geht man nach BILTZ (a) folgendermaßen vor: Man erwärmt die Probe einige Zeit gelinde mit konzentrierter Salzsäure. Entstehen dabei Flocken oder gallertige Massen, so liegt sicher ein mit Salzsäure zersetzliches Silicat vor. Ist nichts dergleichen zu bemerken, so gießt man die überstehende Flüssigkeit ab, macht sie mit Ammoniak alkalisch und prüft sie mit Natriumphosphat. An der Stärke eines dabei entstehenden Niederschlags (Al-, Fe-, Ca-Phosphat usw.) kann man die Angreifbarkeit der Substanz durch Salzsäure beurteilen.

3. Zersetzung durch Salzsäure.

Erscheint die Angreifbarkeit ausreichend, so dampft man eine Probe der Substanz wiederholt mit Salzsäure ab, bis beim Aufnehmen des Rückstands mit Salzsäure und einer größeren Menge heißen Wassers nur gallertige Kieselsäure ungelöst bleibt. Es kann hier neben solcher frisch abgeschiedenen, hydratischen Kieselsäure schon ursprünglich in Form von Quarz vorhanden gewesene übrigbleiben; diese ist durch das Knirschen beim Reiben mit dem Glasstab zu unterscheiden. Die Freiheit des Löserückstandes von unzersetztem nichtkieseligem Material ist an seiner völlig oder nahezu rein weißen Farbe zu erkennen. Falls er dunkel gefärbt ist, kann man ihn zur weiteren Untersuchung der Verunreinigungen nach Abfiltrieren und Trocknen einer Schmelzung mit Alkalicarbonat unterwerfen. Wenn die Abscheidung der Kieselsäure aus der Hauptlösung vollständig erfolgen und das Filtrat kieselsäurefrei sein soll, sind im Anschluß an die Zersetzung des Silicats die gleichen Bedingungen bez. des Eindampfens der Lösung, Wiedereindampfens des Filtrats usw. zu beachten, wie sie für die Abscheidung aus wasserlöslichen Silicaten (§ 3 A II 1a) angegeben wurden. MACZKOWSKE gibt an, daß das Eindampfen überflüssig ist, wenn bei Gegenwart von viel Ammoniumchlorid durch wenig Salzsäure zersetzt wird.

Dieser Zusatz von Ammoniumsalz erübrigt sich nach den Feststellungen von STEOPOE sowie von VAN DER WEEL, wenn sowieso viel Salz, z. B. Calciumchlorid bei der Zersetzung von Zement, vorhanden ist. Ausschlaggebend ist nach der Ansicht dieser Autoren für die vollständige Abscheidung der Kieselsäure ohne Trockendampfen nur durch Erhitzen mit Salzsäure, daß wirklich vollkonzentrierte Säure zur Einwirkung kommt (s. auch § 3 A I 1a).

BILTZ empfiehlt, zur qualitativen Analyse in dem Falle, daß die Zeit nicht drängt, die Zersetzung in der Kälte vorzunehmen. Man überschichtet dazu das Silicatpulver in einem Reagensglas mit konzentrierter Salzsäure, verschließt mit einem Korkstopfen und überläßt den Ansatz längere Zeit, z. B. über Nacht, sich selbst. Danach dampft man zur Trockene, durchfeuchtet die Masse nochmals mit Salzsäure und dampft nur noch ein zweites Mal ein, worauf man wie sonst aufnimmt und filtriert.

4. Unterscheidung zwischen „löslicher“ und „unlöslicher“ Kieselsäure.

Häufig hinterbleibt bei der Zersetzung von überwiegend säurelöslichen Silicatgemischen oder von Carbonatgesteinen neben der gallertig abgeschiedenen hydratischen Kieselsäure ein harter Rückstand von Quarz, den man als „Säureunlösliches“ von der löslichen Kieselsäure unterscheiden will. Auch bei manchen technischen Produkten, z. B. Branntkalk, ist es von Interesse festzustellen, ob und wieweit die im Rohstoff als Quarz oder unlösliches Silicat vorhanden gewesene Kieselsäure in lösliches Silicat übergeführt worden ist. Die „lösliche Kieselsäure“ zählt nämlich zu den hydraulischen, im Mörtel zementartige Verbindungen liefernden Bestandteilen, während die beim Brennen unverändert gebliebene „unlösliche Kieselsäure“ wertlosen Ballast darstellt. Man geht in diesem Falle folgendermaßen vor:

Ausführung. Nach kurzem Erhitzen der Substanz mit Salzsäure, wobei ein Teil der löslichen Kieselsäure als Sol in Lösung geht, ein anderer Teil sich aber aus der Lösung schon als Gel auf dem unlöslichen Rest niederschlägt, wird filtriert. Der Filterrückstand wird einige Minuten lang mit 5%iger Natriumcarbonatlösung gekocht und wieder filtriert. Aus den beiden vereinigten Filtraten wird dann die lösliche Kieselsäure wie üblich abgeschieden, während der Filterrückstand die unlösliche Kieselsäure darstellt. (Quantitative Ausführung: DIN 1060.) Anstatt mit der Sodalösung zu kochen, kann man auch $^1/_4$ Stunde lang auf dem Dampfbad mit ihr digerieren (LUNGE und MILLBERG). Da auch Quarz als feines Pulver nicht vollständig resistent gegen Alkalicarbonat ist, ist die Trennung niemals ganz quantitativ (MEIER und SCHUSTER). Wegen spezieller Verfahren zum Nachweis von Quarz im Gemisch mit Silicaten s. § 7.

5. Zersetzung durch Perchlorsäure.

Diese Art der Zersetzung ist sehr zeitsparend, aber nicht immer anwendbar (vgl. das in § 3 A I 1d Ausgeführte). Zweckmäßig wird sie z. B. für die Zersetzung von Zementen (WILLARD und CAKE), Schlacken und für die Zersetzung der bei dem Aufschluß von mit Säuren nicht zersetzbaren Silicaten nach LAWRENCE SMITH erhaltenen und von Alkalien durch Auslaugen mit Wasser befreiten Masse verwendet, wie MEIER und STUCKERT beschrieben haben.

Ausführung. Der in heißem Wasser völlig zerfallene, in einen mit Rückflußkühler versehbaren Kolben gebrachte Aufschlußrückstand (vgl. § 3 A III 5) wird 2- bis 3mal mit je 100 ml heißem Wasser dekantiert und die sich schnell klärende Lösung durch ein Filter gegossen. Die weitaus größte Menge des Aufschlusses soll dabei im Kolben bleiben, die Lösung aber möglichst abgegossen sein. Dann werden 20—25 ml Perchlorsäurereagens (60% Perchlorsäure (D 1,67) + 7% Salzsäure (D 1,19) + 33% Wasser) auf etwa 40—50 ml mit Wasser verdünnt, und wird diese Lösung, nachdem mit ihr die etwaigen Reste der Aufschlußmasse im Tiegel und der Rückstand auf dem Filter gelöst worden sind, ebenfalls in den Lösekolben gebracht. Das Auflösen des gesamten Rückstandes vollzieht sich schnell und vollständig, wenn der Aufschluß der Silicate restlos erfolgt war. Nun wird auf dem Sandbad bis zum Erscheinen weißer Dämpfe erhitzt und dann das Erhitzen bei aufgesetztem Kühler noch 15 Minuten lang fortgesetzt. Nach dem Erkalten wird der aus Kieselsäure bestehende Rückstand mindestens 2mal mit je 70—80 ml 10%iger Salzsäure bei Siedehitze digeriert, filtriert und mit Salzsäure und dann mit heißem Wasser nachgewaschen.

III. Aufschluß von durch Säuren nicht zersetzbaren Silicaten.

1. Allgemeines.

Quarz und alle Silicate werden beim Erhitzen mit alkalischen Agentien bei höherer Temperatur in wasserlösliche oder mit Säuren zersetzbare Silicate übergeführt. Beim Schmelzen mit Carbonaten macht sich der bei höheren Temperaturen verstärkte Säurecharakter der Kieselsäure bemerkbar, die bei gewöhnlicher Temperatur bekanntlich eine so schwache Säure ist, daß sie von Kohlensäure aus ihren wasserlöslichen Verbindungen ausgetrieben wird. Bei der Schmelztemperatur der als Aufschlußmittel hauptsächlich verwendeten Alkalicarbonate geht der Umsatz im allgemeinen rasch vor sich. Noch stärker wirken Alkalihydroxide; da sie aber als Schmelze auch die üblichen Gefäßmaterialien einschließlich Platin stark angreifen, werden sie für den Aufschluß von Silicaten weniger angewendet. Neuerdings nimmt die Tendenz zu, bei genügend großer Materialmenge für die Bestimmung jedes Bestandteiles, auch der Kieselsäure, eine gesonderte Einwaage zu verarbeiten. Daher gewinnt der Aufschluß mit Natriumhydroxid im Silber- oder Nickeltiegel mehr Bedeutung.

In der Säurelösung eines solchen Aufschlusses, die wasserhell sein soll, erkennt man besonders gut, ob er vollständig gelungen ist oder nicht.

Calciumcarbonat wird zum Aufschluß vorzugsweise benutzt, wenn die aufzuschließende Substanz auch auf Alkalien untersucht werden soll.

Von andersartig wirkenden, nicht alkalischen Aufschlußmitteln hat ein gewisses Interesse die Borsäure. Sie gestattet die Untersuchung auf alle wesentlichen Bestandteile der Silicate (außer Bor und Fluor) nach einem einzigen Aufschluß und infolge der Möglichkeit, sie als Methylester leicht zu verflüchtigen, das Analysieren in von Aufschlußmitteln freien Lösungen. Das ist ein Vorteil gegenüber den alkalischen Schmelz-Aufschlußmitteln, durch die ein lästiger Ballast von Salzen in den Analysengang hineingebracht wird, und deshalb ist der Aufschluß mit Borsäure früher stark empfohlen worden (Jannasch).

In manchen Fällen, z. B. für Zirkoniumsilicat oder geschmolzene Tonerde enthaltende Materialien, ist Natriumtetraborat im Gemisch mit Alkalicarbonat besonders wirksam. Dieses Gemisch scheint ein ziemlich universales Aufschlußmittel zu sein (Chemiker-Fachausschuß).

Soll die Zersetzung des Silicats nur zum Zwecke der Alkalibestimmung erfolgen, so kann man sie auch mit einem Flußsäureaufschluß erreichen, z. B. nach Salmang mit einem Gemisch aus 15 ml H_2F_2, 2,5 ml $HClO_4$ und 0,5 ml HNO_3.

2. Aufschluß mit Natriumhydroxid.

Ausführung nach Salmang. Ein Teil der gepulverten Probe wird in einen Nickel- oder Silbertiegel gegeben, in den vorher etwa die 10fache Gewichtsmenge an NaOH-

Pastillen gefüllt wurde. Das Pulver wird durch Aufstoßen des Tiegels auf den Tisch verteilt. Bei aufgesetztem Deckel wird zunächst 10 Minuten lang vorsichtig auf Dunkelrotglut und schließlich noch 1—2 Stunden auf helle Rotglut erhitzt. Nach Abkühlen auf etwa 100° wird in einem Becherglas in heißem destilliertem Wasser aufgeweicht. Nach Abkühlen und Entfernen von Tiegel und Deckel wird durch Ansäuern mit Salzsäure eine glasklare Lösung erhalten. Aus dieser kann die Kieselsäure durch Abdampfen und Trocknen, Wiederaufnehmen mit etwas Salzsäure, kurzes Stehenlassen und Versetzen mit heißem Wasser filtrierbar abgeschieden werden.

3. Schmelzaufschluß mit Alkalicarbonat.

Als Schmelzmittel wird Natriumcarbonat, wasserfrei, oder das Doppelsalz Natriumkaliumcarbonat benutzt. Das Doppelsalz hat einen wesentlich niedrigeren Schmelzpunkt und ist daher besonders dann geeignet, wenn auch auf Chlor oder Fluor untersucht werden soll. In vielen Fällen ist aber eine bedeutend höhere Temperatur zur vollständigen Zersetzung des Silicats erforderlich, und dann ist die Verwendung von reinem Natriumcarbonat vorteilhafter (HILLEBRAND). Dies ist auch deshalb der Fall, weil Natronsalze weniger stark in Niederschläge mitgerissen und von ihnen festgehalten werden als Kalisalze (DITTRICH).

Ausführung. 1 Teil des fein gepulverten Silicats wird in einem Platintiegel mit 4—6 Teilen reinem wasserfreiem Natriumcarbonat sorgfältig vermischt. Nach Auflegen des Deckels wird mit dem Bunsenbrenner zunächst schwach erhitzt und die Temperatur dann allmählich bis zur vollen Leistungsfähigkeit des Brenners gesteigert. Wenn Verluste durch Ausspritzen oder gar Überschäumen vermieden werden sollen, ist die Temperatursteigerung dem Verlauf der Reaktion anzupassen. Das Ende der Umsetzung wird durch das Aufhören der Kohlendioxid-Entwicklung angezeigt. Bei kieselsäurereichen Silicaten ist nun ein fast klarer Schmelzfluß entstanden. Bei basischeren Silicaten dagegen muß bisweilen noch längere Zeit vor dem Gebläse weiter erhitzt werden, bis die Schmelze bei weiterer Temperatursteigerung völlig ruhig bleibt. Sie ist häufig auch dann noch stark trübe; dies ist aber kein Anzeichen für einen unvollständigen Umsatz. Man nimmt nun den Tiegel vom Gebläse, läßt abkühlen und den Schmelzkuchen sich in destilliertem Wasser auflösen bzw. zersetzen. Gewöhnlich geschieht dies ohne weiteres Zutun in kurzer Zeit nach Einlegen des Tiegels in ein mit Wasser gefülltes, auf dem Dampfbad stehendes Gefäß oder bei Erwärmen des teilweise mit Wasser gefüllten Tiegels über einer sehr kleinen, am besten etwas seitlich darunter gestellten Flamme bis nahe zum Sieden. Man kann dabei die Zersetzung durch wiederholtes Ausgießen des Wassers samt der Hauptmenge der schon zersetzten Anteile der Schmelze und Einfüllen von frischem Wasser beschleunigen[1]. Wenn die Schmelze völlig zersetzt ist, wird alles in eine Porzellanschale übergeführt und vorsichtig (CO_2-Entwicklung!) mit einem Überschuß von verdünnter Salzsäure versetzt. Bei dieser Arbeitsweise ist die Gefahr eines Angriffs von Chlor, das durch Einwirkung von in der Schmelze (aus Manganverbindungen der Substanz) gebildetem Manganat auf die Salzsäure entstehen kann, auf das Platin gänzlich vermieden. Falls im Platintiegel direkt mit Salzsäure gelöst wird, soll man vor dem Erwärmen zur Zerstörung des Manganats etwas Alkohol zusetzen. Die weitere Verarbeitung des Reaktionsgemisches erfolgt nach § 3 A I 1.

4. Schmelzaufschluß mit Borsäure.

Diese Methode hat ein gewisses Interesse, wenn es darauf ankommt, in einer einzigen Proben- und Aufschlußmenge (etwa wegen Knappheit des Materials) auf

[1] Noch schneller kommt man zum Ziel, wenn man den Hauptteil der heißen, noch flüssigen Schmelze in eine Schale (möglichst aus Platin) ausgießt und darin mit Wasser erhitzt.

Kieselsäure und — außer auf Bor und Fluor — auf die übrigen Elemente einschließlich der Alkalien zu untersuchen. Der Aufschluß in der nachfolgenden beschriebenen Ausführungsform nach JANNASCH und HEIDENREICH und JANNASCH und WEBER ist auf alle Silicate anwendbar; bei einigen muß allerdings auf so hohe Temperatur erhitzt werden, daß Verlust von Alkali durch Verdampfung zu erwarten ist [HILLEBRAND (b)].

Ausführung. In einem Platintiegel wird 1 Teil des sehr fein gepulverten Silicats mit 3—8 Teilen reiner Borsäure vermischt. Zunächst wird mit schwacher Flamme das Wasser ausgetrieben, nach etwa 10 Minuten wird allmählich stärker erhitzt, schließlich mit voller Flamme. Überschäumen wird dabei durch Einstellen eines kurzen, nicht bis an den Rand des Tiegels reichenden Platinstäbchens verhindert. Wenn die Masse einige Zeit lang eine ruhige Schmelze gebildet hat, wird noch etwa 10 Minuten lang mit dem Gebläse stark erhitzt, wobei die Schmelze durchsichtig klar wird. Einige Silicate verlangen zum vollständigen Aufschluß eine größere Menge Aufschlußmittel und höhere, durch ein starkes Sauerstoffgebläse zu erzeugende Temperatur (solche Silicate sind z. B. Andalusit, Cyanit und Topas). Der Tiegel wird nun im Wasser abgeschreckt und sein Inhalt in eine große Porzellan- oder Platinschale gebracht. Nach Bedecken mit einem Uhrglas wird eine gesättigte Lösung von Chlorwasserstoff in Methylalkohol hinzugefügt. Dann wird die Bedeckung abgenommen, und es wird auf dem kurz vor dem Sieden gehaltenen Wasserbad oder auf dem Luftbad unter ständigem Umrühren zum Sieden erhitzt. Der Schmelzkuchen löst sich innerhalb von 10—15 Minuten, während welcher Zeit noch einige Male etwas von der Methylchloridlösung hinzugegeben wird. Dann wird auf ein kleines Volumen eingedampft und schließlich auf dem Wasserbad zur Trockene abgedampft. Zur vollständigen Entfernung der Borsäure wird der Rückstand noch 3- bis 4mal bei 80 bis 85° mit Methylchloridlösung digeriert.

5. Sinteraufschluß mit Calciumcarbonat und Ammoniumchlorid.

Dieser von LAWRENCE SMITH eingeführte Aufschluß wird gewöhnlich angewendet, wenn ein durch Säure nicht zersetzbares Silicat auf Alkalien untersucht werden soll. MEIER und STUCKERT empfehlen seine Anwendung in Verbindung mit der Abscheidung der Kieselsäure mittels Perchlorsäure auch für die Bestimmung der Kieselsäure. Die Ausführung der Aufschlußmethode ist in mancherlei kleinen Abwandlungen in allen Anleitungen zur quantitativen Analyse der Silicate ausführlich beschrieben. Nachfolgend wird eine kurze Darstellung einer einfachen Ausführungsform des Aufschlusses gegeben.

Ausführung. 0,5 g der fein gepulverten Substanz verreibt man im Achatmörser innig mit ebensoviel reinem Ammoniumchlorid und 3 g reinem, gefälltem Calciumcarbonat. Das Gemisch wird in einen Platintiegel gebracht und dieser in ein rundes Loch, das sich in einer dicken Asbestplatte befindet, so hineingestellt, daß nur ein Drittel von ihm nach unten herausragt. Wenn ein Verlust von Alkali völlig vermieden werden soll, kühlt man den Deckel des Tiegels durch Aufstellen eines mit Wasser gefüllten zweiten Tiegels. Zunächst wird mit kleiner Flamme erhitzt, bis die Entwicklung von Ammoniak aufhört, dann noch $^3/_4$ Stunde lang mit kräftiger Flamme auf helle Rotglut. Nach dem Abkühlen wird die gesinterte Masse durch leichtes Klopfen oder durch Digerieren mit etwas heißem Wasser von der Wandung abgelöst und aus dem Tiegel herausgenommen. Sie wird in einer Porzellan- oder besser Platinschale unter Zerdrücken der Klumpen mittels eines abgeplatteten Glasstabes bis zur vollständigen Zersetzung mit Wasser behandelt. Nun wird mehrmals mit heißem Wasser digeriert, schließlich filtriert und mit heißem Wasser nachgewaschen. Auf Vollständigkeit des Aufschlusses prüft man durch Behandeln des Rückstandes mit Salz- oder Überschlorsäure, wobei sich alles bis auf die gallertig abgeschiedene Kieselsäure und allenfalls einige Erzpartikelchen lösen soll. Wegen der Weiterverarbeitung siehe § 3 A II 5.

6. Sinteraufschluß mit Calciumcarbonat allein.

CADARIU empfiehlt, Tone und andere Silicate durch Glühen mit reinem Calciumcarbonat allein, und zwar mit der 1,5- bis 3fachen Menge der Substanz bei etwa 1250° bis zum beginnenden Sintern aufzuschließen. Die Aufarbeitung der gesinterten Masse soll ganz ähnlich wie beim Aufschluß nach LAWRENCE SMITH erfolgen.

IV. Überführung von freiem und Silicid-Silicium in Siliciumdioxidhydrat.

1. Allgemeines.

Die Silicide der leichteren Metalle und auch des Eisens werden durch verdünnte Mineralsäuren zersetzt. Mit Salzsäure bilden die Silicide der leichten Metalle teilweise gasförmigen, in Gemeinschaft mit gleichzeitig entstehendem Wasserstoff selbstentzündlichen Siliciumwasserstoff (vgl. § 2 I 3). Zur Zersetzung der Metall-Legierungen werden daher meist oxydierende Säuren, besonders Salpetersäure, oder Säuregemische angewendet, die das Silicid-Silicium vollständig in Kieselsäure überführen. In manchen an Silicium höherprozentigen Legierungen, besonders denen des Aluminiums, liegt das Silicium mindestens teilweise als freies Element vor und scheidet sich daher beim Zersetzen der Legierung, z. B. mittels verdünnten Salzsäure-Salpetersäure-Gemischs (1 + 1 + 1; etwa 4 m an HCl und 4,7 m an HNO_3), in elementarer Form ab. Nach ZURBRÜGG kann die dadurch erzeugte graue Trübung bzw. der grauschwarze Niederschlag als Silicium-Nachweis dienen. Die graue Trübung der Lösung ist von 1—2% Siliciumgehalt der Legierung ab deutlich erkennbar. Zur Überführung des Siliciums bzw. des Silicium-Kieselsäure-Gemischs in reine Kieselsäure zwecks weiterer Identifizierung oder Bestimmung kann man den Löserückstand abfiltrieren, nach HANDY trocknen und mit Alkalicarbonat aufschmelzen oder nach REGELSBERGER durch Kochen mit Natronlauge lösen und weiter wie bei der Abscheidung von Kieselsäure aus löslichen Silicaten verfahren. Die Überführung in Kieselsäure ist aber einfacher und schneller nach dem Verfahren von FUCHSHUBER (s. weiter unten) möglich. Bei Eisenlegierungen besteht die Gefahr der Verflüchtigung von Silicium beim Lösen nicht, es kann also auch mit Salzsäure gearbeitet werden; jedoch wirkt ein Zusatz von Brom zur Salzsäure beschleunigend (Verein Deutscher Eisenhüttenleute).

Siliciumnitrid, das in Ferrosilicium vorkommt, ist sehr beständig gegen Säuren. Siliciumcarbid, Ferrosilicoaluminium und manche Schwermetallsilicide, besonders, wenn sie auch noch Kohlenstoff enthalten, sind in allen Säuren einschließlich Königswasser und Fluorwasserstoffsäure unlöslich. Sie werden aber durch alkalische Schmelzen, und zwar Siliciumcarbid schon durch Alkalicarbonat, die übrigen Silicide durch Ätzalkalien glatt zersetzt unter Bildung von Alkalisilicat und Wasserstoff. Zum Aufschluß schwer zersetzbarer Silicide und gleichzeitigen Nachweis von Carbidkohlenstoff in ihnen kann die Bleioxid-Methode von TREADWELL dienen.

Die Zersetzung von Legierungen kann auch durch Einwirkung von Chlor bei Rotglut erfolgen, wobei das Silicium als Tetrachlorid abdestilliert. Solche Verfahren werden praktisch z. B. für die Unterscheidung von unreduzierter Kieselsäure und Silicid-Silicium in Ferrosilicium angewendet (s. § 2 II).

2. Zersetzen von siliciumhaltigem Eisen und Stahl mittels Salpetersäure.

Bei Eisensorten mit wesentlichem Si-Gehalt wie grauem Roheisen oder Siliciumstahl werden 2—5 g der Probe angewendet, bei sonstigem Stahl, Flußeisen oder weißem Roheisen wegen des oft sehr geringen Si-Gehalts zum sicheren Nachweis 5—10 g, und zwar am besten in Form von Drehspänen.

Ausführung (nach TREADWELL). Die Späne werden im Becherglas mit 60 ml Salpetersäure (D 1,2) behandelt. Wenn die Reaktion nachläßt, was an der schwächeren Entwicklung von braunen Stickoxidgasen bemerkbar ist, erhitzt man zum Sieden so lange, bis dabei keine braunen Dämpfe mehr entstehen. Dann spült man in eine Porzellanschale von 200 ml Inhalt über und verdampft zunächst auf dem Wasserbad, dann auf freier Flamme unter ständigem Umrühren zur völligen Trockene. Hierauf glüht man zur Überführung der Nitrate in Oxide, bis keine Stickoxide mehr entweichen. Nach dem Erkalten erhitzt man den Rückstand mit 50 ml Salzsäure (D 1,19), verdampft zur Trockene, befeuchtet dann wieder mit konzentrierter Salzsäure, nimmt mit Wasser auf, filtriert und wäscht. Der erhaltene Rückstand wird nach einer der üblichen Methoden (§ 3 B) auf Kieselsäure untersucht. Wenn er dunkel ist und auch beim Glühen grau bleibt, enthält er Graphit. Diesen kann man durch Schmelzen mit Natriumcarbonat und etwas Natriumnitrat entfernen, wobei gleichzeitig die Kieselsäure in wasserlösliches Silicat übergeführt wird.

3. Zersetzen von Stählen mittels Salzsäure und Schwefelsäure.

Die Mitverwendung von Schwefelsäure ist besonders angebracht bei titanhaltigen Stählen, da sie völliges Auflösen des Titans bewirkt und so Verunreinigung der Kieselsäure mit Titansäure verhindert.

Ausführung (nach BEATO). In einem Reagensrohr von 20 cm Länge und 25 mm Durchmesser wird 1 g Stahlspäne mit 20 ml eines Gemischs von 1285 ml Salzsäure (D 1,19), 1090 ml Wasser und 125 ml Schwefelsäure (D 1,84) versetzt und ungefähr 10 Minuten lang bei etwa 120° (im Paraffinbad) zum Sieden erhitzt. Im Schaum sammelt sich Kieselsäure als gelatinöse, gelblichweiße, durch Kohlenstoff mehr oder weniger stark verunreinigte Masse. Bei Wolframstählen ist das Verfahren nicht anwendbar.

4. Zersetzen von hochlegiertem Stahl mittels Perchlorsäure.

Das von CLAUBERG und BEHMENBURG in Anlehnung an TRAVERS ausgebildete Verfahren ist zum Zersetzen aller Stähle, besonders auch von Werkzeug-, Schnelldreh- und Sonderstählen geeignet, außer für mit Chrom höchstlegierte „säurefeste Stähle" mit Chromgehalten von annähernd 30%. Das Silicium wird als Kieselsäure zusammen mit der Wolframsäure aus gegebenenfalls vorhandenem Wolfram unmittelbar quantitativ und frei von Chromcarbiden abgeschieden und in dem Gemisch durch übliches Abrauchen mit Fluorwasserstoffsäure nachgewiesen bzw. bestimmt.

Ausführung. 1 g der Probe in Form von Spänen wird in einer Porzellankasserolle mit 25 ml Perchlorsäure (D 1,67) 5 Minuten lang auf dem Luftbad erwärmt; dann wird die Säure bis zum restlosen Lösen der Späne 8—10 Minuten lang in gelindem Sieden gehalten. Nach dem Erkalten der Lösung gibt man 50 ml verd. Salzsäure (1 + 1; etwa 6 m) hinzu und kocht während einiger Minuten auf. Darauf verdünnt man mit heißem Wasser ungefähr auf das doppelte Volumen und läßt 1 Stunde lang bei 70—80° stehen. Dann wird der weiße oder bei Anwesenheit von Wolframsäure schön gelbe Niederschlag durch ein doppeltes Filter filtriert, einige Male mit heißer verdünnter Salzsäure und schließlich mit heißem Wasser gewaschen. Weitere Identifizierung wie üblich (§ 3 B).

5. Zersetzen von freies Silicium enthaltenden Legierungen mittels Phosphorsäure-Gemisch.

Nach FUCHSHUBER haben Phosphorsäure-Schwefelsäure-Salpetersäure-Gemische die Eigenschaft, das freie Silicium, das in hochprozentigen Legierungen, insbesondere des Aluminiums, vorhanden ist, vollständig in gut filtrierbare Kieselsäure überzuführen. Die Phosphorsäure wirkt dabei als Oxydationsmittel und Wasserüberträger nach der Bruttogleichung: $Si + 4\,H_3PO_4 \rightarrow H_2SiO_3 + 2\,H_3PO_3 + H_4P_2O_7$. Intermediär tritt wahrscheinlich Unterphosphorsäure als Reaktionsprodukt auf. Bei der Reaktion mit feinverteiltem Silicium wird ein Teil der Schwefelsäure zu Schwefel reduziert. Das ist nicht der Fall, wenn wie in Ferrosilicium oder unvergüteten Legierungen grobkristallines Silicium vorliegt. Aus dem Verhalten bei der Zersetzung läßt sich also ein Rückschluß auf die Korngröße des einlegierten Siliciums ziehen. Die Kieselsäure wird bei diesem Verfahren ohne Trockendampfen unmittelbar unlöslich und gut filtrierbar erhalten.

Ausführung. Die Probe wird mit einem Gemisch von 50 Raumteilen Phosphorsäure (D 1,7), 40 Rt. Salpetersäure (D 1,4) und 10 Rt. Schwefelsäure (D 1,84) auf 80—100° erwärmt, wobei sich die Metalle lösen und Silicium zurückbleibt. Dann wird die überschüssige Salpetersäure abgedampft und die Temperatur weiter auf 230—250° gesteigert, wobei die Umsetzungsreaktion des Siliciums stattfindet. Das Reaktionsgemisch wird dann nach und nach unter Umschütteln mit 100 ml Wasser versetzt, aufgekocht, und nach Zusatz von konzentrierter Salzsäure bis zur intensiven Gelbfärbung auf 20—30 ml eingedampft, wobei die Temperatur bis auf etwa 155° steigen soll. Nun wird mit 300 ml heißem Wasser verdünnt und aufgekocht, wobei die vorher in sagoähnlichen Körnern ausgeschiedene Kieselsäure in einen flockigen Niederschlag übergeht, der filtriert und ausgiebig mit heißem Wasser gewaschen wird.

SALZER und THEISSIG stellten fest, daß das FUCHSHUBERsche Säuregemisch Glas und Porzellan merklich angreift, und empfehlen Quarz- oder V2A-Stahl-Gefäße für den Aufschluß. Sie beschleunigen die Umwandlung des Siliciums in Kieselsäure weiter durch Zusatz von Brom zu dem Säuregemisch und die Filtration durch Mitverwendung von Perchlorsäure beim Einengen des Reaktionsgemischs, so daß der gesamte Vorgang auch bei quantitativer Ausführung nur 3 Stunden erfordern soll. Das Verfahren wurde erprobt bei Silicium-Vorlegierungen mit bis zu 80% Si, Silumin, Si-Legierungen mit Magnesium, Kupfer, Nickel, Kobalt, Mangan, Eisen und Titan. LISAN und KATZ empfehlen eine sehr ähnliche Arbeitsweise. FUCHSHUBER hält bei seinem Verfahren die Verwendung von Jenaer Glas für ausreichend und die Anwendung von Brom und Perchlorsäure für überflüssig.

6. Aufschluß durch Säuren nicht zersetzbarer Silicide mittels alkalischer Schmelzen.

Die durch Säuren nicht zersetzbaren Schwermetallsilicide und Siliciumcarbid lassen sich durch Schmelzen mit Natrium- oder Kaliumhydroxid aufschließen, Siliciumcarbid auch schon durch die Alkalicarbonatschmelze. Auch Gemische von Alkalicarbonat und Natriumperoxid sind gute Aufschlußmittel für Silicium und Silicide. Man verwendet beispielsweise die 4—6fache Menge eines Gemischs aus 2 Teilen Kaliumnatriumcarbonat und 1 Teil Natriumperoxid und erhitzt zunächst schwach, später bis zum klaren Schmelzen. Die Schmelzen mit den stark alkalischen Agentien werden in Tiegeln oder auf Blechen aus Silber oder Nickel ausgeführt. Zum Nachweis der Kieselsäure, die nach der Schmelze als wasserlösliches Alkalisilicat vorliegt, wird der Schmelzkuchen mit Wasser ausgelaugt und die Lösung wie üblich weiter behandelt (§ 3 A I).

7. Aufschluß schwer zersetzbarer Silicide mittels Bleioxid.

Dieses Verfahren ist nach TREADWELL für den Aufschluß von Carborundum und Schwermetallsiliciden besonders gut geeignet und gestattet auch den gleichzeitigen Nachweis des Carbidkohlenstoffs. Es beruht auf der Oxydation des Siliciums und des Kohlenstoffs zu Bleisilicat und Kohlendioxid. Z. B.:

$$SiC + 5PbO \rightarrow PbSiO_3 + 4Pb + CO_2.$$

Ausführung. Man beschickt ein Schiffchen aus dünnem Nickelblech mit einer Mischung von 0,5 g des fein gepulverten Silicids und 15 g Bleioxid, schiebt das Schiffchen mit der Mischung in eine 20 cm lange Röhre aus schwer schmelzbarem Glase und verdrängt die Luft durch Einleiten von Stickstoff, der zuerst eine Waschflasche mit Kalilauge passiert hat, bis vorgelegtes Barytwasser keine Trübung mehr gibt. Nun erhitzt man ohne den Stickstoffstrom zu unterbrechen das Schiffchen, bis der ganze Inhalt geschmolzen ist. Hierbei wird das Silicid vollständig im Sinne obiger Gleichung aufgeschlossen. Eine Trübung des Barytwassers zeigt die Anwesenheit von Kohlenstoff an. Nun wird das Schiffchen mitsamt Inhalt mit Salpetersäure behandelt, wobei metallisches Nickel und Blei gelöst und das Bleisilicat unter Abscheidung von Kieselsäure zersetzt wird. Man verdampft auf dem Wasserbad zur Trockene, befeuchtet den Rückstand mit konzentrierter Salpetersäure, fügt heißes Wasser hinzu und filtriert die Kieselsäure ab. Im Filtrat untersucht man nach Ausfällung des Bleis mittels Schwefelwasserstoff oder Schwefelsäure nach dem üblichen Analysengang auf die als Silicid gebunden gewesenen Metalle.

8. Aufschluß von Siliciumnitrid enthaltendem Ferrosilicium zwecks Stickstoffnachweises.

Zur Bestimmung bzw. zum Nachweis des Stickstoffs können wegen der Beständigkeit des Siliciumnitrids gegen Säuren die für die N-Bestimmung in Eisenlegierungen sonst üblichen Verfahren nicht angewendet werden. KLINGER empfiehlt den Aufschluß mittels eines Gemischs von 6 g Natriumcarbonat und 6 g Bleichromat auf 0,5—1 g Substanz bei schwacher Rotglut im Verbrennungsrohr.

V. Überführung des Siliciums organischer Silicium-Verbindungen in Kieselsäure.

Für diesen Aufschluß kommen die nasse Oxydation, der Schmelzaufschluß mit Natriumcarbonat und Peroxid und die Verbrennung im Sauerstoffstrom in Betracht. Für quantitative Untersuchungen, insbesondere der flüchtigen Organosiliciumverbindungen, ist der Schmelzaufschluß am besten geeignet, insbesondere seine Ausführung in der PARR-Bombe. Beim nassen Aufschluß ist zu beachten, daß infolge unvollkommener Oxydation u. U. ein Teil des Siliciums in Carbid statt in Oxid übergeht.

1. Nasse Oxydation.

Für den nassen Aufschluß zur Überführung nicht oder wenig flüchtiger Verbindungen des Siliciums in Kieselsäure kann die von GILMAN, HOFFERTH, MELVIN und DUNN für quantitative Zwecke gegebene Vorschrift angewendet werden: Man gibt zu 0,1—2 g Probe in einem teilweise bedeckten Tiegel 1 ml konz. Schwefelsäure. Die Probe soll von der Säure gut benetzt sein. In Fällen, in denen das schwierig ist, kann man das Benetzen durch Zugabe von 2—3 Tropfen konz. Salpetersäure erleichtern. Nun erhitzt man, am besten mit einem passenden Ringbrenner, und zwar so, daß die Flamme den Tiegel zuerst nur oberhalb der Säure bestreicht. Allmählich hebt man dann die Tiegelhalterung an, so daß die Schwefelsäure gleichmäßig abraucht, und schließlich vertreibt man sie bei dunkler Rotglut vollständig. Der Rückstand besteht nur aus SiO_2.

2. Aufschluß mit Carbonat und Peroxid.

Für den schnellen Nachweis von Silicium (Silanen) in technischen Produkten haben KRESCHKOW und BORK folgende Arbeitsweise empfohlen:

Man vermischt 0,02—0,03 g der festen bzw. 2—3 Tropfen der flüssigen Probe mit 0,05—0,1 g Natriumcarbonat und 0,01 g Natriumperoxid. Eine Prise von dem Gemisch nimmt man in eine Platinöse und bringt sie über der Flamme zum Schmelzen. Dann löst man die entstandene Schmelzperle in einigen Tropfen Wasser unter Erhitzen zum Sieden. In der Lösung kann die Kieselsäure nach üblichen Methoden nachgewiesen werden. KRESCHKOW und BORK empfehlen die Tüpfelmethode mit salpetersaurer Ammoniumolybdatlösung und Benzidin (siehe § 5; vgl. auch § 13).

B. Methoden zur Identifizierung von Kieselsäure und von Silicat-Ion.

I. Nachweis von Kieselsäurehydrat durch Anfärben mit basischen Farbstoffen.

Gallertige Kieselsäure kann durch Anfärben mit basischen organischen Farbstoffen wie Fuchsin oder Methylenblau identifiziert und von Aluminiumhydroxid unterschieden werden.

Ausführung (BILTZ). Die auf dem Filter befindliche, gewaschene Masse wird mit verdünnter Fuchsinlösung übergossen und danach mit Wasser ausgewaschen. Die Kieselsäure hält den Farbstoff fest und erscheint dunkler rot als das Filter. Handelte es sich um Aluminiumoxid, so würde die Masse farblos auf dem noch gefärbten Filter erscheinen.

II. Nachweis von Kieselsäure durch Verflüchtigung als Siliciumfluorid.

Die Verfahren beruhen darauf, daß Kieselsäure mit Fluorwasserstoffsäure das gasförmige Siliciumtetrafluorid SiF_4 bildet, welches unter Auftreten von Bläschen entweicht, und mit Wasser oder wäßrigen Lösungen in Berührung gebracht, unter Abscheidung von hydratischer Kieselsäure hydrolysiert.

Gefällte Kieselsäure setzt sich rasch mit Flußsäure um, Kieselglas, Christobalit und Quarz auch in fein gepulvertem Zustand wesentlich langsamer. Die Lösungsgeschwindigkeit nimmt in der genannten Reihenfolge ab, und zwar ist sie bei Christobalit ähnlich wie bei Kieselglas, bei Quarz dagegen 3mal kleiner. (COES, s. auch FLÖRKE.)

1. Nachweis durch den Kieselsäure-Fleck.

Die Fluorwasserstoffsäure reagiert, wenn sie in größerem Überschuß vorhanden ist, in der wäßrigen Lösung mit dem Siliciumfluorid weiter zu wasserlöslicher Fluorkieselsäure und verhindert die Wiederabscheidung der Kieselsäure und den darauf gegründeten Nachweis derselben; ein solcher Überschuß ist also zu vermeiden. Anwesenheit von Borsäure stört die Reaktion infolge Verbrauchs des Fluors zur Bildung von Borfluorid und durch Abscheidung von Borsäure an Stelle von Kieselsäure am Wasser. Größere Mengen von Borsäure sind daher vor Ausführung der Probe zu entfernen durch Abdampfen mit Schwefelsäure und Methylalkohol (Commission Internationale). REICH empfahl den Nachweis von Fluor in Silicaten und Boraten (und später den von Kieselsäure und Bor in Fluor enthaltenden Mineralien) vermittels einer Versuchsanordnung, die der heute hauptsächlich für den Nachweis von Kieselsäure gebräuchlichen ähnlich ist. Er legte auf den Tiegel, der die mit starker Schwefelsäure übergossene Substanz enthielt, ein Uhrglas, welchem an der untersten Stelle der nach unten gekehrten konvexen Wölbung ein Wassertropfen anhaftete. Bei Anwesenheit von Fluor bildete sich dann auf dem Tropfen vom Rande her ein weißes Häutchen von Kiesel- oder Borsäure. Kieselsäure konnte durch das Bestehenbleiben der Trübung bei vorsichtigem Zutropfenlassen von Wasser von Borsäure unterschieden und letztere auch bei gleichzeitiger Anwesenheit mittels Curcumapapier nachgewiesen werden.

Die Versuchsanordnung ist von anderen Autoren für den Nachweis von Kieselsäure in Einzelheiten abgewandelt worden. Grundsätzlich wird die Substanz außer mit Schwefelsäure mit Flußsäure oder einem unter der Einwirkung von Schwefelsäure

Fluorwasserstoff abgebenden Fluorid vermischt. Die Wiederabscheidung der Kieselsäure durch Wasser wird zur besseren Erkennbarkeit auf der Unterseite des mittels Asphaltlack geschwärzten Deckels des Tiegels (DANIEL), auf einem angefeuchteten schwarzen Stück Papier, das auf den durchlochten Deckel aufgelegt ist (BROWNING), oder an einem einen Tropfen Wasser tragenden schwarzen Kautschukstab, der in den Tiegel hinein gehalten wird (ALBRECHT und BAST), vorgenommen. DANIEL setzt zu der Substanz außer Schwefelsäure und Calciumfluorid noch etwas Magnesit hinzu, um das Siliciumfluorid durch das gleichzeitig entstehende Kohlendioxid nach oben zum Deckel treiben zu lassen.

ALBRECHT und BAST haben die Bedingungen für die Ausführung der Fleck-(Wiederabscheidungs-)Methode eingehend studiert und sind zu den folgenden Feststellungen gekommen: Die Methode — in der gebräuchlichsten Ausführungsform mit Calciumfluorid als Fluorlieferant und schwarzem Papier als Fleckträger — versagt:

1. Bei Anwesenheit von mehr Fluorid als dem Verhältnis $SiO_2:CaF_2 = 1:11$ entspricht (wegen Bildung von H_2SiF_6).
2. Bei Anwesenheit von mehr Borsäureverbindungen als dem Molverhältnis CaF_2:Borax $= 1:0,15$ entspricht (wegen Bildung von BF_3).
3. Bei Anwesenheit von weniger Calciumfluorid als dem Verhältnis $SiO_2:CaF_2 = 90:1$ bei wasserfreier und $25:1$ bei stark wasserhaltiger (anscheinend die Bildung von Siliciumfluorid durch Verschiebung des Gleichgewichts: $SiO_2 + 2\,H_2F_2 \rightleftarrows SiF_4 + 2\,H_2O$ nach links hemmender) Kieselsäure entspricht.
4. Bei Unterschreitung einer Absolutmenge von 2 mg Calciumfluorid unter sonst optimalen Bedingungen.

Bei Vorliegen von Fluorosilicaten kann bzw. muß natürlich die hinzuzugebende CaF_2-Menge kleiner sein oder der Zusatz ist ganz zu unterlassen. Andererseits gelingt der Nachweis bei Anwendung des Kautschukstabes noch bis zu einem Verhältnis von $SiO_2:CaF_2 = 1:66$.

Außer in den oben genannten Fällen versagt der Nachweis gewöhnlich, wenn Turmalin vorliegt (wohl wegen dessen Borgehalts), oder wenn die Kieselsäure nur als Quarz vorhanden ist (wegen der zu langsamen Einwirkung von Flußsäure auf dieses Mineral). Diese Feststellung machte bereits DANIEL, der empfahl, vor Ausführung der Methode an Mineralen die Substanz stets mit etwa der 3fachen Menge Alkalicarbonats aufzuschließen und zwar am besten gleich in dem nachher für den Nachweis zu verwendenden kleinen Platintiegel. In diesem wird die Schmelze mit wenig Wasser aufgeweicht, mit etwas verdünnter Schwefelsäure versetzt und bis zur fast völligen Trokkene abgeraucht. Nach DANIEL ist die Empfindlichkeit der Fleck-Methode recht groß, wenn ein genügend kleiner Tiegel verwendet wird. In einem Tiegel von 6 mm Höhe und 5,5 mm Durchmesser wies er 0,2 mg Quarz noch sicher nach.

Die Fluorid-Methode mit verschiedenen kleinen Abwandlungen dient auch als Vorstufe für mikroskopische Nachweisverfahren. Die diesbezüglichen Arbeitsweisen werden in § 4 behandelt. Von den sogenannten Kieselsäurefleck-Verfahren sei das mit schwarzem Papier arbeitende von BROWNING, das wohl das gebräuchlichste ist, näher beschrieben.

Ausführung. Als Gefäß dient ein kleiner Bleibecher von ungefähr 1 cm Durchmesser und Tiefe, als Deckel ein Stück Bleiblech mit einem kleinen Loch in der Mitte. In den Becher bringt man eine kleine Menge, im allgemeinen 0,1 g, von feingepulvertem Calciumfluorid sowie das Probenpulver und befeuchtet das Gemisch mit wenigen Tropfen Schwefelsäure (D 1,84) aus einer Tropfflasche oder einer ähnlichen Vorrichtung. Auf die Oberseite des Deckels, der nun aufgebracht wird, legt man ein Stückchen feuchtes schwarzes Filtrierpapier und auf dieses ein ebenfalls angefeuchtetes Stück gewöhnliches Filtrierpapier zur Feuchthaltung des schwarzen Papiers während der nun etwa 10 Minuten lang vorgenommenen Erwärmung des Bechers auf dem Wasserbad. Nach dem Erwärmen findet man auf der Unterseite des schwarzen Papiers über dem Loch des Deckels einen weißen Beschlag, wenn Kieselsäure in merklicher Menge vorhanden war. Bei Fluorosilicaten tritt die Reaktion auch ohne Erwärmen ein.

Die Nachweisempfindlichkeit dieser Ausführungsform beträgt etwa 1 mg Kieselsäure (BROWNING).

2. Nachweis durch die Schaumbildung infolge SiF_4-Entwicklung.

Nach NOYES und BRAY kann man die beim Erwärmen mit Flußsäure auftretende Bläschenbildung als Nachweis für Kieselsäure betrachten, wenn möglicherweise vorhandene andere mit Säuren Gase entwickelnde Bestandteile vorher durch Erhitzen mit Schwefelsäure unschädlich gemacht werden. BÖTTGER hat die Methode zu der nachstehend beschriebenen Arbeitsweise modifiziert.

Ausführung. In einen Platintiegel oder eine kleine Bleischale gibt man 2 ml Schwefelsäure (D 1,84) und dazu unter Kühlung durch Einstellen des Gefäßes in kaltes Wasser 5—6 Tropfen Kaliumfluoridlösung (25%ig) in kleinen Intervallen. Die Flüssigkeiten werden durch Drehen des Gefäßes vermischt, und nachdem die dabei stets entstehenden Bläschen von Fluorwasserstoff verschwunden sind, gibt man 1—5 Zentigramm der fein gepulverten und getrockneten Substanz dazu. Wenn diese Kieselsäure enthält, bildet sich nach kurzer Frist ein feiner Schaum von Gasbläschen (SiF_4). Vorher prüft man die Substanz mittels Schwefelsäure allein auf Blasenbildung, entfernt, falls sich eine solche zeigt, die gasliefernden Bestandteile durch Abrauchen mit Salzsäure und verwendet den verbleibenden Rückstand zur Ausführung der Hauptprüfung. Auch diese Methode soll die Erkennung von 1 mg Kieselsäure selbst in Form schwer aufschließbarer Silicate gestatten.

3. Nachweis durch den Gewichtsverlust.

TREADWELL empfiehlt, zum Nachweis kleiner Mengen von Kieselsäure gewissermaßen quantitativ zu arbeiten, d. h. die nach § 3 A abgeschiedene Masse bis zur Gewichtskonstanz zu glühen und dann den Gewichtsverlust festzustellen, der beim Abrauchen mit Fluorwasserstoffsäure und Schwefelsäure eintritt.

Ausführung. Man befeuchtet den beim Glühen im Platintiegel vor dem Gebläse erhaltenen und gewogenen Rückstand mit einigen Tropfen Schwefelsäure (1 + 1; etwa 9 m), fügt einige ml rückstandfreier 40%iger Fluorwasserstoffsäure hinzu und verdampft, anfangs auf dem Wasserbad, später vorsichtig im Luftbad, bis keine Dämpfe von Schwefelsäure mehr entweichen. Den jetzt hinterbliebenen Rückstand erhitzt man unter Zusatz von einigen Körnchen Ammoniumcarbonat (zur möglichst vollständigen Entfernung der freien und der als Metallsulfat gebundenen Schwefelsäure) zunächst schwach mit dem Bunsenbrenner und dann kräftig mit dem Gebläse bis zur Gewichtskonstanz. Eine Differenz zwischen der Anfangs- und der Endwägung zeigt an, ob (und wieviel) Kieselsäure vorhanden war. Der Zusatz von Schwefelsäure beim Abrauchen dient dazu, das Verflüchtigen von etwa vorhandener Titansäure zu verhindern. Bei genauer Ausführung dieser Differenzbestimmung ist es wichtig, daß die gefällte Masse vor dem Glühen gut alkalifrei gewaschen war. Alkalichlorid, das möglicherweise nach dem 1. Glühen noch darin enthalten wäre, würde zum Schluß als wesentlich schwereres Sulfat vorliegen und die durch Verflüchtigung der Kieselsäure verursachte Gewichtsabnahme verringern (JAKOB).

Da es kaum möglich, jedenfalls aber äußerst zeitraubend ist, den Kieselsäureniederschlag absolut alkalifrei zu waschen, empfiehlt der Chemiker-Fachausschuß, den Niederschlag wie üblich bei möglichst hoher Temperatur zu glühen, dann aber vor dem Abrauchen mit Flußsäure und Schwefelsäure (bei 800°) erst einmal nur mit Schwefelsäure (1 + 4; etwa 7 m) anzufeuchten, abzurauchen und bei 800° zu glühen.

Man darf nicht einfach die feuchte Rohkieselsäure mit Schwefelsäure befeuchten, bei 1000° entwässern und wägen, da dann auch nach der H_2F_2-Behandlung bei

1000° geglüht werden müßte und dabei ein unkontollierbarer Gewichtsverlust (weitere Verflüchtigung von noch vorhandenem Na_2SO_4) eintreten würde.

III. Nachweis von gelöster Kieselsäure mittels Ammoniummolybdat.

1. Allgemeines.

Knop fand, daß Ammoniummolybdat ein empfindliches Nachweisreagens auf gelöste Kieselsäure ist (siehe auch § 6!). Jolles und Neurath stellten die Eignung von Kaliummolybdat als Reagens bei der Untersuchung von Trinkwasser auf geringe Mengen von Kieselsäure fest. Diese Reaktion wird nach Lorenz und Bergheimer durch die Anwesenheit größerer Mengen von Natriumchlorid nicht gestört. Foschini und Talenti empfehlen Ammoniummolybdat als Reagens für die Prüfung von Glas auf Neutralität, da die Probe damit empfindlicher ist als die übliche mit Phenolphthalein und bei pH-Werten zwischen 1 und 2,5 noch 0,05 mg SiO_2 in 100 ml des im Autoklaven erhaltenen, wäßrigen Auszugs deutlich erkennen läßt.

Kieselsäure bildet in saurem Medium mit Molybdaten die sehr beständige Silicomolybdänsäure $SiO_2 \cdot 12\,MoO_3 \cdot aq$, deren Ammoniumsalz zum Unterschied von den analogen Phosphorsäure- und Arsensäure-Verbindungen gelöst bleibt und der Lösung eine intensiv gelbe Färbung verleiht. Da die Komplexverbindung erst in der Wärme hinreichend schnell entsteht, muß die Reaktion unter Erwärmen vorgenommen werden. Auf dieser Reaktion fußen zahlreiche, z. T. auch praktisch angewendete Vorschläge zur quantitativen photometrischen Schnellbestimmung insbesondere kleiner Kieselsäuremengen. Für die rasche und maximale Ausbildung der Färbung sind dabei verschiedene weitere Faktoren (u. a. das pH) zu berücksichtigen, wobei übrigens beträchtliche Abweichungen in den Angaben der verschiedenen Autoren festzustellen sind (z. B. Armand und Berthoux; Milton).

Die Reaktion kann noch weit empfindlicher gestaltet werden durch die Ausnutzung der Erscheinung, daß die Molybdänsäure in der Form, wie sie im Komplex mit Kieselsäure (oder Phosphor- oder Arsensäure) vorliegt, von Reduktionsmitteln wie Alkalistannit oder Benzidin unter gewissen Bedingungen nicht zu schmutzigfarbenen Gemischen niederer Molybdänoxide, sondern momentan zu einer löslichen, intensiv blau gefärbten Verbindung reduziert wird. Diese Verbindung enthält das Molybdän in einer mittleren Oxydationsstufe (Oberhauser und Schormüller). Im Falle des Benzidins als Reduktionsmittel entsteht ein weiteres Reaktionsprodukt von blauer Farbe; das Benzidin wird zu einer blauen, chinoiden Komplexverbindung oxydiert (Feigl).

Die Unterscheidung der Kieselsäure von Phosphor- und Arsensäure wird durch Anstellen der Reaktion mit dem durch Abrauchen mit Salzsäure und Auswaschen von den genannten Säuren befreiten Material erreicht oder durch Ausfällen und Zerstören des Phosphorsäurekomplexes nach Feigl (§ 3 B III 4b) oder durch die zunächst beschriebene Kombination der Molybdatmethode mit der Fluoridmethode.

2. Nachweis mittels Ammoniummolybdat in Verbindung mit der Siliciumfluorid-Methode.

Diese von Eegriwe angegebene Methode beruht auf der Umsetzung der als Siliciumtetrafluorid aus der Substanz verflüchtigten und in der wäßrigen Reagenslösung sich wieder ausscheidenden Kieselsäure mit Ammoniummolybdat. (Sie kann umgekehrt als empfindlicher Nachweis für Fluoride ausgeführt werden.)

Ausführung. In einem zylindrischen Bleitiegel wird die Substanz in der bei den Fluoridverfahren (§ 3 B II) gebräuchlichen Weise mit Calciumfluorid und Schwefelsäure erwärmt. Auf einen schmalen Streifen von weißem, geleimtem Schreibpapier wird am unteren Teil ein Tropfen 20%iger wäßriger Ammoniummolybdatlösung aufgebracht. Dieser Streifen wird nun vorsichtig in den Tiegel eingeführt, ohne dessen Inhalt zu berühren. Bei Anwesenheit von Kieselsäure färbt sich der Reagenstropfen zuerst an den Rändern, dann ganz und gar gelb. Die Empfindlichkeit des Nachweises ist bei 5 Minuten Beobachtungsdauer 0,5 mg SiO_2 (EEGRIWE). Schwefelwasserstoff stört durch Grünblaufärbung und muß daher vor Ausführung des Nachweises ausgetrieben werden.

3. a) Nachweis mittels Ammoniummolybdat und Stannit.

Die Reduktion der durch Zusatz von Ammoniummolybdat zu der Probelösung erzeugten Heteropolysäure zu der blauen Lösung erfolgt nach OBERHAUSER und SCHORMÜLLER in einem ziemlich weiten pH-Bereich, und zwar entsprechend etwa 2 n-Salzsäure bis 4 n-Natronlauge, wird aber am besten in mäßig alkalischer Lösung ausgeführt. Das Alkalischmachen darf erst gleichzeitig mit dem Zusatz des Stannits — am besten also durch Zugabe von Alkali im Überschuß enthaltender Stannitlösung — erfolgen, da sonst der Silicomolybdän-Komplex durch das Alkali zerstört werden würde, bevor er mit den Zinn(II)-Ionen reagieren könnte. Der blaue, reduzierte Komplex dagegen ist alkalibeständig. Andererseits können beim Zusatz von Molybdat auch bei Abwesenheit von Kieselsäure blaue Farbtöne auftreten, wenn die Ausgangslösung zu stark angesäuert war. Im übrigen muß die Reaktion in der Kälte ausgeführt werden; denn in der Wärme tritt nach momentaner Blaufärbung Übergang in einen schmutziggrünen Niederschlag ein, vermutlich infolge Weiterreduktion der blauen Verbindung zu niederem Oxid. Stark stannathaltiges Stannit ruft Mißfärbungen hervor, deshalb muß die Stannitlösung frisch bereitet sein. Alle diese Befunde sind von OBERHAUSER und SCHORMÜLLER bei der Aufstellung der nachfolgenden Arbeitsvorschrift berücksichtigt worden.

Ausführung. Man versetzt einen Teil der zu untersuchenden Substanz, die das Silicium in wasserlöslicher Form enthält, die also gegebenenfalls durch Schmelzen mit Alkalicarbonat oder Alkalihydroxid aufgeschlossen worden ist, mit einem deutlichen Überschuß einer etwa 10%igen neutralen Ammoniummolybdatlösung (Mo:Si $\geqq$ 5:1) und säuert dann durch tropfenweises Zugeben von verdünnter Essig- oder Mineralsäure ganz schwach an. Anwesenheit von Kieselsäure zeigt sich manchmal schon jetzt an einer Gelbfärbung. Zu der Lösung fügt man sodann eine aus wenig Zinn(II)-chlorid und einem großen Überschuß von 2 n-Natronlauge frisch hergestellte alkalische Stannitlösung. Es genügt schon 1 Tropfen einer 5%igen Zinn(II)-chloridlösung, andererseits schadet ein beträchtlicher Überschuß nicht. Der Zusatz hat in der Kälte, in einem Guß und in solcher Menge, zu erfolgen, daß eine klare Lösung entsteht. Bei Anwesenheit von Kieselsäure entsteht sofort eine prächtig dunkelblaue Lösung, die jedoch nach einiger Zeit mißfarbig werden kann.

Erfassungsgrenze. 5 μg/5 ml (OBERHAUSER und SCHORMÜLLER).

Empfindlichkeit. 1:1000000 (OBERHAUSER und SCHORMÜLLER).

Störend sind Phosphor- und Arsensäure in größerer und Cyanwasserstoffsäure in großer Menge. Freies Ammoniak stört; bei seiner Anwesenheit muß neutralisiert und in neutraler bis schwach saurer Lösung weiter gearbeitet werden. Ist gleichzeitig Kupfer vorhanden, so muß das Ammoniak ausgetrieben werden. Die mit Molybdän Komplexe bildenden Elemente Cer, Titan, Zirkon, Bor und Thorium stören nicht (OBERHAUSER und SCHORMÜLLER).

3b) Nachweis mittels Ammoniummolybdat und Stannit in Verbindung mit der Fluorid-Methode.

Diese Methode wird von der Commission Internationale des Reactions et Reactifs Analytiques de l'Union Internationale de Chimie neben der im folgenden Paragraphen beschriebenen mikrochemischen Methode für den Nachweis von Silicium in Mineralien empfohlen.

Ausführung. Die gepulverte Substanz wird im Platin- oder Bleitiegel mit festem Natriumfluorid und einigen Tropfen Schwefelsäure (D 1,84) vermischt und auf dem Wasserbad erwärmt. Als Bedeckung des Tiegels dient ein Zellophanblättchen, an dessen Unterseite ein Tropfen 2n-Natronlauge hängt. Nach einigen Minuten Erwärmens wird der Tropfen in einen Mikrotiegel aus Porzellan gebracht. Dazu gibt man 2 Tropfen einer 10%igen wäßrigen Ammoniummolybdatlösung sowie 4n-Essigsäure bis zum Erreichen schwach saurer Reaktion, dann 3 Tropfen Zinn(II)-chloridlösung (5% in 2,5n-Salzsäure) und schließlich so viel überschüssige Natronlauge, daß sich alles entstandene Zinn(II)-oxid wieder löst. Bei Anwesenheit von Kieselsäure entsteht Blaufärbung.

Empfindlichkeit, ausgedrückt als Verdünnungsgrenze: $D = 10^{-4}$, (Grenzkonzentration 1:10000).

Van Dalen und de Vries machen darauf aufmerksam, daß Si durch Fluorid-Ion, wenn dieses in mehrfacher Menge vorhanden ist, maskiert wird, und daß die Aufhebung dieser Wirkung durch vorherigen Zusatz von Berylliumchloridlösung bei der vorstehenden Methode nicht angängig ist, da das beim Zusatz der alkalischen Stannitlösung zunächst entstehende Berylliumoxid-Gel saure Lösung einschließt und dadurch auch bei Abwesenheit von Si eine teilweise Reduktion der Molybdänsäure und somit Blaufärbung verursacht.

4a) Nachweis mittels Ammoniummolybdat und Benzidin.

Wie Feigl und Mitarbeiter (Krumholz, Leitmeier) fanden, oxydiert Siliciummolybdänsäure in essigsaurer Lösung Benzidin zu einem blauen chinoiden Komplex unter gleichzeitiger Reduktion der Molybdänsäure zu Molybdänblau. Hierauf gründet sich ein sehr empfindlicher Nachweis für Kieselsäure, der ebenso wie der vorstehend beschriebene sich als Mikroreaktion ausführen läßt, aber ebenfalls nicht zu den mikrochemischen Nachweismethoden im engeren Sinne gehört, da er ohne Verwendung des Mikroskops vor sich geht.

Ausführung. In einem Mikrotiegel aus Berliner oder Rosenthal-Porzellan wird 1 Tropfen der schwach angesäuerten Probelösung (Acidität nicht höher als 0,5 n) mit 1 Tropfen einer Molybdatlösung versetzt, die hergestellt wurde durch Lösen von 5 g Ammoniummolybdat in 100 ml Wasser in der Kälte und Eingießen der Lösung in 35 ml Salpetersäure (D 1,2). Nun wird über einem Drahtnetz vorsichtig bis zum beginnenden Blasenwerfen erhitzt, aber nicht gekocht, da sonst Spuren von Kieselsäure aus dem Porzellan herausgelöst werden. Nach vollständigem Abkühlen werden 1 Tropfen Benzidinlösung (hergestellt durch Lösen von 0,05 g Benzidin oder Benzidinchlorhydrat in 10 ml konzentrierter Essigsäure und Verdünnen mit Wasser auf 100 ml) und danach einige Tropfen gesättigte Natriumacetatlösung hinzugesetzt. Blaufärbung zeigt Kieselsäure an.

Erfassungsgrenze. 0,1 μg SiO_2 (Feigl).

Grenzkonzentration. 1:500000 (Feigl).

Phosphorsäure stört, da sie ebenfalls Blaufärbung erzeugt. Der zu verwendende Tiegel muß zuvor in einer Blindprobe auf Eignung geprüft werden. Dazu werden 1 Tropfen Wasser und 1 Tropfen der Molybdatlösung in ihm erwärmt und wie oben beschrieben weiter behandelt. Nur Tiegel, die dabei keine Blaufärbung erkennen lassen, sind geeignet. Noch besser ist es, Porzellan überhaupt zu vermeiden (s. § 5).

4b) Nachweis von Kieselsäure mittels Ammoniummolybdat und Benzidin neben Phosphorsäure.

Soll Kieselsäure neben Phosphorsäure nachgewiesen werden, d. h. wenn letztere nicht vorher entfernt wurde (s. III 1), so ist nach Feigl der Nachweis im Filtrat nach Ausfällung der Hauptmenge der Phosphorsäure mittels Ammoniummolybdat auszuführen. Erleichtert wird der Nachweis dadurch, daß kleine Restmengen von Phosphormolybdänsäure im Filtrat durch Oxalsäure zerlegt und gegenüber Benzidin unwirksam gemacht werden können, während Silicomolybdänsäure von der Oxalsäure nicht angegriffen wird.

Ausführung. Ein Tropfen der Probelösung, deren Gehalt an P_2O_5 nicht größer als 0,1 mg sein soll, wird in einem Spitzröhrchen mit 2 Tropfen der oben angegebenen Molybdatlösung versetzt und zentrifugiert. Die über dem abgesetzten Niederschlag stehende Flüssigkeit wird mittels eines Kapillarhebers in einen Mikrotiegel gebracht und darin schwach erwärmt. Nach dem Erkalten wird zur Zerstörung von restlichem Phosphormolybdat mit 2 Tropfen 1%iger Oxalsäurelösung versetzt und schließlich 1 Tropfen Benzidinlösung (wie oben angegeben) und einige Tropfen gesättigte Natriumacetatlösung zugefügt. Blaufärbung weist nun eindeutig auf Kieselsäure hin.

Erfassungsgrenze. 6 μg SiO_2 (FEIGL).

Grenzkonzentration. 1:8300 (FEIGL).

IV. Nachweis durch die Fluorescenz des Reaktionsproduktes von Silicomolybdat mit Vitamin B 1.

WACHSMUTH hat einen sehr empfindlichen Nachweis für Kieselsäure bzw. Silicat gefunden, offenbar den empfindlichsten bisher bekannten überhaupt. Dieser Nachweis beruht darauf, daß Silicomolybdat mit Vitamin B_1 (Aneurin, Thiamin) unter Entstehung einer im UV-Licht fluorescierenden Verbindung reagiert. Vermutlich findet eine Cyclisierung des Thiamins zu Thiochrom statt.

Ausführung. Zu der zu prüfenden Lösung gibt man 0,5 ml Molybdänreagens (5 g Ammoniummolybdat in wenig destilliertem Wasser auflösen, 5 ml konzentrierte Schwefelsäure hinzufügen und mit H_2O auf 100 ml auffüllen), 0,5 ml 0,1%ige Vitamin B_1-Lösung und 0,8 ml 2%ige Natriumcarbonatlösung. Man beobachtet unter der Quecksilberdampflampe im Vergleich mit einer Blindprobe.

Grenzkonzentration. 1 : 50000000.

Störungen. Phosphat und Arsenat geben die Reaktion in entsprechender Weise. (Für Phosphat übertrifft diese Reaktion nach WACHSMUTH an Empfindlichkeit alle anderen Nachweisreaktionen bei weitem.) Die Störung durch Phosphat kann in stark verdünnter Lösung durch Zugabe von Oxalsäure unterdrückt werden; in äußerst verdünnten Lösungen wird allerdings die Reaktion der Kieselsäure ebenfalls beeinträchtigt.

§ 4. Nachweis auf mikrochemischem Wege.

I. Allgemein anwendbare Methoden.

In diesem Paragraphen werden nur die mikrochemischen Methoden im engeren Sinne, d. h. diejenigen, bei denen mit dem Mikroskop gearbeitet wird, behandelt. Verfahren, die wegen der Empfindlichkeit der ihnen zugrunde liegenden Reaktionen auch mit kleinsten Mengen ausgeführt werden können, aber nicht des Mikroskops bedürfen, sind im vorangehenden § 3 besprochen.

1. Nachweis von Kieselsäure durch Anfärben mit organischen Farbstoffen.

Gewisse organische Farbstoffe färben hydratische Kieselsäure unter Bildung von Adsorptionsverbindungen an, die auch in kleiner Menge unter dem Mikroskop erkennbar sind.

Ausführung (nach BÖTTGER). Die kieselsäurehaltige Lösung, die im Falle des Vorliegens unlöslicher Siliciumverbindungen durch Auflösen der in der Sodaperle aufgeschlossenen Substanz hergestellt wurde, wird auf einen Objektträger gebracht, auf diesem mit konzentrierter Salzsäure versetzt und über dem Wasserbad zur Trockene eingedampft. Durch vorsichtiges Einsenken des Objektträgers in Wasser werden die wasserlöslichen Salze entfernt, und darauf wird er etwa 15 Minuten lang in eine wäßrige Lösung von Malachitgrün oder Methylenblau gelegt. Danach wird der Überschuß von Farbstoff vorsichtig mit Wasser abgespült. Nun betrachtet man unter dem Mikroskop und stellt bei Anwesenheit von Kieselsäure grüne Trockenränder fest.

2. Nachweis als Natriumfluorosilicat.

Dieser Nachweis kann a) durch Reagierenlassen der Silicatlösung mit Fluorid und Natriumchlorid unmittelbar auf dem Objektträger oder b) durch Entwicklung von Siliciumfluorid aus der Substanz und Reagierenlassen des Gases mit einer am Objektträger befindlichen salzsauren Natriumchloridlösung geführt werden. In beiden Fällen werden die entstehenden Kristalle von Natriumfluorosilicat unter dem Mikroskop betrachtet. Die Kristalle erscheinen als sechseckige Täfelchen und Sterne von 40—70 μ Größe oder, aus weniger verdünnten Lösungen, als sechseckige Rosetten von 80—140 μ, ausnahmsweise auch als kleine Rhomboeder. Alle Kristalle zeigen unter dem Mikroskop starke Umrisse und eine eigentümliche blaßrote Färbung. (CHRISTIANSEN-Effekt; sie sind in Wirklichkeit farblos [CHAMOT und MASON].) Die Kristalle sind nach WINCHELL pseudohexagonal, zweiachsig negativ, haben einen kleinen optischen Winkel und ungewöhnlich kleine Brechungsindices (1,3089 und 1,3125). Diese, ein wenig kleiner als der von Wasser (1,33) und von verdünnter Salpetersäure, erschweren die Erkennung, erleichtern aber die Unterscheidung von anderen Kristallen. Das Fluoroborat hat gleiche Form und Farbe. Es ist daher mindestens für Ausführung a) zweckmäßig, größere Mengen von Bor vor Ausführung der Probe durch Abrauchen mit Schwefelsäure und Methylalkohol zu entfernen. Störend sind bei Ausführung a) u. U. auch Zinn, Zirkon und Titan, deren analoge Fluorosilicate gleiche Form und Farbe haben, und bei beiden Ausführungen Germanium. Letztere Störungsmöglichkeit ist aber wegen der Seltenheit des Germaniums nicht von großem Belang.

Die Gefahr einer Störung des Nachweises durch Titan und Zirkon ist nach CHAMOT und MASON nicht sehr groß, da Natriumfluorotitanat und- zirkonat wesentlich größere Löslichkeit haben als das entsprechende Silicat (und Germanat) und sich daher erst bei hoher Konzentration, kurz vor dem Verdunsten des Probetropfens zur Trockene, ausscheiden. Auch scheint eine gewisse Möglichkeit der Unterscheidung zwischen Silicium und Germanium zu bestehen, wenn man die Prüfung mit Kaliumfluorid statt mit Ammoniumfluorid und Natriumchlorid ausführt, auf Grund dessen, daß Kaliumfluorosilicat verhältnismäßig leicht löslich, Kaliumfluorogermanat dagegen sehr schwer löslich ist.

Bei der Ausführung solcher mit Fluorwasserstoff oder Fluoriden in saurer Lösung arbeitenden Methoden ist sehr darauf zu achten, daß nicht Teile des Mikroskops beschädigt werden. Man entfernt die überflüssigen Objektive sowie Kondensor und Polarisationsprismen. Das zu benutzende Objektiv schützt man durch ein vermittels eines Tropfens Immersionsöl an der äußeren Linse zum Haften gebrachten kleinen Deckglases. Das fluorwasserstoffhaltige Präparat soll möglichst schnell wieder vom Mikroskop entfernt werden; bei längerem Arbeiten nehme man das Deckglas ab, entferne das Öl mittels eines Lappens und hefte das Glas mit frischem Öl wieder an. Man verwende ein schwaches, also möglichst weit vom Objekt entfernt bleibendes Objektiv. Bequemer und sicherer als mit dem Deckglas kann man das Objektiv durch eine Vorrichtung schützen, wie CHAMOT und MASON sie angegeben haben: Der untere Teil des Objektivs wird von einem Messingzylinder umgeben, der oben mittels eines Gummiringes am Objektiv gasdicht befestigt wird und unten durch ein mit Canadabalsam, Schellack oder dgl. eingekittetes Deckglas abgeschlossen ist. An Stelle von mit Kollodium oder ähnlichen Stoffen überzogenen Objektträgern aus Glas nimmt man besser solche aus Celluloid oder Celluloseacetat.

Ausführung a). Man löst die am Platindraht mit Natriumcarbonat hergestellte Schmelzperle der Substanz in wenig Wasser und konzentriert die Lösung möglichst weit, aber so, daß sich noch nichts ausscheidet. Auf einen mit Kollodium überzogenen Objektträger bringt man nun dicht nebeneinander 2 kleine Tropfen verdünnter Salzsäure. In den einen Tropfen gibt man ein Tröpfchen der Silicatlösung, in den anderen etwas Ammoniumfluorid und ein Körnchen Natriumchlorid. Man erwärmt das Ganze und bringt dann die beiden Tropfen miteinander in Berührung. Bei Anwesenheit von Kieselsäure fällt Natriumfluorosilicat unter dem Mikroskop deutlich erkennbar aus. Für die Aufschluß-Schmelze soll nicht Kaliumnatriumcarbonat verwendet werden, da sonst die Kristalle äußerst klein und schwer erkennbar ausfallen. Störende Elemente: Bor, Zinn, Zirkon, Titan, Germanium (BEHRENS-KLEY).

Ausführung b). Nach BEHRENS-KLEY bringt man einen Teil der am Platindraht mit Natriumcarbonat erhaltenen Schmelze der Substanz in einen großen Tropfen Schwefelsäure (D 1,84), der sich in einem Platinlöffel befindet. Wenn die Entwicklung von Kohlendioxid vorüber ist, fügt man Ammoniumfluorid hinzu und erwärmt langsam bis zur beginnenden Dampfentwicklung. Auf dem Platinlöffel liegt jetzt ein mit Kollodium überzogenes Deckglas, an dessen Unterseite ein Tropfen ein wenig Natriumchlorid enthaltender verdünnter Salzsäure hängt. Bei nicht zu schneller Austreibung des Siliciumsfluorids entstehen in dem Säuretropfen gut ausgebildete Kristalle von Natriumfluorosilicat. Wenn man die Temperatur nicht zu hoch (über 140°) steigert, wird wenig Bor verflüchtigt, so daß dessen Anwesenheit in mäßiger Menge kaum störend wirkt.

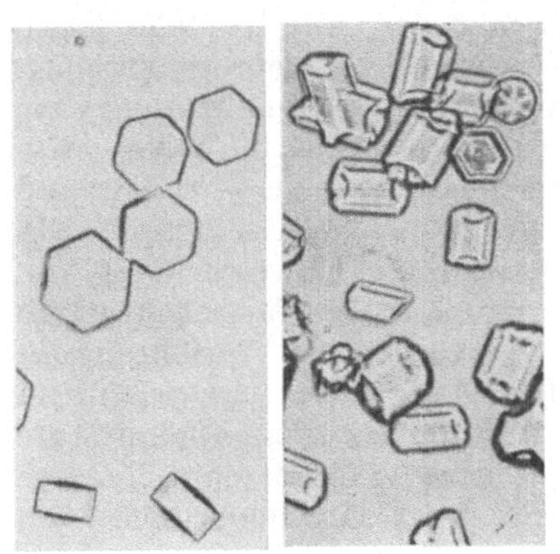

Abb. 1
Natriumhexafluorosilicat aus warmer H_2SiF_6-Lösung mit NaCl. Verg. 160×
(Nach GEILMANN)

STAPLES gibt einige Verbesserungen in der Ausführung der Methode. Er läßt das Platin-(oder Blei-)löffelchen in der nach unten verengten Aushöhlung eines Holzkohleblocks ruhen, der seinerseits auf einem Dreifuß liegt. Der Dreifuß trägt auf seinem unteren Teil eine einfache kleine Spirituslampe. Als Abdeckung des Löffels dient

Abb. 2

Abb. 3

Abb. 2 und 3. Natriumhexafluorosilicat aus starker H_2SiF_6-Lösung mit NaCl gefällt. Vergr. 80×
(Nach GEILMANN)

ein Streifen von 0,5 mm starkem, durchsichtigem Zelluloid; dieser ruht aber nicht auf dem Löffel, um ihn nicht zu heiß werden zu lassen, sondern auf der oberen Fläche der Holzkohle. STAPLES verwendet statt des Ammoniumfluorids Fluorit, und zwar etwa 2 mg. Er nimmt 1 mg oder weniger von der nur gepulverten, nicht aufgeschlossenen Probe und 2 Tropfen konzentrierter Schwefelsäure. An die Unterseite des Deckstreifens bringt er einen Tropfen 1:7 verdünnter Salpetersäure, zu dem er erst nach Beendigung der 10 Minuten dauernden Erhitzung ein Körnchen Natriumchlorid hinzufügt. Er stellte fest, daß eine Temperatur von 75° in dem Löffelchen ausreichend ist, um innerhalb von 10 Minuten aus allen, auch schwer löslichen Silicaten und sogar Siliciden wie Carborundum und Ferrosilicium ohne vorausgehenden Aufschluß eine für den Nachweis ausreichende Menge Siliciumfluorid zu entwickeln. Bei dieser Temperatur wird Bor mit Sicherheit noch nicht verflüchtigt. Störendes Element: Germanium.

Die Commission Internationale des Reactions et Reactifs Analytiques de l'Union Internationale de Chimie empfiehlt festes Natriumfluorid als Fluorwasserstoff lieferndes Reagens und als Bedeckung ein Zellophanblättchen, das einen Tropfen 1%iger Natriumchloridlösung trägt, bei im übrigen gleicher Arbeitsweise wie oben. Die Entfernung größerer Mengen von Borsäure als Methylester vor Ausführung der Reaktion wird empfohlen. Als Empfindlichkeit, ausgedrückt als Verdünnungsgrenze, wird angegeben: $D = 10^{-4,7}$.

3. Nachweis als Rubidiumsilicomolybdat.

Die Methode beruht auf der Umsetzung von Kieselsäure mit Ammoniummolybdat zu Silicomolybdänsäure und Fällung des Rubidiumsalzes dieser Säure durch Zusatz von Rubidiumchlorid.

Die Reaktion ist außerordentlich empfindlich und daher mit besonderer Vorsicht anzuwenden. Jede Möglichkeit des Hineinkommens von Spuren von Kieselsäure aus Reagentien und Geräten in die Lösungen ist zu vermeiden. Alle in der Wärme vorzunehmenden Operationen müssen in Platingefäßen ausgeführt werden, und die Objektträger müssen aus Zelluloid, Zellophan oder dgl. bestehen oder mindestens mit guten Schutzüberzügen versehen sein (s. § 4 I 2). Nur frisch destilliertes Wasser oder jedenfalls nicht solches, das längere Zeit in gläsernen Gefäßen gestanden hat, ist zu verwenden, und es ist unbedingt eine Blindprobe auszuführen.

Germanium bildet eine analoge Verbindung, deren Kristalle gleichen Habitus aufweisen. Der Nachweis kann außerdem durch Phosphor- und Arsensäure gestört werden. Letztere Störungsmöglichkeit läßt sich ausschließen durch Abscheiden der beiden Säuren als schwerlösliches Phosphor- und Arsenomolybdat vor dem Zusatz des Rubidiumchlorids (BEHRENS-KLEY, S. 107) oder durch vorausgehende Reinigung der Kieselsäure durch Abscheiden und Unlöslichmachen mittels Salzsäure und Wiederaufschließen. Letztere Arbeitsweise (nach CHAMOT und MASON) ist im folgenden beschrieben.

Ausführung. Die Substanz wird im kleinen Platintiegel oder auf dem Platinblech mit der mehrfachen Menge Natriumcarbonat geschmolzen. Die erkaltete Schmelze wird in Salzsäure gelöst und die Kieselsäure durch Eindampfen und Trocknen bei einer Temperatur von nicht mehr als 110° abgeschieden und unlöslich gemacht. Der Rückstand wird mit verdünnter Salzsäure gewaschen und dann getrocknet. Er kann außer Kieselsäure noch die Oxide von Germanium, Titan, Niob und Tantal enthalten. Man schmilzt ihn wiederum mit Natriumcarbonat, löst die Schmelze in Wasser, wobei man sie in dem Platingefäß beläßt, und fügt ein Stückchen Ammoniummolybdat hinzu. Das Gemisch wird nun zur Förderung der Bildung der komplexen Molybdate zum Sieden erhitzt. Dann wird es bis fast zur Trockene eingedampft, mit Salpetersäure behandelt und nochmals eingedampft. Der Rückstand wird in ein bis zwei Tropfen Wasser gelöst und die Lösung wird auf einen Objektträger aus Zelluloid gebracht. Zu der klaren Lösung gibt man ein Stückchen Rubidiumchlorid. Bei Anwesenheit selbst äußerst geringer Mengen von Silicium oder Germanium fällt Rubidiumsilicomolybdat bzw. -germanomolybdat in Form winziger, isotroper, gelber, meist kugeliger Kristalle aus (Abb. 4). Vor dem Zusatz von Rubidiumchlorid, d. h. als komplexe Ammoniumsalze, fallen Si und Ge nur aus, wenn die Lösung zu konzentriert war. Sie scheiden sich auch als komplexe Kaliumsalze nicht ab, im Gegensatz zu den hier möglicherweise noch anwesenden Elementen Niob und Tantal, von denen sie so unterschieden werden können.

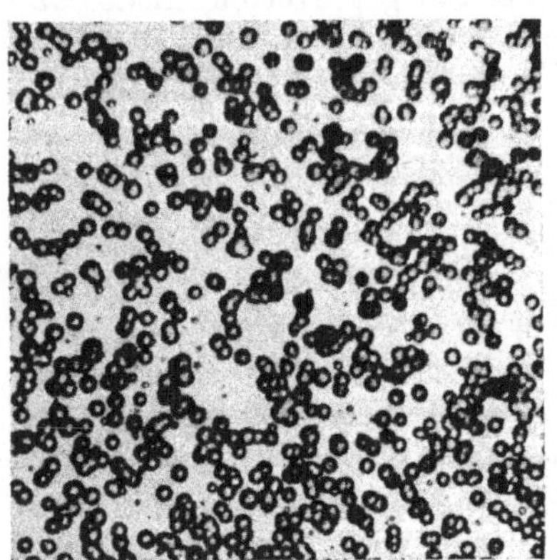

Abb. 4
Rubidiumsilicomolybdat. Vergr. 300×
(Nach CHAMOT & MASON)

Für die *Unterscheidung von Silicium und Germanium* empfehlen CHAMOT und MASON als einfachste Trennungsmethode das Abdestillieren des Germaniums als Tetrachlorid in Gegenwart von konzentrierter Salzsäure. Hierfür darf die Kieselsäure nicht vollständig entwässert sein.

Ausführung. Die zu untersuchende Lösung wird bei einer Temperatur von nicht mehr als 75° in einem Mikrotiegel zur Trockene eingedampft. Zum Rückstand werden einige Tropfen konzentrierter Salzsäure und Asbestfasern (zur Verhinderung des Spritzens) gegeben. Der Tiegel wird dann mit einem Objektträger aus Zelluloid oder dgl. bedeckt und mit einer kleinen Flamme vorsichtig erhitzt. Bei 86° destilliert Germaniumtetrachlorid ab. Sobald sich an dem bedeckenden Objektträger Flüssigkeit kondensiert, unterbricht man das Erhitzen und setzt es erst nach einigen Sekunden Wartens fort. Diesen Vorgang wiederholt man mehrmals und ersetzt dabei den Objektträger durch einen neuen, sobald er das Destillat nicht mehr fassen kann. Die Destillate können in einem Platintiegel vereinigt, mit Salpetersäure und Ammoniummolybdat versetzt und wie oben beschrieben eingedampft und weiter behandelt werden. Positiver Ausfall der Reaktion weist dann eindeutig auf Germanium hin.

II. Methoden für Sonderzwecke.

1. Nachweis von Quarz- und Silicat-Einschlüssen durch Tiefätzen.

Für den Nachweis von Einschlüssen von silicatischen Schlacken und unreduziertem Quarz in hochprozentigem Silicium, das für gewisse Legierungszwecke möglichst frei von solchen Verunreinigungen sein soll, hat ROLL ein einfaches Verfahren angegeben.

Ausführung. Ein Anschliff des zu untersuchenden Materials wird 10 Minuten lang bei 50° mit Flußsäure behandelt. Im Laufe dieser Zeit werden etwa in der Schlifffläche vorhandene Quarzkörner und erst recht Silicateinschlüsse herausgeätzt. Sie hinterlassen Vertiefungen, die unter dem Mikroskop erkennbar sind.

2. Nachweis von Quarz-Einschlüssen durch Anätzen und Anfärben.

Nach NIESSNER geschieht die mikrochemische Identifizierung von Quarzeinschlüssen in Metallen durch Anätzen mit Fluorwasserstoff und nachfolgendes Anfärben der durch das Ätzen reaktionsfähig gemachten Quarzpartikel.

Ausführung. Ein Anschliff des Metalls wird mit alkoholischer Fluorwasserstoffsäure behandelt, abgespült und dann mit Borsäure-Karmin-Lösung behandelt. Unter dem Mikroskop werden die angefärbten Quarzteilchen bei Beobachtung mit gekreuzten Nicols an einer prächtigen Rosafärbung erkannt.

3. Nachweis von Kieselsäure und Silicat in Stäuben und Rauchen.

Zur Identifizierung von Kieselsäure und Silicatteilchen neben andersartigen Partikeln, z. B. Aluminiumoxid in dem Rauch elektrischer Öfen, die Al_2O_3 und SiO_2 verschmelzen, schlägt GITZEN den Rauch in dünnem Nitrocellulosefilm nieder und behandelt dann mit Fluorwasserstoff (Dampf von 48%iger Flußsäure). Dieser dringt in den Film ein und verflüchtigt das Siliciumdioxid. Durch mikroskopische Beobachtung vor und nach der HF-Behandlung werden vorhanden gewesene Siliciumdioxidteilchen an den auftretenden Leerstellen erkannt.

4. Nachweis von Kieselsäure- und Silicatstaub durch Fluorescenzmikroskopie.

Zum Nachweis von kieselsäurehaltigem Staub in Lungengewebe wurde von OBERDALHOFF eine fluorescenzmikroskopische Methode ausgearbeitet. Bei diesem Verfahren wird der Staub von Quarz und silicatischen Mineralien in Mikrotomschnitten des Lungengewebes der Zahl, Anordnung und Form der Partikeln nach sichtbar gemacht.

Ausführung. Ein Mikrotomschnitt von 10 μ Dicke wird ohne besonderes Haftmittel auf einen gewöhnlichen Objektträger aufgezogen und an der Luft getrocknet. Dann wird er mit Alkohol-Äther-Gemisch 1:1 (zur Entfernung von Fettstoffen) kurz gewaschen, darauf 5—10 Minuten lang mit einer Lösung von 1 Teil Auramin in 1000 Teilen destilliertem Wasser, die außerdem 5% Phenolum liquefactum enthält, behandelt und schließlich mit destilliertem Wasser abgespült. Unter das Fluorescenzmikroskop gebracht, werden nun die kieselsäurehaltigen Mineralpartikeln von UV-Licht zu starker Fluorescenz angeregt, so daß sie sich deutlich sichtbar als hell goldgelb leuchtende Kristalle von dem schwach fluorescierenden Untergrund abheben.

§ 5. Nachweis durch Tüpfelreaktionen.

I. Nachweis von Kieselsäure durch Tüpfeln mit Ammoniummolybdat und Benzidin.

Die auf FEIGL zurückgehende Methode bedient sich der in § 3 B III 4 näher erläuterten Reaktionen: Bildung von Silicomolybdänsäure und Reduktion dieser Säure durch Benzidin unter Bildung von zwei blaugefärbten Verbindungen.

Ausführung. Falls es sich bei der zu untersuchenden Probe um ein unlösliches Silicat oder Silicid handelt, wird sie zunächst in der Platindrahtöse oder im Platinlöffel mit Natriumkaliumcarbonat bzw. auf dem Nickel- oder Silberblech mit Natriumcarbonat-Natriumperoxid-Gemisch 1:1 aufgeschlossen. Die Schmelze wird mit salpetersaurer Ammoniummolybdatlösung (5 g Ammoniummolybdat in 100 ml Wasser kalt gelöst und die Lösung in 35 ml Salpetersäure (D 1,2) eingegossen) aufgenommen. Bei Anwesenheit von Silicium erhält man eine gelbe Lösung von Silicomolybdänsäure; ein gelber kristalliner Niederschlag deutet auf Phosphorsäure hin. Spuren von Silicomolybdänsäure lassen sich nun durch Antüpfeln der gelben Lösung mit Benzidinlösung an einer Blaufärbung erkennen. Dazu wird ein Tropfen der erhaltenen Lösung — oder bei Vorliegen der Kieselsäure von vornherein in löslicher Form je 1 Tropfen Probelösung und 1 Tropfen der Molybdatlösung — auf Filtrierpapier gebracht, über einem Drahtnetz schwach erwärmt, mit einem Tropfen Benzidinlösung (0,05 g Benzidin oder Benzidiniumchlorid in 10 ml konzentrierter Essigsäure gelöst und mit Wasser auf 100 ml verdünnt) angetüpfelt und über Ammoniak entwickelt.

Erfassungsgrenze. 1 μg SiO_2 (FEIGL).

Grenzkonzentration. 1:50000 (FEIGL).

Van Dalen und de Vries haben gefunden, daß die Empfindlichkeit der Reaktion von der Benzidinkonzentration abhängig ist. Sie verwenden deshalb statt der 0,05%igen Benzidinlösung eine solche von 0,2% in 10%iger Essigsäure. Das Benzidin wird durch Umfällen des Acetats mittels Natriumacetat aus salzsaurer Lösung gereinigt; dadurch erhöht sich die Haltbarkeit der Reagenslösung bedeutend. Diese Autoren benutzen an Stelle der salpetersauren eine schwach alkalische Molybdatlösung, die besser haltbar ist. Die Anwendung von Salpetersäure und die durch sie manchmal verursachte positive Blindreaktion wird gänzlich vermieden.

Ausführung. Der essigsaure Probetropfen wird auf eine Tüpfelplatte aus weißem oder durchsichtigem mit einer Porzellantüpfelplatte unterlegten Kunststoff gebracht. (Die Vertiefungen werden in die ursprünglich ebene Kunststoffplatte unter Verwendung der Porzellantüpfelplatte als Matrize in der Wärme eingedrückt.) Dazu gibt man 1 Tropfen Eisessig und 1 Tropfen Ammoniummolybdat-Lösung (15% in 0,5 n-Ammoniak). Nach Umrühren mit einem Platindraht bis zum Wiederauflösen der abgeschiedenen Molybdänsäure wird ein Tropfen Benzidinacetat-Lösung (0,2% in 10%iger Essigsäure) zugegeben und danach festes Natriumacetat. Blaufärbung zeigt Kieselsäure an.

Empfindlichkeit. Bei Abwesenheit von F^-: 0,3—0,5 μg in einem Tropfen von 0,05 ml ($D = 10^{-5}$). Bei Anwesenheit von 1 mg F^-: 1 μg in einem Tropfen von 0,05 ml ($D = 10^{-4,7}$).

Die Herabsetzung der Empfindlichkeit durch Fluoridion kann durch Zusatz von Calciumchlorid oder -nitrat teilweise, durch Berylliumchlorid (15%ige Lösung von $BeCl_2 \cdot 4H_2O$) fast vollständig aufgehoben werden.

Tananajew und Schapowalenko geben ein Tüpfelverfahren für die Schnelluntersuchung von Kalkstein, Dolomit usw. auf Kieselsäure an, das im wesentlichen mit der Feiglschen Methode identisch ist. Durch Mitverwendung einer Standard-Kieselsäurelösung und Herstellung von Verdünnungen der Probelösung bis zum Erreichen gleicher Farbintensität beim Tüpfeln wie mit der Standardlösung können damit aber auch halbquantitative bis annähernd quantitative Bestimmungen ausgeführt werden (die relative Genauigkeit soll 2—10% betragen).

Ausführung. Die Materialien werden mit konzentrierter Salpetersäure im Platintiegel behandelt. Der die Kieselsäure enthaltende Rückstand wird mit der doppelten Menge Natriumcarbonat 5—10 Minuten lang geschmolzen. Die Schmelze wird in Wasser gelöst und die Lösung im Meßzylinder auf 10 ml aufgefüllt. In gleicher Weise wird aus einem Material bekannter Zusammensetzung eine Standardlösung mit bekanntem, geringem Kieselsäuregehalt hergestellt. Nun wird auf Filtrierpapier 1 Tropfen Molybdatlösung und 1 Tropfen Probelösung zusammengebracht und über einer kleinen Flamme annähernd zur Trockene gedampft. In die Mitte des fast trocknen Flecks wird nochmals 1 Tröpfchen der Molybdatlösung gegeben und danach das Ganze gut getrocknet. Schließlich wird auf den trockenen Fleck 1 Tropfen Benzidinlösung gegeben. Entsprechend der Menge der vorhandenen Kieselsäure entsteht eine mehr oder weniger intensive Blaufärbung des Flecks. Ist die Färbung mit der Probelösung stärker als mit der Standardlösung, so wird mit gemessenen Verdünnungen der Probelösung in der gleichen Weise getüpfelt und aus dem Verdünnungsgrad der Lösung, welche die gleiche Farbintensität wie die Standardlösung gibt, der Gehalt der Probe annähernd berechnet.

Herstellung der Lösungen. Molybdatlösung: Wasser wird mit Ammoniummolybdat gesättigt, mit Salzsäure (D 1,19) bis zur Wiederauflösung der ausfallenden Molybdänsäure und dann noch mit dem gleichen Volumen Salzsäure versetzt. Benzidinlösung: (1 + 1) verdünnte Essigsäure wird mit Natriumacetat gesättigt und die entstandene Lösung in der Wärme mit Benzidin gesättigt.

II. Nachweis durch Tüpfeln in Verbindung mit der Fluoridmethode.

Nach diesem von FEIGL und KRUMHOLZ entwickelten Verfahren wird die Molybdat-Benzidin-Methode mit der Siliciumfluorid-Methode kombiniert.

Ausführung. In einem kleinen Platintiegel wird eine kleine Menge der festen Probe mit einer Messerspitze voll Calciumfluorid und 2 Tropfen Schwefelsäure (D 1,84) vermischt. Der Tiegel wird mit einem Stück Filtrierpapier bedeckt, auf das 1 Tropfen Ammoniummolybdatlösung gebracht wurde, etwa 1 Minute lang über einem Mikrobrenner erwärmt und dann noch 3—5 Minuten lang stehen gelassen. Danach wird der Molybdat-Fleck mit einem Tropfen Benzidinlösung angetüpfelt und über Ammoniak entwickelt. Blaufärbung zeigt Kieselsäure an. Die Lösungen sind die gleichen wie im Abs. I dieses Paragraphen angegeben.

Erfassungsgrenze. 2,5 μg SiO_2 (FEIGL und KRUMHOLZ).

Vorheriger Aufschluß der Substanz durch alkalische Schmelze ist immer zu empfehlen. Carbonat- und sulfidhaltige Materialien müssen vor Ausführung der Probe geglüht werden, da Kohlendioxid durch Schaumbildung und Schwefelwasserstoff durch Reduktion des Molybdats stört.

VAN DALEN und DE VRIES verfahren ähnlich, verwenden aber 1 Tropfen 4%iger Natriumfluorid-Lösung und 10 Tropfen konz. Schwefelsäure zur Verflüchtigung in einem Bleitiegel. Letzterer ist mit einem Kunststoffplättchen bedeckt, an dem ein Wassertropfen hängt. Nach 5 Minuten Erhitzung im Dampfbad wird der Wassertropfen auf die Kunststofftüpfelplatte gebracht und nach Zusatz eines Tropfens 15%iger Berylliumchloridlösung weiter so behandelt wie oben in Absatz I beschrieben. *Empfindlichkeit*: 1—2 μg ($D = 10^{-4,4}$).

Bei all diesen hochempfindlichen Reaktionen muß peinlich auf Reinheit der Reagentien geachtet werden; Blindprobe!

III. Nachweis von Silicium in Legierungen durch Oberflächen-Tüpfeln und sonstige Oberflächen- oder Tüpfelreaktionen.

In den letzten drei Jahrzehnten hat das Oberflächentüpfeln zur Unterscheidung von Werkstücken aus verschiedenartigen Metall-Legierungen Bedeutung erlangt. Mit Hilfe dieser Methode lassen sich z. B. im Apparatebau große Mengen von Werkstücken ohne nennenswerten Materialverbrauch einfach und schnell in Legierungsgruppen klassifizieren oder auf die Zugehörigkeit zu einer bestimmten Legierungsart hin prüfen. Das Verfahren ist für Stähle und für Leichtmetall-Legierungen anwendbar und kann als systematischer Tüpfelanalysengang auch zur Untersuchung völlig unbekannter Legierungen benutzt werden. Als Vorbereitung der Werkstücke ist im allgemeinen nur das Herstellen einer etwa 2 cm^2-großen frischen und fettfreien Oberfläche durch Anschleifen erforderlich. Einzig bei der Prüfung von großen Werkstücken aus Stahl gerade auf Silicium ist das Abschneiden eines kleinen Probestücks notwendig, da das Stück in ein Bad eingelegt werden muß. In diesem Falle handelt es sich also nicht um eine eigentliche Tüpfelung.

1. Nachweis von Silicium in Stahl.

Das Werkstück oder ein kleines Probestück davon wird angeschliffen und 30 Minuten lang in einer Lösung der folgenden Zusammensetzung gekocht: 50 g Natriumhydroxid + 150 g Wasser + 4 g Pikrinsäure. Stähle mit 0,5% und weniger Silicium, also normale Konstruktionsstähle, bleiben unverändert, Stähle mit 0,9% und mehr Si, also Feder- und Dynamostähle, verfärben sich auf der Schliffflläche gelb bis braun (KÜNTSCHER und KILGER).

2. Nachweis von Silicium in Aluminiumlegierungen.

Man bringt auf die blanke Metalloberfläche einige Tropfen 20%iger Natronlauge und läßt diese 5—10 Minuten lang einwirken. Nach dem Abspülen mit Wasser zeigen

Legierungen mit über 2% Silicium an der mit Lauge benetzten Stelle eine festhaftende graubraune Färbung, die um so deutlicher wird, je höher der Si-Gehalt ist. (Reinaluminium und Al—Mg-Legierungen werden durch die Lauge weiß gebeizt, Mg-Legierungen erfahren überhaupt keinen Angriff.) Legierungen, die Zink, Kupfer oder Nickel allein oder nebeneinander enthalten, zeigen eine deutliche Schwarzfärbung. Zur weiteren Unterscheidung betupft man die mit Lauge behandelte Stelle mit einigen Tropfen verdünnter Salzsäure, wobei die durch Zink verursachte Schwärzung verschwindet, während die durch Kupfer oder Nickel erzeugte bestehen bleibt. Verwendet man an Stelle der Salzsäure 30%ige Salpetersäure, so löst sich dagegen auch diese Schwärzung sofort auf. Bei Al—Si-Legierungen mit hohem Si-Gehalt ist die Braunfärbung weder mit Salz- noch mit Salpetersäure entfernbar. Bei geringem Si-Gehalt (5% Si und weniger) wird sie jedoch sowohl mit Salz- als auch mit Salpetersäure meistens zum Verschwinden gebracht (ALUMINIUM-ZENTRALE).

3. Nachweis von Silicium in Kupferlegierungen.

Man bringt 2 Tropfen eines Säuregemisches aus gleichen Raumteilen Salpetersäure (D = 1,42) und Phosphorsäure (D = 1,75) auf die gereinigte Oberfläche der Legierung und läßt 5 Minuten lang reagieren. Danach gibt man 3 Tropfen dest. Wassers hinzu und läßt die Flüssigkeit unter Reiben der Metalloberfläche mit einem Glasstäbchen durch Kippen der Probe auf ein Uhrglas fallen. Nun fügt man zu der Lösung 4 Tropfen Ammoniumchloridlösung (gesättigt) und nach Durchrühren 4 Tropfen einer 0,05%igen wäßrigen Lösung von Rhodamin B hinzu, rührt wieder durch und läßt stehen. Nach 5 Minuten überführt man die Flüssigkeit mittels eines Kapillarrohrs auf die Mitte eines auf der Öffnung eines Becherglases ruhenden Filterpapiers. Man wäscht durch Auftropfen von 2 Tropfen der Ammoniumchloridlösung auf die Mitte des Papiers nahe von dessen Oberfläche aus, wiederholt das Waschen zweimal mit je 2 Tropfen derselben Lösung und schließlich zweimal mit je 3—4 Tropfen eines Gemischs aus gleichen Raumteilen von 5%iger Ammoniumchloridlösung und 5%iger Salzsäure. Das Waschen entfernt den Überschuß an Fällungsreagens und macht die Mitte des Papiers bei Abwesenheit von Silicium völlig farblos. Anwesenheit von Silicium wird durch die Bildung eines tief fuchsinroten Adsorptionsniederschlags angezeigt, der nach dem Trocknen einen hell fuchsinroten Fleck auf einem schwach rosafarbenen Untergrund bildet. Das Papier kann nach dem Trocknen unverändert beliebig lange aufbewahrt werden. Wenn Kobalt neben Silicium anwesend ist, besteht Neigung zur Bildung eines schwarzen Flecks, der in allen Säuregemischen mit Ausnahme von Flußsäure enthaltenden unlöslich ist (EVANS und HIGGS).

§ 6. Nachweis des Lösungszustandes von Kieselsäure (ionogene und kolloidale Lösung).

Die Frage, in welcher Form die Kieselsäure in einer wäßrigen Lösung vorliegt, ist u. U. von Bedeutung. Eine große Bedeutung hat diese Frage bei geochemischen Erörterungen. Lange Zeit war die Ansicht verbreitet, daß die Kieselsäure in natürlichen Wässern kolloidal gelöst sei. Neuerdings sichtete ROY die einschlägige Literatur und stellte auf Grund analytischer Befunde wohl endgültig klar, daß die Kieselsäure, die in Konzentrationen der Größenordnung von 10^{-4} bis $5 \cdot 10^{-3}$% in den Wässern vorkommt, darin ionogen gelöst ist. Der Hauptbeweis dafür ist die Tatsache, daß diese Kieselsäure vollständig unmittelbar durch die Reaktion mit Ammoniummolybdat erfaßt wird, auf welche kolloidale Kieselsäure nicht anspricht. Kolloidal gelöste Kieselsäure reagiert mit dem genannten Reagens erst nach Erhitzen mit Alkalisalzen, z. B. Natriumhydrogencarbonat.

Wie TUNG-WHEI CHOW und ROBINSON feststellten, findet eine langsame Umwandlung in die ionogen gelöste Form auch in der Kälte statt, wenn die Lösung sehr stark verdünnt wird, oder wenn Alkali in solcher Menge zugesetzt wird, daß das Verhältnis Alkalioxid : Kieselsäureanhydrid $\geqq 1$ ist.

Nach oben Gesagtem ist es auch möglich, das Vorhandensein von kolloidaler neben ionogener Kieselsäure indirekt aus der Differenz nachzuweisen, indem man einmal die Gesamtkieselsäure, z. B. durch vollständige Abscheidung mit Mineralsäure, und zum anderen den ionogenen Anteil mittels der Molybdat-Methode bestimmt.

WEITZ, FRANK und SCHUCHARD haben die Reversibilität der Kieselsäure-Kondensation nochmals bestätigt. Bezüglich der Kondensation selbst stellten sie fest, daß (aus Orthokieselsäuremethylester hergestellte) Monokieselsäure sich innerhalb 75 Stunden mit dem Molybdänsäurereagens umsetzt, Dikieselsäure in etwa 10 Minuten, höhere Oligokieselsäuren innerhalb einer Stunde, Polykieselsäure überhaupt nicht. WEITZ und Mitarbeiter fanden, daß das „Altern“, die Umwandlung von Mono- in Polykieselsäure, durch leicht erhöhtes pH begünstigt wird.

Von SCHWARZ und BARONETZKI wird die schädigende Wirkung eingeatmeten Quarzstaubes (Silicose) auf die Reizwirkung der gelösten Kieselsäureanteile zurückgeführt. Eingehende Untersuchungen zu dieser Frage wurden angestellt. Die Autoren untersuchten insbesondere den Grad und die Geschwindigkeit der Auflösung von Quarz und Kieselsäure verschiedener Herkunft in wäßrigen Medien mit unterschiedlichem pH und verschiedenen Fremdstoffgehalten.

§ 7. Nachweis von Kieselsäure in Form von Quarz neben Silicaten.

Die Feststellung der wesentlichen Nebenbestandteile von Kaolinen und Tonen, nämlich des neben der eigentlichen Tonsubstanz (überwiegend Kaolinit) vorhandenen Quarzes, Feldspats und gegebenenfalls Glimmers, kann für die technische Verwendung der keramischen Materialien von Wichtigkeit sein. Es sind für diesen Zweck mehrere Verfahren der „rationellen“ Analyse ausgearbeitet worden, die meist auf dem Unterschied in den Löslichkeiten der verschiedenen Bestandteile in Schwefelsäure bestimmter Konzentration beruhen.

Eine kritische Übersicht gibt GREWE. Mit diesen Verfahren wird die quantitative Erfassung der Mineralkomponenten angestrebt. Da die zur Trennung benutzte Säure aber nicht völlig selektiv löst, erhält man nur angenäherte Werte, und daher sollte man diese Methoden eher als halbquantitative bezeichnen. Sie geben auch qualitative Hinweise auf das Vorhandensein oder Nichtvorhandensein von Quarz und nicht in Ton umgewandelten Silicat-Mineralien.

Am besten scheint dazu jedoch die Methode von KALLAUNER und MATEJKA, die auf einem etwas anderen Prinzip beruht, in Verbindung mit der Methode von KEPPELER und IPPACH geeignet zu sein. Hierbei wird die Tonsubstanz durch eine thermische Zersetzung in kalter Salzsäure löslich gemacht.

Ausführung. Man glüht eine Einwaage von etwa 2 g des vorher zur Entfernung von Carbonaten mit HCl behandelten und getrockneten Tons 3 Stunden lang bei 700—750°, digeriert mit verdünnter Salzsäure (1 + 1; etwa 6 m), filtriert, trocknet und wägt den Rückstand. Letzterer besteht aus dem Quarz, Feldspat und Glimmer. Er wird mit Schwefelsäure (D 1,84) erhitzt, wobei der Glimmer aufgeschlossen wird, Quarz und Feldspalt aber unverändert bleiben. Der jetzt erhaltene Rückstand wird mit 0,5%iger Flußsäure zur Entfernung der entstandenen hydratischen Kieselsäure behandelt und dann gewogen: Quarz + Feldspat. Dieses Gemisch wird durch Sodaschmelze aufgeschlossen und die Tonerde wie üblich bestimmt. Nun kann man aus dem in der HCl-Digestionslösung bestimmten Al_2O_3 die Menge der Tonsubstanz ($Al_2O_3 \cdot 2SiO_2 \cdot 2H_2O$, Faktor 2,53) und aus dem im Aufschluß von Quarz + Feldspat erhaltenen Al_2O_3 den Feldspat (Faktor 5,46) errechnen. Weiter erhält man als Differenz (Quarz + Feldspat) — Feldspat den Quarz und als Differenz Einwaage — (Tonsubstanz + Quarz + Feldspat) den Glimmer.

Eine andere Möglichkeit zur Bestimmung bzw. zum Nachweis von Quarz neben Silicaten ergibt sich aus der verhältnismäßig gut *selektiven Lösungswirkung der Pyrophosphorsäure*. Diese Säure löst bei 220—250° die meisten Silicate rasch zu einer klaren und beim Verdünnen klar bleibenden Lösung (Komplexbildung!), ohne den Quarz wesentlich anzugreifen, wenn er nicht in extrem kleiner Korngröße vorliegt. HIRSCH und DAWIHL haben folgende ***Arbeitsvorschrift*** ausgearbeitet:

Ausführung. 0,5—1 g des bei 110° zur Gewichtskonstanz getrockneten, analysenfeinen Tones werden in einer Platinschale mit 25 cm^3 konzentrierter Phosphorsäure vorsichtig erhitzt und nach Erreichung einer Temperatur von 250° 5 Minuten lang auf dieser Temperatur gehalten. (Es empfiehlt sich Schutz des Thermometers durch eine Platinhülle.) Feldspatreiche Massen bzw. Feldspatminerale müssen 10—15 Minuten auf dieser Temperatur gehalten werden. Man läßt dann abkühlen, verdünnt mit 300 cm^3 Wasser, saugt durch ein doppeltes Filter ab, wäscht sorgfältig aus, verascht und wägt den Quarz. Absaugen empfiehlt sich, weil die Aufschlußlösungen, auch die verdünnten, äußerst langsam filtrieren. Zur Kontrolle wird der ausgewogene Rückstand mit Schwefelsäure und Flußsäure abgeraucht. Beim Erhitzen der Phosphorsäure führt das verdampfende Wasser leicht zum Verspritzen. Dem kann man durch Vorerhitzen der Phosphorsäure auf etwa 200° vorbeugen. Weiterhin ist ratsam, die mit Wasser verdünnte Aufschlußlösung vor der Filtration einige Zeit stehen zu lassen, um ein Durchlaufen besonders feinen Quarzes bei der Filtration möglichst zu verhindern.

Die Bestimmung bzw. der Nachweis von Quarz in Stäuben ist u. a. eine wichtige Aufgabe im Zusammenhang mit dem Silicose-Problem (STEGER).

TALVITIE hat eine besondere Apparatur für die serienmäßige Durchführung der Phosphorsäure-Methode entwickelt. Er gibt die nachstehende Tabelle über die Löslichkeiten verschiedener Silicatminerale:

Wirkung der Phosphorsäure-Behandlung auf Silicat-Minerale, die bis zum Durchgang durch das 200-Maschen-Sieb zerrieben waren.

1. Minerale, die sich innerhalb 12 Minuten vollständig lösten:

Actinolith	Halloysit	Serizit
Almandin	Hornblende	Serpentin
Amphibol	Idocras	Spessartin
Chrysolith	Kaolinit	Sphen
Dickit	Labradorit	Wollastonit
Diopsid	Montmorillonit	Zoisit
Epidot	Muscovit	
Grossular	Prochlorit	

2. Widerstandsfähigere Minerale und Gesteine.

a = prozentualer Anteil, der sich innerhalb 12 Minuten löste,
b = zum vollständigen Lösen erforderliche Zeit.

	a (%)	b (Min.)		a (%)	b (Min.)
Anthophyllit	97	14	Andalusit	53	18
Oligoklas	95	14	Spodumen	41	20
Orthoklas	93	14	Pyrophyllit	38	20
Enstatit	92	14	Sillimanit	28	20
Tremolit	85	14	Cyanit	20	20
Talk	74	14	Turmalin	14	>20
Perlit	74	16	Beryll	3	>20
Albit	70	16	Topas	3	>20

3. Quarz. Prozentualer Anteil, der sich in verschiedenen Zeiten löste.

Erhitzungsdauer, Min.	12	14	16	18
Quarz gelöst, %	1,0	1,4	3,3	4,2

§ 8. Nachweis von Kieselsäure und den verschiedenen Calciumsilicaten nebeneinander.

Die Kenntnis des Systems SiO_2, $CaO \cdot SiO_2$, $3CaO \cdot 2SiO_2$, $2CaO \cdot SiO_2$, $3CaO \cdot SiO_2$, CaO ist von großer Wichtigkeit für die Technik; denn die Reaktion $n SiO_2 + m CaO$ ist einer der Hauptvorgänge bei der Herstellung von Zement und von manchen feuerfesten Steinen. Eine dementsprechend große Bedeutung kommt der analytischen Bearbeitung dieses Systems zu. So wie die mittleren Glieder der Reihe ihrer Zusammensetzung nach Übergangsstufen zwischen den Endgliedern darstellen, so gehen auch ihre Eigenschaften ohne sehr charakteristische Unterschiede ineinander über. Daher ist die Aufgabe, sie nebeneinander nachzuweisen, nicht ohne Anwendung quantitativer Arbeitsgänge möglich. Die Aufstellung eines quantitativen Analysenganges, die JANDER und HOFFMANN zu verdanken ist, setzte natürlich das eingehende Studium des bis dahin wenig bekannten qualitativen Verhaltens der einzelnen Komponenten voraus. Dieses qualitative Verhalten wird im folgenden beschrieben, während seine Ausnutzung zu dem vollständigen Analysengang mit seiner etwas verwickelten Berechnung der Einzelstoffe nur angedeutet wird. Wegen der genauen Ausführung wird auf die Originalarbeit verwiesen.

Alle Calciumsilicate bilden bei der Zersetzung durch verdünnte Mineralsäuren kolloidale Lösungen von Kieselsäure, die vollständig durch das Filter gehen. Auf diese Weise kann im Gemisch von SiO_2 und Calciumsilicaten das Siliciumdioxid von der ursprünglich gebunden vorhandenen Kieselsäure vollständig getrennt werden. Es ist dabei nicht einmal nötig, den Filterrückstand mit verdünnter Sodalösung nachzuwaschen, denn es haftet keine von der Zersetzung stammende Kieselsäure etwa als Gallerte dem unzersetzten Siliciumdioxid an.

Die Calciumsilicate verhalten sich gegenüber irgendwelchen Lösungsmitteln sehr ähnlich, wenn auch die Zersetzbarkeit von den sauren zu den basischen Gliedern hin zunimmt. Wollastonit, $CaO \cdot SiO_2$, wird von Wasser gar nicht angegriffen, $2CaO \cdot SiO_2$ merklich langsamer als $3CaO \cdot SiO_2$, aber zur Trennung reichen diese Unterschiede nicht aus. Fügt man jedoch tropfenweise 0,1 n-Salzsäure in der Weise zu dem Silicatgemisch hinzu, daß die Lösung dauernd leicht alkalisch bleibt (Phenolphthalein gerade noch rot), so wird das Tri- und das Disilicat zersetzt und titrimetrisch erfaßt, das Monosilicat nicht. Letzteres, bei dem sich auch die ursprünglich freie Kieselsäure befindet, zersetzt man anschließend nach Abfiltrieren und Waschen mittels 2%iger Salzsäure. Wenn man nun im Filtrat der Titrationslösung die Kieselsäure und in dem zersetzten Filterrückstand ebenfalls die Kieselsäure und dazu das Calcium bestimmt und außerdem in einem besonderen Ansatz den freien Kalk wie üblich titriert, so kann man aus den erhaltenen Zahlenwerten die Menge jeder der genannten Komponenten errechnen bzw. auf ihre An- oder Abwesenheit schließen.

Bei der eben angedeuteten Arbeitsweise ist die Abwesenheit von $3CaO \cdot 2SiO_2$ vorausgesetzt. Ist dieses Silicat ebenfalls vorhanden, so komplizieren sich die Verhältnisse stark, da diese Verbindung bei der Behandlung mit Säure unter Aufrechterhaltung schwach alkalischer Reaktion zum Teil zersetzt wird, zum Teil beim Rückstand bleibt. Es wurde aber von JANDER und HOFFMANN gefunden, daß gegenüber organischen Verbindungen mit schwachem Säurecharakter Unterschiede in der Zersetzlichkeit bestehen, die eine Unterscheidung von den anderen Verbindungen ermöglichen. So wird bei der Behandlung des Silicatgemisches mit o-Nitrophenol in methylalkoholischer Lösung nur das Tricalcium- und das Dicalciumsilicat zersetzt, und zwar praktisch vollständig, während das $3CaO \cdot 2SiO_2$ ebenso wie das Monosilicat unangegriffen bleibt. Durch Kombination dieser Behandlung mit den vorgenannten Bestimmungen lassen sich alle 6 Komponenten des Systems SiO_2/CaO nebeneinander bestimmen bzw. nachweisen.

§ 9. Nachweis von Siliciumdioxid, Silicaten und Siliciumnitrid in Metallen.

Zur Isolierung, zum Nachweis oder zur quantitativen Bestimmung von nichtmetallischen Einschlüssen, unter denen die in der Überschrift genannten Siliciumverbindungen eine wesentliche Rolle spielen, werden die verschiedensten Verfahren angewendet. Für die beständigeren Verbindungen, zu denen auch Siliciumdioxid und Silicate gehören, wird das Metall mit Säuren, mit Halogenen oder durch Elektrolyse zersetzt. Zur Isolierung weniger beständiger Verbindungen wie der Nitride, auch des Siliciumnitrids, in unverändertem Zustand sind spezielle Lösungsmittel anzuwenden. Besonders geeignet scheinen Lösungen von Halogenen in organischen Lösungsmitteln, insbesondere Estern, zu sein. Von der auf diesem Spezialgebiet vorliegenden Literatur sei nur der ausführliche Aufsatz von Beeghly erwähnt. Dieser Autor hebt hervor, daß bei solchen Untersuchungen der gegenseitige Einfluß der Fremdmetalle beachtet werden muß. So ist z. B. das Verhalten der Nitride in einem Stahl wesentlich anders je nachdem, ob der Stahl wenig oder viel Silicium enthält, und dieser Einfluß wird seinerseits modifiziert durch das Vorhandensein von mehr oder weniger Aluminium in der Legierung.

Wegen mikrochemischer und spektrochemischer Nachweise von Einschlüssen in Metallen wird auf § 4 II 1, 2 bzw. § 1 I 5 verwiesen.

§ 10. Nachweis von kristallisierter Kieselsäure und von bestimmten Silicaten durch Röntgenbeugungsanalyse.

Die Röntgenbeugungsanalyse (Diffraktometrie) wird bisweilen als die vollkommenste Analysenmethode bezeichnet, weil sie gestattet, nicht nur die atomare Zusammensetzung eines Stoffes festzustellen, sondern auch die Art, in der die Atome zusammengefügt sind.

In der Tat werden beide Feststellungen gleichzeitig und miteinander gekoppelt erhalten — wenn sie überhaupt gemacht werden können. Die Einschränkung bedeutet, daß 1. die Empfindlichkeit für den Nachweis von mengenmäßig untergeordneten Anteilen in Gemischen relativ gering ist, und daß 2. die Identifizierung von sehr komplexen Gemischen auf u. U. unüberwindliche Schwierigkeiten stößt. Die im Prinzip bestehende weitere Einschränkung, daß mit der Diffraktometrie nur kristallisierte Stoffe erfaßt werden können, ist praktisch bedeutungslos, weil der weitaus größte Teil der festen Materie kristallin bzw. mikrokristallin vorliegt. Es ist sogar eine Stärke der Methode, daß sie die Möglichkeit gibt, zwischen kristallinem und nicht kristallinem Zustand zu unterscheiden. Gerade im Falle der Kieselsäure ist das von besonderer Wichtigkeit.

Es ist auch kein Zufall, daß die erste Anwendung der Röntgendiffraktometrie zu einer quantitativen Aussage über die Zusammensetzung von Mineralgemischen (Clark und Reynolds) die Bestimmung von Quarzstaub in Gemischen mit Silicatstaub war. Für die Identifizierung und Bestimmung der aus nur einer kleinen Zahl von chemischen Elementen gebildeten und dabei überaus zahlreichen und mannigfaltigen Silicate ist die Methode von großem Wert. Dabei ist es eine allgemein anerkannte Auffassung, daß für schwierige Fälle die kombinierte Anwendung von Röntgenbeugungs-, chemischer und evtl. Differentialthermoanalyse die beste Aussicht auf Erfolg bietet.

In diesem Zusammenhang wäre auch die optische Analyse (Bestimmung der optischen Daten unter Benutzung des Polarisationsmikroskops und der Brechungsindex-Tabellen) zu nennen. Sie scheidet aber aus, soweit die Korngröße des Untersuchungsmaterials gering ist, und dieser Fall ist der häufigere. Aus diesem Grunde kommt auch für die eigentliche Röntgenbeugungsanalyse von deren verschiedenen

Ausführungsformen im allgemeinen nur die Pulvermethode (DEBYE-SCHERRER-Methode) in Betracht.

Wegen der Grundlagen und technischer Einzelheiten der Methodik muß auf die Spezialwerke wie AZAROW und BUERGER verwiesen werden. Es soll hier nur in knappster Form das Prinzip angedeutet werden. Anschließend werden einige Hinweise auf Arbeiten gegeben, die sich mit Fragen der Anwendung der Methode auf Kieselsäure und Silicate befassen.

Jede kristalline Substanz erzeugt bei Bestrahlung mit monochromatischer Röntgenstrahlung typische Beugungsreflexe, die, in bestimmter Weise photographiert oder mit anderweitigen Photonenindikatoren aufgenommen, typische Bilder bzw. Kurvendiagramme ergeben. Aufnahmen von Quarz s. z. B. bei AZAROW, bei BANNISTER und bei CLARK und REYNOLDS. In der DEBYE-SCHERRER-Aufnahme erscheinen konzentrisch um den Primärstrahl angeordnete gekrümmte Linien, die bei ein und derselben Wellenlänge der anregenden Strahlung für jeden Stoff charakteristische Abstände und Intensitäten haben. Die Abstände sind Funktionen der Abmessungen der Elementarzellen der Kristalle, die Intensitäten sind abhängig von der Anordnung der Atome innerhalb der Elementarzellen. Da kein individueller Stoff einem anderen in diesen Daten vollkommen gleicht, ist das auch bei den Beugungsaufnahmen nicht der Fall und ist somit im Prinzip die Möglichkeit gegeben, durch sie jeden Stoff zu identifizieren.

In der nachstehenden Tabelle sind die wichtigsten Interferenzen von SiO_2-Modifikationen und Silicium aufgeführt:

Hauptinterferenzen der drei wichtigsten SiO_2-Modifikationen und des Siliciums.
(In Klammern sind die relativen Intensitäten angegeben.)
d/n der fünf intensivsten Linien (nach MICHEJEW).

256	α-Quarz	3,34 (10)	1,813 (9)	1,539 (9)	1,372 (9)	1,380 (8)
260	α-Christobalit	4,03 (10)	2,481 (8)	2,834 (7)	3,13 (6)	1,924 (6)
262	β-Christobalit	4,15 (10)	2,53 (9)	1,641 (7)	1,460 (6)	2,07 (5)
27	Silicium	3,11 (10)	1,902 (10)	0,914 (10)	1,240 (9)	1,102 (9)

Die Zahlen in der ersten Spalte bezeichnen die Tabellennummer, unter der das Spektrum in dem Tabellenwerk ausführlich angegeben ist.

Wegen neuerer röntgenographischer Untersuchungen über die Modifikationen der kristallinen Kieselsäure und die daraus resultierende Revision des Zustandsdiagramms sei auf FLÖRKE (a) und die dort zusammengestellte Literatur verwiesen.

Mit einer evakuierbaren GUINIER-Kamera können in Opal, Chalcedon und Kieselgesteinen amorphe Anteile bis zu weniger als 10% Gehalt nachgewiesen werden. Dabei ist mikrokristalliner Quarz auch in feinster Fraktion gut von Opal zu unterscheiden — Christobalit weniger scharf (FLÖRKE (b)).

Ein interessantes Beispiel für die Identifizierung der Bestandteile eines verwickelten Tonmineralgemisches mittels röntgenographischer und Differentialthermoanalyse sowie für die Zuhilfenahme von chemischen Agentien zur Vorbehandlung der Probe für die Röntgenographie zwecks Aufspaltung zunächst nicht deutbarer Interferenzlinien gibt die Arbeit von RADCZEWSKI und BALDEN.

Wegen der Spektren der verschiedenen Silicate wird außer auf das bereits erwähnte Buch von MICHEJEW auf die Kartei des Joint Committee on Chemical Analysis by Powder Diffraction Methods hingewiesen. Diese Kartei enthielt 1958 insgesamt über 5000 Charakteristiken.

§ 11. Nachweis der Modifikationen von kristallisierter Kieselsäure sowie von Silicaten durch Differentialthermoanalyse.

Eine weitere physikalisch-chemische Methode zum Nachweis kristallisierter Kieselsäure und zur Identifizierung von Silicaten ist die in den letzten Jahrzehnten technisch sehr vervollkommnete Differentialthermoanalyse (DTA). Sie stellt eine wertvolle Ergänzung zur Röntgenbeugungsmethode dar und kann diese bei Routineuntersuchungen teilweise ersetzen (MACKENZIE). In der Nachweisempfindlichkeit ist sie ihr sogar überlegen. Ihr Hauptvorteil besteht in der wesentlich billigeren, notfalls im Selbstbau herstellbaren Apparatur und der Einfachheit ihrer Bedienung. Allerdings ist die Deutung und Auswertung der Thermodiagramme von Gemischen, die aus mehreren Komponenten bestehen, manchmal schwierig.

Das Prinzip der DTA besteht in der Messung bzw. Registrierung der Temperaturdifferenzen, die zwischen der zu untersuchenden Probe und einer thermisch inerten Substanz beim gleichzeitigen Erhitzen bzw. Abkühlen infolge positiver oder negativer Wärmetönungen auf Grund von Umwandlungsreaktionen oder Zersetzungsreaktionen bei bestimmten Temperaturen auftreten. Im Thermogramm zeigen sich entsprechende Ausschläge in Form von nach oben oder unten gerichteten Peaks. Diese haben z. T. eine erhebliche Breite. Es muß betont werden, daß die Lage der charakteristischen Ausschläge je nach dem verwendeten Apparat etwas verschieden ist. Es empfiehlt sich daher, mit bekannten Substanzen zu eichen. Die Aufheizgeschwindigkeit bzw. Abkühlungsgeschwindigkeit muß nicht gleichförmig, soll aber reproduzierbar sein. Rasche Temperaturänderung ist günstig; denn die Ausschläge werden mit größerem dt/dT stärker und deutlicher. Wegen apparativer und methodischer Einzelheiten muß auf die Spezialliteratur (LEHMANN; MACKENZIE) verwiesen werden.

Im Falle der kristallisierten Kieselsäuremodifikationen dienen folgende Daten zur Identifizierung:

Umwandlung β-Quarz $\rightleftharpoons$ α-Quarz	bei 573°, endotherm,
Umwandlung α_1-Tridymit $\rightleftharpoons$ β_1-Tridymit	bei 117°, endotherm,
Umwandlung α_2-Tridymit $\rightleftharpoons$ β_2-Tridymit	bei 163°, endotherm,
Umwandlung α-Christobalit $\rightleftharpoons$ β-Christobalit	bei 220—280°, endotherm.

Praktisch erscheint die Spitze des Ausschlags für Quarz bei etwa 580° (Erhitzung) bzw. etwa 550° (Abkühlung). Das weniger deutlich ausgeprägte Maximum des Peaks von Christobalit liegt bei etwa 250° und das Maximum des noch flacheren Ausschlags von Tridymit bei etwa 125°. Da die natürliche Abkühlungsgeschwindigkeit bei diesen niedrigen Temperaturen gering ist, können Christobalit und Tridymit nur bei der Aufheizung, nicht bei der Abkühlung festgestellt werden (LEHMANN). Bei der Identifizierung von Quarz dagegen ist gerade die Abkühlungskurve häufig von besonderer Bedeutung (siehe unten). Beispiele zur praktischen Anwendung mit zahlreichen Kurvendarstellungen bringt LEHMANN (S. 48—52). Quarzgehalte von 5% sind noch nachweisbar.

Der Nachweis von Quarz im Gemisch mit Tonmineralien wird unter Umständen durch Überlagerung verschiedener Effekte kompliziert. Z. B. erzeugt Kaolinit infolge des Gitterzerfalls in dem Temperaturbereich von 500—600° einen starken endothermen Ausschlag, so daß selbst Beimengungen von 40% Quarz kaum noch erkennbar sind. Da aber der Zerfall des Kaolinits irreversibel ist, tritt er bei der Abkühlung nicht in Erscheinung. In der Abkühlungskurve erkennt man daher einen deutlichen (nun exothermen) Ausschlag bei etwa 550°, welcher der $\alpha \rightarrow \beta$-Umwandlung des Quarzes entspricht. Die natürliche Abkühlungsgeschwindigkeit ist bei dieser Temperatur noch genügend groß.

Der durch Oxydation von eventuell vorhandener organischer Substanz gegebenenfalls verursachte Störeffekt wird bei der Abkühlungsaufnahme ebenfalls vermieden, da diese Stoffe schon beim Aufheizen zerstört werden.

Die Identifizierung einer Reihe von Silicaten, insbesondere auch von Tonmineralien gelingt mit der DTA in vielen Fällen ebenfalls rasch und einfach. Über dieses Gebiet existiert eine umfangreiche Literatur. Eine großangelegte kritische Übersicht gibt das von MACKENZIE herausgegebene Buch „Die Differentialthermo-Untersuchung von Tonen“.

§ 12. Nachweis durch Radioaktivierungsanalyse.

Die Methode der Radioaktivierungsanalyse besteht in dem Beschuß einer Substanz mit Neutronen, Protonen oder Deuteronen und nachfolgendem Messen der Strahlung, die infolge Entstehung eines bestimmten radioaktiven Isotops in der Probe aufgetreten ist. Gewöhnlich werden alle vorhandenen Elemente mehr oder weniger stark aktiviert. Die aktiven Isotope der verschiedenen Elemente unterscheiden sich grundsätzlich nach Art, Energieniveau und Halbwertzeit ihrer Strahlung und können im Prinzip dadurch voneinander unterschieden und getrennt nachgewiesen werden. Praktisch ist es allerdings oft erforderlich, vor der Messung chemisch zu trennen, was unter Zusatz einer größeren Menge einer inaktiven Verbindung des zu bestimmenden Elementes als Schleppmittel nach üblichen naßanalytischen Methoden geschieht. Von manchen Elementen lassen sich durch Aktivierungsanalyse extrem niedrige Konzentrationen nachweisen bzw. bestimmen. Näheres über die Prinzipien der Methode ist unter anderem bei BOYD zu finden.

1. Nachweis von Silicium.

Silicium ist eines der Elemente, die sich gegenüber der Aktivierung nicht besonders günstig verhalten. Zum Nachweis kommt hauptsächlich das aus dem Stabilisotop Si^{30} bei Beschuß mit thermischen Neutronen, (n, γ)-Reaktion, oder mit Deuteronen, (d, p)-Reaktion, entstehende Si^{31} in Betracht. Dieses Isotop ist ein β-(Negatron)-Strahler ohne jede γ-Komponente und hat eine Halbwertzeit von 157 Minuten. Die Empfindlichkeit der Methode für Si ist nicht viel größer als die der Spektralanalyse. MEINKE gibt folgende Vergleichszahlen für die Grenzkonzentrationen in μg/ml (in Lösungen von 25—50 ml) für verschiedene Methoden an:

Spektralanalyse mit Gleichstr.-Bogen	2,0
Spektralanalyse mit Cu-Funken	0,1
Farbreaktion	0,1
Neutronenaktivierungsanalyse	1,0–0,05.

Die Daten für die Aktivierungsanalyse beziehen sich auf langdauernde Bestrahlung in Reaktoren von $5 \cdot 10^{11}$ bis 10^{13} Neutronen pro Quadratzentimeter und Sekunde Leistung.

So wird die Methode für die Analyse auf Silicium nur in besonders günstigen Fällen in Betracht kommen. Ein solcher scheint z. B. die Analyse von Titanmetall zu sein. Titan hat einen geringen Aktivierungsquerschnitt, und das aus ihm entstehende aktive Isotop hat außerdem eine kurze Halbwertzeit (5,8 Minuten) gegenüber Si^{31} (157 Minuten), so daß es nicht stört. Die Arbeitsweise wird von BROOKSBANK, LEDDICOTTE und REYNOLDS ausführlich beschrieben. Sie fanden als Erfassungsgrenze 2,0 μg Si bei Bestrahlung mit 10^{12} Neutronen/cm² sek.

2. Analyse von Reinstsilicium auf Verunreinigungen.

Die Feststellung geringster Spuren von Fremdelementen in Silicium zur Verwendung als Halbleiter ist erforderlich, da Fremdelemente in der Größenordnung von 10^{-12} bis 10^{-14} Atome/cm³ die Transistoreigenschaften schon stark beeinträchtigen. So geht der Widerstand von Silicium von 52 auf etwa 10 Ohm zurück, wenn es statt $1 \cdot 10^{14}$ Atome Antimon $5 \cdot 10^{14}$ Atome/cm³ enthält (KANT, CALI und THOMPSON). Nur mit der Aktivierungsanalyse werden solche Empfindlichkeiten erreicht.

Man kann nach Aktivierung mit thermischen Neutronen mit γ-Spektrometrie arbeiten, wie es von MORRISON und COSGROVE beschrieben wird. Diese Methode ist schnell, weil ohne chemische Abtrennungen gearbeitet wird, aber für einige Elemente, deren Aktivierungsprodukte reine β-Strahler sind, nicht anwendbar. Auch ist die Empfindlichkeit nicht ganz so groß wie die der β-Meßmethode, deren Zähl-„Untergrund" (Störpegel) 20—50mal niedriger ist.

Eine Methode mit radiochemischer Trennung und β-Messung wird von KANT und Mitarbeitern eingehend beschrieben. Das Silicium wird in diesem Falle durch Abrauchen mit Flußsäure-Salpetersäure entfernt, und die einzelnen Fremdelemente werden durch spezielle Trennungsgänge abgesondert. Es handelt sich dabei um P, Fe, Cu, Zn, Ga, As, Ag, Cd, In, Sb, Tl und Bi.

Über eine Methode zur Analyse von SiO_2 und SiO_2-SiC-Gemischen wird im Kapitel Kohlenstoff dieses Handbuches berichtet. Eine Methode zum Aufschluß von reinem Siliciumcarbid für die aktivierungsanalytische Bestimmung von in ihm enthaltenen Spurenelementen ist in § 2 II 2 beschrieben.

§ 13. Nachweis von Organosiliciumverbindungen und ihres Siliciums.

I. Allgemeines.

Über den Aufschluß solcher Verbindungen ist in § 3 A V einiges mitgeteilt worden. In den erhaltenen Lösungen kann die Kieselsäure nach einer der in § 3 B angegebenen Methoden nachgewiesen werden; eine spezielle Vorschrift wird weiter unten gebracht. Zur Abtrennung der technisch gebräuchlichen Silane, z. B. aus Textilien, kann mit Benzol extrahiert werden. Selbst polymerisierte Silane lösen sich bei längerer Behandlung nach Angabe von Petty mindestens zum Teil.

Der spektralanalytische Nachweis wird ebenfalls angewendet (s. § 1 I 7). Es sind auch einige Identifizierungsreaktionen für Gruppen der Organosiliciumverbindungen als solche ausgearbeitet worden. Schließlich können flüchtigere Verbindungen durch Gaschromatographie getrennt und identifiziert werden.

II. Nachweis auf trockenem Wege.

Wenn Siliconöle allein oder im Gemisch mit anderen Stoffen in einem Tiegel verbrannt werden, enthält der entstehende Rauch weiße Flocken von SiO_2. Am Rande des Tiegels bildet sich an der Innenwandung ein weißer Kragen. Durch Wärmebehandlung polymerisertes Silicon zeigt diese Erscheinung im allgemeinen nicht (Petty).

III. Nachweis auf nassem Wege nach Überführung des Siliciums in Kieselsäure.

Der Aufschluß und das Lösen kann, wie unter § 3 AV beschrieben, mit Carbonat und Peroxid (nach Kreschkow und Bork) erfolgen. Der weitere Nachweis geht in der von Gilman, Ingham und Gorsich etwas abgeänderten Form wie folgt vor sich: 2 Tropfen der noch warmen Lösung werden auf Filtrierpapier zu 2—3 Tropfen salpetersaurer Molybdatlösung (5 g Ammoniummolybdat in 100 ml Wasser + 35 ml HNO_3, D = 1,42) gegeben. Dann werden 1 Tropfen Benzidinlösung (0,05 g Benzidin oder Benzidiniumchlorid + 10 ml Eisessig mit Wasser auf 100 ml aufgefüllt) und 2—5 Tropfen gesättigte Natriumacetatlösung hinzugefügt. Blaufärbung zeigt Silicium an. Neutralisieren mit Ammoniakdampf statt mit Acetat steigert die Empfindlichkeit. Ist allerdings Eisen in der Probelösung vorhanden, so wird der Nachweis bei Anwendung von Ammoniak weniger empfindlich.

Störung. Im Falle der Anwesenheit von Organogermaniumverbindungen reagiert Germanium ebenso wie Silicium und zwar empfindlicher als dieses.

IV. Nachweis bestimmter Gruppen von Silanen.

Kreschkow und Bork geben folgende Unterscheidungsreaktionen: 1. Alkyl- und Arylchlorsilane bilden rotorange Fällungen, wenn man sie mit Tetramethyldiaminobenzophenon in Anilin reagieren läßt.

2. Phenylsilane bilden eine purpurrote Lösung oder kirschrote Ringe im Reagensglas, wenn man zunächst Aluminiumchlorid und dann das unter 1. genannte Keton, gelöst in Benzol, auf sie einwirken läßt.

3. Alkyl- und Arylalkoxysilane, wie unter 2. behandelt, geben gelbe Niederschläge. Mit dem Keton wie vor behandelt, aber unter Anwendung des Ketons gelöst in Anilin, geben sie verschieden gefärbte Fällungen je nach dem vorliegenden Alkoxysilan.

4. Tetraalkylsilane lösen Brom und entwickeln dann beim Erwärmen Bromwasserstoff.
5. Tetraarylsilane scheiden beim Erhitzen mit Schwefelsäure freies Silicium ab.

V. Nachweis durch Gaschromatographie.

Gemische von leicht verdampfbaren Organosiliciumverbindungen können gaschromatographisch getrennt und analysiert werden. Wegen einiger allgemeiner Angaben zur Methodik siehe Teil Kohlenstoff, Kap. Methan, dieses Handbuches.

FRIEDRICH untersuchte ein Gemisch von Siliciumtetrachlorid mit fünf Chlorsilanen. Er verwendete vorzugsweise 30% Nitrobenzol auf Kieselgel als stationäre Phase bei 25° und Stickstoff von 132 Torr als Schleppgas. Die Verdampfung der Probe erfolgte in einer der Säule vorgeschalteten Kammer. Der Nachweis der einzelnen Substanzen geschah durch kontinuierliche Konduktometrie (schreibend) nach Durchgang des Gases durch eine 0,02 n-KCl-Lösung, in der die Chlorverbindungen hydrolysierten. Die Analyse war in 45 Minuten beendet. Bezogen auf $SiCl_4 = 1$ ergeben sich folgende Retentionszeiten: $HSiCl_3$ 0,76, CH_3SiHCl_2 1,43, $(CH_3)_3SiCl$ 1,79, CH_3SiCl_3 2,84, $(CH_3)_2SiCl_2$ 3,82.

Literatur.

AHRENS, L. H.: Spectrochemical Analysis, Cambridge, Mass. 1950. — ALBRECHT, R., u. H. BAST: Fr. **125**, 321 (1943). — ALUMINIUM-ZENTRALE: Aluminium-Taschenbuch, 9. Aufl., Berlin 1942, S. 125. — ARMAND, M., u. J. BERTHOUX: Anal. chim. Acta **5**, 380 (1951). — AZAROW, L., u. M. BUERGER: The Powder-Method in X-Ray-Crystallography, New York, Toronto, London 1958.

BALZ, G.: Spectrochim. Acta **1** [1939], 227 (1941). — BANNISTER, F.: Physics in Industry, London, 1955. — BEATO, J.: An. Españ. **35** [5], 100 (1939); durch C. **1941**, I, 2565. — BOEGHLY, H. F.: Anal. Chem. **21**, 513 (1949) **24**, 1095 (1952). — BEHRENS, H., u. P. D. C. KLEY: Mikrochemische Analyse, 1. Teil, 4. Aufl., Leipzig 1921. — BILTZ, W.: Ausführung qualitativer Analysen, 10. Aufl., Leipzig 1949. — BÖTTGER, W.: Qualitative Analyse und ihre wissenschaftliche Begründung, 4.—7. Aufl., S. 348, Leipzig 1925. — BOYD, G.: Anal. Chem. **21**, 335 (1949). — BROOKSBANK, W., G. LEDDICOTTE u. S. REYNOLDS: Anal. Chem. **28**, 1033 (1956). — BROWNING, E.: Z. anorg. Ch. **74**, 86 (1912).

CĂDARIU, J.: Fr. **128**, 270 (1948). — CHAMOT, E. M., u. C. W. MASON: Handbook of chemical miscroscopy, Bd. 2, 2. Aufl., New York 1940. — CHEMIKER-FACHAUSSCHUSS: Metall u. Erz, Anal. d. Metalle, Bd. I, Schiedsverfahren, Berlin: Springer 1942. — CLAUBERG, A., u. P. BEHMENBURG: Fr. **104**, 245 (1936). — COMMISSION INTERNATIONALE DES REACTIONS ET REACTIFS ANALYTIQUES NOUVEAUX DE L'UNION INTERNATIONALE DE CHIMIE: Reactifs pour l'analyse qualitative minérale recommandés, Basel 1945.

DANIEL, K.: Z. anorg. Ch. **38**, 302 (1904). — DE GRAMONT: C. r. **146** (1908). — DITTLER, E.: Gesteinsanalytisches Praktikum, Berlin und Leipzig 1933. — DITTRICH: Anleitung zur Gesteinsanalyse, Leipzig 1905.

EEGRIWE, E.: Fr. **65**, 182 (1924/25). — EVANS, B., u. D. HIGGS: Analyst **75**, 194 (1950).

FEIGL, F.: Qualitative Analyse mit Hilfe von Tüpfelreaktionen, 2. Aufl., S. 327. Leipzig 1935; Mikrochemie **20**, 198 (1936). — FEIGL, F., u. P. KRUMHOLZ: B. **62**, 1138 (1929). — FEIGL, F., u. H. LEITMEIER: Z. Kristallogr., Mineralog. Petrogr., Abt. B **40**, 1 (1929); durch Fr. **83**, 473 (1931). — FLÖRKE, O.: a) Fortschr. Mineralog. **35**, 18 (1957); b) **37**, 73 (1959). — FOSCHINI, A., u. M. TALENTI: Chim. Ind., Agric., Biol., Realizzaz. corp. **18**, 351 (1942); durch C. **1943**, I, 2023. — FRIEDRICH, K.: Chem. Ind. **1957**, 47. — FUCHSHUBER, H.: Fr. **116**, 421 (1939).

GEILMANN, W.: Bilder zur qualitativen Mikroanalyse anorganischer Stoffe, Tafel 35 u. 36, Leipzig 1934. — GERLACH, W., u. F. RIEDL: Tabellen zur qualitativen Emissionsspektralanalyse, 2. Aufl., Leipzig 1949. — GIBSON, W. K.: Chemist-Analyst **21**, 5 (1932) durch C. **1932**, II, 1942. — GILBERT, G. P.: Technol. Quarterly **3**, 61; durch Fr. **29**, 688 (1890). — GILMAN, H. HOFFERTH u. DUNN: J. Am. Soc. **72**, 5767 (1950). — GILMAN, H., R. INGHAM u. R. GORSICH: J. Am. Soc. **76**, 918 (1954). — GISIGER, L.: Siehe TREADWELL, Bd. I. — GITZEN, W. H.: Analytic. Chem. **20**, 265 (1948); durch C. **1949**, I, 1397. — GOLDSCHMIDT, V. M., u. C. PETERS: Nachr. Götting. Ges. **1932**, 360. — GRAHAM, T.: A. **121**, 36 1862. — GREWE, H.: Stahl Eisen **49**, 1591 (1929); durch Fr. **83**, 474 (1931).

HANDY, O.: Am. Soc. **18**, 766; durch Fr. **45**, 244 (1906). — HENDEE, C., S. FINE u. W. BROWN: Norelco Reporter **3**, 40 (1956). — HEYES, J.: Mitt. K. W. I. Eisenforschg. (Düsseldorf) **24**, 1 (1942). — HEYNE, C.: Angew. Ch. **43**, 711 (1930); **45**, 612 (1932). — HILLEBRAND, W. F.: a) Am. Soc. **24**, 262 (1902); b) Analyse der Silicat- und Carbonatgesteine, Leipzig 1910. — HIRSCH, H., u. W. DAWIHL: Ber. dtsch. keram. Ges. **13**, 58 (1932). — HIRSCHWALD, I.: J. pr. **41**, [149], 360 (1890). — HOLZMÜLLER, W.: Fr. **115**, 81 (1938/39).

ISNARD, E.: Ann. Chim. anal. **19**, 98 (1914); durch Fr. 55, 491 (1916).

JACOB, J.: Anleitung zur chemischen Gesteinsanalyse, Berlin 1928. — JACOBY, R., u. C., HLAWATSCH in GMELIN-KRAUT: Handbuch der anorganischen Chemie, 7. Aufl., Bd. III, 1, Heidelberg 1912. — JANDER, W., u. E. HOFFMANN: Angew. Ch. **46**, 76 (1933). — JANNASCH, P. u. O. HEIDENREICH: Z. anorg. Ch. **12**, 208 (1896). — JANNASCH, P. u. H. WEBER: B. **32**, 1670 (1899). — JOLLES, A., u. F. NEURATH: Angew. Ch. **11**, 315 (1898).

KALLAUNER, O., u. J. MATĚJKA: Chem. Obzor **2**, 8 (1927); durch Fr. **117**, 379 (1939). — KANT, A., J. CALI, u. H. THOMPSON: Anal. Chem. **28**, 1867 (1956). — KARAOGLANOV, E.: Fr. **107**, 395 (1936). — KAYSER, H.: Tabellen der Hauptlinien der Linienspektra, Leipzig 1926. — KECK, P., A. MACDONALD u. J. MELLICHAMP: Anal. Chem. **28**, 995 (1956). — KLINGER, P.: Arch. Eisenhüttenw. **7**, 551 (1934); Fr. **101**, 55 (1935). — KNOP, W.: C. **1857**, 691. — KOEHLER, W.: a) Spectrochim. Acta **4**, 229 (1950); b) Metall **7**, 422 (1953). — KRAEMER, W.: Fr. **97**, 17 (1934). — KRESCHKOW, A., u. W. BORK: J. anal. Chem. (russ.) **6**, 78 (1951). — KRIEGER, K., u. H. LUKENS: Ind. eng. Chem. Anal. Edit. **8**, 118 (1936). — KÜHNE, W.: Z. Biol. **27**, 172 (1890). — KÜNTSCHER, W., u. H. KILGER: Chem. Techn. **1**, 93 (1949); durch Fr. **133**, 220 (1951).

LAMURE, J., u. D. HENRIET: Chim. analytique **34**, 88 (1952); durch Fr. **137**, 458. — LE CHATELIER, H.: Kieselsäure und Silicate, Leipzig 1920. — LEITCH, H. W.: Ind. eng. Chem. **6**, 811 (1913) durch C. **1915**, I, 705. — LEHMANN, H.: Tonind.-Ztg. keram. Rdsch., 1. Beiheft 1954. — LEWIS, S. J.: Spectroscopy in science and industry, London 1933. — LORENZ, R., u. E. BERGHEIMER: Z. anorg. Ch. **136**, 95 (1924). — LOWE, L., H. THOMPSON, u. J. CALI:: Anal. Chem. **31**, 1951 (1959). — LUBLIN, P.: Norelco Reporter **3**, 12 (1957). — LUNDEGARDH, H.: a) Die quantitative Spektralanalyse der Elemente, Jena 1929 u. 1934; b) Metallwirtschaft **17**, 1224 (1938). — LUNGE, G., u. C. MILLBERG: Angew. Ch. **1897**, 396.

MACKENZIE, C. R.: The Differential Thermal Investigation of Clays, London 1957. — MACZKOWSKE, E. E.: J. Res. Nat. Bureau of Standards **16**, 549 (1936). — MEIER, F. W., u. O. FLEISCHMANN: Fr. **88**, 84 (1932). — MEIER, F. W., u. L. SCHUSTER: Z. anorg. Ch. **196**, 220 (1931). — MEIER, F. W., u. L. STUCKERT, Fr. **101**, 82 (1935). — MEINKE, W.: Science **121**, 177 (1955). — MICHEJEW, W.: Die röntgenometrische Bestimmung von Mineralen (russ.), Moskau 1957. — MILNER, G. W. C., u. J. TAWNEND: Analyst **76**, 431 (1951). — MOENKE, H.: Silikattechnik **12**, 323 (1961). — MORRISON, G., u. J. COSGROVE: Anal. Chem. **27**, 810 (1955).

NIESSNER, M.: Berg- u. Hüttenmänn. Jb. montan. Hochschule Leoben **84**, 105 (1936). — NOYES, A., u. H. C. BRAY: Am. Soc. **29**, 149 (1907).

OBERDALHOFF, M.: Arch. Gewerbepathol. Gewerbehyg. **9**, 435 (1939). — OBERHAUSER, F., u. J. SCHORMÜLLER: Z. anorg. Ch. **178**, 381 (1929). — OTTO, C.: Am. Soc. **48**, 1604 (1926).

PATERSON, J., u. W. GRIMES: Anal. Chem. **30**, 1900 (1958). — PETTY, G.: Anal. Chem. **28**, 250 (1956). — POLLOK: Proc. Roy. Dubl. Soc. **11**, 185 (1907), siehe LUNDEGARDH (a) I, S. 110.

RADELL, J., P. D. HUNT, E. C. MURRAY u. W. D. BURNES: Anal. Chem. **30**, 1280 (1958). — RADCZEWSKY, O., u. H. BALDEN: Fortschr. Mineralog. **37**, 74 (1959). — REGELSBERGER, F.: Angew. Ch. **1891**, 360, 442, 473; durch Fr. **45**, 243 (1906). — REICH, I. A.: Ch. Z. **20**, 985 (1896). — ROLL, F.: Z. Metallkunde **30**, 205 (1938). — ROY, C. I.: Am. J. Sci. **243**, 293 (1945).

SALMANG: Ber. dtsch. keram. Ges. u. Ver. Emailfachl. **29** (1952); vgl. Am. Soc. Test. Mater. **1943**, 14. — SALZER, E., u. F. THEISSIG: Ch. Z. **64**, 468 (1940). — SCHEIBE, G.: Arch. Eisenhüttenw. **4**, 579 (1931). — SCHIEDT, U., u. H. REINBEIN: Z. Naturforschg. **76**, 270 (1952). — SCHLIESSMANN, O.: a) Arch. Eisenhüttenw. **8**, 159 (1934/35); b) Angew. Ch. **55**, 104 (1942). — SCHWARZ, R., u. E. BARONETZKY: Angew. Ch. **68**, 574 (1956). — SEEMANN, F.: Fr. **44**, 343 (1905). — SMITH, J. L.: Am. J. Sci. (2) **50**, 269 (1871). — STADELER, A.: Arch. Eisenhüttenw. **4**, 1 (1930). — STAPLES, L. W.: Am. Mineralogist **21**, 379 (1936). — STEGER, W.: Staub **20**, 20 (1943). — STEOPOE, A.: Tonind.-Ztg. **63**, 290 (1939).

TALVITIE, N. A.: Anal. Chem. **23**, 623 (1951). — TANANAJEW, N. A., u. A. M. SCHAPOWALENKO: Chem. J. Ser. B (russ.) **11**, 352 (1938); durch C. **1938**, II, 3577. — THANHEISER, G., u. M. WATERKAMP: Mitt. K. W. I. Eisenforschg. (Düsseldorf) **23**, 81 (1941). — TRAVERS, A.: Bl. Assoc. techn. Fonderie 8, 383 (1934); durch Fr. **102**, 359 (1935). — TREADWELL, F. P.: Kurzes Lehrbuch der analytischen Chemie, Bd. I, Qualit. Anal., 15. Aufl., Leipzig u. Wien 1935; Bd. II, Quantitat. Anal., 11. Aufl., 1935. — TUDDENHAM, W., u. S. ZIMMERLEY: Eng. Min. Journ. **161**, 92 (1960). — TUNG-WHEI CHOW, D., u. R. J. ROBINSON: Anal. Chem. **25**, 646 (1953).

VAN DALEN, E., u. G. DE VRIES: Anal. chim. Acta **4**, 235 (1950). — VAN DER MEULEN, J. H.: R. **58**, 841 (1939); durch C. **1939**, II, 4287. — VAN DER WEEL, N.: Chem. Weekbl. **47**, 845 (1951). — VAN TONGEREN, W.: Gravimetric Analysis, Amsterdam 1937. — VOGEL, W.: Philips scient. application data **1**, Nr. 26 (1959/60).

WEISS, L., u. H. SIEGER: Fr. **119**, 245 (1940). — WEITZ, E., H. FRANCK u. M. SCHUCHARD: Ch. Z. **74**, 256 (1950). — WILLARD, H., u. W. E. CAKE: Am. Soc. **42**, 2208 (1920). — WILLIAMS, V.: Rev. sci. Instruments **19**, 135 (1948). — WINCHELL, A. N.: The microscopic characters of artificial inorganic solid substances and artificial minerals, New York 1931.

ZEUNER, H.: Gießerei **47**, 747 (1960). — ZURBRÜGG, E.: Aluminium **20**, 199 (1938).

721/9/62